网络信息安全
工程技术与应用分析

潘 霄 葛维春 全成浩 胡 博 吴克河 潘明惠◎著

清华大学出版社
北 京

内 容 简 介

本书结合作者组织和参加国家重大科技攻关项目"电力系统信息安全示范工程"、国家 863 项目"电力二次系统安全防护体系研究"以及国网公司 SG186、SG-ERP 信息安全等级保护及保障体系工程的实践经验,本着力求反映信息安全技术的最新发展和理论与工程实践相结合的原则而编写。

全书共分为 10 章,主要内容包括国内外网络信息安全工程技术发展趋势、我国信息安全重大政策及发展方向、网络信息安全工程基本原理、网络信息安全工程技术领域基础知识及最新技术、网络信息安全风险评估方法与应用分析、网络信息安全系统设计与应用分析、网络信息安全防护体系及应用分析、网络信息安全身份认证与授权管理系统及应用分析、数据存储备份与灾难恢复技术及应用分析、网络信息安全等级保护及应用分析、互联网络空间安全战略与应用分析,以及在网络信息安全工程实践中成功的案例。

本书的突出特点是系统总结了运用最新网络信息安全工程理论和最新研究成果,组织和参加网络信息安全工程实践取得的成功案例。读者通过本书既可以学习网络信息安全工程理论和基础知识,互联网络空间安全战略及网络信息安全最新技术,也可以通过大量实例掌握网络信息安全工程组织、管理和技术实现方法。本书可作为高等院校、能源电力等行业的培训教材,也可以作为企事业单位从事信息安全工程工作的管理人员和工程技术人员的参考工具用书。

图书在版编目(CIP)数据

网络信息安全工程技术与应用分析 / 潘霄等著. —北京:清华大学出版社,2016(2016.7重印)
ISBN 978-7-302-43610-2

Ⅰ. ①网… Ⅱ. ①潘… Ⅲ. ①计算机网络–安全技术–研究 Ⅳ. ①TP393.08

中国版本图书馆 CIP 数据核字(2016)第 077561 号

责任编辑:冯志强 薛 阳
封面设计:吕单单
责任校对:胡伟民
责任印制:杨 艳

出版发行:清华大学出版社
   网 址:http://www.tup.com.cn, http://www.wqbook.com
   地 址:北京清华大学学研大厦 A 座 邮 编:100084
   社 总 机:010-62770175 邮 购:010-62786544
   投稿与读者服务:010-62776969,c-service@tup.tsinghua.edu.cn
   质量反馈:010-62772015,zhiliang@tup.tsinghua.edu.cn
印 刷 者:清华大学印刷厂
装 订 者:北京市密云县京文制本装订厂
经 销:全国新华书店
开 本:185mm×260mm 印 张:20.75 插 页:1 字 数:535 千字
版 次:2016 年 6 月第 1 版 印 次:2016 年 7 月第 2 次印刷
印 数:4001～6000
定 价:49.00 元

产品编号:069001-01

This book is based on practical experience of organizing and participating in the major national scientific and technological project "Power System Information Security Demonstration project", the National 863 project "Power Secondary System Security Protection System Research" and the State Grid Corporation of SG186, SG-ERP of hierarchical protection of information security and the security system projects, and in principle of reflecting the latest development of information security technology and engineering practice.

This book contains 10 chapters. The main content is as follows: the domestic and international development trends of information security engineering technology, China's information security policy and the development direction of information security, the fundamental principle of information security engineering, the fundamental knowledge and the latest technology of information security engineering field, the design, application and analysis of information security system, identity authentication and authorization management system, data storage backup and disaster recovery system, network information security hierarchical protection, interconnection network space security strategy, and the successful cases in the network information security in engineering practice.

The outstanding feature of this book is to systematically summarize the application of the latest network information security engineering theory and the latest research results, and the successful cases from the personal organization and participation in network information security engineering practice. Readers can not only learn the network information security engineering theory and the fundamental knowledge, interconnection network space security strategy and the latest technology of network information security, but also grasp the method of organizing and managing the network information security engineering through a large number of practical examples. It is a valuable reference which elaborates network information security technology and engineering application analysis. It can be used as the textbook for institutions of higher learning or training materials for energy and electric power enterprises, or as the reference book for management and technical personnels of enterprises and institutions engaged in information security engineering.

本书编写人员

著者　潘霄　葛维春　全成浩　胡博　吴克河　潘明惠

前言　潘明惠

第1章　绪论　葛维春、刘 刚、周雨田、胡全贵

第2章　网络信息安全工程基本理论　全成浩、王漪、黎辉、杨大威、栾敬钊

第3章　网络信息安全工程基础知识　刘文娟、杨海峰、吴菲、陈力、王跃东

第4章　网络信息安全风险评估方法与应用分析　胡博、鲁顺、夏宗泽、祝榕岭

第5章　网络信息安全系统设计与应用分析　吴克河、李广野、潘洪建、苏畅、祁广源

第6章　网络信息安全防护体系及应用分析　孙 刚、刘国威、张松、高海波、戚欣革

第7章　身份认证与授权管理系统及应用分析　杨万清、王泽宁、雷振江、潘宁、隋佳新

第8章　数据存储备份与灾难恢复技术及应用分析　杨 轶、潘邈、吕旭明、张忠林、潘 琪

第9章　网络信息安全等级保护及应用分析　陈文康、尹晓华、刘永昌、刘坤、金星

第10章　网络空间信息安全战略及应用分析　潘霄、刘剀、金昱、周英杰、张凤军

前　言

　　人类先后经历了农业革命、工业革命、信息革命。每一次产业技术革命，都给人类的生产、生活带来了巨大而深刻的影响。现在，以互联网为代表的信息技术日新月异，引领了社会生产的新变革，创造了人类生活新空间，拓展了国家治理新领域，极大地提高了人类的认识水平，人们认识世界、改造世界的能力得到了极大提高。互联网作为 20 世纪最伟大的发明之一，把世界变成了"地球村"。全世界进入互联网 3.0 万物互联时代，2015 年，全球网民数量已接近人口总数的一半。中国网民数量早在 2008 年就跃居全球第一，目前仍在快速增长中。截至 2015 年 6 月，中国网民规模已达 6.68 亿人，超过整个欧盟的总人口数量。互联网普及率为 48.8%，其中，农村网民规模达 1.86 亿，与 2014 年年底相比增加 800 万。"十二五"期间，互联网经济在中国 GDP 中占比持续攀升，2014 年达到 7%，占比超过美国。

　　自 2014 年 2 月中央网络安全与信息化领导小组成立以来，习近平主席就网络安全与信息化重要性，多次强调指出"没有网络安全，就没有国家安全"、"没有信息化，就没有现代化"、"现在人类已经进入互联网时代这样一个历史阶段，这是一个世界潮流，而且这个互联网时代对人类的生活、生产、生产力的发展都具有很大的进步推动作用"、"网络信息是跨国界流动的，信息流引领技术流、资金流、人才流，信息资源日益成为重要生产要素和社会财富，信息掌握的多寡成为国家软实力和竞争力的重要标志"、"网络安全和信息化是一体之两翼、驱动之双轮，必须统一谋划、统一部署、统一推进、统一实施。做好网络安全和信息化工作，要处理好安全和发展的关系，做到协调一致、齐头并进，以安全保发展、以发展促安全，努力建久安之势、成长治之业"。

　　信息技术的发展拓展了人类感知、处理、存储、传递的能力，为人类开拓了崭新的生存空间。这种能力渗透到各行各业，显示了任何人，在任何地方，任何时间，高效高速地完成计算、通信、控制的潜能，使人类进入了无限遐想的信息革命时代。中国工程院沈昌祥院士，在谈到信息时代网络安全的重要性时强调：网络已经成为继陆、海、空、天之外的国家第 5 大主权空间。正如美国著名未来学家托夫勒所预言："计算机网络的建立与普及将彻底地改变人类生存及生活的模式，而控制与掌握网络的人就是主宰。谁掌握了信息，控制了网络，谁就将拥有整个世界"。网络安全关系到国家安全，控制网络空间，就可以控制一个国家的经济命脉、政治导向和社会稳定。由于互联网信息技术以几何级数爆炸式增长、与相关领域快速融合和治理规范的缺失，在国内和国际层面上，网络虚拟空间都潜藏着诸多风险，包括网络恐怖主义在内的种种不法行为和有害信息，给各国的主权安全、民生经济等带来了严峻的现实挑战。信息是我们所处时代人类社会发展的主要战略资源，网络信息安全危及国家的政治、军事、经济、文化、社会生活的各个方面，已成为影响国家大局和长远利益的重大战略问题。网络信息安全保障能力是 21 世纪综合国力、经济竞争实力和生存能力的重要组成部分，是世界各国在奋力攀登的制高点。

本书结合作者组织和参加国家重大科技攻关项目"电力系统信息安全示范工程"、国家 863 项目"电力二次系统安全防护体系研究"以及国家电网公司 SG186、SG-ERP 信息安全等级保护及保障体系工程的实践经验，本着力求反映信息安全技术的最新发展成果，以及理论与工程实践相结合的原则而编写。全书共分为 10 章：第 1 章分析国内外网络信息安全工程技术发展趋势，我国信息安全重大政策及发展方向；第 2、3 章介绍网络信息安全工程技术基本理论、信息安全工程技术领域基础知识及最新技术；第 4 章 探讨网络信息安全系统设计与应用分析；第 5 章阐述网络信息安全风险评估方法与应用分析；第 6 章分析网络信息安全防护体系与应用；第 7 章探讨网络信息安全身份认证与授权管理系统与应用分析；第 8 章介绍数据存储备份与灾难恢复系统与应用分析；第 9 章 阐述网络信息安全等级保护与应用分析；第 10 章分析互联网络空间安全战略与应用；并介绍了在网络信息安全工程实践中成功的案例。

近年来，互联网信息技术飞速发展，在人们面前展示出一幅美好的画卷，同时，网络空间信息安全也受到严重的威胁，党中央和国务院已将网络空间安全与信息化同时提升到国家战略。作者长期从事信息化与网络信息安全工程研究，在国内外发表过大量文章、报告和培训讲课，深深地感到我们与先进国家相比还有一定差距，挑战与机遇并存，希望与困难同在，我们必须抓住机遇迎接挑战，满怀希望战胜困难。

本书的突出特点是系统总结了最新网络信息安全工程理论和最新研究成果，运用社会发展系统动力学原理，组织和参加网络信息安全工程实践取得的成功案例。读者通过本书既可以学习网络信息安全工程理论和基础知识，互联网络空间安全战略及网络信息安全最新技术，也可以通过大量实例掌握网络信息安全工程组织、管理和技术实现方法，是一本网络信息安全工程技术与应用分析的工具书。可作为高等院校、能源电力等行业培训教材，也可以供企事业单位从事信息安全工程相关工作的管理人员和工程技术人员参考。

本书编著出版，衷心感谢国家电网公司吴玉生总信息师、李向荣副总工程师、刘建明主任、王继业主任、吴杏平主任，中国电力科学研究院周孝信院士、于尔铿老师、刘广一博士、赵君总经理、哈尔滨工业大学徐殿国院长、陈学允老师、柳焯老师、李志民老师，中国科学院沈阳计算技术研究所李彤、王素香研究员等人多年来的关心帮助与支持。衷心感谢辽宁省电力有限公司有关部门、基层单位同志们的大力支持，感谢国家科技部及国家商用密码管理办公室组织专家、教授的指导和帮助，感谢辽宁省电力有限公司经济技术研究院、华北电力大学电力信息技术工程研究中心、为本书编辑出版发行给予的大力支持和帮助。由于时间仓促，作者水平有限，书中的内容难免有疏漏或不妥之处，敬请读者批评与指教。

潘明惠

2016 年 1 月 16 日于沈阳

目　　录

第1章 绪 论

信息技术的发展，以其拓展人类感知、处理、存储、传递的能力，为人类开拓出崭新的生存空间。网络已经成为继陆、海、空、天之外的国家第5大主权空间。习近平主席关于"没有网络安全，就没有国家安全"，"没有信息化，就没有现代化"的科学论断，揭示了网络安全及信息化在国家战略中的重要地位和作用。

1.1 背景及意义

互联网是20世纪最伟大的发明之一，自从1994年我国首次全功能接入互联网，中国互联网已经过二十多年的发展，网民规模迅速扩大。截至2015年6月，中国网民已达6.68亿人，超过整个欧盟的总人口数量。随着现代信息和网络技术的不断发展和广泛应用，国际信息化浪潮更加深刻地影响和改变着人们的生产方式、生活方式、工作方式，不断推出的各种网络接入更加便捷，应用更加多样，内容极大丰富，网络已经变得"无处不在、无时不在、无所不包"，极大地促进了国家经济、政治、文化、社会等各个方面的发展。信息已经成为人类社会发展的重要战略资源。对中国而言，网络空间最大限度地激发了信息化高速发展的活力，蕴含着新一轮技术革命的丰厚能量，网络技术的迭代式发展和互联网公司的创新应用，让互联网经济成为拉动消费需求的重要力量。网络空间为维护、延长中国的战略机遇期赢得了新的发展机会，又为中国开拓新的发展空间创造了历史条件。但与此同时，网络和业务发展过程中也出现了许多新情况、新问题、新挑战，世界各国对信息安全的重视程度不断提高，国际信息安全领域动作频繁，各国政府、军队、相关企业成为该领域的主角。美国著名未来学家托夫勒所预言："计算机网络的建立与普及将彻底地改变人类生存及生活的模式，而控制与掌握网络的人就是主宰。谁掌握了信息，控制了网络，谁就将拥有整个世界"。网络信息安全已经成为国家战略重点。云计算、云安全、大数据、物联网、智慧地球、智能化安全产品、网络战等新概念、新技术和新产品层出不穷，国际信息安全领域的发展呈现出一些新特点和新趋势。发展信息安全工程技术已成为世界各国信息化建设的重要任务，信息安全已成为维护国家安全和社会稳定的重要基石。

2000年初，国家启动了"十五"重大科技攻关项目"国家信息安全应用示范工程"，国家电力公司承担电力系统信息安全示范工程项目。辽宁省电力有限公司成为电力系统信息安全示范工程试点单位，全面组织"辽宁电力系统信息安全应用示范工程"。2002年启动了国家"863"项目"国家电网调度中心安全防护体系研究及示范工程"，提出了我国电力系统信息安全防护总体策略："安全分区、网络专用、横向隔离、纵向认证"，由此形成了以边界防护为要点、多道防线构成的纵深防护体系。2006 年，国家电网公司实施了信息化 SG186 工程，全面建设一体化企业级信息集成平台，人、财、物等 8 大类业务应用，技术、标准、安全防护等 6 个保障体系，大力推进集团企业的信息化建设，推动信息化向集中统一和优化整合方向发展。2011 年，国家电网公司在 SG186 工程的基础上，全面启动了"覆盖面更广、集成度更深、智能化更高、安全性更强、互动性更好、可视化更优"的信息化 SG-ERP 工程建设，根据电网信息安全防护特点，建设电网信息安全三道防线以实现网络纵深防御，进一步提升了信息系统的安全保障能力，我国电力信息安全达到国际一流水平。

2014 年 2 月 27 日，中央网络安全与信息化领导小组成立，由中共中央总书记、国家主席习近平担任组长，李克强总理担任第一副组长，统筹协调各个领域的网络安全和信息化重大问题，制定实施国家网络安全和信息化发展战略、宏观规划和重大政策，不断增强安全保障能力。习近平主席关于"没有网络安全，就没有国家安全"，"没有信息化，就没有现代化"的科学论断，将网络安全及信息化国家战略提高到前所未有的高度，预示着中国在打一场网络安全和信息化的翻身仗方面，也将迎来新的历史突破。强化网络信息安全，并与国家信息化整体战略双轮驱动，对中华民族伟大复兴，实现两个一百年奋斗目标具有重大战略意义。

1.2　国内外网络信息安全发展简述

1.2.1　国际网络信息安全工程技术发展历程

第一个时期是通信安全时期，以 1949 年香农发表的《保密通信的信息理论》为里程碑，主要研究对称密码算法和分析。在这个时期通信技术还不发达，计算机只是零散地位于不同的地点，信息系统的安全仅限于保证计算机的物理安全以及通过密码（主要是序列密码）解决通信安全的保密问题。把计算机安置在相对安全的地点，不容许非授权用户接近，就基本可以保证数据的安全性了。这个时期的安全性是指信息的保密性，对安全理论和技术的研究也仅限于密码学。这一阶段的信息安全可以简称为通信安全，它侧重于保证数据在从一地传送到另一地时的安全性。

第二个时期为计算机安全时期，在 20 世纪 60 年代后，半导体和集成电路技术的飞速发展推动了计算机软硬件的发展，计算机和网络技术的应用进入了实用化和规模化阶段，数据的传输已经可以通过计算机网络来完成。这时候的信息已经分成静态信息和动态信息。1969 年，美国兰德公司给美国国防部的报告中指出"计算机太脆弱了，有安全问题"——这是首次公开提到计算机安全。在当时和其后的相当一段时间，"计算机安全"的内涵主要是指实体安全，即物理安全。

1976 年，现代密码学时代，以提出非对称（公钥）密码思想为标志，非对称密码体制及相关技术迅速发展。1977 年美国国家标准局（NBS）公布的国家数据加密标准（DES）

和 1983 年美国国防部公布的可信计算机系统评价准则（TCSEC-Trusted Computer System Evaluation Criteria，俗称橘皮书，1985 年再版）标志着解决计算机信息系统保密性问题的研究和应用迈上了历史的新台阶。到了 20 世纪 80 年代后期，"网络安全"和"信息安全"才开始逐步被广泛采用。

第三个时期是在 20 世纪 90 年代兴起的网络时代。从 20 世纪 90 年代开始，由于互联网技术的飞速发展，信息无论是企业内部还是外部都得到了极大的开放，而由此产生的信息安全问题跨越了时间和空间，信息安全的焦点已经从传统的保密性、完整性和可用性三个原则衍生为诸如可控性、抗抵赖性、真实性等其他的原则和目标。

第四个时期是进入 21 世纪的信息安全保障时代，其主要标志是《信息保障技术框架》（IATF）。如果说对信息的保护，主要还是处于从传统安全理念到信息化安全理念的转变过程中，那么面向业务的安全保障，就完全是从信息化的角度来考虑信息的安全了。体系性的安全保障理念，不仅是关注系统的漏洞，而且是从业务的生命周期着手，对业务流程进行分析，找出流程中的关键控制点，从安全事件出现的前、中、后三个阶段进行安全保障。面向业务的安全保障不是只建立防护屏障，而是建立一个"深度防御体系"，通过更多的技术手段把安全管理与技术防护联系起来，不再是被动地保护自己，而是主动地防御攻击。也就是说，面向业务的安全防护已经从被动走向主动，安全保障理念从风险承受模式走向安全保障模式。信息安全阶段也转化为从整体角度考虑其体系建设的信息安全保障时代。

1.2.2　我国网络信息安全发展历程及趋势

我国网络信息安全工程技术发展经历了以下 5 个阶段。

第一阶段：20 世纪 80 年代末之前。1986 年，中国计算机学会计算机安全专业委员会正式开始活动，以及 1987 年国家信息中心成立第一个专门安全机构，从一个侧面反映了中国计算机安全事业的起步。这个阶段的典型特征是国家尚没有相关的法律法规，没有较完整意义的专门针对计算机系统安全方面的规章，安全标准也少，谈不上国家的统一管理，只是在物理安全及保密通信等个别环节上有些规定，广大应用部门也基本上没有意识到计算机安全的重要性，只有个别部门和少数有计算机安全意识的人们开始在实际工作中进行摸索。在此阶段，计算机安全的主要内容就是实体安全，20 世纪 80 年代后期开始了防计算机病毒及计算机犯罪的工作，但都没有形成规模。

第二阶段：20 世纪 80 年代末至 20 世纪 90 年代末。20 世纪 80 年代末，随着我国计算机应用的迅速拓展，各个行业、企业的安全需求也开始显现。除了此前已经出现的病毒问题，内部信息泄漏和系统宕机等成为企业不可忽视的问题。此外，20 世纪 90 年代初，世界信息技术革命使许多国家把信息化作为国策，美国"信息高速公路"等政策也让中国意识到了信息化的重要性，在此背景下我国信息化开始进入较快发展期，中国的计算机安全事业也开始起步。

在这个阶段，一个典型的标志就是关于计算机安全的法律法规开始出现——1994 年，公安部颁布了"中华人民共和国计算机信息系统安全保护条例"，这是我国第一个计算机安全方面的法律，较全面地从法规角度阐述了关于计算机信息系统安全相关的概念、内涵、管理、监督、责任。

在这个时期中，许多企事业单位开始把信息安全作为系统建设中的重要内容之一来对待，加大了投入，开始建立专门的安全部门来开展信息安全工作；一大批基于计算机及网络的信息系统建立起来并开始运行，在本部门业务中起到重要作用，成为不可分的部分，一些学校和研究机构开始将信息安全作为大学课程和研究课题，安全人才的培养开始起步，这也是中国安全产业发展的重要标志。

第三阶段：20世纪90年代末至2005年。从1999年前后到2005年，中国安全产业进入快速发展阶段，标志其走向正轨的最重要特征，就是国家高层领导重视信息安全工作，国家出台了一系列重要政策、措施。1999年国家计算机网络与信息安全管理协调小组和2001年国务院信息化工作办公室成立专门的小组负责网络与信息安全相关事宜的协调、管理与规划，都是国家信息安全走向正轨的重要标志。在2003年组建的国家信息化领导小组下面，曾经单设了一个国家网络和信息安全协调小组，与此同时，国家在信息安全的法律、规章、原则、方针上都有对应措施，发布了一系列文件。

第四阶段：2005—2010年。这个阶段的特点是，国内各行业、部门对于信息安全建设的需求由"自发"走向"自觉"。企业客户已基本了解了信息安全的建设内容与重要意义，很多行业部门开始对内部信息安全建设展开规划与部署，企业领导高度重视，投资力度不断加大。由此，信息安全成为这一阶段企业IT建设的重中之重。积极主动、综合防范的网络安全保障体系加快构建，网络空间态势感知能力将得到进一步提升。逐步明确网络空间新一代防御设计思路，以网络对抗性防御技术研发为依托，构建"协同预警、有效应急、强化灾备"全网动态感知能力体系，逐步实现网络安全防护从静态、基于威胁的保护向动态、基于风险的防护转变。

第五阶段：2010年到现在。随着网络互联网技术飞快发展，空间冲突不断、矛盾增多，网络中的恶性竞赛愈演愈烈，世界范围内侵害个人隐私、侵犯知识产权、网络犯罪等时有发生，网络监听、网络攻击、网络恐怖主义活动等成为全球公害。世界各国都将网络空间安全上升为国家战略。2014年2月，中央网络安全和信息化领导小组成立，设立中央网络安全和信息化领导小组办公室为国家网络空间安全和信息化的统筹协调及办事机构，并与各相关部门共同构成国家网络治理体系的主体。颁布实施47部互联网相关法律法规，占"十二五"期间立法总量的62%。"没有网络安全就没有国家安全，没有信息化就没有现代化"已经成为共识。

1.2.3　国际网络信息安全工程技术发展新趋势

近几年来，国际信息安全领域动作频繁，各国政府、军队、相关企业成为该领域的主角。云计算、云安全、物联网、智慧地球、智能化安全产品、网络战等新概念、新技术和新产品纷纷登场，国际信息安全领域的发展呈现出一些新特点和新趋势。

1. 技术发展关联性主动性显著加强

信息安全技术向完整、联动、快速响应的防护系统方向发展，采用系统化的思想和方法构建信息系统安全保障体系成为一种趋势，具有复杂性、动态性、可控性等特点。其中，复杂性体现在网络和系统的生存能力方面；动态性体现在主动实时防护能力方面，包括应急响应与数据恢复、病毒与垃圾信息防范、网络监控与安全管理；可控性则体现在网络和系统的自主可控能力方面，包括高安全等级系统、密码与认证授权、逆向分析与可控性等。

2010 年，美国政府实施了一项代号为"完美公民"的信息安全防护项目，旨在保护政府重要基础设施或企业免遭黑客侵袭，国家安全局打算从电网、核电站、空中交通管理系统入手，大力部署网络安全的多层防御体系，最终全面介入基础设施；北约紧随其后拟建立三重安全防御体系"数字盾牌"。种种迹象预示着一种全新的信息安全战略即将实施。基础"有效保护"和"大规模报复"的主动防御技术的建立，使信息安全发展正在向主动防御进行根本性转变。

2. 产品呈现高效系统集成化趋势

一方面，随着网络和信息技术的迅猛发展，各种信息安全产品必须不断提高其性能，方能满足高速海量数据环境下的信息安全需求；另一方面，随着网络和信息系统日趋复杂化，将信息安全技术依据一定的安全体系进行设计、整合和集成，从而达到综合防范的目的已成为一种必然趋势。因此，信息安全技术作为关键环节已融入信息系统和产品的设计和生产中，成为不可替代的一个独立模块，信息安全产品的集成化趋势日益显著。

3. 产业形态向服务化方向发展

信息安全产业的发展逐步从当前的技术主导型转化到技术与服务并重型，并将成为产业发展新的增长点。随着产业整体发展的不断成熟和市场竞争的加剧，以及信息安全产品功能的趋同性和产品成本的不断下降，使得信息安全厂商的核心竞争力逐渐向服务领域集中，并带动信息安全市场向服务化方向发展。此外，信息系统复杂程度的不断提高和防护难度的不断加大，迫使信息系统用户不得不将信息安全服务外包，由此催生出一批专业化的信息安全服务公司。

4. 技术和产品应用领域不断拓展

随着信息安全技术与产品的不断成熟和创新，在保证信息安全产业独立性的同时，其技术和产品的应用正迅速向经济社会的各个领域拓展，如基本虚拟化的云安全技术受到重视、云安全服务业务细分化、防火墙高速多功能化、入侵检测向趋势预测行为分析发展、网关安全和终端安全融合发展，以及下一代安全网关成为新热点等现象充分说明，信息安全技术和产品的应用早已不再局限于本领域范畴。

5. 互联网空间成为信息安全主战场

近年来，信息安全的主战场已经逐步转移到互联网空间。网络应用的迅速普及，使得网络成为当今世界信息传输和产生的主要载体，计算机网络和移动互联网的安全问题已成为信息安全领域的核心问题。当前，全球正处于网络空间战略的调整变革期，多个国家调整信息安全战略，明确网络空间战略地位，美、俄、英、法、德等国均公开表示将网络攻击列为国家安全的主要威胁之一，将采取包括外交、军事和经济在内的多种手段保障网络空间安全。

1.2.4　我国电力信息安全工程技术发展的主要特点

电力系统是关系国计民生的国家基础设施，其信息安全是国家网络安全工作的重要组成部分。全国电网监控系统安全防护体系的建立始于21世纪伊始，发展至今经历了以下4大阶段。

1. 电力信息安全发展第一阶段（1997年前）

电力工业信息技术主要应用在电网调度、电力实验数字计算、工程设计科技计算、发电厂自动监测/监控、变电站所自动监测/监控等方面。20世纪80年代初到20世纪90年初期，专项业务系统开始应用在电力的广大业务领域，电力行业广泛使用计算机系统，如电网调度自动化、发电厂生产自动化控制系统、电力负荷控制预测、计算机辅助设计、计算机电力仿真系统等。计算机及网络安全重点是保证计算机及专项业务系统应用的安全问题，主要采用被动的防御措施，计算机及网络的安全在很大程度上依赖于网络终端和客户工作站的安全。系统安全级别特别低，几乎没有主动有力的防范措施。

2. 电力信息安全发展第二阶段（1997—2005年）

1997年3月，电力工业部召开全国电力系统第一次信息化工作会议，制定了"电力工业信息化"九五"规划暨1997—2010年信息化建设发展纲要"，提出了加速建设全国电力系统通信网络、加快电力信息化资源开发利用、建设覆盖全国电力企业的国家电力信息网络的任务。随着电力信息网络不断扩大，系统信息安全存在大量风险：一是系统中有一些网络安全产品，没有形成一个完整的信息安全体系，缺少足够的安全防范和保护；二是网络结构不合理，缺乏信息安全意识，没有制定完整的安全策略；三是在信息安全方面缺少系统的网络安全体系，缺少有关信息安全的管理手段和防范措施，缺少发生故障时的恢复方法和策略，缺少网络实时安全监视手段；四是同外部网络的接入缺少足够的身份认证和授权，对城域网和广域网没有相应的安全防范；五是应用系统在访问控制和安全通信方面缺少相应的安全措施。

　　2000 年年初，国家启动了"十五"重大科技攻关项目"国家信息安全应用示范工程"，由国家科技部、国家密码管理委员会国家商用密码管理办公室统一组织，中南海办公厅、上海 219 二期工程、国家电力公司承担国家信息安全应用示范工程项目。辽宁、江苏省电力公司成为电力系统信息安全示范工程试点单位。从 2000 年开始起步，一方面按照项目统一部署，进行培训、调研制定方案等前期准备工作，另一方面基于保证信息安全重在基础管理的认识，开始组织网络结构优化工作。完成了公司信息安全策略整体框架的开发，完善了安全管理组织机构与制度体系建设；完成了信息安全风险评估实施工作，重点完成辽宁电力 PKI/PMI 系统建设。在国家科技部等有关部门及国家电力公司的领导和帮助下，经过两年前期准备打基础，四年多实施，一千五百余天努力奋斗，全面完成辽宁电力系统信息安全应用示范工程。"全国电力二次系统安全防护体系的研究与实践"于 2005 年获得国务院颁发国家科学技术进步二等奖；"辽宁电力系统信息安全应用示范工程"于 2004 年获得国家电网公司科技进步一等奖。

　　2002 年启动了国家"863"项目"国家电网调度中心安全防护体系研究及示范"，经过三年的研究论证，首次提出了我国电力系统信息安全防护总体策略："安全分区、网络专用、横向隔离、纵向认证"。其中，"安全分区"即将各项电力各类信息系统按照其业务功能与调度控制的相关性，分为生产控制类业务及管理信息类业务，分别置于生产控制大区与管理信息大区中；"网络专用"即利用网络产品组建电力调度数据网，为调度控制业务提供专用网络支持；"横向隔离"即通过自主研发的电力专用单向隔离装置实现生产控制大区与管理信息大区的安全隔离；"纵向认证"即通过自主研发的电力专用纵向加密认证装置为上下级之间的调度业务数据提供加密和认证保护，保证数据传输和远方控制的安全。由此形成了以边界防护为要点、多道防线构成的纵深防护体系。

　　中华人民共和国国家经济贸易委员会第 30 号令《电网和电厂计算机监控系统及调度数据网安全防护规定》于 2002 年 5 月 8 日发布。该规定以"防范对电网和电厂计算机监控系统及调度数据网络的攻击侵害及由此引起的电力系统事故，保障电力系统的安全稳定运行"为目标，规定了电力调度数据网络只允许传输与电力调度生产直接相关的数据业务，并与公用信息网络实现物理层面上的安全隔离，奠定了我国电力监控系统"结构性安全"的重要技术基础，成为我国电力监控系统信息安全防护体系建设启动的标志。

　　2004 年 12 月，该体系以国家电力监管委员会 5 号令《电力二次系统安全防护规定》及《电力二次系统安全防护总体方案》等相关配套技术文件形式发布，成为我国电力监控系统第一阶段安全防护体系全面形成的标志。该体系的实施范围包括省级及以上调度中心、地县级调度中心、变电站、发电厂、配电及负荷管理环节相关电力监控系统。

3. 电力信息安全发展第三阶段（2006—2010 年）

　　这一阶段我国电力信息化进入了系统性全面应用。2006 年，国家电网公司启动信息化 SG186 工程建设。2007 年，完成紧密耦合业务应用 ERP 典型设计和试点。2008 年，建成总部、省（市）公司两级的一体化信息集成平台，全面推广业务应用。2009 年，提前一年完成 SG186 工程，建成覆盖公司各级单位的一体化企业级信息系统，满足各专业管理需求。

2010 年，全面推进 SG186 工程信息系统深化应用，并在 SG186 工程成果基础上，完成国家电网资源计划系统（SG-ERP）工程总体设计，根本扭转了信息化滞后电网发展和企业管理的被动局面，完成了信息系统从条块分割的部门级向横向集成、纵向贯通的一体化企业级的信息系统转变。

2007 年，国家电网公司按照国家电力监管委员会《关于开展电力行业信息系统安全等级保护定级工作的通知》等系列文件，启动电力行业信息安全等级保护定级工作。2012 年印发了《电力行业信息系统安全等级保护基本要求》，全面推进电力行业等级保护建设工作。电力生产控制系统中，省级及以上调度中心的调度控制系统安全保护等级为 4 级，220kV 及以上的变电站自动化系统、单机容量 300MW 及以上的火电机组控制系统 DCS、总装机 1000MW 及以上的水电厂监控系统等系统安全保护等级为三级，其余为二级。依据《电力行业信息系统安全等级保护基本要求》，在上阶段纵深防护基础上完善形成了电网监控系统的等级保护体系，由以下 5 个层面组成：物理安全、网络安全、主机安全、应用安全、数据安全防护，共包括 220 个安全要求项，其中 168 项强于或高于对应级别的国家等级保护基本要求。对于保护等级为四级的电网调度监控系统，综合运用调度数字证书和安全标签技术实现了操作系统与业务应用的强制执行控制（MEC）、强制访问控制（MAC）等安全防护策略，保障了主体与客体间的全过程安全保护，全面实现了等级保护四级的技术要求。

4．电力信息安全发展第四阶段（2011 年至今）

这一阶段我国电力信息化进入世界一流水平，在 SG186 工程成果基础上，完成国家电网资源计划系统（SG-ERP）工程总体设计。全面启动了"覆盖面更广、集成度更深、智能化更高、安全性更强、互动性更好、可视化更优"的信息化 SG-ERP 工程建设，建成异地集中式信息系统灾备中心，投运信息系统调度运行监控中心，开展信息系统实用化评价，进一步提高信息系统应用率。2012 年，公司全面推进 SG-ERP 工程建设，并结合电力专用通信网络建设，推进信息通信融合发展，综合应用水平全面提升，为电网发展和管理变革提供强有力的支撑和保障。这一阶段我国电力信息化全面进入世界一流水平。

2014 年 7 月 2 日，国家能源局下发[2014]317、318 号文件，《电力行业网络与信息安全管理办法》、《电力行业信息安全等级保护管理办法》明确要求选用符合国家有关规定、满足网络与信息安全要求的信息技术产品和服务，开展信息系统安全建设或改建工作。

2014 年 9 月 1 日起开始施行国家发展和改革委员会令第 14 号《电力监控系统安全防护规定》，并且同步修订了《电力监控系统安全防护总体方案》等配套技术文件。定义了电力监控系统，是指用于监视和控制电力生产及供应过程的、基于计算机及网络技术的业务系统及智能设备，以及作为基础支撑的通信及数据网络等。电力监控系统在设备选型及配置时，应当禁止选用经国家相关管理部门检测认定存在漏洞和风险的系统及设备。新版本的总体方案要求生产控制大区具备控制功能的系统应用可信计算技术实现计算环境和网络环境安全可信，建立对恶意代码的免疫能力，应对高级别的复杂网络攻击。这标志着我国智能电网调度控制系统信息安全主动防御体系的正式确立。

1.3　2014 年以来我国网络信息安全的重大事件

1.3.1　网络安全与信息化已经上升为国家战略

2014 年 2 月 27 日成立的中央网络安全与信息化领导小组，已经不仅是国家层面，而是党中央层面上设置的一个高层领导和议事协调机构，大大提高了总揽全局的整体规划能力和高层协调能力，突出网络安全，并与国家信息化整体战略一并考虑，无疑具有重大战略意义。习近平主席提出的"没有网络安全，就没有国家安全"，"没有信息化，就没有现代化"，十分明确地说明在中央层面设立由党的总书记担任组长、总理担任第一副组长的中央网络安全与信息化领导小组的重要性和必要性。

中央网络安全和信息化领导小组发挥集中统一领导作用，统筹协调各个领域的网络安全和信息化重大问题，制定实施国家网络安全和信息化发展战略、宏观规划和重大政策，不断增强安全保障能力；网络安全和信息化是一体之两翼、驱动之双轮，统一谋划、统一部署、统一推进、统一实施。我国的网络安全与信息化管理体制机制正在发生深刻的变化，以往存在的一些明显弊端将被克服。这个新框架，不仅预示我国新的信息化战略和网络强国战略会被提上重要议事日程，而且也预示中国在打一场信息技术和网络技术的翻身仗方面，将迎来新的突破。

2015 年 7 月 1 日，第十二届全国人民代表大会常务委员会第十五次会议通过中华人民共和国国家安全法。其中第二十五条：国家建设网络与信息安全保障体系，提升网络与信息安全保护能力，加强网络和信息技术的创新研究和开发应用，实现网络和信息核心技术、关键基础设施和重要领域信息系统及数据的安全可控；加强网络管理，防范、制止和依法惩治网络攻击、网络入侵、网络窃密、散布违法有害信息等网络违法犯罪行为，维护国家网络空间主权、安全和发展利益。第五十九条：国家建立国家安全审查和监管的制度和机制，对影响或者可能影响国家安全的外商投资、特定物项和关键技术、网络信息技术产品和服务、涉及国家安全事项的建设项目，以及其他重大事项和活动，进行国家安全审查，有效预防和化解国家安全风险。将网络与信息安全上升到国家法律层面，可以实现依法保障网络与信息安全。

1.3.2　网络信息安全法律法规体系日趋完善

2014 年 7 月 2 日，国家能源局（国能安全〔2014〕317 号）下发《电力行业网络与信息安全管理办法》的通知，电力行业网络与信息安全工作坚持"积极防御、综合防范"的方针，遵循"统一领导、分级负责，统筹规划、突出重点"的原则。电力行业网络与信息安全工作的目标是建立健全网络与信息安全保障体系和工作责任体系，提高网络与信息安全防护能力，加强电力行业网络与信息安全监督管理，规范电力行业网络与信息安全工作，保障网络与信息安全，促进信息化工作健康发展。

2014 年 8 月 26 日，国务院下发国办（2014）33 号通知：为促进互联网信息服务健康有序发展，保护公民、法人和其他组织的合法权益，维护国家安全和公共利益，国务院授权重新组建的国家互联网信息办公室（简称国家网信办、国信办）负责全国互联网信息内容管理工作，并负责监督管理执法。中央网络安全和信息化领导小组（下称中央网信小组）的办公室也设在国家网信办，国家网信办同时加挂中央网络安全和信息化领导小组办公室的牌子。中共中央宣传部副部长鲁炜，任中央网络安全和信息化领导小组办公室主任、国家互联网信息办公室主任。中国倡导建设和平、安全、开放、合作的网络空间。

2014 年 8 月，工业和信息化部下发《关于加强电信和互联网行业网络安全工作的指导意见》工信部保〔2014〕368 号，为有效应对日益严峻复杂的网络安全威胁和挑战，切实加强和改进网络安全工作，进一步提高电信和互联网行业网络安全保障能力和水平，提出 8 项重点工作：一是深化网络基础设施和业务系统安全防护；二是提升突发网络安全事件应急响应能力；三是维护公共互联网网络安全环境；四是推进安全可控关键软硬件应用；五是强化网络数据和用户个人信息保护；六是加强移动应用商店和应用程序安全管理；七是加强新技术新业务网络安全管理；八是强化网络安全技术能力和手段建设。

中华人民共和国国家发展和改革委员会令第 14 号，2014 年 9 月 1 日起施行《电力监控系统安全防护规定》，明确了电力监控系统安全防护工作应当落实国家信息安全等级保护制度，按照国家信息安全等级保护的有关要求，坚持"安全分区、网络专用、横向隔离、纵向认证"的原则，保障电力监控系统的安全。用于监视和控制电力生产及供应过程的、基于计算机及网络技术的业务系统及智能设备，以及作为基础支撑的通信及数据网络等。

1.3.3　网络信息安全国际合作全面展开

2015 年 9 月 23 日，国家主席习近平在西雅图微软公司总部会见出席中美互联网论坛双方主要代表时发表讲话强调，当今时代，社会信息化迅速发展。从老百姓衣食住行到国家重要基础设施安全，互联网无处不在。一个安全、稳定、繁荣的网络空间，对一国乃至世界和平与发展越来越具有重大意义。如何治理互联网、用好互联网是各国都关注、研究、投入的大问题。没有人能置身事外。中国倡导建设和平、安全、开放、合作的网络空间，主张各国制定符合自身国情的互联网公共政策。中美都是网络大国，双方拥有重要共同利益和合作空间。双方理应在相互尊重、相互信任的基础上，就网络问题开展建设性对话，打造中美合作的亮点，让网络空间更好地造福两国人民和世界人民。

2015 年 12 月 1 日，首次中美打击网络犯罪及相关事项高级别联合对话在华盛顿举行。对话由国务委员郭声琨与美国司法部部长林奇、国土安全部部长约翰逊共同主持。习近平主席 2015 年 9 月成功访美，两国元首在网络安全问题上达成重要共识，决定建立打击网络犯罪及相关事项高级别联合对话机制。近日，两国元首在巴黎再次举行会晤，就加强中美网络安全合作提出重要指导意见。中美在维护网络安全方面拥有重要共同利益，应把网络安全执法合作打造成中美关系的新亮点。中美双方在此次对话中达成了《打击网络犯罪及相关事项指导原则》，决定建立热线机制，就网络安全个案、网络反恐合作、执法培训等达成广泛共识，取得积极成果，在落实两国元首达成的共识方面取得重要进展。双方决定于2016 年 6 月在北京举行第二次对话。中央政法委和公安部、网信办、外交部、安全部、工信部和司法部等部门负责人出席了对话。

2015 年 12 月 16 日，我国继 2014 年成功举办第一届世界互联网大会以后，举办第二届世界互联网大会，有两千多名嘉宾与会，嘉宾来自五大洲一百二十多个国家和地区，包括 8 位外国领导人，六百多位互联网企业领军人物，中国国家主席习近平出席开幕式并发表主旨演讲，提出了"四原则和五主张"，系统阐述了新时期下的"中国网络观"。强调网络安全是根本，"安全和发展是一体之两翼、驱动之双轮……安全是发展的保障，发展是安全的目的……网络安全是全球性挑战，没有哪个国家能够置身事外、独善其身，维护网络安全是国际社会的共同责任。" 近年来，网络空间冲突不断、矛盾增多，网络中的恶性竞赛愈演愈烈，网络空间命运共同体的提出正逢其时，不但顺应了历史潮流，而且反映了全世界人民的共同心愿。所谓共同体，既要利益共享，更要责任共担。

1.4　网络信息安全工程技术面临的新挑战

1.4.1　网络信息安全工程技术存在的问题

网络信息安全主要涉及网络信息的安全和网络系统本身的安全。在信息网络中存在着各种资源设施，随时存储和传输大量数据；这些设施可能遭到攻击和破坏，数据在存储和传输过程中可能被盗用、暴露或篡改。另外，信息网络本身可能存在某些不完善之处，网络软件也有可能遭受恶意程序的攻击而使整个网络陷于瘫痪。同时，网络实体还要经受诸如水灾、火灾、地震、电磁辐射等方面的考验。

1．影响计算机信息网络安全的因素

一是信息网络硬件设备和线路的安全问题。例如，Internet 的脆弱性；电磁泄漏；搭线窃听；非法终端；非法入侵；注入非法信息；线路干扰；意外原因；病毒入侵；黑客攻击等。二是信息网络系统和软件的安全问题。例如，网络软件的漏洞及缺陷；网络软件安全功能不健全或被安装了"特洛伊木马"；应加安全措施的软件未给予标识和保护；未对用户进行等级分类和标识；错误地进行路由选择；拒绝服务；信息重播；软件缺陷；没有正确的安全策略和安全机制；缺乏先进的安全工具和手段；程序版本错误等。三是信息网络管理人员的安全意识问题。例如，保密观念不强或不懂保密规则；操作失误；规章制度不健全；明知故犯或有意破坏网络系统和设备；身份证被窃取；否认或冒充；系统操作的人员以超越权限的非法行为来获取或篡改信息等。四是环境的安全因素。环境因素威胁着网络的安全，如地震、火灾、水灾、风灾等自然灾害或掉电、停电等事故。

2. Internet 存在的安全缺陷

Internet 不论在网络范围规模，还是在方便快捷开放方面，都是其他任何网络无法比拟的，但是，存在的信息网络安全缺陷也是十分严重的。因为，互联网是分散管理的，是靠行业协会标准和网民自律维系的一个庞大体系。Internet 原是一个不设防的网络空间，从学校进入社会及企业和政府以后，国家安全、企业利益和个人隐私的保护就日显突出。

Internet 上行为的法律约束脆弱，原有的法律不完全适用，适应网络环境的新法律还远远不配套，因此对网络犯罪、知识产权的侵犯和网上逃税等问题缺少法律的威慑和惩治能力。对网上的有害信息、非法联络违规行为都很难实施有效的监测和控制。Internet 的跨国协调十分复杂，对过境信息流的控制及跨国黑客犯罪的打击、数字产品关税收缴等问题协调困难。Internet 上国际化与民族化的冲突日益突出，各国之间的文化传统、价值观念、语言文字的差异造成了网络行为的碰撞。

3. Internet 存在的主要安全问题

一是 TCP/IP 网络协议的设计缺陷。TCP/IP 是国际上最流行的网络协议，该协议在实现上因力求实效，而没有考虑安全因素，因此 TCP/IP 本身在设计上就是不安全的。很多基于 TCP/IP 的应用服务都在不同程度上存在着不安全的因素；缺乏安全策略；配置复杂。访问控制的配置一般十分复杂，所以很容易被错误配置，从而给黑客以可乘之机。二是薄弱的认证环节。例如，Internet 使用薄弱的、静态的口令，可以通过许多方法破译。其中最常用的两种方法是把加密的口令解密和通过监视信道窃取口令；一些 TCP 或 UDP 服务只能对主机地址进行认证，而不能对指定的用户进行认证。三是系统的易被监视性。例如，当用户使用 Telnet 或 FTP 连接在远程主机上的账户时，在 Internet 上传输的口令是没有加密的，那么侵入系统的一个方法就是通过监视携带用户名和口令的 IP 包获取；X Windows 系统允许在一台工作站上打开多重窗口来显示图形或多媒体应用。闯入者有时可以在另外的系统上打开窗口来读取可能含有口令或其他敏感信息的击键序列。四是网络系统易被欺骗性。主机的 IP 地址被假定为是可用的，TCP 和 UDP 服务相信这个地址。如果使用了 "IP source routing"，那么攻击者的主机就可以冒充一个被信任的主机或客户。五是有缺陷的局域网服务和相互信任的主机。可以被有经验的闯入者利用以获得访问权；允许主机们互相"信任"。如果一个系统被侵入或欺骗，那么对于闯入者来说，获取那些信任它的访问权就很简单了。六是复杂的设备和控制。对主机系统的访问控制配置通常很复杂而且难于验证其正确性，因此，偶然的配置错误会使闯入者获取访问权。一些主要的 UNIX 经销商仍然配置成具有最大访问权的系统，如果保留这种配置，就会导致未经许可的访问。

1.4.2   信息化新阶段的网络信息安全

信息化新阶段导致网络信息安全内涵不断扩展，网络信息安全不断面临新的挑战，应当提高创新能力，健全网络信息安全法制，保障网络信息安全。

1. 信息化新阶段导致网络安全内涵不断扩展

当今世界，信息科技革命日新月异，互联网已经融入经济社会发展的方方面面。2014年是我国接入国际互联网 20 周年。据统计，到 2014 年中，我国互联网普及率已达 46.9%，同比增长 6.9%，手机网民 5.27 亿，同比增长 13.5%。中国互联网发展进入新的十年，宽带化、移动性、泛在性成为互联网应用的显著特征。毫无疑问，拥有 6 亿多网民的中国已经是网络大国，同时也是信息窃取、网络攻击的主要受害者，面临着巨大的网络安全压力。

宽带化是互联网发展的必然要求。2013 年 8 月，我国发布宽带中国战略及实施方案，要求到 2015 年固定宽带家庭普及率和 3G/4G 用户普及率分别达到 50% 和 32.5%，2020 年分别达到 70% 和 85%；城市和农村家庭宽带接入能力基本达到 20 Mbps 和 4Mbps，2020 年分别达到 50Mbps 和 12Mbps。随着宽带中国战略的实施，2014 年第三季度，中国网民平均可用下载速率超过 4Mbps，相对 2013 年同期的 3Mbps 提升 33%。

"大智移云"（大数据、智能化、移动互联网和云计算）是互联网发展的又一重要特征，或者说信息化发展进入到"大智移云"新阶段。这里的智能化包括物联网的感知和大数据的挖掘所支撑的用户体验。

2. 网络安全问题日益突出，网络安全内涵不断延伸

通常，人们把网络基础设施的安全称为网络安全，把数据与内容的安全称为信息安全。但从 2011 年以来，美国、英国、法国、德国、俄罗斯、澳大利亚、加拿大、韩国、新西兰等国家纷纷制定网络空间信息安全国家战略，以争取和保持在信息化新阶段的国家安全的战略优势地位。网络空间包含网络基础设施、数据与内容以及控制域，即覆盖传输层、认知层和决策层，其范围还将从目前的互联网拓展到各类网络、各类数据链和所能链接及管控的各类设备。网络空间信息安全的含义不仅是传统的网络基础设施安全，还包括信息层面即数据或内容的安全以及执行决策层面的安全，即与信息化有关的非传统安全的综合。

3. 信息化新阶段网络安全面临挑战

网络安全挑战越加严峻。《中国互联网发展报告（2014）》报道，我国面临大量境外地址攻击威胁，国家互联网应急中心监测发现在 2013 年我国境内 1090 万余台计算机主机被境外服务器控制，其中源自美国的占 30.2%。我国境内 6.1 万个网站被境外控制，较 2012 年增长 62.1%。2013 年针对我国银行等境内网站的钓鱼页面数量和涉及的 IP 地址数量分别较 2012 年增长 35.4% 和 64.6%。

移动互联网的安全问题甚至比桌面互联网更严重。截至 2014 年 6 月，我国移动智能终端用户数占全球的 30%，移动互联网用户数 5.27 亿，占网民总数的 83.4%，占移动用户数的 41.8%，移动互联网接入流量同比增长 44.7%，户均移动互联网接入流量达到每月175MB，其中手机上网流量占比提升至 84.1%。大量移动互联网用户的增加导致了移动终端的设备越来越多样，这也意味着管理起来将更加困难。移动终端因功耗等限制，无法像 PC（个人计算机）那样内置功能强大的防火墙。移动终端相比 PC 涉及的用户身份信息多，

具有定位能力但可被跟踪，移动支付还涉及银行账号，移动终端的安全问题比 PC 严重得多。据统计，2014 年上半年标记骚扰电话号码 8330 万，拦截垃圾短信 385.6 亿，拦截伪基站短信 12.38 亿。安卓移动操作系统尽管已经使用了针对应用软件的签名系统，但黑客仍然能使用匿名的数字证书来签署他们的病毒并发放。据报道，受美国标准委员会 NIST 批准，美国家安全局（NSA）和加密公司 RSA 达成了价值超过 1 千万美元的协议，在移动终端所用的加密技术中放置后门，使 NSA 通过随机数生成算法 Bsafe 的后门程序破解各种加密数据。可见，移动互联网的安全问题是当前网络安全面临的一个重要挑战。

4．信息安全防御的新重点转向大数据、云计算

伴随移动互联网等的发展，大数据近年受到越来越多的关注。据 BBC 公司统计，2013 年全球互联网流量每天为 2.7EB，全球新产生的数据年增 40%，每两年就可以翻番。大数据的挖掘可应用到经济、政治、国防、文化等各领域。大数据是信息化新阶段的特征，也是网络安全防御的新重点。我国对大数据的存储、保护和利用重视不够，导致信息丢失或不完整，同时存在信息被损坏、篡改、泄露等问题，给国家的信息安全和公众的隐私保护带来了隐患。此外，宽带化以及信息化应用的深入推动了云计算发展。个人的云存储、企业的云制造，还有云政务等在近年迅速发展。云计算能力的分布化、虚拟化、服务化是云计算的技术基础，但云计算平台如果被攻击，出现故障，就会导致大规模的服务器瘫痪。

5．物联网的安全问题不容忽视

物联网结点数多，不易于管理，结点的数据可能被篡改或者假冒，这是物联网安全的重大隐患。比如，现在物联网已经应用到了医疗设备上，如果像心脏起搏器这样的设备被黑客攻击，将直接影响到人的生命安全。黑客还能够通过智能电视、冰箱以及无线扬声器等发起攻击。在全球首例物联网攻击事件中，十余万台互联网"智能"家电在黑客的操控下构成了一个恶意网络，并在两周时间内向那些毫无防备的受害者发送了约 75 万封网络钓鱼邮件。谷歌眼镜会对它拍下的所有照片进行扫描，如果拍下或看到的二维码含有恶意，这种二维码在谷歌眼镜被解析后可劫持谷歌眼镜，它所能监视的不仅仅是其使用者的生活——实际上是使用者在看什么它就能看到什么，使用者听什么它就能听到什么，甚至不经谷歌眼镜主人控制就发出去，这带来严重的隐私泄漏问题。

此外，工业控制系统的安全也需要加强，2012 年 4 月黑客入侵了美国的智能电表系统并修改了电表数据。还有一些国家刻意准备网络战，目的是破坏对方的信息系统并进而摧毁能源、交通等基础设施，著名的案例是 2010 年 9 月伊朗的铀燃料浓缩设施被"震网"病毒攻击而瘫痪。这些都值得人们警惕。

6．提高创新能力，健全网络法制，保障网络安全

当前，我国所用的 PC 操作系统和手机操作系统技术几乎都源自国外，核心芯片依赖进口，这是很大的隐患。在网络安全方面，如果自己没有过硬的技术，就很难实现安全可控的管理。斯诺登事件爆出美国大规模入侵华为服务器就是一例。外国的核心技术是买不

来的，也是市场换不来的，但我国的市场对培育自主创新的技术和产品是必不可少的。这就要求我们在培育网络核心技术方面也要发挥市场在资源配置中的决定性作用和更好地发挥政府的作用。

建设网络强国，需要我们有与网络大国相适应的国际互联网治理的话语权。当前，尤其要抓住向 IPv6（互联网协议第 6 版）转换的机会极力争取根服务器落户中国，积极宣传我国发展互联网的政策，共同维护国际互联网秩序。

1.4.3　信息安全工程技术主要研究方向

政府试图延缓密码编制学的传播所采取的输出控制条例、密钥-契约计算等措施将被证明是无效的，并将被抛在一边。原因很简单：人们将上亿美元用于 Internet 的商业化，而且商业化的 Internet 需要密码编制学。没有哪个人会为要满足那些冷战专家和国家调查机关而试图危及平均 10 亿美元的共同体电子贸易。就此来看，一个旨在保全政府面子的折中处理方法是不可避免的。

政府将放弃规范网络内容的努力。 Internet 没有国家界限，这使得政府如果不在网络上截断 Internet 与本国的联系就不可能控制人们的所见所闻。但对于像 AOL 、Compuserve 及 Microsoft 这样具备国际性系统的网络，即使完全切断联系也没有用。个人卫星通信系统如 Iridium 将最终结束国家的数据界限。这将使针对网络通信量或交易量收税的工作产生有趣的和不可预期的效应。国家数据政策发布的不确定性将反映在不断改变、混乱且无意义的条例中，就像近期未付诸实施的通信传播合法化运动一样。这些法律将被忽略、变更或成为过去，而网络则将安然无恙，继续存在。

现在如果发生一次主计算机系统安全崩溃事故，那么将至少会有几个或更多亿的金融系统遭到破坏。随着货币在形式上变得越来越电子化，其流动也就越来越快。这种流动使得货币在容易携带的同时也更容易被偷窃。由于大多数至关重要的财经信息涌上网络，来自于内部的对于系统安全性的威胁将会变得越来越大。不道德的雇员将会偷走电子商品，投资者和存款人不得不让政府保护，这种偷窃行为必将增加财经领域中的计算机现行安全制度的压力。这种制度或由政府或由金融界的审计员来制定。

随着网络在规模和重要性方面的不断增长，系统和网络管理技术的发展将继续深入。由于很多现行的网络管理工具缺乏最基本的安全性，使整个网络将可能被入侵者完全破坏，达到其法定所有者甚至无法再重新控制它们的程度。最终，我们将认识到网络管理和安全管理是同一事物的不同方面，两者密不可分、相互关联。对这样一种概念的认知将是一件好事。因为，因系统提供商的标准之争和公众对于其私人信息与交易安全性的担心而被推迟了很长一段时间的在线商业，最终将会逐步繁荣起来。

在大量的计算机安全诉讼案获得胜诉后，律师们将对有关计算机安全案件的胜诉前景产生足够的信心。案件追踪律师会大量介入 Internet，并努力寻找用以对抗计算机窃贼的系统缺陷、为"黑客"提供宿主的站点和未对私人信息提供足够保护的其他网络站点。递增的与 Internet 相关的诉讼案将引起公司虚拟化并将总部设在国外不确定地区的风潮。

某种保护个人数据隐私的法律法规将会建立。但这也许太迟了，因为到那时，从事数据搜集的公司已将他们的业务转移到国外，并有服务机构专职出售信息，而其他服务机构则将过滤、修正甚至"放大"这些信息。

一些软件公司将由于产品质量或连带责任的诉讼而遭受巨大的经济损失。软件质量的现权法将逐渐形成。目前软件的这种处于模糊状态的售出情况，即使对于一个能支付得起大量金钱雇佣律师甚至收买法律制定者的软件公司来说，也会因诉讼的损失巨大而不能维持太久。如果一个轿车制造厂家应对制造出在交通事故中发生爆炸的轿车负责任的话，软件生产厂商也应对生产出由于安全方面存在漏洞而使其使用者蒙受财产损失的软件负责。随着当代没有技术知识的立法者和法官被新生的具有技术头脑的立法者和法官所取代，软件和网络安全现权法的时代也将到来了。

一些人利用其软件开发人员的工作，在某些流行的网络化软件中留下了特洛伊木马，这使他们日后有能力攻击成千上万的网络系统，构成系统安全的严重危害。这种现象已经发生了，只是人们还没有给予足够的重视而已。

智能卡和数字认证将变得盛行。随着越来越多的系统利用密码技术，最终用户需要将密钥和验证码存放在不易丢失的地方。所以他们要用智能卡来备份以防硬盘损坏，并将智能卡广泛内置于个人数字助手（PDA）中。

软件将主要以 Java 或 Active X 这样可供下载的可执行程序的方式运作。网络安全管理系统的建造者们需要找到如何控制和维护可下载式程序的方法。同时他们也要编制一些必要的工具以防止某些可下载式有害程序的蔓延。这样的程序主要是病毒、特洛伊木马以及其他到目前为止仍无法想象出的一些程序。

HTTP 文件格式将被越来越多的信息服务机构作为传递消息的方式。 Point cast 现在就是按照 HTTP 格式的反馈要求来分渠道传送信息，可以预见，其他的信息机构也将相继效仿这种方法。防火墙对于将安全策略应用于数据流的作用将减低并会逐渐失去其效力。

虚拟网络将与安全性相融合，并与网络管理系统结合起来。软件和硬件将协同工作以便将带有不同类型的目的和特性的应用系统与网络彼此隔离，由此产生的隔离体仍将被称作"防火墙"。

第 2 章　网络信息安全工程基本理论

社会发展系统动力学原理揭示了人类社会发展的自然规律，由于社会需求的原动力性和永动性，原有的社会需求满足了，新的社会进步需求又随之产生。于是，又必须开始一个新的、水平更高的互动过程。研究和探讨网络信息安全工程技术基本理论和应用分析，对于指导解决工程实践出现的问题具有十分重要的意义。

本章的主要内容包括社会发展系统动力学原理，国家信息化定义及体系六要素，网络信息安全工程基本原理及策略，电力系统信息网络安全"三大支柱"，基于主动意识的信息网络安全综合防护，网络信息安全体系安全服务机制，以及网络信息安全常用典型标准模型的研究与工程应用。

2.1　信息化工程基本理论

社会发展系统动力学原理模型及信息化确实是现代人类社会发展的必然过程。本节主要介绍中国特色信息化道路的主要特征，信息化在企业生存发展中的地位与作用，以及信息化与工业化的深度融合等。

2.1.1　社会发展系统动力学原理简化模型

如图 2.1 所示为简化了的社会发展系统动力学原理模型。社会发展系统动力学的出发点和归宿，是作为人类生存发展运动整体的"社会"。它的本性是不断提出更高的"发展需求"，永远不会停止在一个水平上。正是这种原动的"需求"，成为推动人类社会不断进步的永恒原动力。

面对社会进步的原动"需求"，"科学"首先提供相关的"理论"成果来响应。理论可以在原理上启示社会成员怎样才能满足社会的需求，因而具有指导意义，但是抽象的理论本身无法直接满足社会进步的实际需求。

其次，面对社会"需求"的激励，在科学理论的启迪与指导下，"技术"通过向社会成员提供相应的"社会生产工具"来扩展社会成员的社会生产能力，强化社会成员实现社会需求的基本能力。

接着，在此基础上，社会成员利用生产工具展开社会生产活动，因而形成相应的"社会生产力"。另一方面，社会成员之间结成一定的社会生产关系，以便更有成效地进行社会生产活动。这种社会生产力与社会生产关系的结合，就构成了相应的社会经济运转系统。

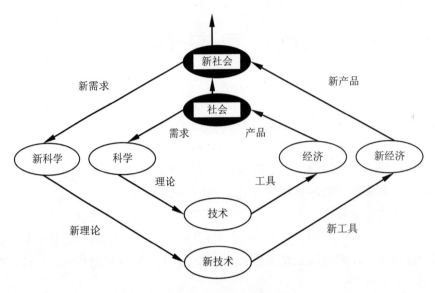

图 2.1　社会发展系统动力学原理简化模型

进而，这样构成的"社会经济运转系统"就可以生产一定数量、质量和品种的"物质产品和精神产品"来满足社会生存与发展的实际"需求"，从而完成了如图 2.1 所示"社会发展系统动力学原理简化模型"的一个互动过程，使社会需求得到满足。

但是，由于社会需求的原动力性和永动性，原有的社会需求满足了，新的社会进步需求又随之产生。于是，又必须开始一个新的、水平更高的互动过程。这种螺旋式前进的过程永远不会终结，从而形成人类社会持续发展的勃勃生机与无限前景。

信息的基本概念及社会发展系统动力学原理深刻揭示了作为人类现代化社会发展进程的"信息化"的基本内涵：信息化是人类社会发展的一个高级进程，它的核心是要通过全体社会成员的共同努力，在经济和社会各个领域充分应用基于现代信息技术的先进社会生产工具，创建信息时代社会生产力，推动社会生产关系和上层建筑的改革，使国家的综合实力、社会的文明素质和人民的生活质量全面达到现代化水平。

信息化的基本内涵启示我们：信息化的主体是全体社会成员，包括政府、企业、事业、团体和个人；它的时域是一个长期的历史过程；它的空域是政治、经济、文化、军事和社会的一切领域；它的手段是基于现代信息技术的先进社会生产工具；它的途径是创建信息时代的社会生产力，推动社会生产关系及社会上层建筑的改革；它的目标是使国家的综合实力、社会的文明素质和人民的生活质量全面过渡到现代化水平。

2.1.2　信息化是人类社会发展的必然趋势

按照社会发展系统动力学原理，科学技术的发展必然为社会提供新的社会生产工具，社会成员使用这种新的社会生产工具进行社会劳动就形成新的社会生产力，同时必然促进新的生产关系成长，从而推动新的社会生产方式和社会上层建筑的形成。这就是"科学技术－生产工具－生产力－经济－社会"的连锁关系，见表 2.1。

表 2.1　科学技术－生产工具－生产力－经济－社会连锁关系

时期	表征性科技	表征性资源	加工产物	所创制工具	使用方式	生产力时代	经济的形态	社会的形态
史前						蒙昧时代	原始经济	原始社会
古代	材料科技	物质	材料	体力工具	家庭	农业时代	农业经济	农业社会
近代	能量科技	能量	劳力	劳动工具	团体	工业时代	工业经济	工业社会
现代	信息科技	信息	知识	智能工具	社会	信息时代	信息经济	信息社会

表 2.1 中，"表征性科技"和"表征性资源"的含义是：任何一个时代所存在的科学技术和所利用的资源都必然是多样化的，这里只指出对于那个时代最具有表征性意义的科学技术和资源。

在物质、能量、信息三种资源之中，物质资源相对比较直观，信息资源相对比较抽象，能量资源则介于两者之间；而人类宏观的认识能力通常是由直观逐步走向抽象。因此，古代人类所能认识和利用的资源必然主要是物质资源，近代人类进一步学会了认识和利用能量资源，现代人类则在此基础上正在逐步深入地认识和利用信息资源。这样，表 2.1 就清楚地显示了古代农业社会、近代工业社会、现代信息社会的历史发展规律。

表 2.1 还表明：农业经济条件下的社会生产工具是体力工具；工业经济条件下的社会生产工具是动力工具；信息经济条件下的社会生产工具是智能工具。经济学原理认为："判断一种经济的性质是什么，不仅要看它生产什么，更要看它怎样生产。"例如，农业经济、工业经济、信息经济都生产粮食，从这个意义上看不出它们有什么本质的区别；但是，它们生产粮食的生产方式却大不相同，显示了它们之间的质的区别。

经济是指社会产品生产与再生产的活动。某个时期的经济性质由当时社会成员的素质水平、社会生产工具性质、社会生产力和生产关系的状况决定。依照经济学原理和表 2.1 所示的关系，可以清晰地给出农业经济、工业经济和信息经济的定义。

1. 农业经济

农业经济是以物质资源为表征性资源、以体力工具为表征性社会工具、以农业时代社会生产力为表征性社会生产力的经济。

2. 工业经济

工业经济是以能量资源为表征性资源、以动力工具为表征性社会生产工具、以工业时代为表征性社会生产力的经济。

3. 信息经济

信息经济是以信息资源为表征性资源、以智能工具为表征性社会生产工具、以信息时代社会生产力为表征性社会生产力的经济。

如上所述，三种基本经济形态之间还存在各种其他方面的不同特征，但是定义中所指出的这些特征是最基本的，其他各种不同特征都可以由这些基本特征派生出来。例如，由于农业经济时代社会生产工具简单（体力工具），社会生产力水平低下，人们首先要解决产品的"有无"问题，因而追求的目标主要是产品"数量"。工业经济时代社会生产工具有了较大进步（动力工具），社会生产力提高了，又有了一定数量的产品积累，因此追求的目标主要是产品的"质量"。信息经济时代逐步拥有了智能化的社会生产工具，又有了产品数量和产品质量的基础，因而追求目标就必然逐步转向产品的"品种多样化和适用化"，即个性化，等等。

4．知识经济

把信息资源提炼成为知识，进一步再把知识激活成为智能，这是信息资源加工转化的有序发展过程。因此，知识经济（基于知识的经济）是信息经济的一个比较高级的阶段。

由于信息资源是与物质和能量资源具有同等意义的基础资源，信息经济便自然成为一种有别于农业经济和工业经济体系的新的基本经济体系。知识经济则不是一个新的基本经济体系，而是信息经济体系发展到一定阶段的产物。

实际上，任何一种基本的经济体系都有一个由初级到高级发展的过程。正像信息经济体系可以根据信息资源加工的不同阶段划分为信息经济、知识经济和智能经济那样，农业经济体系也可以按照物质资源加工的不同水平划分为石器经济、金属经济和合金经济，等等；工业经济则可以按照能量资源的等级不同划分为蒸汽机经济、电力经济、原子能经济，等等。只不过由于历史上的学术思想没有今天这样深入和活跃，因而没有对农业和工业经济做出这么细致的划分而已。

5．数字经济

数字经济主要强调了信息经济的数字化特征。数字经济的概念由"数字技术"引申而来。但是，"数字技术"本身只是现代信息技术的一种技术特征，因此，数字经济也只能反映信息经济的一个技术侧面。

6．网络经济

网络经济的概念强调信息网络这样一种社会生产工具对经济的作用。如果说信息经济的提法是着眼于信息经济的表征性基础资源，那么网络经济的提法则是着眼于信息经济的社会生产工具。而基础资源和社会生产工具都是一种经济形态的本质特征，因此，网络经济和信息经济具有同样重要的表征意义。

如图 2.1 所示的社会发展系统动力学原理简化模型表明，人类社会的本质特性是不断提出新的更高的生存发展需求。这种永不停顿、不断向上的新需求，成为促使人类自身不断进步的原动力，也是推动人类社会不断前进的永恒动力。

在没有任何生产工具的远古蒙昧时代，人们基本上是以"赤手空拳"和"各自谋生"的方式在大自然中求生存，没有形成任何有效的社会生产力。他们一方面在森林中采摘野果，追杀弱小猎物，在浅水区捕捞鱼虾；另一方面又要躲避凶猛野兽的侵袭，逃避自然灾害的暴虐。因此，那时人类生存发展的条件十分严峻，生存发展的水平十分低下，生存的机会与死亡的危险同在。

为了获得更好和更稳定的生存与发展条件，人类曾经进行过无数次自觉的和更多不自觉或半自觉的尝试，终于慢慢发现：要想改善生存发展条件，唯一有效的出路是必须逐步学会认识周围的世界，并在认识世界的基础上实现对外部世界的合理改造和优化。但是，由于外部世界浩大无边，而且错综复杂和变化莫测，人类对于外部世界的认识又只能遵循由简单到复杂、由直观到抽象的规律逐步前进，因此，人类对于外部世界的认识不可能一蹴而就。这就决定了人类社会的发展只能由低级阶段逐步向高级阶段转变。

人类的能力虽然多姿多彩，但是归结起来只有三类：体质能力、体力能力和智力能力。体质能力是体力能力和智力能力的基础，体力能力是支撑智力能力的支柱，智力能力则是支配体质能力和体力能力的统帅和灵魂。三种能力相辅相成，构成人类三位一体的能力。

经过长期的实践摸索和无数次的失败与挫折，人类才逐渐领悟到实现"自身能力扩展"的奥秘，这就是：设法把外部世界的"资源"加工成为相应的社会生产工具，利用这些生产工具就可以扩展人类自身的能力。

如果真正能够制造出合适的生产工具，那么，物质资源就能被利用来扩展人类的体质能力；能量资源就能被利用来扩展人类的体力能力；信息资源就能被利用来扩展人类的智力能力。资源与能力之间的这种关系如图 2.2 所示。

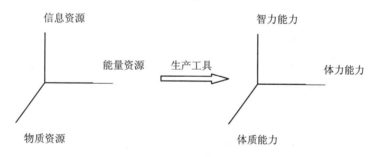

图 2.2　生产工具——利用外部资源扩展人类的能力

用外部世界的"资源"扩展人类自身的"能力"，是一切生产工具的共同本质。帮助人类完成这种转变任务的，正是材料科学技术、能量科学技术和信息科学技术，它们为人类社会的进步做出了伟大贡献。

不难理解，三类资源之间，物质资源比较直观，信息资源比较抽象，能量资源则介于两者之间。于是，受到由简单到复杂和由直观到抽象的认识规律的制约，人类最初主要利用古代初步发展起来的材料科学技术的知识，把外部世界的物质资源加工成为各种各样的材料（如石器材料、木器材料、金属材料等），制成了各种各样只需要材料而不需要能量和信息资源的体力工具（如锄头、镰刀、棍棒、车、犁等），扩展了人类的体质能力。

到了近代，人类逐步了解了能量资源的性质，利用能量科学技术知识把外部世界的能量资源加工成为各种可以控制的动力（如机械力、化学力、电力等），并把它们与近代的新材料结合起来，制成了各种只需要材料和动力而不需要信息资源的动力工具（如机车、机床、汽车、轮船等），扩展了人类的体力能力。

进入现代，人类正在逐步掌握信息资源的性质，利用信息科学技术知识把外部世界的信息资源加工成为各种各样可操作可利用的知识（如各种知识模型、推理规则、控制策略等），并把它们与现代的材料和动力相结合，制成了各种各样的智能工具（如各种决策系统、专家系统、智能机器人等），扩展了人类的智力能力。这一过程的归纳见表 2.2。

表 2.2　科技－资源－工具－能力关系

时期	表征科技	表征资源	加工产物	表征工具	扩展能力	时　代
史前						蒙昧时代
古代	材料科技	物质	材料	体力工具	体质能力	农业时代
近代	能量科技	能量	动力	动力工具	体力能力	工业时代
现代	信息科技	信息	知识	智能工具	智力能力	信息时代

由此可以得出以下重要结论。

第一，正是由于科学技术的进步，使人类能够利用外部世界的资源创造出越来越先进的社会生产工具，越来越全面地扩展人类自身的能力，从而不断改善人类生存和发展的条件，推动人类社会的发展。因此，人类社会自身不断产生更高的生存发展新需求，是牵引社会不断发展的原动力；而科学技术的进步则是回应新需求的牵引而产生的巨大推动力量。

第二，在"科学技术—资源利用—社会生产工具—社会生产力"这个关系链的推动下，人类社会由远古时代的蒙昧逐步走向农业时代文明、工业时代文明和信息时代文明。这就是人类社会发展的客观历史规律。

第三，人类社会由蒙昧时代走向农业文明的历史过程，是一个广泛应用体力工具的农业化时代；由农业时代走向工业时代的历史过程，是一个广泛应用动力工具的工业化时代；由工业时代走向信息时代的历史过程，是一个广泛应用智能工具的信息化时代。

第四，智能工具是基于现代信息技术的工具体系，是一个大规模的智能化信息网络。因此，信息化的过程是一个不断推广大规模智能信息网络在国民经济各部门和社会各领域广泛应用的过程。一代新的社会生产工具的广泛应用，导致一代新的社会生产力和生产关系的形成，导致一代新的社会生产方式和上层建筑的改变。

以上的论证表明：从科学技术和社会生产工具进步的总趋势来看，信息化确实是现代人类社会发展的必然过程。

2.1.3　国家信息化定义及体系六要素

国家信息化：在国家统一规划和组织下，在农业、工业、科学技术、国防及社会生活各个方面应用现代信息技术，深入开发、广泛利用信息资源，加速实现国家现代化的进程。

上述国家信息化的定义包含 4 层含义：一是实现四个现代化离不开信息化，信息化也要服务于四个现代化；二是国家要统一规划、统一组织信息化建设；三是各个领域要广泛应用现代信息技术，深入开发利用信息资源；四是信息化是一个不断发展的过程。

国家信息化体系包括信息技术应用、信息资源、信息网络、信息技术和产业、信息化人才、信息化政策法规和标准规范 6 个要素。6 个要素共同构成了一个有机的整体，形成了符合中国国情的、完整的信息化体系（图 2.3）。

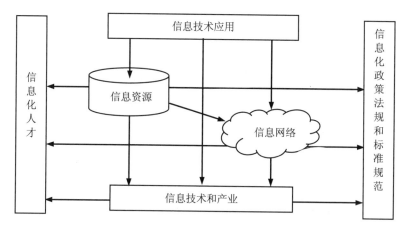

图 2.3　国家信息化体系六要素关系

1. 信息技术应用

信息技术应用，是指把信息技术广泛应用于经济和社会的各个领域。信息技术是应用信息化体系六要素的龙头，是国家信息化建设的主阵地，集中体现了国家信息化建设的需求和效益。信息技术应用工作量大、涉及面广，直接关系到国民经济整体素质、效益和人民生活质量的提高。信息技术应用向其他 5 个要素提出需求，而其他 5 个要素又反过来支持信息技术应用。

信息技术应用的重点如下。

（1）改造和提升传统产业的结构和素质。紧紧围绕国家经济结构调整的目标，大力推进信息技术和信息产品在农业、工业、服务业等领域的应用，增加品种，改进质量，扩大出口，降低能耗，节约资源，减少污染，提高效益，加强技术改造，实现产品升级和结构优化，推动国民经济增长方式由粗放型向集约型转化。

（2）推动企业管理和生产过程自动化。促进数控系统、生产过程控制、计算机辅助设计/计算机辅助制造（CAD/CAM）、计算机辅助工艺过程设计（CAPP）、计算机集成制造系统（CIMS）、计算机管理信息系统（MIS），特别是电子商务等电子、信息、网络技术在企业中的广泛应用。将信息技术与现代管理技术、制造技术、控制技术相结合，应用于企业产、供、销的全过程，通过信息集成、过程优化及资源优化配置，实现物流、资金流和信息流的集成和优化，提高企业的市场应变能力和竞争能力。

（3）推进高科技产业信息化。在电子信息、生物工程、新能源、新材料、航天航空、环境保护等新兴产业和其他高技术产业领域，广泛推广应用电子信息技术，促进核心技术的研究、开发与生产，占领高新技术和产业的制高点，推动新兴产业的诞生和发展。

（4）统筹规划，重点实施信息化重大工程。根据我国实际情况，推进国民经济信息化应当按照领域信息化、区域信息化、企业信息化和社会信息化，分类组织推进实施具有突出示范效应和巨大推动力的信息化重大工程。当前重点是抓紧、抓好电子商务、电子政务等跨部门、跨行业、跨领域、跨地域的重大信息化工程。

2．信息资源开发利用

信息资源、材料资源和能源资源共同构成了国民经济和社会发展的三大战略资源。信息资源的开发利用是国家信息化的核心任务，是国家信息化建设取得实效的关键，也是我国信息化的薄弱环节。信息资源开发和利用的程度是衡量国家信息化水平的一个重要标志。信息资源在满足信息技术应用提出的需求的同时，对其他 4 个要素提出需求。

在人类赖以生存和发展的自然界，可以开发利用的材料资源和能源资源是有限的，绝大多数又是不可再生、不可共享的。而且，对材料资源和能源资源的开发利用必然产生对环境的污染和对自然界的破坏。与此相反，信息资源是无限的、可再生的、可共享的，其开发利用不但很少产生新的污染，而且会大大减少材料和能源的消耗，从而相当于减少了污染。

3．信息网络

信息网络是信息资源开发利用和信息技术应用的基础，是信息传输、交换和共享的必要手段。只有建设先进的信息网络，才能充分发挥信息化的整体效益。信息网络是现代国家的重要基础设施。信息网络在满足信息技术应用和信息资源分布处理所需的传输与通信功能的同时，对其他三个要素提出需求。

4．信息技术和产业

信息技术和产业是我国进行信息化建设的基础。我国是一个大国，又是发展中国家，不可能也不应该过多依靠从国外购买信息技术和装备来实现信息化。我国的国家信息化必须立足于自主发展。为了国家的主权和安全，关键的信息技术和装备必须由我们自己研究、制造、供应。所以，必须大力发展自主的信息产业，才能满足信息技术应用、信息资源开发利用和信息网络的需求。

5．信息化人才

信息化人才是国家信息化成功之本，对其他各要素的发展速度和质量有着决定性的影响，是信息化建设的关键。只有尽快建立结构合理、高素质的研究、开发、生产、应用和管理队伍，才能适应国家信息化建设的需要。信息化体系各要素都需要多门类、多层次、高水平人才的支持。要充分利用学校教育、继续教育、成人教育、普及教育等多种途径，以及函授教育、电视教育、网络教育等多种手段，加快各类信息化人才的培养，增强专业人才的素质和水平。要长期坚持不懈地在广大人民群众中普及信息化知识和提高信息化意识，加强政府机构和企事业单位的信息化职业培训工作。还要重视建立精干的信息化管理队伍的工作，特别是信息化型人才选拔、培养和使用。

6. 信息化政策法规和标准规范

信息化政策法规和标准规范用于规范和协调信息化体系各要素之间的关系，是国家信息化快速、持续、有序、健康发展的根本保障。

要抓紧对现有的法律法规进行修订，适应国家信息化发展的需要；抓紧制定和出台各种法规及配套的管理条例，以形成较为完善的法规体系，通过法律手段，造成一个公平、合理、有序的竞争环境。还要加快建立健全相关的执法体系及监督体系。标准规范是技术性的法规。特别是我国加入 WTO 之后，标准规范对于我国自主信息产业的发展具有极其重要的作用。因此，一定要有计划地确立国家信息化标准体系和各类标准规范。

2.1.4　中国特色的信息化道路主要特征

我国在推进信息化的实践中，认真分析了影响信息化的重要因素，初步确立了具有中国特色的信息化道路，其主要特征可概括为以下 8 个方面。

第一，我国经济发展尚处在工业化过程之中，必须把信息化与工业化结合起来，以信息化带动工业化。发达国家的信息化是建立在完成工业化之后经济已经相当发达的基础之上，信息技术的应用和普及已有较长的历史，在信息技术领域占有优势地位，推进信息化的技术和物质基础比较充实。我国经济总量虽已具规模，但总体生产力水平尚低，经济结构还相当落后，国民经济整体素质不高，工业化的任务还很重，所以利用信息技术提升传统产业的结构和素质显得尤为迫切和重要。这个基本国情既决定了我国信息化与工业化结合推进的必然性，又反映了我国信息化过程的艰巨性、长期性。

第二，我国经济体制处于从计划经济向市场经济转轨的过程中，信息化必须在体制改革的过程中进行。信息化是关系国家生存和发展的大事，正确发挥政府的推动作用十分重要。把体制创新和技术创新结合起来，培育和改善市场机制，提高我国企业市场化水平，对我国信息化的成功具有重要的意义。

第三，在我国，广阔的信息技术市场与相对薄弱的技术自主开发能力的矛盾突出。在信息化过程中，既要对外开放，博采众长，更要注重发展具有自主知识产权的信息技术，以信息化带动信息产业，培育支撑我国信息化坚实的物质技术基础。

第四，我国城乡之间、地区之间发展的不均衡性明显，信息化必然要采取梯次推进策略，同时要注意克服"数字鸿沟"，防止发展差距的扩大。各级政府在组织协调信息化工作中，要充分发挥协调作用，经济基础较好的地区可以走得快一些，同时要适时采取措施，帮助欠发达地区赶上来。

第五，中华民族具有悠久的文化传统，当前又面临着社会主义精神文明建设任务。互联网已成为全球性的信息交流新型媒体。在推进信息化过程中，必须在吸收国外优秀文化的同时，更要维护和弘扬我国优秀的历史文化，为两个文明建设服务。

第六，我国奉行和平、独立自主的外交政策，在国际上反对霸权主义和强权政治，维护国家主权尊严。在开放信息网络环境下，既要扩大对外交往与合作，更要重视网络和信息安全，维护国家权益。

第七，信息化是覆盖全社会的事业。一方面，我国社会信息意识、信息技术普及程度相对不足，部门之间、地区之间发展也不平衡，政府在信息化过程中的地位和作用十分重要。没有各级政府主要领导强有力的推动和协调，信息化难以有实质性进展。另一方面，我国正处在经济体制改革过程中，政企分开是一项重要措施。正确发挥政府对信息化的引导和推动作用，同时又充分发挥市场机制的作用，是十分重要的中国特色。

第八，信息化是人类社会发展过程中的新生事物，没有现成的成功经验可以借鉴。我国是发展中国家，各项工作千头万绪，信息化工作受到经济和社会各种条件的限制，不可能立即全面铺开。因此，在推进信息化的过程中，需要针对各地区、各部门、各单位实际情况，首先开展信息化试点，取得经验后，再利用示范工程推广普及。

2.1.5　信息化在企业生存发展中的地位与作用

首先，"现代化"是一个时代色彩很强的概念。任何时代，都可以有那个时代的"现代化"。但是，不同时代的科学技术发展水平不同，创造的社会生产工具不同，因此，不同时代的现代化内涵也各不相同。

例如，一千多年前，古代基础科学与古代材料科学技术是当时科学技术发展的主要潮流，新出现的社会生产工具是基于材料技术的体力工具。那时"现代化"的主流内涵是：一方面要建立"基于体力工具"的农业，同时要利用这种先进的体力工具来装备、改造和提升传统的游牧业。这就是当时的农业现代化。

又如一百多年前，近代基础科学、近代能量科学技术和近代材料科学技术成为当时科学技术发展的主要内容，新出现的社会生产工具是基于能量技术的动力工具。那时"现代化"的主流内涵是：一方面要建立"基于动力工具"的工业，同时要利用这种先进的动力工具来装备、改造和提升传统农业。这就是当时的工业现代化。

到了现在，现代基础科学技术、现代信息科学技术、现代能量科学技术和现代材料科学技术获得协调性发展，正在大量涌现的新型社会生产工具是基于信息技术的智能工具。如今"现代化"的主流内涵则是：一方面要建立"基于智能工具"的信息产业，同时要利用先进的智能工具来装备、改造和提升传统工业和传统农业。这就是基于信息化的现代化，是以信息化带动工业现代化和农业现代化的当今时代的现代化。

信息化能够有效地带动工业和农业实现现代化的道理是很显然的，这就是先进社会生产工具的作用。既然先进的社会生产工具能够更有效地扩展人类的能力，那么这种得到扩展的能力就不仅能够在建立新产业方面发挥巨大作用，同样也能在改造传统产业方面发挥巨大作用。换言之，信息化所创造的先进社会生产工具是基于现代信息技术的智能工具，即大规模的智能信息网络。由于这种工具几乎具有人类认识世界和优化世界所需要的除创造性思维功能之外的全部信息功能，因此，人们不仅可以利用智能工具来发展信息产业，同样也可以利用它来实现工业现代化和农业现代化。

工业化的出路在于信息化的道理也很简单，传统工业的生产方式通常是把一个完整的生产过程分解为一个个任务明确、功能单一的生产环节，因而可以用一些具有相应功能的机器承担其中某些环节的生产任务，然后雇佣一定数量的劳动者来执行那些不容易实现机械化的工作，并完成各个生产环节之间的衔接。在生产流程中，机器的任务通常是快速持久地完成某些相对单一的特定动作过程，人类劳动者执行的则往往是那些比较灵活多变的工作过程。

由于工业时代科学技术观念的特色是强调分析和分解，忽视全局，每个机器都针对生产过程的某个局部环节来设计，因此，传统工业生产过程一般都不是整体优化的过程。另外，就每个局部环节来说，工业时代科学技术只有材料和能量的观念，缺乏信息观念和系统观念。为了保障机器工作的可靠性，每个机器都是基于"材料强度富余"和"运转能量充足"的观点设计的，没有考虑全部运转过程的整体优化设计。加上当时材料和能量的质量不高，机器的工程设计冗余量往往很大，造成过量的材料和能量消耗。

总之，机器庞大笨重，缺乏过程优化，材耗能耗高，工作效率低，投入产出比不理想，环境污染严重，劳动者围着机器转，见物不见人，这是传统工业生产普遍存在的问题。

利用现代信息技术特别是智能信息网络技术，可以很好地解决这些问题。

首先，现代信息技术可以执行除创造性思维以外的各种信息功能，包括一般智力劳动过程和大部分体力劳动过程。因此，只要有必要，生产过程中原本由劳动者承担的那部分工作就可以由智能信息系统来完成。具体的途径是：一方面扩展机器的自动化和智能化水平（如计算机控制的数控机床、自动化机床、专家系统、灵巧加工系统等），缩小劳动者所承担的工作内容和领域；另一方面设计相应的智能信息系统（如机器人、智能机器人等）来承担机器之间的衔接。在此基础上，把所有这些机器系统组织成为一个有机的工作体系，成为能够自动完成全部生产过程的网络。这样，在必要的场合，利用智能信息网络技术就可以实现生产过程的全局自动化和智能化。

其次，现代信息技术，也只有现代信息技术，才能从材料、能量和信息三者统一的观点出发进行系统优化，以信息（知识和智能）来支配与调度材料和能量。因此，可以通过仿真或虚拟现实的方法，设计出能够同时兼顾材料、能量、质量、品种、环境、生态以及工作过程优化的机器系统。

需要特别强调的是，在开放性、竞争性、全球化的现代市场经济环境下，工业系统优化设计和优化运行的约束范围必须大大突破，必须超越一部机器、一条流水线、一个车间、一个工厂、一个地区、一个国家的范围，扩大到整个世界的商品生产、市场销售，以至产品消费的全部领域。这样，企业的顾客、需求、原料、产品、利益和竞争都必须面向全球。考虑到世界市场的复杂性、多样性和快速变化，企业的反应必须非常敏捷、灵活、有序和有效。

从整个现代科学技术的发展现状和未来发展趋势看，这种企业模式不可能有别的选择，只能是"基于全球化智能信息网络的现代企业"的理念，也就是人们经常所说的"网上企业"。

这种"网上企业"的信息网络遍布整个世界市场，所有的网络结点都具有十分敏感的传感测量和识别系统，它们能够灵敏地感知世界市场一切有关的发展和变化。通信网络能够把这种变化准确、及时地传递到企业的智能处理中心和决策中心，后者能够对这些变化做出正确的分析，从而推测市场变化的真相，并在此基础上确定企业的应对策略，发现和定义自己既有优势又有市场前景的产品形态。按照这个策略，企业智能控制中心能够灵活设计并快速实现产品生产的工艺流程，及时控制产品生产的品种和数量，执行所制定的销售策略。遍布全球市场的通信网络和传感测量识别系统能够及时地反馈产品销售情况，为下一步的策略调整提供可靠的依据。这就是一个典型的"基于全球化智能信息网络的现代企业"的工作过程，也是利用信息技术改造传统产业的一般途径和前景。

显然，信息化对传统工业和传统农业改造的结果，使它们能够摆脱传统、落后的生产方式，成为基于信息系统的现代化工业和现代化农业。这就实现了产业的升级。由于生产工具实现了自动化、网络化和智能化，工业产品和农业产品的数量极大增加、质量不断改善、品种更加丰富，适应世界市场和用户需求的能力将大大增强，环境保护、生态协调以及可持续发展将得到保障。由于劳动生产率大大提高，工业和农业就业人数将大大减少，他们将从工业和农业领域大量转出，进入"容量无限"的信息产业、知识产业和智能产业，从而使国民经济的产业结构从根本上得到改善和优化。

信息化是现代人类社会发展的必然过程，大力推进国民经济和社会信息化是覆盖现代化建设全局的战略举措。没有信息化，就没有当今时代的现代化。只要大力推进信息化，以信息化带动工业现代化和农业现代化，充分发挥后发优势，就能够实现社会生产力的跨越式发展，把工业（农业）社会推进到高度发达的信息社会。

企业信息化是覆盖企业全局的系统工程。企业信息系统是现代化企业不可缺少的基础设施和管理平台。信息化在现代企业生存和发展的地位和作用确定了信息部门是在企业生产、经营和管理中影响全局和综合管理部门，必须摆到突出的位置，才能使企业在激烈的国际、国内市场竞争中生存和发展。

2.1.6　信息化与工业化深度融合

信息化与工业化的融合是指电子信息技术广泛应用到工业生产的各个环节，信息化成为工业企业经营管理的常规手段。信息化进程和工业化进程不再相互独立进行，不再是单方的带动和促进关系，而是两者在技术、产品、管理等各个层面相互交融，彼此不可分割，并催生工业电子、工业软件、工业信息服务业等新产业。两化融合是工业化和信息化发展到一定阶段的必然产物。

党的十六大提出了"以信息化带动工业化，以工业化促进信息化"的新型工业化道路的指导思想；经过5年的发展和完善，在中国共产党第十七次全国代表大会上胡锦涛主席继续完善了"发展现代产业体系，大力推进信息化与工业化融合"的新科学发展的观念，两化融合的概念就此形成。

"企业信息化，信息条码化"，国家"物联网十二五规划"中的信息化与工业化主要在技术、产品、业务、产业 4 个方面进行融合。也就是说，两化融合包括以下 4 个方面。

一是技术融合，是指工业技术与信息技术的融合，产生新的技术，推动技术创新。例如，汽车制造技术和电子技术融合产生的汽车电子技术，工业和计算机控制技术融合产生的工业控制技术。

二是产品融合，是指电子信息技术或产品渗透到产品中，增加产品的技术含量。例如，普通机床加上数控系统之后就变成了数控机床，传统家电采用了智能化技术之后就变成了智能家电，普通飞机模型增加控制芯片之后就成了遥控飞机。信息技术含量的提高使产品的附加值大大提高。

三是业务融合，是指信息技术应用到企业研发设计、生产制造、经营管理、市场营销等各个环节，推动企业业务创新和管理升级。例如，计算机管理方式改变了传统手工台账，极大地提高了管理效率；信息技术应用提高了生产自动化、智能化程度，生产效率大大提高；网络营销成为一种新的市场营销方式，受众大量增加，营销成本大大降低。

四是产业衍生，是指两化融合可以催生出的新产业，形成一些新兴业态，如工业电子、工业软件、工业信息服务业。工业电子包括机械电子、汽车电子、船舶电子、航空电子等；工业软件包括工业设计软件、工业控制软件等；工业信息服务业包括工业企业 B2B 电子商务、工业原材料或产成品大宗交易、工业企业信息化咨询等。

经过长期发展和完善，两化融合的理论逐渐成熟；在科学发展观的指导下，两化融合不断深入。"系统推进、多维推进、关键突破"的总体思路，即宏观、中观、微观（线（行业）、面（地域）、点（企业））的三级推进思路。

两化融合总体目标就是建立现代产业体系，不是为信息化而信息化；推进两化融合是从三个层次，即行业层、区域层、企业层三个方面考虑。

一是行业层次，非常重要，涉及行业产业群、供应链、标准规范和服务。

二是区域层，涉及基础设施，不仅是网络和信息化的基础设施，也包括工业化的基础设施。另外，支撑市场的一体化服务平台化也要做很多工作。

三是企业这个层次，有三个目标，第一个目标是企业提升自己的创新能力，不仅是开发新产品，而是通过两化融合在技术上、商业模式上、资源利用上、扩展企业影响力上建立起创新的体系，这种能力是要建立在信息化的基础上的。第二是提升效率，降低成本。第三是可持续、低碳化、绿色化。

根据上述理念，融合最关键的问题是要有好的方法论，用方法论来指导融合的过程，可以保证持续不断。就是说一定要建立一个体系架构，它不是一朝一夕的，而是循环不断的，成为企业发展的常态。

装备制造业是实现工业化的基础条件，作为中国工业化的脊梁，装备制造企业大多还处在从传统工业化向现代产业化转型的历史阶段，产业升级不仅表现在设备、工艺技术的提升，更体现在以"两化融合"为核心自主创新能力的大幅度提升。"两化融合"正改变工业生产方式，随着新兴信息技术的产生和应用，传统的生产方式和商业模式正在不可避免地发生着变化。随着信息技术与各行各业结合得更加紧密，未来工业的生产方式，也将发生显著的改变。因此，在第三次工业革命背景下，需要更深层次地推动信息技术和其他产业的融合,以引领颠覆性创新技术的研发,成功实现中国制造向"中国智造"转型。"中国智造"的技术核心是信息技术,信息相当于延伸了大脑的智力,使我们做到以前难以想象的事情。当前中国的制造企业,或通过配套加工、外包等方式,或凭借价廉、优质的产品,通过跨国零售企业的全球采购体系进入全球产业链。而"中国智造"的核心,就是在中国自主研发能力不强却拥有广阔市场的情况下,通过与国际接轨整合产业链的方式,活跃和提升中国企业在全球商业体系链条中的角色。

物联网在制造业的"两化融合"可以从以下4个角度来进行理解。

（1）生产自动化。将物联网技术融入制造业生产,如工业控制技术、柔性制造、数字化工艺生产线等;将物联网技术融入制造过程的各个环节,借助模拟专家的智能活动,取代或延伸制造环境中人的部分进行手工和脑力劳动,以达到最佳生产状态。通过应用整合信息系统、人机界面设备PLC触摸屏、数控机床、机器人、PDA、条码采集器、传感器、I/O、DCS、RFID、LED生产看板等多类软硬件的综合智能化系统,实现布置在生产现场的专用设备对从原材料上线到成品入库的生产过程进行实时数据采集、控制和监控。同时,智能制造系统实时接受来自ERP系统的工单、BOM、制程、供货方、库存、制造指令等信息,同时把生产方法、人员指令、制造指令等下达给人员、设备等控制层,再实时把生产结果、人员反馈、设备操作状态与结果、库存状况、质量状况等动态地反馈给决策层。

（2）产品智能化。在制造业产品中采用物联网技术提高产品技术含量,如智能家电、工业机器人、数控机床等;利用传感技术、工业控制技术及其他先进技术嵌入传统产品和服务,增强产品的智能性、网络性和沟通性,从而形成先进制造产品。所谓智能性,指产品自己会"思考",会做出正确判断并执行任务。比如智能冰箱能根据商品的条形码来识别食品,提醒你每天所需饮用的食品,商品是否快过保质期等;所谓网络性,指产品之间可以通过网络进行联系。比如智能电表可以同智能家电形成网络,自动分析各种家电的用电量和用电规律,从而对用电进行智能分配;所谓沟通性,指产品和人的主动的交流,形成互动。比如电子宠物可感知主人的情绪,根据判断用不同的沟通方式取悦主人。

（3）管理精细化。在企业经营管理活动中采用物联网技术,如制造执行系统MES、产品追溯、安全生产的应用;以RFID等物联网技术应用为重点,提高企业包括产品设计、生产制造、采购、市场开拓、销售和服务支持等环节的智能化水平,从而极大地提高管理水平。将RFID技术应用于每件产品上,即可实现整个生产、销售过程实现可追溯管理。在工厂车间的每一道工序都设有一个RFID读写器,并配备相应的中间件系统,联入互联网。这样,在半成品的装配、加工、转运以及成品装配和再加工、转运和包装过程中,当产品流转到某个生产环节的RFID读写器时,RFID读写器在有效的读取范围内就会检测到编码的存在。EPC代码将成为产品的唯一标识,以此编码为索引就能实时地在RFID系统网络中查询和更新产品的数据信息。基于这样的平台,生产操作员或公司管理人员在办公室就可以对整个生产现场和流通环节进行很好的掌握,实现动态、高效管理。

（4）产业先进化。制造业产业和物联网技术融合优化产业结构,促进产业升级。物联网等信息技术是一种高附加值、高增长、高效率、低能耗、低污染的社会经济发展手段,通过与传统制造业相互融合,可以加快产业不断优化升级。首先,物联网可以促进制造业企业节能降耗，促进节能减排，发展循环经济；其次，推动制造业产业衍生，培育新兴产业，促进先进制造业发展；最后，推进制造业产品研发设计、生产过程、企业管理、市场营销、人力资源开发、企业技术改造等环节两化融合，提高智能化和大规模定制化生产能力，促进生产型制造向服务型制造转变，实现精细管理、精益生产、敏捷制造，实现制造业产业优化升级。

物联网在制造业无论是生产过程性能控制、故障诊断还是节能减排、提高生产效率、降低运营成本方面都将带来的新的发展。物联网技术的研发和应用，是对制造业"两化融合"的又一次升级换代，能提升企业竞争力，使企业更多地参与到国际竞争中。物联网技术的应用，必将引发制造业行业一场新的技术革命。

2.2　网络信息安全工程基本原理

本节主要内容包括论述网络信息安全工程基本原理及策略，电力系统信息网络安全"三大支柱"内涵，基于主动意识的信息网络安全综合防护等。

2.2.1　网络信息安全工程基本原理

信息网络安全主要涉及网络信息的安全和网络系统本身的安全。在信息网络中存在着各种资源设施，随时存储和传输大量数据；这些设施可能遭到攻击和破坏，数据在存储和传输过程中可能被盗用、暴露或篡改。另外，信息网络本身可能存在某些不完善之处，网络软件也有可能遭受恶意程序的攻击而使整个网络陷于瘫痪。同时网络实体 还要经受诸如水灾、火灾、地震、电磁辐射等方面的考验。

网络信息安全工程是实现网络中保证信息内容在存取、处理、传输和服务的保密性（机密性）、完整性和可用性以及信息系统主体的可控性和真实性等特征的系统辨别、控制、策略和过程。保密性主要是指信息只能在所授权的时间、地点暴露给所授权的实体，即利用密码技术对信息进行加密处理，以防止信息泄漏。完整性是指信息在获取、传输、存储和使用的过程中是完整的、准确的和合法的，防止信息被非法删改、复制和破坏，也包括数据摘要、备份等。可用性是指信息与其相关的服务在正当需要时是可以访问和使用的。可控性是指信息网络系统主体可以全程控制信息的流程和服务（如检测、监控、应急、审计和跟踪）。真实性是指信息网络系统主体身份（如人、设备、程序）的真实合法（如鉴别、抗否认）。

信息网络系统本身存在着脆弱性，常被非授权用户利用，他们对计算机信息网络系统进行非法访问，这种非法访问使系统中存储信息的完整性受到威胁，导致信息被破坏而不能继续使用，更为严重的是系统中有价值的信息被非法篡改、伪造、窃取或删除而不留任何痕迹。另外，计算机还易受各种自然灾害和各种误操作的破坏。对系统中下列特征，如存储密度高、数据可访问性、信息聚生性、保密困难性、介质剩磁效应、电磁泄漏性、通信网络的弱点等也要给予足够重视。

信息安全既是一个理论问题,又是一个工程实践问题:网络信息安全工程是一个完整的系统概念。单一的信息安全机制、技术和服务及其简单组合,不能保证网络信息系统安全、有序和有效地运行。忽视信息系统运行、应用和变更对信息安全的影响而制定的安全策略,无法获得对信息系统及其应用发生变化所出现的新的安全脆弱性和威胁的认识,这样的安全策略是不完整的,只有充分考虑并认识到信息系统运行、应用和变更可能产生新的安全风险和风险变化,由此制定的安全策略才是完整的,这就是信息安全的相关性问题。

安全策略必须能根据风险变化进行及时调整。一成不变的静态策略,在信息系统的脆弱性以及威胁技术发生变化时将变得毫无安全作用,因此安全策略以及实现安全策略的安全技术和安全服务,必须具有"风险检测→实时响应→策略调整→风险降低"的良性循环能力,这就是信息安全的动态性问题。

网络信息安全策略的完整实现完全依赖技术并不现实,而且有害。因为信息安全与网络拓扑、信息资源配置、网络设备、安全设备配置、应用业务,用户及管理员的技术水平、道德素养、职业习惯等变化性因素联系密切,因此,强调完整可控的安全策略实现必须依靠管理和技术的结合,这样才符合信息安全自身规律。必要时以牺牲使用方便性、灵活性或性能来换取信息系统整体安全是值得的,同时再完善的网络信息安全方案也有可能出现意想不到的安全问题,这就是网络信息安全的相对性问题。只有经过对网络进行安全规划,对信息进行保护优先级的分类,对信息系统的安全脆弱性(包括漏洞)进行分析,对来自内外部威胁带来的风险进行评估,建立起 PP- DRR(策略、保护、检测、响应和恢复)的安全模型,形成人员安全意识、安全政策法律环境、安全管理和技术的安全框架,才是符合信息系统自身实际的科学合理的信息安全体系,这就是信息安全的系统性问题。

2.2.2　网络信息安全工程基本策略

计算机信息网络的发展使信息的共享和应用日益广泛与深入,在建立系统的网络安全之前,必须明确需要保护的资源和服务类型、重要程度和防护对象等。安全策略是由一组规则组成的,对系统中所有与安全相关元素的活动做出一些限制性规定。系统提供的安全服务,其规则基本上都来自安全策略。

1. 网络信息安全策略与安全机制

网络信息安全策略的目的是决定一个计算机网络的组织机构怎样来保护自己的网络及其信息,一般来说,保护的政策应包括两部分:一个总的策略和一个具体的规则。总的策略用于阐明安全政策的总体思想,而具体的规则用于说明什么是被允许的,什么是被禁止的。

总的信息安全策略是制定一个组织机构的战略性指导方针,并为实现这个方针分配必需的人力和物力。一般由网络组织领导机构和高层领导来主持制定这种政策,以建立该机构的安全计划和基本的框架结构。

2．网络信息安全策略的作用

网络信息安全策略计划的目的和在该机构中设计的范围：把任务分配给具体部门和人员，并且实施这种计划；明确违反政策的行为及其处理措施。针对系统情况，可以有以下一些考虑：① 根据全系统的安全性，做统一规划，对安全设备统一选型；② 以网络作为安全系统的基本单元；③ 以网络的安全策略统一管理；④ 对网络采取访问控制措施；⑤ 负责安全审计跟踪与安全警告报告；⑥ 对网络间的数据传输，可以采用加密技术进行保护；⑦ 整个系统采用统一的密钥管理措施；⑧ 采用防电磁泄漏技术，特别注意电磁辐射；⑨ 采取抗病毒入侵和检测消毒措施；⑩ 采取一切技术和非技术手段来保证系统的安全运行。

3．网络信息安全策略的等级

网络信息安全策略可分为以下 4 个等级：① 不把内部网络和外部网络相联，因此一切都被禁止；② 除那些被明确允许之外，一切都被禁止；③ 除那些被明确禁止之外，一切都将被允许；④ 一切都被允许，当然也包括那些本来被禁止的。

可以根据实际情况，在这 4 个等级之间找出符合自己的安全策略。当系统自身的情况发生变化时，必须注意及时修改相应的安全策略。

4．网络信息安全策略的基本内容

网络信息安全策略重点包括如下内容。

（1）网络管理员的安全责任：该策略可以要求在每台主机上使用专门的安全措施，登录用户名称，监测和记录过程等，还可以限制在网络连接中所有的主机不能运行应用程序。

（2）网络用户的安全策略：该策略可以要求用户每隔一段时间改变其口令；使用符合安全标准的口令形式；执行某些检查，以了解其账户是否被别人访问过。

（3）正确利用网络资源：规定谁可以使用网络资源，他们可以做什么，不应该做什么等。对于 E-mail 和计算机活动的历史，应受到安全监视，告知有关人员。

（4）检测到安全问题时的策略：当检测到安全问题时，应做什么？应该通知什么部门？这些问题都要明确。

5．网络信息的安全机制

网络信息的安全规则就是根据安全策略规定的各种安全机制。如身份认证机制、授权机制、访问控制机制、数据加密机制、数据完整性机制、数字签名机制、报文鉴别机制、路由控制机制、业务流填充机制等。

如授权机制是针对不同用户赋予不同信息资源的访问权限。对授权用户控制的要求有以下几点。

（1）一致性：即对信息资源的控制没有二义性，各种定义之间不冲突。

（2）统一性：对所有信息资源进行集中管理，安全政策统一、连贯。

（3）审计功能：可以对所有授权用户进行审计跟踪检查。

（4）尽可能提供相近粒度的检查。

2.2.3　电力系统信息网络安全"三大支柱"

辽宁电力系统信息安全示范工程，依据网络及信息安全风险评估成果，组织了全省信息网络防护体系、身份认证与授权管理体系（PKI/PMI）、数据备份及灾难恢复体系"三大支柱"工程，在电力信息安全工程中实际应用取得良好效果。

1. 电力系统信息网络安全"三大支柱"内涵

网络及信息安全，从广义来说，凡是涉及网络上信息的保密性、完整性、可用性、真实性和可控性的相关技术和理论都是网络及信息安全的研究领域。从安全策略体系来说，安全技术标准规范和操作流程、应用程序层、业务系统层和数据层的管理制度和标准，主要业务系统的安全配置标准和制度，业务连续性管理计划，法律的符合性是保证电力系统信息安全的基础。从信息安全工程技术来说，构建电力系统信息安全工程技术"三大支柱"是保证电力系统信息安全的基本条件，信息安全工程技术"三大支柱"的基本内涵包括：网络及信息安全防护体系——解决网络安全问题；身份认证与授权管理体系（PKI/PMI）——解决信息交换与共享安全问题；数据备份及灾难恢复体系——解决数据备份、存储与恢复安全问题。

2. 统一集中部署网络及信息安全防护体系

在监视控制中心统一运行管理，主要包括：网络管理系统；防火墙系统；防病毒系统；入侵检测系统；漏洞扫描系统；网络流量分析系统；带宽管理系统；VLAN 虚拟网；VPN 系统。网络及信息安全防护体系的设计应遵循以下原则。

（1）网络环境综合治理原则。信息网络系统配备齐全、职责分工科学，网络系统管理软件功能完备，管理、控制策略合理灵活，具有较强的网络支撑能力。

（2）网络结构优化先行原则。信息网络包括局域网、城域网、广域网协调配置，办公自动化内部信息网络、外部信息网络、DMZ 非军事区、Internet 分工明确，网络结构合理。

（3）网络及信息安全防护网络化原则。根据电网公司是网络化的特点，建立网络化 2-3 级信息安全监视与管理系统，包括：性能监视与管理（网络管理、网络流量分析、带宽管理软件等）、安全防护与管理（防火墙系统、防病毒系统、VPN 系统、VLAN 系统等）、安全检测与管理（漏洞扫描系统、入侵检测等）。

（4）集中管理与分级控制原则。根据信息网络系统的规模和企业管理体制的实际情况，确定信息网络及应用系统的安全直接管辖以及管理范围。例如，省公司信息中心负责安全直接管辖并运行维护的本级局域网或主干网络系统及其所属设备，负责安全管理的本级与下一级连接的边界路由器和防火墙以及需要直接管辖的系统。

（5）根据企业性质和任务，建立的信息安全总体框架及管理体系、技术体系，应遵循统一领导、统一规划、统一标准、分级组织实施原则。

3．身份认证与授权管理体系（PKI/PMI）的基本原理

1）PKI-CA

PKI（Public Key Infrastructure，公钥基础设施）体系是计算机软硬件、权威机构及应用系统的结合，用来实现电子证书的注册、签发、证书发布、密钥管理和在线证书状态查询等功能，被称为公钥基础设施。其目标是向网络用户和应用程序提供公开密钥的管理服务。为了使用户在不可靠的网络环境中获得真实的公开密钥，PKI 引入公认可信的第三方；同时避免在线查询集中存放的公开密钥产生的性能瓶颈，PKI 引入电子证书。可信的第三方是 PKI 的核心部件，正是由于它的中继，系统中任意两个实体才能建立安全联系。

CA（Certificate Authority，证书授权中心）作为电子证务中受信任的第三方，承担公钥体系中公钥的合法性检验的责任。CA 为每个使用公开密钥的用户发放一个数字证书，数字证书的作用是证明证书中列出的用户合法拥有证书中列出的公开密钥。CA 机构的数字签名使得攻击者不能伪造和篡改证书。

2）PMI

属性证书、属性权威、属性证书库等部件构成的综合系统，用来实现属性证书的产生、管理、存储、分发和撤销等功能，被称为权限管理基础设施（Privilege Management Infrastructure）。其目标是向网络用户和应用程序提供授权管理服务。PMI 是信息安全基础设施的一个重要组成部分，其目标是向用户和应用程序提供授权管理服务，提供用户身份到应用授权的映射功能，提供与实际应用处理模式相应的、与具体应用系统开发管理无关的授权和访问控制机制，简化具体应用系统的开发与维护，提高系统整体安全级别。

PMI 使用属性证书表示和容纳权限信息，通过管理证书的生命周期实现对权限生命周期的管理。属性证书的申请，签发，发布，注销，验证过程对应着传统的权限申请，产生，存储，撤销和使用的过程。

4．数据备份及灾难恢复体系基本原理

传统数据备份通常是指把计算机硬盘驱动器中的数据复制到磁带或光盘上，本机磁盘存储、直接附加存储（DAS）和手工备份。企业级数据备份是指对精确定义的数据进行复制，无论数据的组织形式是文件、数据库，还是逻辑卷或磁盘，管理保存上述副本的备份介质，以便需要时能迅速、准确地找到任何目标数据的任何备份，并准确追踪大量介质。提供复制已备份数据的机制，以便进行离站存档或灾难防护。准确追踪所有目标数据的所有备份位置。

对数据存储、备份和恢复实行集中管理，可以合理分配存储资源，避免存储资源的浪费，提高资源的利用率。同时，统一的自动备份和恢复解决方案，可以节约人力，提高系统的安全性，保证数据的高可用性。灾备就像企业为自己的信息购买的一项保险一样，企业要生存和发展，就必须考虑如何完善地保存它的数据。

这就要求对企业的核心业务数据有一套完整的备份方案，以保证企业中最重要的资源

—各业务系统数据的安全。一旦发生不可预知的系统灾难时，能够保证数据资料不会丢失，同时能在最短的时间内恢复系统运行，将企业的损失减少到最小程度。建立一个覆盖全部操作系统平台的应用及数据库备份系统，实现全省数据中心各主要系统的自动化数据备份和各地市的主要系统的自动化备份和恢复，以及省中心对各地市数据的远程灾难备份和恢复，备份的管理采用内部备份管理和全省远程集中管理相结合的方式。

2.2.4　基于主动意识的信息网络安全综合防护

为了保证信息网络的安全性，降低信息网络所面临的安全风险，单一的安全技术是不够的。根据信息系统面临的不同安全威胁以及不同的防护重点和出发点，有对应的不同网络安全防护方法。下面分析一些有效的网络安全防护思路。

1．基于主动防御的边界安全控制

以内网应用系统保护为核心，在各层的网络边缘建立多级的安全边界，从而进行安全访问的控制，防止恶意的攻击和访问。这种防护方式更多的是通过在数据网络中部署防火墙、入侵检测、防病毒等产品来实现的。

2．基于攻击检测的综合联动控制

所有的安全威胁都体现为攻击者的一些恶意网络行为，通过对网络攻击行为特征的检测，从而对攻击进行有效的识别，通过安全设备与网络设备的联动进行有效控制，从而防止攻击的发生。这种方式主要是通过部署漏洞扫描、入侵检测等产品，并实现入侵检测产品和防火墙、路由器、交换机之间的联动控制。

3．基于源头控制的统一接入管理

绝大多数的攻击都是通过终端的恶意用户发起，通过对接入用户的有效认证，以及对终端的检查可以大大降低信息网络所面临的安全威胁。这种防护通过部署桌面安全代理，并在网络端设置策略服务器，从而实现与交换机、网络宽带接入设备等联动实现安全控制。

4．基于安全融合的综合威胁管理

未来的大多数攻击将是混合型的攻击，某种功能单一的安全设备将无法有效地对这种攻击进行防御，快速变化的安全威胁形势促使综合性安全网关成为安全市场中增长最快的领域。这种防护通过部署融合防火墙、防病毒、入侵检测、VPN 等为一体的 UTM 设备来实现。

5．基于资产保护的闭环策略管理

信息安全的目标就是保护资产，信息安全的实质是"三分技术、七分管理"。在资产保护中，信息安全管理将成为重要的因素，制定安全策略、实施安全管理并辅以安全技术配合将成为资产保护的核心，从而形成对企业资产的闭环保护。目前典型的实现方式是通过制定信息安全管理制度，同时采用内网安全管理产品以及其他安全监控审计等产品，从而实现技术支撑管理。

6. 信息网络安全防护策略

"魔高一尺，道高一丈"，信息网络的不断普及，网络攻击手段不断复杂化、多样化，随之产生的信息安全技术和解决方案也在不断发展变化，安全产品和解决方案也更趋于合理化、适用化。经过多年的发展，安全防御体系已从如下几个方面进行变革：由"被动防范"向"主动防御"发展，由"产品叠加"向"策略管理"过渡，由"保护网络"向"保护资产"过渡。

根据对信息网络安全威胁以及安全技术发展趋势的现状分析，并综合各种安全防护思路的优点，信息网络安全防护可以按照三阶段演进的策略，通过实现每一阶段所面临的安全威胁和关键安全需求，逐步构建可防、可控、可信的信息网络架构。

7. 信息网络安全防护演进策略

信息网络安全防护演进将分为以下三个阶段。

第一阶段：以边界保护、主机防毒为特点的纵深防御阶段。

纵深防御网络基于传统的攻击防御的边界安全防护思路，利用经典的边界安全设备来对网络提供基本的安全保障，采取堵漏洞、作高墙、防外攻等防范方法。比如通过防火墙对网络进行边界防护，采用入侵检测系统对发生的攻击进行检测，通过主机病毒软件对受到攻击的系统进行防护和病毒查杀，以此达到信息网络核心部件的基本安全。防火墙、入侵检测系统、防病毒成为纵深防御网络常用的安全设备，被称为"老三样"。

随着攻击技术的发展，纵深防御的局限性越来越明显。网络边界越来越模糊，病毒和漏洞种类越来越多，使得病毒库和攻击特征库越来越庞大。新的攻击特别是网络病毒在短短的数小时之内足以使整个系统瘫痪，纵深防御的网络已经不能有效解决信息网络面临的安全问题。这个阶段是其他安全管理阶段的基础。

第二阶段：以设备联动、功能融合为特点的安全免疫阶段。

该阶段采用"积极防御，综合防范"的理念，结合多种安全防护思路，特别是基于源头抑制的统一接入控制和安全融合的统一威胁管理，体现为安全功能与网络设备融合以及不同安全功能的融合，使信息网络具备较强的安全免疫能力。例如，网络接入设备融合安全控制的能力，拒绝不安全终端接入，对存在安全漏洞的终端强制进行修复，使之具有安全免疫能力；网络设备对攻击和业务进行深层感知，与网络设备进行全网策略联动，形成信息网络主动防御能力。

功能融合和全网设备联动是安全免疫网络的特征。与纵深防御网络相比，具有明显的主动防御能力。安全免疫网络是目前业界网络安全的主题。在纵深防御网络的基础上，从源头上对安全威胁进行抑制，通过功能融合、综合管理和有效联动，克服了纵深防御的局限性。

第三阶段：以资产保护、业务增值为特点的可信增值阶段。

可信增值网络基于信息资产增值的思想，在基于资产保护的闭环策略管理的安全防护思路的基础上，通过建立统一的认证平台，完善的网络接入认证机制，保证设备、用户、应用等各个层面的可信，从而提供一个可信的网络环境，促进各种杀手级应用的发展，实现信息网络资产的增值。

在可信增值网络中，从设备、终端以及操作系统等多个层面确保终端可信，确保用户的合法性和资源的一致性，使用户只能按照规定的权限和访问控制规则进行操作，做到具有权限级别的人只能做与其身份规定相应的访问操作，建立合理的用户控制策略，并对用户的行为分析建立统一的用户信任管理。

2.3 网络信息安全常用典型标准模型

什么是 OSI 开放系统互连参考模型及 TCP/IP 参考模型？本节主要介绍 OSI 与 TCP/IP 参考模型应用差异和网络信息安全体系安全服务机制。

2.3.1 OSI 开放系统互连参考模型

1. 开放系统互连参考模型

开放系统互连参考模型（Open Systems Interconnection Reference Model，OSI 参考模型）由国际标准化组织 ISO 在 20 世纪 80 年代初提出，即 ISO/IEC7498，定义了网络互连的基本参考模型。它最大的特点是开放性。不同厂家的网络产品，只要遵照这个参考模型，就可以实现互连、互操作和可移植性。

OSI 参考模型是有 7 个层次的框架，如图 2.4 所示。

从下向上的 7 个层次分别是物理层、数据链路层、网络层、传输层、会话层、表示层和应用层。

1）物理层

物理层（Physical Layer）负责在计算机之间传递数据位，它为在物理媒体上传输的比特流建立规则。该层定义电缆如何连接到网卡上，以及需要用何种传送技术在电缆上发送数据；同时还定义了位同步及检查。物理层表示软件与硬件之间的实际连接，定义其上一层——数据链路层所使用的访问方法。

物理层是 OSI 参考模型的最低层，向下直接与物理传输介质相连接。物理层协议是各种网络设备进行互连时必须遵守的低层协议。设立物理层的目的是实现两个网络物理设备之间二进制比特流的透明传输，对数据链路层屏蔽物理传输介质的特性，以便对高层协议有最大的透明性。

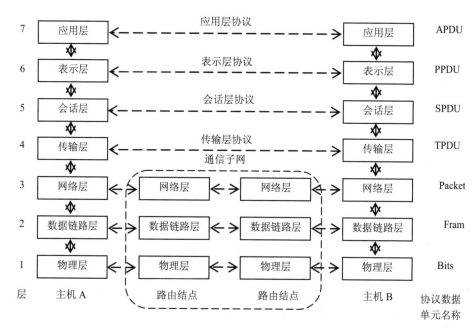

图 2.4　OSI 参考模型示意图

2）数据链路层

数据链路层（Data-link Layer）是 OSI 模型中极其重要的一层，它把从物理层来的原始数据打包成帧。帧是放置数据的、逻辑的、结构化的包。数据链路层负责帧在计算机之间的无差错传递。

数据链路层是 OSI 参考模型的第二层，它介于物理层与网络层之间。设立数据链路层的主要目的是将一条原始的、有差错的物理线路变为对网络层无差错的数据链路。为了实现这个目的，数据链路层必须执行链路管理、帧传输、流量控制、差错控制等功能。

3）网络层

网络层 （Network Layer）定义网络层实体通信用的协议，它确定从源结点沿着网络到目的结点的路由选择，并处理相关的控制问题，如交换、路由和对数据包阻塞的控制。

数据链路层协议是相邻两直接连接结点间的通信协议，设置网络层的主要目的就是要为报文分组以最佳路径通过通信子网到达目的主机提供服务，而网络用户不必关心网络的拓扑结构与所使用的通信介质。

4）传输层

传输层（Transport Layer）的任务是向用户提供可靠的、透明的、端到端（End to End）的数据传输，以及差错控制和流量控制机制。由于它的存在，网络硬件技术的任何变化对高层都是不可见的。也就是说，会话层、表示层、应用层的设计不必考虑底层硬件细节，因此传输层的作用十分重要。

所谓端到端是相对链接而言的。OSI 参考模型的 4～7 层属于端到端方式，而 1～3 层属于链接方式。在传输层，通信双方的两机器之间，有一对应用程序或进程直接对话，它们并不关心底层的实现细节。底层的链接方式就不一样，它要负责处理通信链路中的任何相邻机器之间的通信。

5）会话层

会话层（Session Layer）允许在不同机器上的两个应用建立、使用和结束会话，在会话的两台机器间建立对话控制，管理哪边发送、何时发送、占用多长时间等。

会话层建立在传输层之上，由于利用传输层提供的服务，使得两个会话实体之间不考虑它们之间相隔多远、使用什么样的通信子网等网络通信细节，进行透明的、可靠的数据传输。当两个应用进程进行相互通信时，希望有第三者的进程能组织它们的通话，协调它们之间的数据流，以便使应用进程专注于信息交互，设立会话层就是为了达到这个目的。

6）表示层

表示层（Presentation Layer）包含处理网络应用程序数据格式的协议。 表示层位于应用层的下面和会话层的上面，它从应用层获得数据并把它们格式化以供网络通信使用。 该层将应用程序数据排序成一个有含义的格式并提供给会话层。这一层也通过提供诸如数据加密的服务来负责安全问题，并压缩数据以使得网络上需要传送的数据尽可能少。

表示层位于 OSI 参考模型的第 6 层。比它的低 5 层用于将数据从源主机传送到目的主机，而表示层则要保证所传输的数据经传送后其意义不改变。表示层要解决的问题是：如何描述数据结构并使之与机器无关。

7）应用层

应用层（Application Layer）是最终用户应用程序访问网络服务的地方。应用层是 OSI 参考模型的最高层，它为用户的应用进程访问 OSI 环境提供服务。OSI 关心的主要是进程之间的通信行为，因而对应用进程所进行的抽象只保留了应用进程与应用进程间交互行为的有关部分。这种现象实际上是对应用进程某种程度上的简化。经过抽象后的应用进程就是应用实体（Application Entity，AE）。对等应用实体间的通信使用应用协议。应用协议的复杂性差别很大，有的涉及两个实体，有的涉及多个实体，而有的应用协议则涉及两个或多个系统。

2．OSI 参考模型中的数据传输

图 2.5 是 OSI 参考模型中数据的传输方式。所谓数据单元是指各层传输数据的最小单位。图 2.5 中最右边一列是交换数据单元名称，是指各个层次对等实体之间交换的数据单元的名称。所谓协议数据单元（PDU）就是对等实体之间通过协议传送的数据。应用层的协议数据单元为 APDU（Application Protocol Data Unit），表示层的用户数据单元叫 PPDU，以此类推。网络层的协议数据单元，通常称之为分组或数据包（Packet），数据链路层是数据帧（Frame），物理层是比特。图 2.5 中自上而下的实线表示的是数据的实际传送过程。发送进程需要发送某些数据到达目标系统的接收进程，数据首先要经过本系统的应用层，应用层在用户数据前面加上自己的标识信息 （H7），叫作头信息。 H7 加上用户数据一起传送到表示层，作为表示层的数据部分，表示层并不知道哪些是原始用户数据、哪些是 H7，而是把它们当作一个整体对待。同样，表示层也在数据部分前面加上自己的头信息 H6，

传送到会话层，并作为会话层的数据部分。这个过程一直进行到数据链路层，数据链路层
除了增加头信息 H2 以外，还要增加一个尾信息 T2，然后整个作为数据部分传送到物理层。
物理层不再增加头（尾）信息，而是直接将二进制数据通过物理介质发送到目的结点的物
理层。目的结点的物理层收到该数据后，逐层上传到接收进程，其中数据链路层负责去掉
H2 和 T2，网络层负责去掉 H3，一直到应用层去掉 H7，把最原始用户数据传递给了接收
进程。

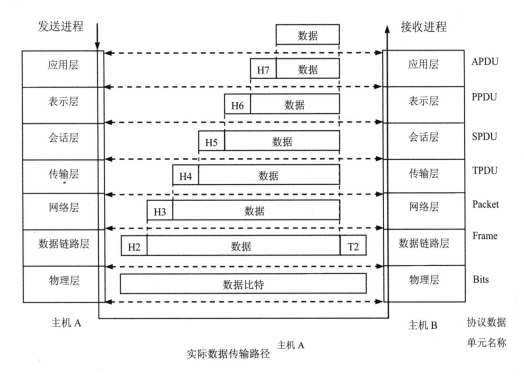

图 2.5　OSI 参考模型中的数据传输

这个在发送结点自上而下逐层增加头（尾）信息，而在目的结点又自下而上逐层去掉
头（尾）信息的过程叫作封装（Encapsulation），封装是在网络通信中很常用的手段。

2.3.2　TCP/IP 参考模型

ARPANET 的主要目的是为了第二次世界大战以后美苏两个超级大国冷战的需要，保
证一旦网络受到部分破坏，其他部分仍然能够正常工作。当时 ARPANET 已经实现了异种
机互连，而且数据传输方式也多种多样。设计一种灵活的、可靠的、能够对异种网络实现
无缝连接的体系结构，它就是 TCP/IP 参考模型。如图 2.6 所示，TCP/IP 模型包含了一族
网络协议，TCP 和 IP 是其中最重要的两个协议，它们虽然都不是 OSI 的标准协议，但
事实证明它们工作得很好，已经被公认为事实上的标准，也是国际互联网所采用的标准
协议。

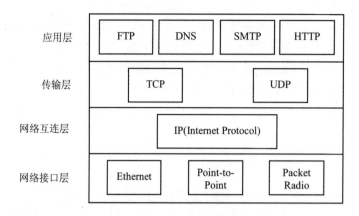

图 2.6　TCP/IP 参考模型示意图

TCP/IP 参考模型中的各个协议在 RFC（Request For Comments）文档中都有详细的定义。RFC 主要是关于国际互联网协议标准及建议草案等方面的技术文档。

1. 网络接口层

网络接口层（Host-to-network Layer），也称为主机-网络层。在 TCP/IP 参考模型中没有详细定义这一层的功能，只是指出通信主机必须采用某种协议连接到网络上，并且能够传输网络数据分组。具体使用哪种协议，在本层里没有规定。实际上根据主机与网络拓扑结构的不同，局域网基本上采用了 IEEE802 系列的协议。

2. 网络互连层

网络互连层（Internet Layer）的主要功能是负责在互联网上传输数据分组。网络互连层与 OSI 参考模型的网络层相对应，相当于 OSI 参考模型中网络层的无连接网络服务。

网络互连层是 TCP/IP 参考模型中最重要的一层，它是通信的枢纽，从底层来的数据包要由它来选择继续传给其他网络结点或是直接交给传输层，对从传输层来的数据包，要负责按照数据分组的格式填充报头，选择发送路径，并交由相应的线路发送出去。

3. 传输层

传输层（Transport Layer）的主要功能是负责端到端的对等实体之间进行通信。它与 OSI 参考模型的传输层功能类似，也对高层屏蔽了底层网络的实现细节，同时它真正实现了源主机到目的主机的端到端的通信。TCP/IP 参考模型的传输层完全是建立在包交换通信子网基础之上的。TCP/IP 的传输层定义了两个协议：传输控制协议（Transport Control Protocol，TCP）和用户数据报协议（User Datagram Protocol，UDP）。

TCP 是可靠的、面向连接的协议。它用于包交换的计算机通信网络、互连系统及类似的网络上，保证通信主机之间有可靠的字节流传输。UDP 是一种不可靠的、无连接协议。它最大的优点是协议简单，额外开销小，效率较高；缺点是不保证正确传输，也不排除重复信息的发生。

4．应用层

应用层（Application Layer）是 TCP/IP 协议族的最高层。它包含所有 OSI 参考模型中会话层、表示层和应用层这些高层协议的功能。

其中，网络用户经常直接接触的协议是 MTP、HTTP、TELNET、FTP、NNTP。另外，还有许多协议是最终用户不需直接了解但又必不可少的，如 DNS、SNMP、RIP/OSPF 等。随着计算机网络技术的发展，不断有新的协议添加到应用层的设计中来。

2.3.3　OSI 与 TCP/IP 参考模型应用差异

OSI 参考模型和 TCP/IP 参考模型有相同的地方，如都采用了层次结构的概念，但是它们的差别是很大的，不论在层次划分还是协议使用上，都有明显不同。它们二者都有自己的优点和缺点。

1．OSI 与 TCP/IP 参考模型的对照关系

如图 2.7 所示，OSI 参考模型与 TCP/IP 参考模型都采用了层次结构，但 OSI 采用的是 7 层模型，而 TCP/IP 是 4 层结构。

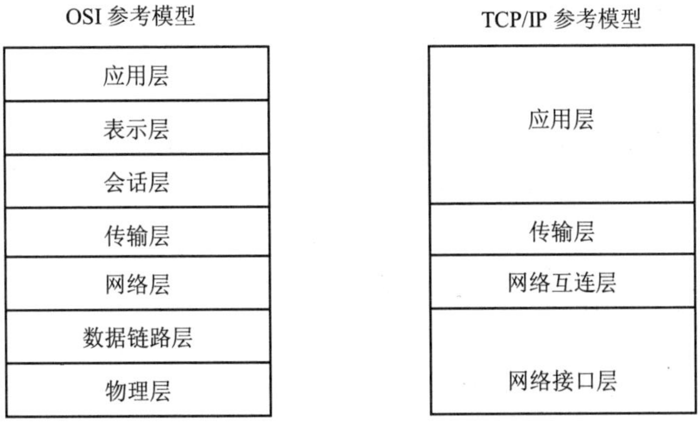

图 2.7　OSI 与 TCP/IP 参考模型

TCP/IP 参考模型的网络接口层实际上并没有真正的定义，只是一些概念性的描述。而 OSI 参考模型不仅分了两层，而且每一层的功能都很详尽，甚至在数据链路层又分出一个介质访问子层，专门解决局域网的共享介质问题。

TCP/IP 的网络互连层相当于 OSI 参考模型网络层中的无连接网络服务。

OSI 参考模型与 TCP/IP 参考模型的传输层功能基本类似，都是负责为用户提供真正的端到端的通信服务，也对高层屏蔽了低层网络的实现细节。所不同的是 TCP/IP 参考模型的传输层是建立在网络互连层基础之上的，而网络互连层只提供元连接的服务，所以面向连接的功能完全在 TCP 中实现，当然 TCP/IP 的传输层还提供无连接的服务，如 UDP

相反。OSI 参考模型的传输层是建立在网络层基础之上的，网络层既提供面向连接的服务，又提供无连接服务，但传输层只提供面向连接的服务。

在 TCP/IP 参考模型中，没有会话层和表示层，事实证明，这两层的功能可以完全包容在应用层中。

2．OSI 与 TCP/IP 参考模型的差异

OSI 参考模型的抽象能力高，适合于描述各种网络，它采取的是自顶向下的设计方式，先定义参考模型，然后再逐步定义各层的协议，由于定义模型的时候对某些情况预计不足，造成了协议和模型脱节的情况；TCP/IP 正好相反，它是先有了协议之后，人们为了对它进行研究分析，才制定了 TCP/IP 参考模型。当然这个模型与 TCP/IP 的各个协议吻合得很好。但它不适合用于描述其他非 TCP/IP 网络。

OSI 参考模型的概念划分清晰，详细地定义了服务、接口和协议的关系，优点是概念清晰，普遍适应性好；缺点是过于繁杂，实现起来很困难，效率低。TCP/IP 参考模型在服务、接口和协议的区别上不清楚，功能描述和实现细节混在一起，因此它对采取新技术设计网络的指导意义不大，也就使它作为模型的意义逊色很多。

TCP/IP 参考模型的网络接口层并不是真正的一层，在数据链路层和物理层的划分上基本是空白，而这两个层次的划分是十分必要的；OSI 参考模型的缺点是层次过多，事实证明，会话层和表示层的划分意义不大，反而增加了复杂性。

总之，OSI 参考模型虽然一直被人们所看好，但由于没有把握好时机，技术不成熟，实现起来很困难，迟迟没有一个成熟的产品推出，大大影响了它的发展。相反，TCP/IP 参考模型虽然有许多不尽人意的地方，但近三十年的实践证明它是比较成功的，特别是近年来国际互联网的飞速发展，也使它获得了巨大的支持。

2.3.4　网络信息安全体系安全服务机制

OSI 安全体系结构与分层配置 ISO7498-2 中规定的网络中的 5 类安全服务分别如下。

（1）鉴别服务（也叫认证服务）：提供某个实体（人或系统）的身份的保证，包括对等实体鉴别和数据源鉴别。

（2）访问控制服务：保护资源以免对其进行非法使用和操纵。

（3）机密性服务：保护信息不被泄漏或暴露给未授权的实体，包括连接机密性、无连接机密性、选择字段机密性和业务流保密。

（4）完整性服务：保护数据以防止未授权的改变、删除或替代，包括具有恢复功能的连接完整性、没有恢复功能的连接完整性、选择字段连接完整性、无连接完整性、选择字段无连接完整性。

（5）抗否认服务（也叫抗抵赖服务）：防止参与某次通信交换的一方事后否认本次交换曾经发生过，包括源发方抗否认、接收方抗否认。

根据 ISO7498-2 的安全体系结构框架，将各种安全机制和安全服务映射到 TCP/IP 的

协议集中，从而形成一个基于 TCP/IP 的网络安全体系结构，如表 2.3 所示。

表 2.3　TCP/IP 模型中提供的安全服务

安全服务	TCP/IP 协议层			
	物理层	网络层	传输层	应用层
对等实体鉴别		Y	Y	Y
数据源鉴别		Y	Y	Y
访问控制服务		Y	Y	Y
连接机密性	Y	Y	Y	Y
无连接机密性	Y	Y	Y	Y
选择字段机密性				Y
流量保密性	Y	Y		Y
具有恢复功能的连接完整性			Y	Y
没有恢复功能的连接完整性		Y	Y	Y
选择字段连接完整性				Y
无连接完整性		Y	Y	Y
选择字段非连接完整性				Y
源发方抗否认				Y
接收方抗否认				Y

说明：Y 表示服务应作为选项并入该层的标准之中

ISO7498-2 中规定网络中的 8 类安全机制（具体的安全规则）是：加密机制、数字签名机制、访问控制机制、数据完整性机制、鉴别交换机制、业务流填充机制、路由控制机制、公证机制。

1. 加密机制

加密就是把可懂的明文信息通过加密算法的变换变成不可懂的密文的过程。加密机制提供数据存储、传输的保密以及数据流量的保密。

2. 访问控制机制

访问控制的目标是防止对信息系统资源的非授权访问和防止非授权使用信息系统资源。

访问控制策略决定了访问控制的判决控制，决定判决结果，是判决的主要依据，表示在一种安全区域中的安全要求，一个系统中可以有多个组合的访问控制策略。

访问控制机制分为以下几类：基于访问控制表的访问控制机制、基于能力的访问控制机制、基于标签的访问控制机制、基于上下文的访问控制机制。

访问控制的方法包括：面向主体的访问控制、面向客体的访问控制、访问控制矩阵、能力表。

3. 数据完整性机制

数据完整性指的是数据没有遭受以未授权方式所做的篡改，或未经授权的使用，即数据完整性服务可以保证接收者收到的信息与发送者发送的信息完全一致。数据完整性是针对数据的值和数据的存在可能被改变的威胁的。

数据完整性可分为单个数据单元或字段的完整性和数据单元流或字段流的完整性，第一类完整性服务虽然是第二类完整性服务的前提，但两种完整性服务通常由不同机构提供。

4. 鉴别交换机制

鉴别是以交换信息的方式来确认实体身份的一种安全机制。鉴别的目的就是防止假冒（指某一实体伪称另一实体），但并不是所有鉴别方式都与假冒方式相对应。鉴别方式分为对称和不对称鉴别法以及一般鉴别法。

5. 数字签名机制

数字签名是附加在数据单元上的一个数据，或对数据单元进行的密码变换。通过这一数据或密码变换，使数据单元的接受者能够证实数据单元的来源及其完整性，同时对数据进行保护。它提供了用户身份鉴别、数据源鉴别、对等实体鉴别、数据完整性和抗否认等安全服务。

数字签名应具有以下基本功能：签名者事后不能否认自己对信息的签名，接收者和其他人不能伪造这个签名。

6. 抗否认机制

抗否认机制利用了不同种类的可信第三方（TTP），不同形式的证据以及各种不同的保证方法。提供证据的方法主要有两种：需要可信第三方（TTP）对每份文电都记录一些信息；联机的 TTP，不需要任何 TTP 记录文电的信息。抗否认分为通信类和非通信类两种。

7. 路由选择控制机制

路由选择控制机制可使信息发送者选择特殊的路由，以保证数据安全。其基本功能如下。

（1）路由可以动态选取也可以预订，以便仅使用物理上安全的子网络、中继或链路。

（2）在监测到持续的操纵攻击时，端系统可能会通知网络服务提供者。

第3章 网络信息安全工程基础知识

互联网技术飞速发展不断推动着人类社会生活和生产方式的不断变革。网络信息安全在理论与实践中都面临挑战。健全、完善和合理运用国家治理网络空间安全的法律法规，熟悉和掌握最新互联网信息技术规律，网络空间合理利用才能为社会进步和人类历史发展提供重要的机遇。

本章系统地介绍了我国网络信息安全有关法律法规以及电力等行业网络信息安全规范规定，论述了大数据、云计算、物联网、电子商务、智能电网、智慧城市、内存计算技术、新一代移动通信技术、全球能源互联网技术的基本概念及特点，讨论了运用网络信息安全工程技术知识，保证网络空间安全的有关问题。

3.1 国家信息安全有关法律法规

本节主要内容包括：最新国家安全法有关信息安全的部分内容，中华人民共和国计算机信息系统安全保护条例，中华人民共和国网络安全法（草案）部分章节。本节还介绍了信息安全等级保护管理办法、工业控制系统信息安全管理及电力监控系统安全防护规定等内容。

3.1.1 国家安全法有关信息安全内容

2015年7月1日，第十二届全国人民代表大会常务委员会第十五次会议通过了中华人民共和国国家安全法，2016年1月1日起执行。国家安全是指国家政权、主权、统一和领土完整、人民福祉、经济社会可持续发展和国家其他重大利益相对处于没有危险和不受内外威胁的状态，以及保障持续安全状态的能力。有关信息安全内容包括：第二章 维护国家安全的任务第二十五条"国家建设网络与信息安全保障体系，提升网络与信息安全保护能力，加强网络和信息技术的创新研究和开发应用，实现网络和信息核心技术、关键基础设施和重要领域信息系统及数据的安全可控；加强网络管理，防范、制止和依法惩治网络攻击、网络入侵、网络窃密、散布违法有害信息等网络违法犯罪行为，维护国家网络空间主权、安全和发展利益。"第四章 国家安全制度第四节审查监管第五十九条"国家建立国家安全审查和监管的制度和机制，对影响或者可能影响国家安全的外商投资、特定物项和关键技术、网络信息技术产品和服务、涉及国家安全事项的建设项目，以及其他重大事项和活动，进行国家安全审查，有效预防和化解国家安全风险"。

根据我国面临的网络安全形势日趋严峻，将坚持"积极利用、科学发展、依法管理、确保安全"的 16 字方针，加大依法管理网络的力度，不断健全网络安全的保障体系。同时从以下 5 个方面加强网络信息安全的保护。

一是积极推动网络信息安全立法工作，组织制定信息安全检查、信息安全管理、通信网络安全的防护、互联网安全接入等急需的标准。制定相关法律法规和标准，做到有法可依、依法办事。二是加快完善信息安全审查制度框架，有计划地开展信息安全审查试点，特别是要加强政府部门云计算服务的信息安全管理，组织实施党政机关互联网安全接入工程和重点领域信息安全检查。三是强化信息安全基础设施和技术手段体系化建设，进一步巩固提升电话用户实名登记工作，开展地下黑色产业链等网络安全环境的治理，特别是抓好木马、僵尸等病毒的防范，对钓鱼网站、移动恶意程序等网络攻击威胁的监测和处理工作也要进一步加强。同时，配合公安机关开展源头的打击，实现标本兼治。四是扶持和壮大网络与信息安全产业，重点支持网络与信息安全关键核心技术的突破，加强应用试点示范，发展信息安全产品和服务，构建全产业链协同发展的格局。五是推动网络空间国际交流与合作，在网络安全的技术、信息共享、跨境安全事件处置等方面加强国际合作，加强网络与信息安全的宣传教育，组织开展网络安全宣传周等项活动，来提升全社会网络安全的意识和自我保护能力。

2012 年 12 月 28 日，第十一届全国人民代表大会常务委员会第三十次会议通过的《全国人民代表大会常务委员会关于加强网络信息保护的决定》规定：国家保护能够识别公民个人身份和涉及公民个人隐私的电子信息。网络服务提供者和其他企业事业单位及其工作人员在有关业务活动中保证公民个人电子信息安全。有关主管部门应当在各自职权范围内依法履行职责，采取技术措施和其他必要措施，防范、制止和查处窃取或者以其他非法方式获取、出售或者非法向他人提供公民个人电子信息的违法犯罪行为以及其他网络信息违法犯罪行为。

3.1.2　中华人民共和国计算机信息系统安全保护条例

1994 年 2 月 18 日，中华人民共和国国务院令（147 号）发布《中华人民共和国计算机信息系统安全保护条例》，有关内容如下。

（1）条例所称的计算机信息系统，是指由计算机及其相关的和配套的设备、设施（含网络）构成的，按照一定的应用目标和规则对信息进行采集、加工、存储、传输、检索等处理的人机系统。计算机信息系统的安全保护，应当保障计算机及其相关的和配套的设备、设施（含网络)的安全，运行环境的安全，保障信息的安全，保障计算机功能的正常发挥，以维护计算机信息系统的安全运行。

（2）计算机信息系统实行安全等级保护。安全等级的划分标准和安全等级保护的具体办法，由公安部会同有关部门制定；计算机机房应当符合国家标准和国家有关规定。在计算机机房附近施工，不得危害计算机信息系统的安全；计算机信息系统的使用单位应当建立健全安全管理制度，负责本单位计算机信息系统的安全保护工作。

（3）公安机关对计算机信息系统保护工作行使下列监督职权。

① 监督、检查、指导计算机信息系统安全保护工作；

② 查处危害计算机信息系统安全的违法犯罪案件；

③ 履行计算机信息系统安全保护工作的其他监督职责。

公安机关发现影响计算机信息系统安全的隐患时，应当及时通知使用单位采取安全保护措施。公安部在紧急情况下，可以就涉及计算机信息系统安全的特定事项发布专项通令。

（4）违反本条例的规定，有下列行为之一的，由公安机关处以警告或者停机整顿。

① 违反计算机信息系统安全等级保护制度，危害计算机信息系统安全的；

② 违反计算机信息系统国际联网备案制度的；

③ 不按照规定时间报告计算机信息系统中发生的案件的；

④ 接到公安机关要求改进安全状况的通知后，在限期内拒不改进的；

⑤ 有危害计算机信息系统安全的其他行为的。

3.1.3　信息安全等级保护管理办法有关部分

2007 年 6 月 22 日，为加快推进信息安全等级保护，规范信息安全等级保护管理，提高信息安全保障能力和水平，维护国家安全、社会稳定和公共利益，保障和促进信息化建设，公安部、国家保密局、国家密码管理局、国务院信息化工作办公室制定了《信息安全等级保护管理办法》。

（1）为规范信息安全等级保护管理，提高信息安全保障能力和水平，维护国家安全、社会稳定和公共利益，保障和促进信息化建设，国家通过制定统一的信息安全等级保护管理规范和技术标准，组织公民、法人和其他组织对信息系统分等级实行安全保护，对等级保护工作的实施进行监督、管理。

（2）等级划分与保护。

国家信息安全等级保护坚持自主定级、自主保护的原则。信息系统的安全保护等级应当根据信息系统在国家安全、经济建设、社会生活中的重要程度，信息系统遭到破坏后对国家安全、社会秩序、公共利益以及公民、法人和其他组织的合法权益的危害程度等因素确定。

信息系统的安全保护等级分为以下 5 级。

第一级，信息系统受到破坏后，会对公民、法人和其他组织的合法权益造成损害，但不损害国家安全、社会秩序和公共利益。

第二级，信息系统受到破坏后，会对公民、法人和其他组织的合法权益产生严重损害，或者对社会秩序和公共利益造成损害，但不损害国家安全。

第三级，信息系统受到破坏后，会对社会秩序和公共利益造成严重损害，或者对国家安全造成损害。

第四级，信息系统受到破坏后，会对社会秩序和公共利益造成特别严重损害，或者对国家安全造成严重损害。

第五级，信息系统受到破坏后，会对国家安全造成特别严重损害。

信息系统运营、使用单位依据本办法和相关技术标准对信息系统进行保护，国家有关信息安全监管部门对其信息安全等级保护工作进行监督管理。

（3）等级保护的实施与管理。

① 信息系统运营、使用单位应当按照《信息系统安全等级保护实施指南》具体实施等级保护工作。跨省或者全国统一联网运行的信息系统可以由主管部门统一确定安全保护等级。

对拟确定为第四级以上信息系统的，运营、使用单位或者主管部门应当请国家信息安全保护等级专家评审委员会评审。信息系统的安全保护等级确定后，运营、使用单位应当按照国家信息安全等级保护管理规范和技术标准，使用符合国家有关规定，满足信息系统安全保护等级需求的信息技术产品，开展信息系统安全建设或者改建工作。

② 在信息系统建设过程中，运营、使用单位应当按照《计算机信息系统安全保护等级划分准则》（GB17859—1999）、《信息系统安全等级保护基本要求》等技术标准，参照《信息安全技术信息系统通用安全技术要求》（GB/T20271—2006）、《信息安全技术网络基础安全技术要求》（GB/T20270—2006）、《信息安全技术 操作系统安全技术要求》（GB/T20272—2006）、《信息安全技术 数据库管理系统安全技术要求》（GB/T20273—2006）、《信息安全技术 服务器技术要求》、《信息安全技术 终端计算机系统安全等级技术要求》（GA/T671—2006）等技术标准同步建设符合该等级要求的信息安全设施。运营、使用单位应当参照《信息安全技术 信息系统安全管理要求》（GB/T20269—2006）、《信息安全技术信息系统安全工程管理要求》（GB/T20282—2006）、《信息系统安全等级保护基本要求》等管理规范，制定并落实符合本系统安全保护等级要求的安全管理制度。

③ 信息系统建设完成后，运营、使用单位或者其主管部门应当选择符合规定条件的测评机构，依据《信息系统安全等级保护测评要求》等技术标准，定期对信息系统安全等级状况开展等级测评。第三级信息系统应当每年至少进行一次等级测评，第四级信息系统应当每半年至少进行一次等级测评，第五级信息系统应当依据特殊安全需求进行等级测评。信息系统运营、使用单位及其主管部门应当定期对信息系统安全状况、安全保护制度及措施的落实情况进行自查。第三级信息系统应当每年至少进行一次自查，第四级信息系统应当每半年至少进行一次自查，第五级信息系统应当依据特殊安全需求进行自查。经测评或者自查，信息系统安全状况未达到安全保护等级要求的，运营、使用单位应当制定方案进行整改。

④ 已运营（运行）的第二级以上信息系统，应当在安全保护等级确定后30日内，由其运营、使用单位到所在地设区的市级以上公安机关办理备案手续。新建第二级以上信息系统，应当在投入运行后30日内，由其运营、使用单位到所在地设区的市级以上公安机关办理备案手续。隶属于中央的在京单位，其跨省或者全国统一联网运行并由主管部门统一定级的信息系统，由主管部门向公安部办理备案手续。跨省或者全国统一联网运行的信息系统在各地运行、应用的分支系统，应当向当地设区的市级以上公安机关备案。

⑤ 公安机关检查发现信息系统安全保护状况不符合信息安全等级保护有关管理规范

和技术标准的，应当向运营、使用单位发出整改通知。运营、使用单位应当根据整改通知要求，按照管理规范和技术标准进行整改。整改完成后，应当将整改报告向公安机关备案。必要时，公安机关可以对整改情况组织检查。

⑥ 第三级以上信息系统应当选择使用符合以下条件的信息安全产品。

- 产品研制、生产单位是由中国公民、法人投资或者国家投资或者控股的，在中华人民共和国境内具有独立的法人资格；
- 产品的核心技术、关键部件具有我国自主知识产权；
- 产品研制、生产单位及其主要业务、技术人员无犯罪记录；
- 产品研制、生产单位声明没有故意留有或者设置漏洞、后门、木马等程序和功能；
- 对国家安全、社会秩序、公共利益不构成危害。

（4）涉及国家秘密信息系统的分级保护管理。

涉密信息系统应当依据国家信息安全等级保护的基本要求，按照国家保密工作部门有关涉密信息系统分级保护的管理规定和技术标准，结合系统实际情况进行保护。

非涉密信息系统不得处理国家秘密信息。涉密信息系统按照所处理信息的最高密级，由低到高分为秘密、机密、绝密三个等级。

涉密信息系统建设使用单位应当在信息规范定密的基础上，依据涉密信息系统分级保护管理办法和国家保密标准 BMB17-2006《涉及国家秘密的计算机信息系统分级保护技术要求》确定系统等级。对于包含多个安全域的涉密信息系统，各安全域可以分别确定保护等级。

（5）信息安全等级保护的密码管理。

国家密码管理部门对信息安全等级保护的密码实行分类分级管理。根据被保护对象在国家安全、社会稳定、经济建设中的作用和重要程度，被保护对象的安全防护要求和涉密程度，被保护对象被破坏后的危害程度以及密码使用部门的性质等，确定密码的等级保护准则。信息系统运营、使用单位采用密码进行等级保护，应当遵照《信息安全等级保护密码管理办法》、《信息安全等级保护商用密码技术要求》等密码管理规定和相关标准。

信息系统运营、使用单位应当充分运用密码技术对信息系统进行保护。采用密码对涉及国家秘密的信息和信息系统进行保护的，应报经国家密码管理局审批，密码的设计、实施、使用、运行维护和日常管理等，应当按照国家密码管理有关规定和相关标准执行；采用密码对不涉及国家秘密的信息和信息系统进行保护的，须遵守《商用密码管理条例》和密码分类分级保护有关规定与相关标准，其密码的配备使用情况应当向国家密码管理机构备案。

运用密码技术对信息系统进行系统等级保护建设和整改的，必须采用经国家密码管理部门批准使用或者准于销售的密码产品进行安全保护，不得采用国外引进或者擅自研制的密码产品；未经批准不得采用含有加密功能的进口信息技术产品。

各级密码管理部门可以定期或者不定期对信息系统等级保护工作中密码配备、使用和管理的情况进行检查和测评，对重要涉密信息系统的密码配备、使用和管理情况每两年至少进行一次检查和测评。在监督检查过程中，发现存在安全隐患或者违反密码管理相关规定或者未达到密码相关标准要求的，应当按照国家密码管理的相关规定进行处置。

3.1.4　加强工业控制系统信息安全管理有关规定

2011 年 9 月 29 日，经国务院同意，工业和信息化部下发关于加强工业控制系统信息安全管理的通知。

1．充分认识加强工业控制系统信息安全管理的重要性和紧迫性

数据采集与监控（SCADA）、分布式控制系统（DCS）、过程控制系统（PCS）、可编程逻辑控制器（PLC）等工业控制系统广泛运用于工业、能源、交通、水利以及市政等领域，用于控制生产设备的运行。一旦工业控制系统信息安全出现漏洞，将对工业生产运行和国家经济安全造成重大隐患。随着计算机和网络技术的发展，特别是信息化与工业化深度融合以及物联网的快速发展，工业控制系统产品越来越多地采用通用协议、通用硬件和通用软件，以各种方式与互联网等公共网络连接，病毒、木马等威胁正在向工业控制系统扩散，工业控制系统信息安全问题日益突出。我国工业控制系统信息安全管理工作中仍存在不少问题，主要是对工业控制系统信息安全问题重视不够，管理制度不健全，相关标准规范缺失，技术防护措施不到位，安全防护能力和应急处置能力不高等，威胁着工业生产安全和社会正常运转。

2．明确重点领域工业控制系统信息安全管理要求

加强工业控制系统信息安全管理的重点领域包括核设施、钢铁、有色、化工、石油石化、电力、天然气、先进制造、水利枢纽、环境保护、铁路、城市轨道交通、民航、城市供水供气供热以及其他与国计民生紧密相关的领域。各地区、各部门、各单位要结合实际，明确加强工业控制系统信息安全管理的重点领域和重点环节，切实落实以下要求。

1）连接管理要求

（1）断开工业控制系统同公共网络之间的所有不必要连接。

（2）对确实需要的连接，系统运营单位要逐一进行登记，采取设置防火墙、单向隔离等措施加以防护，并定期进行风险评估，不断完善防范措施。

（3）严格控制在工业控制系统和公共网络之间交叉使用移动存储介质以及便携式计算机。

2）组网管理要求

（1）工业控制系统组网时要同步规划、同步建设、同步运行安全防护措施。

（2）采取虚拟专用网络（VPN）、线路冗余备份、数据加密等措施，加强对关键工业控制系统远程通信的保护。

（3）对无线组网采取严格的身份认证、安全监测等防护措施，防止经无线网络进行恶意入侵，尤其要防止通过侵入远程终端单元（RTU）进而控制部分或整个工业控制系统。

3）配置管理要求

（1）建立控制服务器等工业控制系统关键设备安全配置和审计制度。

（2）严格账户管理，根据工作需要合理分类设置账户权限。

（3）严格口令管理，及时更改产品安装时的预设口令，杜绝弱口令、空口令。

（4）定期对账户、口令、端口、服务等进行检查，及时清理不必要的用户和管理员账户，停止无用的后台程序和进程，关闭无关的端口和服务。

4）设备选择与升级管理要求

（1）慎重选择工业控制系统设备，在供货合同中或以其他方式明确供应商应承担的信息安全责任和义务，确保产品安全可控。

（2）加强对技术服务的信息安全管理，在安全得不到保证的情况下禁止采取远程在线服务。

（3）密切关注产品漏洞和补丁发布，严格软件升级、补丁安装管理，严防病毒、木马等恶意代码侵入。关键工业控制系统软件升级、补丁安装前要请专业技术机构进行安全评估和验证。

5）数据管理要求

地理、矿产、原材料等国家基础数据以及其他重要敏感数据的采集、传输、存储、利用等，要采取访问权限控制、数据加密、安全审计、灾难备份等措施加以保护，切实维护个人权益、企业利益和国家信息资源安全。

6）应急管理要求

制定工业控制系统信息安全应急预案，明确应急处置流程和临机处置权限，落实应急技术支撑队伍，根据实际情况采取必要的备机备件等容灾备份措施。

3．建立工业控制系统安全测评检查和漏洞发布制度

（1）加强重点领域工业控制系统关键设备的信息安全测评工作。全国信息安全标准化技术委员会抓紧制定工业控制系统关键设备信息安全规范和技术标准，明确设备安全技术要求。重点领域的有关单位要请专业技术机构对所使用的工业控制系统关键设备进行安全测评，检测安全漏洞，评估安全风险。工业和信息化部会同有关部门对重点领域使用的工业控制系统关键设备进行抽检。

（2）建立工业控制系统信息安全检查制度。工业控制系统运营单位要从实际出发，定期组织开展信息安全检查，排查安全隐患，堵塞安全漏洞。工业和信息化部适时组织专业技术力量对重点领域工业控制系统信息安全状况进行抽查，及时通报发现的问题。

（3）建立信息安全漏洞信息发布制度。开展工业控制系统信息安全漏洞信息的收集、汇总和分析研判工作，及时发布有关漏洞、风险和预警信息。

4．加强工业控制系统信息安全管理工作

要将工业控制系统信息安全管理作为信息安全工作的重要内容，按照"谁主管谁负责、谁运营谁负责、谁使用谁负责"的原则，建立健全信息安全责任制。各级政府工业和信息

化主管部门要加强对工业控制系统信息安全工作的指导和督促检查。有关行业主管或监管部门、国有资产监督管理部门要加强对重点领域工业控制系统信息安全管理工作的指导监督，结合行业实际制定完善相关规章制度，提出具体要求，并加强督促检查确保落到实处。有关部门要加快推动工业控制系统信息安全防护技术研究和产品研制，加大工业控制系统安全检测技术和工具研发力度。国有大型企业要切实加强工业控制系统信息安全管理的领导，健全工作机制，严格落实责任制，将重要工业控制系统信息安全责任逐一落实到具体部门、岗位和人员，确保领导到位、机构到位、人员到位、措施到位、资金到位。

3.1.5 电力监控系统安全防护规定部分

2014 年 8 月 1 日，中华人民共和国国家发展和改革委员会下发《电力监控系统安全防护规定》，自 2014 年 9 月 1 日起施行。

为了加强电力监控系统的信息安全管理，防范黑客及恶意代码等对电力监控系统的攻击及侵害，保障电力系统的安全稳定运行，根据《电力监管条例》、《中华人民共和国计算机信息系统安全保护条例》和国家有关规定，结合电力监控系统的实际情况，制定本规定。

电力监控系统安全防护工作应当落实国家信息安全等级保护制度，按照国家信息安全等级保护的有关要求，坚持"安全分区、网络专用、横向隔离、纵向认证"的原则，保障电力监控系统的安全。电力监控系统是指用于监视和控制电力生产及供应过程的、基于计算机及网络技术的业务系统及智能设备，以及作为基础支撑的通信及数据网络等，包括电力数据采集与监控系统、能量管理系统、变电站自动化系统、换流站计算机监控系统、发电厂计算机监控系统、配电自动化系统、微机继电保护和安全自动装置、广域相量测量系统、负荷控制系统、水调自动化系统和水电梯级调度自动化系统、电能量计量系统、实时电力市场的辅助控制系统、电力调度数据网络等。

1. 技术管理

发电企业、电网企业内部基于计算机和网络技术的业务系统，应当划分为生产控制大区和管理信息大区。生产控制大区可以分为控制区（安全区 I）和非控制区（安全区 II）；管理信息大区内部在不影响生产控制大区安全的前提下，可以根据各企业不同安全要求划分安全区。根据应用系统实际情况，在满足总体安全要求的前提下，可以简化安全区的设置，但是应当避免形成不同安全区的纵向交叉连接。

电力调度数据网应当在专用通道上使用独立的网络设备组网，在物理层面上实现与电力企业其他数据网及外部公用数据网的安全隔离。电力调度数据网划分为逻辑隔离的实时子网和非实时子网，分别连接控制区和非控制区。生产控制大区的业务系统在与其终端的纵向连接中使用无线通信网、电力企业其他数据网（非电力调度数据网）或者外部公用数据网的虚拟专用网络方式（VPN）等进行通信的，应当设立安全接入区。

在生产控制大区与管理信息大区之间必须设置经国家指定部门检测认证的电力专用横向单向安全隔离装置。生产控制大区内部的安全区之间应当采用具有访问控制功能的设备、防火墙或者相当功能的设施,实现逻辑隔离。安全接入区与生产控制大区中其他部分的连接处必须设置经国家指定部门检测认证的电力专用横向单向安全隔离装置。在生产控制大区与广域网的纵向连接处应当设置经过国家指定部门检测认证的电力专用纵向加密认证装置或者加密认证网关及相应设施。

安全区边界应当采取必要的安全防护措施,禁止任何穿越生产控制大区和管理信息大区之间边界的通用网络服务。生产控制大区中的业务系统应当具有高安全性和高可靠性,禁止采用安全风险高的通用网络服务功能。依照电力调度管理体制建立基于公钥技术的分布式电力调度数字证书及安全标签,生产控制大区中的重要业务系统应当采用认证加密机制。

电力监控系统在设备选型及配置时,应当禁止选用经国家相关管理部门检测认定并经国家能源局通报存在漏洞和风险的系统及设备;对于已经投入运行的系统及设备,应当按照国家能源局及其派出机构的要求及时进行整改,同时应当加强相关系统及设备的运行管理和安全防护。生产控制大区中除安全接入区外,应当禁止选用具有无线通信功能的设备。

2. 安全管理

电力监控系统安全防护是电力安全生产管理体系的有机组成部分。电力企业应当按照"谁主管谁负责,谁运营谁负责"的原则,建立健全电力监控系统安全防护管理制度,将电力监控系统安全防护工作及其信息报送纳入日常安全生产管理体系,落实分级负责的责任制。

电力调度机构负责直接调度范围内的下一级电力调度机构、变电站、发电厂涉网部分的电力监控系统安全防护的技术监督,发电厂内其他监控系统的安全防护可以由其上级主管单位实施技术监督。

电力调度机构、发电厂、变电站等运行单位的电力监控系统安全防护实施方案必须经本企业的上级专业管理部门和信息安全管理部门以及相应电力调度机构的审核,方案实施完成后应当由上述机构验收。接入电力调度数据网络的设备和应用系统,其接入技术方案和安全防护措施必须经直接负责的电力调度机构同意。

建立健全电力监控系统安全防护评估制度,采取以自评估为主、检查评估为辅的方式,将电力监控系统安全防护评估纳入电力系统安全评价体系。建立健全电力监控系统安全的联合防护和应急机制,制定应急预案。电力调度机构负责统一指挥调度范围内的电力监控系统安全应急处理。当遭受网络攻击,生产控制大区的电力监控系统出现异常或者故障时,应当立即向其上级电力调度机构以及当地国家能源局派出机构报告,并联合采取紧急防护措施,防止事态扩大,同时应当注意保护现场,以便进行调查取证。

3. 保密管理

电力监控系统相关设备及系统的开发单位、供应商应当以合同条款或者保密协议的方式保证其所提供的设备及系统符本规定的要求,并在设备及系统的全生命周期内对其负责。电力监控系统专用安全产品的开发单位、使用单位及供应商,应当按国家有关要求做好保密工作，禁止关键技术和设备的扩散。对生产控制大区安全评估的所有评估资料和评估结果，应当按国家有关要求做好保密工作。

3.1.6 中华人民共和国网络安全法（草案）部分

为了保障网络安全，维护网络空间主权和国家安全、社会公共利益，保护公民、法人和其他组织的合法权益，促进经济社会信息化健康发展，坚持网络安全与信息化发展并重，遵循积极利用、科学发展、依法管理、确保安全的方针，推进网络基础设施建设，鼓励网络技术创新和应用，建立健全网络安全保障体系，提高网络安全保护能力。积极开展网络空间治理、网络技术研发和标准制定、打击网络违法犯罪等方面的国际交流与合作，推动构建和平、安全、开放、合作的网络空间。

1. 网络安全战略、规划与促进

国家制定网络安全战略，明确保障网络安全的基本要求和主要目标，提出完善网络安全保障体系、提高网络安全保护能力、促进网络安全技术和产业发展、推进全社会共同参与维护网络安全的政策措施等。

国务院通信、广播电视、能源、交通、水利、金融等行业的主管部门和国务院其他有关部门应当依据国家网络安全战略，编制关系国家安全、国计民生的重点行业、重要领域的网络安全规划，并组织实施。

国家建立和完善网络安全标准体系。国务院标准化行政主管部门和国务院其他有关部门根据各自的职责，组织制定并适时修订有关网络安全管理以及网络产品、服务和运行安全的国家标准、行业标准。

国家支持企业参与网络安全国家标准、行业标准的制定，并鼓励企业制定严于国家标准、行业标准的企业标准。

国务院和省、自治区、直辖市人民政府应当统筹规划，加大投入，扶持重点网络安全技术产业和项目，支持网络安全技术的研究开发、应用和推广，保护网络技术知识产权，支持科研机构、高等院校和企业参与国家网络安全技术创新项目。

2. 网络运行安全一般规定

国家实行网络安全等级保护制度。网络运营者应当按照网络安全等级保护制度的要求，履行下列安全保护义务，保障网络免受干扰、破坏或者未经授权的访问，防止网络数据泄露或者被窃取、篡改。

（1）制定内部安全管理制度和操作规程，确定网络安全负责人，落实网络安全保护责任；

（2）采取防范计算机病毒和网络攻击、网络入侵等危害网络安全行为的技术措施；

（3）采取记录、跟踪网络运行状态，监测、记录网络安全事件的技术措施，并按照规定留存网络日志；

（4）采取数据分类、重要数据备份和加密等措施；

（5）法律、行政法规规定的其他义务。

网络产品、服务应当符合相关国家标准、行业标准。网络产品、服务的提供者不得设置恶意程序；其产品、服务具有收集用户信息功能的，应当向用户明示并取得同意；发现其网络产品、服务存在安全缺陷、漏洞等风险时，应当及时向用户告知并采取补救措施。

网络关键设备和网络安全专用产品应当按照相关国家标准、行业标准的强制性要求，由具备资格的机构安全认证合格或者安全检测符合要求后，方可销售。国家网信部门会同国务院有关部门制定、公布网络关键设备和网络安全专用产品目录，并推动安全认证和安全检测结果互认，避免重复认证、检测。

网络运营者为用户办理网络接入、域名注册服务，办理固定电话、移动电话等入网手续，或者为用户提供信息发布服务，应当在与用户签订协议或者确认提供服务时，要求用户提供真实身份信息。国家支持研究开发安全、方便的电子身份认证技术，推动不同电子身份认证技术之间的互认、通用。

网络运营者应当制定网络安全事件应急预案，及时处置系统漏洞、计算机病毒、网络入侵、网络攻击等安全风险；在发生危害网络安全的事件时，立即启动应急预案，采取相应的补救措施，并按照规定向有关主管部门报告。

任何个人和组织不得从事入侵他人网络、干扰他人网络正常功能、窃取网络数据等危害网络安全的活动；不得提供从事入侵网络、干扰网络正常功能、窃取网络数据等危害网络安全活动的工具和制作方法；不得为他人实施危害网络安全的活动提供技术支持、广告推广、支付结算等帮助。

3. 关键信息基础设施的运行安全

国家对提供公共通信、广播电视传输等服务的基础信息网络，能源、交通、水利、金融等重要行业和供电、供水、供气、医疗卫生、社会保障等公共服务领域的重要信息系统，军事网络，设区的市级以上国家机关等政务网络，用户数量众多的网络服务提供者所有或者管理的网络和系统（以下称关键信息基础设施），实行重点保护。

国务院通信、广播电视、能源、交通、水利、金融等行业的主管部门和国务院其他有关部门（以下称负责关键信息基础设施安全保护工作的部门）按照国务院规定的职责，分别负责指导和监督关键信息基础设施运行安全保护工作。

建设关键信息基础设施应当确保其具有支持业务稳定、持续运行的性能，并保证安全技术措施同步规划、同步建设、同步使用。

关键信息基础设施的运营者还应当履行下列安全保护义务。

（1）设置专门的安全管理机构和安全管理负责人，并对该负责人和关键岗位的人员进行安全背景审查；

（2）定期对从业人员进行网络安全教育、技术培训和技能考核；

（3）对重要系统和数据库进行容灾备份；

（4）制定网络安全事件应急预案，并定期组织演练；

（5）法律、行政法规规定的其他义务。

关键信息基础设施的运营者采购网络产品和服务，应当与提供者签订安全保密协议，明确安全和保密义务与责任。可能影响国家安全的，应当通过国家网信部门会同国务院有关部门组织的安全审查。

关键信息基础设施的运营者应当在中华人民共和国境内存储在运营中收集和产生的公民个人信息等重要数据；因业务需要，确需在境外存储或者向境外的组织或者个人提供的，应当按照国家网信部门会同国务院有关部门制定的办法进行安全评估。应当自行或者委托专业机构对其网络的安全性和可能存在的风险每年至少进行一次检测评估，并对检测评估情况及采取的改进措施提出网络安全报告，报送相关负责关键信息基础设施安全保护工作的部门。

国家网信部门应当统筹协调有关部门，建立协作机制。对关键信息基础设施的安全保护可以采取下列措施。

（1）对关键信息基础设施的安全风险进行抽查检测，提出改进措施，必要时可以委托专业检验检测机构对网络存在的安全风险进行检测评估；

（2）定期组织关键信息基础设施的运营者进行网络安全应急演练，提高关键信息基础设施应对网络安全事件的水平和协同配合能力；

（3）促进有关部门、关键信息基础设施运营者以及网络安全服务机构、有关研究机构等之间的网络安全信息共享；

（4）对网络安全事件的应急处置与恢复等，提供技术支持与协助。

4. 网络信息安全

网络运营者应当建立健全用户信息保护制度，加强对用户个人信息、隐私和商业秘密的保护。

网络运营者收集、使用公民个人信息，应当遵循合法、正当、必要的原则，明示收集、使用信息的目的、方式和范围，并经被收集者同意。不得收集与其提供的服务无关的公民个人信息，不得违反法律、行政法规的规定和双方的约定收集、使用公民个人信息，并应当依照法律、行政法规的规定或者与用户的约定，处理其保存的公民个人信息。

网络运营者应当采取技术措施和其他必要措施，确保公民个人信息安全，防止其收集的公民个人信息泄露、毁损、丢失。在发生或者可能发生信息泄露、毁损、丢失的情况时，应当立即采取补救措施，告知可能受到影响的用户，并按照规定向有关主管部门报告。

公民发现网络运营者违反法律、行政法规的规定或者双方的约定收集、使用其个人信息的，有权要求网络运营者删除其个人信息；发现网络运营者收集、存储的其个人信息有错误的，有权要求网络运营者予以更正。

任何个人和组织不得窃取或者以其他非法方式获取公民个人信息，不得出售或者非法向他人提供公民个人信息。依法负有网络安全监督管理职责的部门，必须对在履行职责中知悉的公民个人信息、隐私和商业秘密严格保密，不得泄露、出售或者非法向他人提供。

网络运营者应当加强对其用户发布的信息的管理，发现法律、行政法规禁止发布或者传输的信息的，应当立即停止传输该信息，采取消除等处置措施，防止信息扩散，保存有关记录，并向有关主管部门报告。

电子信息发送者发送的电子信息，应用软件提供者提供的应用软件不得设置恶意程序，不得含有法律、行政法规禁止发布或者传输的信息。电子信息发送服务提供者和应用软件下载服务提供者，应当履行安全管理义务，发现电子信息发送者、应用软件提供者有前款规定行为的，应当停止提供服务，采取消除等处置措施，保存有关记录，并向有关主管部门报告。

国家网信部门和有关部门依法履行网络安全监督管理职责，发现法律、行政法规禁止发布或者传输的信息的，应当要求网络运营者停止传输，采取消除等处置措施，保存有关记录；对来源于中华人民共和国境外的上述信息，应当通知有关机构采取技术措施和其他必要措施阻断信息传播。

3.2　网络信息安全工程技术知识

本节主要内容包括云计算、云资料中心及云安全、互联网与物联网、全球能源互联网及其关键技术知识，介绍国家信息安全法规和保障体系框架设想，探讨抓住网络空间发展与网络信息安全机遇，网络强国必须强化掌控网络信息安全力问题。

3.2.1　抓住网络空间发展与网络信息安全机遇

1. 经略网络空间，打造新的战略机遇期

（1）网络空间与现实社会交织互动，为人类社会提供新的发展空间。网络打破地域疆界，改变社会经济形态和传统生产方式，电子政务、电子商务、网络社交、文化娱乐、信息消费，"无所不有"；政治、经济、军事、文化、外交，"一网打尽"。同时，网络又不断挑战人类社会对信息技术、网络社会和信息化的认知极限。大到国际秩序和公认准则、中到国家管理和社会关系，小到人际交往和生活方式，一次次面临颠覆和重构。网络将人类带入了一个全新的空间，信息化成为不可逆转的潮流。网络空间既是一个虚拟的存在，也是一个继海、陆、空、天之后，人类"同呼吸、共命运"的新空间，成为各个大国争夺的新边疆，各种力量博弈较量的新战场。

（2）网络空间蕴含巨大发展红利，为中国提供新的战略机遇。中国经历改革开放三十多年，利用互联网 20 年，已成功地将网络发展转化为先进生产力和正能量，极大地促进了国家经济、政治、文化、社会等各个方面的发展。中国信息化建设成就斐然、世界瞩目。中国凭借独特的理论优势、道路优势和制度优势以及信息化进程的后发优势，一跃成为当今世界第二大经济体。对中国而言，网络空间最大限度地激发了信息化高速发展的活力，蕴含着新一轮技术革命的丰厚能量。可以说，网络空间为维护、延长中国的战略机遇期赢

得了新的发展机会，又为中国开拓新的发展空间创造了历史条件。

（3）用心经略网络空间，促进国家治理能力现代化。习近平总书记将网络视为联系群众的新纽带，维护社会稳定的新阵地，实现中国梦的新机遇以及维护国家安全的新边疆。赋予网络"牵一网而动全局"的新的历史意义。要开启中国从网络大国走向网络强国的新历程，要实现"两个一百年"的宏伟目标和中华民族伟大复兴"中国梦"的伟大理想，就必须以更宽的视野、更大的胆识和更新的智慧，精心经略网络空间，就是要牢牢把握十八届三中全会改革开放的总目标和四中全会依法治国的大格局，聚焦国家总体安全，全面可持续提升网络空间蕴含的生产力、文化力、国防力，推动实现国家网络空间治理体系和治理能力现代化。

2. 提高忧患意识，确保当前的网络信息安全

（1）要清醒认识"大而不强"的基本现状。中国以最大的网民数量、最大的网站数量、最大的手机用户数量和最快的发展速度成为信息化大国。网络已经成为"治国理政"的重要平台、经济发展的重要支撑、社会稳定的重要动力和国家安全的重要屏障。但我国仍是一个发展中的国家，且处于社会主义的初级阶段，大而思强、乐不忘忧是我们前进路上必须牢记的信条。审视我国网络和信息化发展的进程，潜在的脆弱性和安全隐患，时时在敲响"大而不强"的警钟。发展的历史阶段和基本国情使我们在信息安全上面临着特殊的"难处"、"苦处"和"痛处"。"难处"在于，国民经济的发展和社会的运行与稳定，对信息技术和信息化的依赖越来越大，复杂到传统管理方式远远不能适应，敏感到一个漏洞和一线风险都能引发"千里之堤、溃于蚁穴"的严重后果。"苦处"在于，信息技术、核心设备受制于人，信息化建设的"砖头瓦片"大量来自国外，不能自主，难以自控。"温水煮青蛙"的形势短期内难有大的改观。"痛处"在于，中国改革开放进入全面深化的特殊阶段，安全挑战与发展风险巨大。安全形势多元复杂，各种矛盾风险叠加，都在网络上反映出来。而在管理上，缺乏规范有序的管理机制和技术手段，"九龙治水"的管理体制常常导致监管的错位、越位和缺位，一定程度上削弱了治理能力，抵消了体制优势。以上基本现状，一定程度上决定了我国网络信息安全问题的性质和特点。

（2）应牢牢抓住内容安全与技术安全两大重点。我们当前面临的网络安全挑战既有全球共性问题，如系统漏洞、网络窃密、计算机病毒、网络攻击、垃圾邮件、虚假有害信息和网络违法犯罪等；更有意识形态渗透、社会文化冲击和技术受制受控等特殊具体问题。在网络颠覆与技术控制并存、网络博弈日趋激烈的情况下，我们必须以"两手抓，两手都要硬"的原则，抓好内容安全和技术安全。信息内容安全事关政治安全和政权安全，不能有丝毫松懈。在意识形态和网络内容领域，我们长期面临一场看不见又极端尖锐的斗争。近年来，网络舆情持续高发、网络群体性事件接连不断、网络乱象势头猛增，网上多元思潮交锋对抗，网络成为滋生传播负能量的集散地。同时，反动势力利用网络煽动闹事，宣扬极端恐怖主义。"我们能否顶得住、打得赢，直接关系我国意识形态安全和政权安全"。信息技术安全事关经济发展和社会稳定，来不得半点马虎。我国的关键信息基础设施和重要网络系统，自身漏洞风险和安全隐患重重，又身处在国际网络攻击对抗的风口浪尖。目

前，大量在用的芯片、操作系统、数据库、路由器、交换机等核心产品依赖进口，短期内仍难根本改变。电子政务系统、金融系统、能源供应和大量工业控制系统均存在程度不一的安全隐患和技术风险，国家信息安全保障体系亟待加固和升级。

（3）要着力构建三大核心能力。"打铁还需自身硬"，网络信息安全工作需要强有力的实力支撑。一是防御保障能力。即要确保国家重要的网络系统安全、高效地运行。这需要政府、企业、社会方方面面齐心协力，通过技术与管理手段，不断强化信息安全保障体系，构筑坚固的网络长城。二是预警感知能力。即要预知、预防、预止网络上的各种风险，防止误解、误判、误导，及时、全面掌握网络空间威胁和隐患，做到安全"胸中有数、心中有底"。这需要有专门的国家力量。三是反制打击能力。在网络霸权客观存在的情况下，为防止军事讹诈，必须要有网络反制能力。但网络空间的威慑能力宜少而精。一手构筑"防火墙"，一手打造"杀手锏"，是网络强国的应有之义。

（4）应妥善处理四对"辩证关系"。一是发展与安全的关系。十年前我们讲"在发展中求安全"，十年后则提"以安全保发展"。这一思维转变，诠释了网络安全与信息化建设"一体之两翼，驱动之双轮"的辩证关系。安全问题不解决，发展必然会受到制约。二是技术与管理的关系。网络和信息安全问题的解决，需要技术和管理双管齐下，综合施策。有的管理难题，用技术的方式较好解决；反之，有的技术困境，用管理的方法反而简捷有效。要克服技术万能或者一管就灵的偏颇思想。三是政府与市场的关系。明确政府与市场的责任分担，充分发挥政府的主导作用和市场的决定性作用，针对网络空间创新性强、参与方多和管控度低等特点，以"柔性监管"方式最大限度地激发技术创新和产业发展。四是独立自主与国际合作的关系。找准差距、加大投入，加强关键技术的自主可控，是实现网络强国的根本途径。同时扩大开放、合作，以安全审查制度和测试评估机制等确保供应链的安全可信，是成为网络强国的必然选择。

（5）要重点应对五大风险和威胁。目前，我国需要高度关注的安全风险主要表现为以下 5 个方面：一是政治渗透是最大的风险，反映在内容安全上；二是窃密和泄密是最突出的风险，窃泄密案件逐年激增；三是网络犯罪是最现实的风险，金融诈骗、个人隐私泄露层出不穷；四是技术隐患是长期的风险，大量信息技术靠引进，脆弱性大量存在，被不法利用，损失巨大；五是军事威慑是潜在的风险，网络军备竞赛愈演愈烈，恐怖主义在网络空间抬头。

而在网络空间的主要威胁源方面，应重点应对的也有 5 个：一是国家层面。"斯诺登"事件已向世人昭示，有些国家可以组织专门力量，针对其他主权国家，长期进行渗透颠覆和窃密监控活动，破坏力很大，威慑性极强。二是恐怖组织。民族分裂分子和恐怖势力纷纷上网，他们组成复杂，活动隐蔽，行动突发，防不胜防。三是犯罪团伙。此类威胁受高利益驱使，针对企业、团体和个人，攻击方式多，受害主体广，社会危害大。四是黑客团体。这是网络空间的一支新生力量，在各种复杂的社会经济关系与黑色产业链的影响下，良莠不齐，他们组织松散、目标随意，战法参差，很难防范。五是极端个人。他们能力强、掌握资源多，奉行自由主义、反对国家权威。阿桑奇、斯诺登等就是实例，个人利用网络挑战一个国家乃至世界的现象，不容小视。

3.2.2　网络强国必须强化掌控网络信息安全力

"发展是硬道理，安全是总要求"，要实现"网络强国"的新目标和新愿景，就必须兼顾国内、国际两个大局，以强化网络信息安全掌控力为核心，从以下 5 个方面提高我国的网络空间治理能力。

（1）强化治理体系和战略规划。习总书记已先后就国家治理、总体安全、网络空间、深化改革和依法治国等一系列重大问题做出了高瞻远瞩的战略部署，特别是亲自担纲中央网络安全和信息化领导小组的工作，对信息化时代的网络治理提出了更为明确具体的要求。这本身就是国家治理体系和治理能力现代化的伟大实践。近一年来，中央网信办采取了卓有成效的管理举措。加强统一指挥和综合协调，使全国网络安全与信息化工作的领导和管理体系日益清晰；净化网络空间，清理恐怖视频，打击伪基站，传递正能量，网络思想文化生态正在好转；主办世界互联网大会，在伦敦会议、达沃斯论坛等国际场合，积极表达主张、公开宣示立场，让国际社会耳目一新，反响热烈，网络空间的大国形象和"中国信心"开始显现。一系列实招和实策让我们实实在在地感受到了网络治理方面的明显变化。当务之急，一是要进一步强化国家集中统一管理的网络空间制度安排，以组织落实尽快扭转"九龙治水"、政出多门的管理局面，形成统一指挥协调、多方配合支持的治理格局；二是要尽快提出网络空间国家战略，将中央在网络空间治理上的战略意图转化为国家的战略意志和发展规划，指导各行各业的信息化发展和网络治理实践。

（2）完善网络空间法治体系。以法治破解网络治理面临的各种难题，既是必经之途，更是必由之路。当前，关键是要抓住历史机遇，系统周密地推进和部署网络法制建设，破除"法必言外"的错误认识，解决"法难入网"的现实困难，形成"良法良治"的严格规范，营造"遵纪守法"的网络环境，将"依法治网"、"依法管网"作为我国网络空间治理的主线，以法治保障网络空间的长治久安。

（3）推进技术创新和产业发展。"自主可控、安全可靠"是网络的安全之道。自主，就是在关键的、重要的、核心的问题上摆脱受制于人的局面。可控，就是技术、产品未必是自己的，但能够管控住它。安全可靠，则是靠得住、信得过。当前条件下可按照"服务接管"、"产品替代"、"自主创新"的优先顺序和制度安排，围绕国家的发展需求，通过战略、规划、政策、技术进步等举措，逐步增强国家网络和信息安全可控能力，逐步形成自主可控的产业核心竞争力。

（4）增强网络正能量和全民安全意识。将网络作为联系群众的新纽带，体现了新一届党和国家领导人借网络凝聚中国力量的决心和信心。只要我们理解好网络，充分利用好网络，网络就是我们的播种机和宣传队，就能发挥"壮大主流思想舆论，弘扬主旋律，传播正能量，激发全社会团结奋进的强大力量"的效用，进而形成具有中国特色的网络文化。形成全民化的网络安全意识，才能使民众真正拥有和享受网络发展的红利，让民众、民智介入到信息化的发展进程当中。

（5）加强国际合作，贡献中国智慧。习总书记指出，互联网真正让世界变成地球村，让国际社会越来越成为你中有我、我中有你的命运共同体。在这个开放的大格局中，"开放始终是发展的命根子"，也是网络空间安全战略的本质所在。在和平、发展、合作、共赢的世界潮流下，以促进多极化发展为目的，处理好中美新型大国关系，与世界其他国家相互包容，互惠互利，构建网络空间的"命运共同体"和"利益共同体"，营造和平与发展的国际网络大环境。刚刚举办的 APEC 会议和世界互联网大会，都显示中国的大国责任越来越多，话语权也越来越多。我们需要充分用好国际规则，主动平衡责权利关系，在确保国家主权和根本利益的前提下，积极主动地参与网络空间的国际共治，不断扩大话语权、参与权和主导权，为国际网络治理贡献中国力量和中国智慧，体现全球网络空间的中国担当。

3.2.3　国家信息安全法规和保障体系框架设想

20 世纪 80 年代以前，人们认为信息安全就是通信保密，采用的保障措施是加密和基于计算机规则的访问控制，这个时期被称为通信保密（COMSEC）时代。到了 20 世纪 90 年代，人们的认识加深了，大家逐步意识到数字化信息除了有保密性（保证信息不泄漏给未经授权的人）需要外，还有信息的完整性（防止信息被未经授权的篡改，保证真实的信息从真实的信源无失真地达到真实的信宿）、信息和信息系统的可用性（保证信息及信息系统确实为授权使用者所用，防止由于计算机病毒或其他人为因素造成的系统拒绝服务，或为敌手可用）需求。因此，明确提出了信息安全（INFOSEC）就是要保证信息的保密性、完整性和可用性，这就进入了信息安全时代。20 世纪 90 年代后期到现在，认识进一步加深，在原来的基础上增加了信息和系统的可控性（对信息及信息系统实施安全监控管理）、信息行为的不可否认性（保证信息行为人不能否认自己的行为）。同时被动的保护不能保障安全，还需要相应地增加系统脆弱性检测、入侵检测、安全事件的响应和损毁系统的恢复等，形成了包括保护、检测、反应、恢复 4 个环节的信息保障（IA）的概念，称为 PDRR 模型，这就宣告了信息安全保障时代的到来。

我国信息安全保障的国家战略目标是：保证国民经济基础设施的信息安全，抵御有关国家、地区、集团可能对我国实施"信息站"的威胁和打击国内外的高技术犯罪，保障国家安全、社会稳定和经济发展。信息安全战略防御的重点任务是：保护国民经济中的国家关键基础设施，包括金融、银行、税收、能源生产储备、粮油生产储备、水电气供应、交通运输、邮电通信、广播电视、商业贸易等国家关键基础设施。

由于信息安全保障是一个复杂的社会系统工程，基于此概念，必须建立一个国家信息安全保障的框架，主要包括如下几部分。

（1）要加快信息安全立法、建立信息安全法制体系，这样才能做到有法可依，有法必依。

（2）要建立国家信息安全组织管理体系，加强国家信息安全机构及职能，建立高效能的职，职责分工明确的行政管理和业务组织体系，建立信息安全标准和评价体系。

（3）要建立国家信息安全技术保障体系，使用科学技术，实施安全的防护保障。

（4）在技术保障体系下，要建立国家信息安全保障基础设施，其中包括：建立国家重要的信息安全管理中心（风险管理、入侵检测、内容安全与监管等）和密码管理中心（KMI/PKI），建立国家安全事件应急响应中心（病毒、安全事件、国际协同等）；建立数据备份和灾难恢复设施；在国家执法部门建立高技术刑事侦查队伍，提高对高技术犯罪的预防和侦破能力；建立国家信息安全认证机构，对产品和资质进行认证。

（5）要建立国家信息安全经费保障体系，加大信息安全投入。

（6）要高度重视人才培养，建立信息安全人才培养基地。

信息系统的信息保障技术层面分为以下 5 个部分。

（1）应用环境：包括局域网内所使用的主机、服务器、应用程序和数据操作系统、数据库等的安全防御。

（2）应用区域边界：通过部署边界保护措施和监控对内部局域网的访问，实现局域网在这一层连到广域网是安全的。

（3）网络和电信传输：包括实现局域网互连过程的安全，旨在确保通信的机密性，防止使通信能力中断的拒绝服务攻击。

（4）安全管理中心：用于保护、分析和响应本地、地区和国家级非法访问、入侵和网络攻击。

（5）密码管理中心：提供一种通用的联合处理方式，以便安全地创建、分发和管理公钥证书和传统的对称密钥，使它们能够为网络传输、应用区域边界和应用环境提供安全服务。

应尽快开展以下几个方面的工作。

（1）统一认识，加强领导。我们应该积极吸收发达国家对信息保障集中管理的经验，树立国家信息化领导小组统一指挥的绝对权威，进行信息安全保障的重大决策，制定发展政策，协调各方关系，加强对信息安全的宏观筹划和控管力度。在此基础上，针对当前信息安全工作存在的职能交叉、多头管理、重复建设、资源浪费等问题，科学合理地对编制体制进行调整重组，尽快理顺管理体制，实施科学分工，明确各自职责。

（2）抓紧制定信息安全保障体系框架。目前和今后相当长时期内，我国的战略重点是发展国家经济，但是霸权主义和恐怖主义时刻威胁着人类的和平，为了保障我国的安全，确保国家信息化建设顺利进行，实现跨越式发展，有必要制定与我国发展战略相适应的信息安全保障体系的纲领性文件。我们要借鉴别国的有关经验，但决不能刻意消防。

（3）把信息系统的安全作为"系统工程"统筹规划，加强一体化建设。信息安全保障体系建设是一个复杂的系统工程。国内外经验证明，"信息系统的安全保障问题只能作为一个整体来通盘加以解决"。这有两层含义：其一，安全信息系统不可缺少的有机组成部分，应在规划、开发信息系统之初，同时全面、协调地研究、设计系统的安全，这样才能使之具有最大安全互操作性、最好保密互通能力和最高通信效率，而不能按照以前"先建源系统（即安全系统）"的不科学做法；其二，不能"各自为政"，即不能分别孤立地设计、开发各个信息子系统的安全，而应综合规划整个信息大系统的安全事宜。根据我国信息系统发展现状，信息安全保障体系建设面临着非常繁重的任务。其中包括对已建计算机网络进行信息安全体系配套改造，加快在建网络的安全体系同步建设进程，逐步做到在建网络系统与信息安全系统同步规划、同步论证、同步实施。

（4）加大对信息安全保障体系建设经费的投入。加大对信息安全保障体系建设经费的投入重点是加大科研投入和产业发展的投入。国家应有一个统一规划的科研经费投资计划，从而可以集中力量，突破技术难关，避免重复投资。国家还要增加对信息安全产业发展的资金投入，鼓励风险投资，创造良好的融资环境。

（5）重视人才培养。信息保障体系的建设对人才培养和使用提出了全新的要求。培育和形成信息保障人才资源优势，必须确立新的人才观，进一步深化人才队伍、干部队伍培养使用机制改革。人才是全方位的，除了要培养信息网络安全专家外，还要有信息安全的法律和管理专家。要重视优秀高科技人才的使用和领导干部队伍的年轻化、知识化建设，通过各种途径培养高学历的人才群体，依靠他们实现观念更新的跨越，以及思维和谋略的创新。

3.2.4　云计算、云数据中心及云安全

1. 狭义云计算

云计算是并行计算（Parallel Computing）、分布式计算（Distributed Computing）和网格计算（Grid Computing）的发展。云计算是虚拟化（Virtualization）、效用计算（Utility Computing）、IaaS（基础设施即服务）、PaaS（平台即服务）、SaaS（软件即服务）等概念混合演进并跃升的结果。提供资源的网络被称为“云”。

2. 广义云计算

“云”是一些可以自我维护和管理的虚拟计算资源，通常为一些大型服务器集群，包括计算服务器、存储服务器、宽带资源等。云计算将所有的计算资源集中起来，并由软件实现自动管理，无须人为参与。这使得应用提供者无须为烦琐的细节而烦恼，能够更加专注于自己的业务，有利于创新和降低成本。

（1）用户所需的资源不在客户端而来自网络。这是云计算的根本理念所在，即通过网络提供用户所需的计算力、存储空间、软件功能和信息服务等。

（2）服务能力具有分钟级或秒级的伸缩能力。如果资源结点服务能力不够，但是网络流量上来，这时候需要平台在一分钟或几分钟之内，自动地动态增加服务结点的数量，如从 100 个结点扩展到 150 个结点。能够称之为云计算，就需要足够的资源来应对网络的尖峰流量，流量下来了，服务结点的数量再随着流量的减少而减少。现在有的传统互联网数据中心自称也能提供伸缩能力，但需要多个小时之后才能提供给用户。问题是网络流量是不可预期的，不可能等那么久。

（3）具有较之传统模式 5 倍以上的性能价格比优势。看了上面一条，有些读者可能在想，没关系，多配一些机器，流量再大也应付得了。但这不是云计算的理念。还有个性能

价格比指标。云计算之所以是一种划时代的技术，就是因为它将数量庞大的廉价计算机放进资源池中，用软件容错来降低硬件成本，通过规模化的共享使用来提高资源利用率。国外代表性云计算平台提供商达到了惊人的 10～40 倍的性能价格比提升。国内由于技术、规模和统一电价等问题，暂时难以达到同等的性能价格比，我们暂时将这个指标定为 5 倍。拥有 256 个结点的云计算平台已经达到了 5～7 倍的性能价格比提升，其性能价格比随着规模和利用率的提升还有提升空间。

3．云数据中心

云数据中心是一种为提供云计算服务而建设的数据中心。与传统 IDC（互联网数据中心）和 EDC（企业数据中心）的区别在于所应对的业务模式不同。传统 IDC 多数是支撑电信运营商数据业务，并有明确的跨网和区域性限制。EDC 更多地支持了以商业软件为平台的特定应用信息系统，因此其规模、等级、变量相对固定。而云计算所需的数据中心来源于互联网，但又向集成化平台演进，因此，云计算数据中心从基础设施到计算与应用是连续和整体的，并相互关联和可适应。

4．云安全

云安全通过网状的大量客户端对网络中软件行为的异常进行监测，获取互联网中木马、恶意程序的最新信息，推送到服务端进行自动分析和处理，再把病毒和木马的解决方案分发到每一个客户端。云安全的策略构想是：使用者越多，每个使用者就越安全，因为如此庞大的用户群，足以覆盖互联网的每个角落，只要某个网站被挂马或某个新木马病毒出现，就会立刻被截获。

云安全的核心思想是建立一个分布式统计和学习平台，以大规模用户的协同计算来过滤垃圾邮件：首先，用户安装客户端，为收到的每一封邮件计算出一个唯一的"指纹"，通过比对"指纹"可以统计相似邮件的副本数，当副本数达到一定数量，就可以判定邮件是垃圾邮件；其次，由于互联网上多台计算机比一台计算机掌握的信息更多，因而可以采用分布式贝叶斯学习算法，在成百上千的客户端机器上实现协同学习过程，收集、分析并共享最新的信息。反垃圾邮件网格体现了真正的网格思想，每个加入系统的用户既是服务的对象，也是完成分布式统计功能的一个信息结点，随着系统规模的不断扩大，系统过滤垃圾邮件的准确性也会随之提高。用大规模统计方法来过滤垃圾邮件的做法比用人工智能的方法更成熟，不容易出现误判假阳性的情况，实用性很强。反垃圾邮件网格就是利用分布互联网里的千百万台主机的协同工作，来构建一道拦截垃圾邮件的"天网"。

3.2.5　互联网与物联网及其主要特点

互联网（Internet）又称网际网路或音译为因特网、英特网，是网络与网络之间所串连成的庞大网络，这些网络以一组通用的协定相连，形成逻辑上的单一巨大国际网络。这种将计算机网络互相联接在一起的方法可称作"网络互联"，在这基础上发展出覆盖全世界的全球性互联网络称为"互联网"，即"互相联接在一起的网络"。互联网并不等同万维网（World Wide Web，WWW），万维网只是一建基于超文本相互链接而成的全球性系统，且是互联网所能提供的服务其中之一。

物联网（Internet of Things）指的是将无处不在的末端设备和设施，包括具备"内在智能"的传感器、移动终端、工业系统、楼控系统、家庭智能设施、视频监控系统等和"外在使能"的，如贴上 RFID 的各种资产、携带无线终端的个人与车辆等"智能化物件或动物"或"智能尘埃"，通过各种无线/有线的长距离/短距离通信网络实现互联互通、应用大集成，以及基于云计算的 SaaS 营运等模式，提供安全可控乃至个性化的实时在线监测、定位追溯、报警联动、调度指挥、预案管理、远程控制、安全防范、远程维保、在线升级、统计报表、决策支持、领导桌面（集中展示的 Cockpit Dashboard）等管理和服务功能，实现对"万物"的"高效、节能、安全、环保"的"管、控、营"一体化。

简单地讲，物联网是物与物、人与物之间的信息传递与控制，和传统的互联网相比，物联网有其鲜明的特征。

首先，它是各种感知技术的广泛应用。物联网上部署了海量的多种类型传感器，每个传感器都是一个信息源，不同类别的传感器所捕获的信息内容和信息格式不同。传感器获得的数据具有实时性，按一定的频率周期性地采集环境信息，不断更新数据。

其次，它是一种建立在互联网上的泛在网络。物联网技术的重要基础和核心仍旧是互联网，通过各种有线和无线网络与互联网融合，将物体的信息实时准确地传递出去。在物联网上的传感器定时采集的信息需要通过网络传输，由于其数量极其庞大，形成了海量信息，在传输过程中，为了保障数据的正确性和及时性，必须适应各种异构网络和协议。

还有，物联网不仅提供了传感器的连接，其本身也具有智能处理的能力，能够对物体实施智能控制。物联网将传感器和智能处理相结合，利用云计算、模式识别等各种智能技术，扩充其应用领域。从传感器获得的海量信息中分析、加工和处理出有意义的数据，以适应不同用户的不同需求，发现新的应用领域和应用模式。

根据其实质用途可以归结为以下三种基本应用模式。

（1）对象的智能标签。通过二维码，RFID 等技术标识特定的对象，用于区分对象个体，例如在生活中人们使用的各种智能卡、条码标签的基本用途就是用来获得对象的识别信息；此外通过智能标签还可以用于获得对象物品所包含的扩展信息，例如智能卡上的金额余额，二维码中所包含的网址和名称等。

（2）环境监控和对象跟踪。利用多种类型的传感器和分布广泛的传感器网络，可以实现对某个对象的实时状态的获取和特定对象行为的监控，如使用分布在市区的各个噪声探头监测噪声污染，通过二氧化碳传感器监控大气中二氧化碳的浓度，通过 GPS 标签跟踪车辆位置，通过交通路口的摄像头捕捉实时交通流程等。

（3）对象的智能控制。物联网基于云计算平台和智能网络，可以依据传感器网络用获取的数据进行决策，改变对象的行为进行控制和反馈。例如，根据光线的强弱调整路灯的亮度,根据车辆的流量自动调整红绿灯间隔等。

3.2.6　全球能源互联网及其关键技术

能源互联网指的是横向实现电、气、热、可再生能源等"多源互补",纵向实现"源-网-荷-储"各环节高度协调,生产和消费双向互动,集中与分布相结合的能源服务网络。从互联网观念出发,能源互联网的主要特征体现在开放、互联、对等、分享;而从能源供应网络出发,能源互联网主要体现在:从就地控制到区域控制,再到全局控制的逐步发展、扩充与完善过程。能源互联网及其关键技术如下。

(1)一带一路。"一带一路"(One Belt And One Road,OBAOR;或 One Belt One Road,OBOR;或 Belt And Road,BAR)是"丝绸之路经济带"和"21 世纪海上丝绸之路"的简称。"一带一路"必将促进我国与俄罗斯、哈萨克斯坦、土库曼斯坦等邻国在石油、天然气、电力和新能源等能源领域的广泛深入合作,因此"全球能源互联网"是结合"一带一路"发展战略打开能源领域的全球视野。

(2)一极一道。从世界清洁能源资源分布来看,北极圈及其周边地区("一极")风能资源和赤道及附近地区("一道")太阳能资源十分丰富,简称"一极一道"。集中开发北极风能和赤道太阳能资源,通过特高压等输电技术送至各大洲负荷中心,与各洲大型能源基地和分布式电源相互支撑,提供更安全、更可靠的清洁能源供应,将是未来世界能源发展的重要方向。

(3)清洁替代。清洁替代,是指在能源开发上,以清洁能源替代化石能源,走低碳绿色发展道路,逐步实现从化石能源为主、清洁能源为辅向清洁能源为主、化石能源为辅转变。清洁替代将从根本上解决人类能源供应面临的资源约束和环境约束问题,是实现能源可持续利用的战略举措,也是未来全球能源发展的必然趋势。

(4)电能替代。电能替代,是指在能源消费上,以电能替代煤炭、石油、天然气等化石能源的直接消费,提高电能在终端能源消费中的比重。随着电气化进程加快,电能将在终端能源消费中扮演日益重要的角色,并最终成为最主要的终端能源品种,实现更加清洁、便捷、安全的能源利用。

(5)全球能源观。全球能源观是遵循能源发展规律,适应能源发展新趋势形成的关于全球能源可持续发展的基本观点和理论。全球能源观的核心是坚持以全球性、历史性、差异性、开放性的观点和立场来研究和解决世界能源发展问题,更加注重能源与政治、经济、社会、环境的协调发展,更加注重各种集中式(基地式)与分布式清洁能源的统筹开发,要求以"两个替代"为方向,以全球能源互联网为载体,统筹全球能源资源开发、配置和利用,保障世界能源安全、清洁、高效、可持续供应。

(6)国家泛在智能电网。国家泛在智能电网是全球能源互联网的基本组成单元,广泛连接国内能源基地、各类分布式电源和负荷中心,并与周边国家的能源互连互通,承接全球能源互联网跨国跨洲配置的清洁能源。国家泛在智能电网应坚持坚强与智能并重的发展原则,在发挥大电网和坚强网架作用的基础上,有效解决清洁能源发电随机性、间歇性问题，实现各地集中式电源与泛在分布式电源的优化接入和高效消纳，更可靠地保障能源供应。

（7）电源技术。以清洁能源为主导，以电为中心的能源格局，决定了电源技术在未来能源发展中的关键性作用。其核心是不断提高清洁能源的开发效率和经济性，重点领域包括风力发电、太阳能发电、海洋能发电及分布式电源技术等。这些技术突破是构建全球能源互联网的动力之源，对推动全球能源开发清洁化、低碳化十分重要。

（8）电网技术。以电为中心、全球配置的能源发展格局，决定了电网技术在未来能源发展中的关键性作用，需要不断提高电网输送能力、配置能力和经济性，重点围绕电力系统各环节，加快智能电网技术全面创新，主要领域包括特高压输电技术和装备、海底电缆技术、超导输电技术、直流电网技术、微电网技术和大电网运行控制技术等。这些技术突破是构建全球能源互联网的重要基础。

（9）储能技术。储能技术发展是保障清洁能源大规模发展和电网安全经济运行的关键。储能技术可以在电力系统中增加电能存储环节，使得电力实时平衡的"刚性"电力系统变得更加"柔性"，特别是平抑大规模清洁能源发电接入电网带来的波动性，提高电网运行的安全性、经济性、灵活性。储能技术一般分为热储能和电储能，未来应用于全球能源互联网的主要是电储能。

（10）信息通信技术。信息通信技术是实现电网智能化、互动化和大电网运行控制的重要基础，被认为是 21 世纪社会发展和世界经济增长的重要动力，是多种技术的融合，以及与多种产业的跨界融合，正在带来深刻的产业革命。要适应全球能源互联网的发展、信息通信的内容快速增长、信息通信的范围大幅扩张，就要对信息通信的安全性、实时性、可靠性要求更加严格，这迫切需要在信息通信技术领域有更大的创新和突破。

3.3　信息化工程最新应用技术

本节主要介绍新一代移动通信技术、内存计算技术、智慧城市新技术，海量大数据及智能电网有哪些特点，电子商务的概念及应用。

3.3.1　新一代移动通信技术的主要特点及应用情景

1. 移动通信技术的发展历程

第一代（1G）移动通信系统的主要特征是采用模拟技术和频分多址（FDMA）技术，有多种制式。我国主要采用 TACS，其传输速率为 2.4kb/s，由于受到传输带宽的限制，不能进行移动通信的长途漫游，只是一种区域性的移动通信系统。

第二代（2G）移动通信系统采用的技术主要有时分多址（TDMA）和码分多址（CDMA）两种技术，它能够提供 9.6～28．8kb/s 的传输速率。全球主要采用 GSM 和 CDMA 两种制式，我国采用的主要是 GSM 这一标准。第二代移动通信系统具有保密性强，频谱利用率高，能提供丰富的业务，标准化程度高等特点，可以进行省内外漫游。

第三代（3G）移动通信系统在国际上统称为 IMT-2000，是国际电信联盟（ITU）在 1985 年提出的工作在 2000MHz 频段的系统。与第一代模拟移动通信和第二代数字移动通信系统相比，第三代的最主要特征是可提供移动多媒体业务。

第四代（4G）移动通信系统也称为广带接入和分布网络，具有超过 2Mb/s 的非对称数据传输能力，对高速移动用户能提供 150Mb/s 的高质量的影像服务，并首次实现三维图像的高质量传输。它包括广带无线固定接入、广带无线局域网、移动广带系统和互操作的广播网络（基于地面和卫星系），是集多种无线技术和无线 LAN 系统为一体的综合系统，也是宽带 IP 接入系统。

2. 新一代 4G 移动通信系统的主要特点

1）通信速度更快

第一代模拟式仅提供语音服务；第二代数位式移动通信系统传输速率也只有 9.6kb/s，最高可达 32kbp/s；而第三代移动通信系统数据传输速率可达到 2Mb/s；第四代移动通信系统可以达到 10Mb/s 至 20Mb/s，甚至最高可以达到 100Mb/s 的速度传输无线信息，这种速度相当于 2009 年最新手机的传输速度的一万倍左右。

2）网络频谱更宽

4G 通信达到 100Mb/s 的传输速率，必须在 3G 通信网络的基础上，进行大幅度的改造和研究，使 4G 网络在通信带宽上比 3G 网络的蜂窝系统的带宽高出许多。每个 4G 信道会占有 100MHz 的频谱，相当于 W-CDMA 3G 网络的 20 倍。

3）通信更加灵活

4G 手机是一部小型计算机，人们可以想象的是，眼镜、手表、化妆盒、旅游鞋，以方便和个性为前提，任何一件能看到的物品都有可能成为 4G 终端。4G 通信使人们不仅可以随时随地通信，更可以双向下载传递资料、图画、影像，当然更可以和从未谋面的陌生人在网上联线对打游戏。

4）智能性能更高

第四代移动通信的智能性更高，不仅表现于 4G 通信的终端设备的设计和操作具有智能化，更重要的是 4G 手机可以实现许多难以想象的功能。4G 手机可以把电影院票房资料，直接下载到 PDA 之上，这些资料能够把售票情况、座位情况显示得清清楚楚，大家可以根据这些信息来进行在线购票，用来看体育比赛之类的各种现场直播。

5）兼容性能更平滑

要使 4G 通信尽快地被人们接受，除了要考虑它的功能强大外，还应该考虑到现有通信的基础，第四代移动通信系统具备全球漫游、接口开放、能与多种网络互联、终端多样化以及能从第二代平稳过渡等特点。

6）提供各种增值服务

3G 移动通信系统是以 CDMA 为核心技术，而 4G 移动通信系统技术则以正交多任务

分频技术（OFDM）为基础，可以实现例如无线区域环路（WLL）、数字音讯广播（DAB）
等方面的无线通信增值服务；第四代移动通信系统不仅采用 OFDM 一种技术，CDMA 技
术会在第四代移动通信系统中，与 OFDM 技术相互配合以便发挥出更大的作用，甚至会有
新的整合技术 OFDM/CDMA 产生两种技术的结合。

7）实现更高质量的多媒体通信

尽管第三代移动通信系统也能实现各种多媒体通信，而第四代移动通信系统提供的无
线多媒体通信服务包括语音、数据、影像等大量信息透过宽频的信道传送出去，为此第四
代移动通信系统也称为"多媒体移动通信"。

8）频率使用效率更高

第四代移动通信技术在开发研制过程中使用和引入许多功能强大的突破性技术，例
如，一些光纤通信产品公司为了进一步提高无线因特网的主干带宽宽度，引入了交换层级
技术，这种技术能同时涵盖不同类型的通信接口，也就是说第四代主要是运用路由技术为
主的网络架构。由于利用了几项不同的技术，所以无线频率的使用比第二代和第三代系统
有效得多。

3.3.2　海量大数据及其主要特点

大数据技术（Big Data），或称巨量资料，指的是所涉及的资料量规模巨大到无法通
过目前的主流软件工具，在合理的时间内达到撷取、管理、处理并整理成为帮助企业经营
决策更积极目的的信息。

1．大数据的 4V 特点

大数据具有 4V 特点：Volume（大量）、Velocity（高速）、Variety（多样）、Value
（价值）。第一，数据体量巨大，从 TB 级别跃升到 PB 级别。第二，数据类型繁多，如网
络日志、视频、图片、地理位置信息等。第三，要求实时性强，处理速度快，1 秒定律。
物联网、云计算、移动互联网、车联网、手机、平板电脑、PC 以及遍布地球各个角落的各
种各样的传感器，无一不是数据来源或者承载的方式，可从各种类型的数据中快速获得高
价值的信息。第四，各行各业均存在大数据，但是众多的信息和资源是纷繁复杂的，需要
搜索、处理、分析、归纳、总结其深层次的规律。

2．大数据的采集

科学技术及互联网的发展，推动着大数据时代的来临，各行各业每天都在产生数量巨
大的数据碎片，数据计量单位已从 B、KB、MB、GB、TB 发展到 PB、EB、ZB、YB 甚至
BB、NB、DB 来衡量。大数据时代数据的采集也不再是技术问题，只是面对如此众多的数
据，我们怎样才能找到其内在规律？

3．大数据的挖掘和处理

大数据必然无法用人脑来推算、估测，或者用单台的计算机进行处理，必须采用分布

式计算架构，依托云计算的分布式处理、分布式数据库、云存储和虚拟化技术，因此，大数据的挖掘和处理必须用到云技术。

4．大数据的应用

大数据可应用于各行各业，将人们收集到的庞大数据进行分析整理，实现资讯的有效利用。这就需要采用大数据技术，进行分析比对，挖掘主效基因。

大数据分析包括以下 5 个基本方面。

（1）可视化分析。大数据分析的使用者有大数据分析专家，同时还有普通用户，但是他们二者对于大数据分析最基本的要求就是可视化分析，因为可视化分析能够直观地呈现大数据的特点，同时能够非常容易地被读者所接受，就如同看图说话一样简单明了。

（2）数据挖掘算法。大数据分析的理论核心就是数据挖掘算法，各种数据挖掘的算法基于不同的数据类型和格式才能更加科学地呈现出数据本身具备的特点，也正是因为这些被全世界统计学家所公认的各种统计方法（可以称之为真理）才能深入数据内部，挖掘出公认的价值。另一个方面也是因为有了这些数据挖掘的算法才能更快速地处理大数据，如果一个算法得花上好几年才能得出结论，那大数据的价值也就无从说起了。

（3）预测性分析能力。大数据分析最重要的应用领域之一就是预测性分析，从大数据中挖掘出特点，通过科学地建立模型，之后便可以通过模型带入新的数据，从而预测未来的数据。

（4）语义引擎。大数据分析广泛应用于网络数据挖掘，可从用户的搜索关键词、标签关键词或其他输入语义，分析、判断用户需求，从而实现更好的用户体验和广告匹配。

（5）数据质量和数据管理。大数据分析离不开数据质量和数据管理，高质量的数据和有效的数据管理，无论是在学术研究还是在商业应用领域，都能够保证分析结果的真实和有价值。大数据分析的基础就是以上 5 个方面，当然要更加深入大数据分析的话，还有很多很多更加有特点的、更加深入的、更加专业的大数据分析方法。

3.3.3　智慧城市的含义及其新技术

智慧城市就是把信息技术与城市建设融合在一起，将城市信息化推向更高阶段。它基于互联网、云计算、大数据、物联网、社交网络等工具和方法，实现全面透彻的感知、宽带泛在的互联和智能融合的应用。智慧城市将成为一个城市的整体发展战略，作为经济转型、产业升级、城市提升的新引擎，达到提高民众生活幸福感、企业经济竞争力、城市可持续发展的目的，体现了更高的城市发展理念和创新精神。伴随着网络帝国的崛起、移动技术的融合发展以及创新理念的广泛普及，知识社会环境下的智慧城市是继数字城市之后信息化城市发展的高级形态。

智慧城市包含智慧技术、智慧产业、智慧（应用）项目、智慧服务、智慧治理、智慧人文、智慧生活等内容。对智慧城市建设而言，智慧技术的创新和应用是手段和驱动力，智慧产业和智慧（应用）项目是载体，智慧服务、智慧治理、智慧人文和智慧生活是目标。

具体说来，智慧（应用）项目体现在：智慧交通、智能电网、智慧物流、智慧医疗、智慧食品系统、智慧药品系统、智慧环保、智慧水资源管理、智慧气象、智慧企业、智慧银行、智慧政府、智慧家庭、智慧社区、智慧学校、智慧建筑、智能楼宇、智慧油田、智慧农业等诸多方面。

有两种驱动力推动智慧城市的逐步形成，一是以物联网、云计算、移动互联网为代表的新一代信息技术，二是知识社会环境下逐步孕育的开放的城市创新生态。前者是技术创新层面的技术因素，后者是社会创新层面的社会经济因素。由此可以看出创新在智慧城市发展中的驱动作用。智慧城市不仅需要物联网、云计算等新一代信息技术的支撑，更要培育面向知识社会的下一代创新（创新 2.0）。信息通信技术的融合和发展消融了信息和知识分享的壁垒，消融了创新的边界，推动了创新 2.0 形态的形成，并进一步推动各类社会组织及活动边界的"消融"。创新形态由生产范式向服务范式转变，也带动了产业形态、政府管理形态、城市形态由生产范式向服务范式的转变。如果说创新 1.0 是工业时代沿袭的面向生产、以生产者为中心、以技术为出发点的相对封闭的创新形态，创新 2.0 则是与信息时代、知识社会相适应的面向服务、以用户为中心、以人为本的开放的创新形态。

建设智慧城市，也是转变城市发展方式、提升城市发展质量的客观要求。通过建设智慧城市，及时传递、整合、交流、使用城市经济、文化、公共资源、管理服务、市民生活、生态环境等各类信息，提高物与物、物与人、人与人的互连互通、全面感知和利用信息能力，从而能够极大提高政府管理和服务的能力，极大提升人民群众的物质和文化生活水平。建设智慧城市，会让城市发展更全面、更协调、更可持续，会让城市生活变得更健康、更和谐、更美好。

对比数字城市和智慧城市，可以发现以下 6 个面的差异。

（1）数字城市通过城市地理空间信息与城市各方面信息的数字化在虚拟空间再现传统城市；智慧城市则注重在此基础上进一步利用传感技术、智能技术实现对城市运行状态的自动、实时、全面透彻的感知。

（2）数字城市通过城市各行业的信息化提高了各行业的管理效率和服务质量；智慧城市则更强调从行业分割、相对封闭的信息化架构迈向作为复杂巨系统的开放、整合、协同的城市信息化架构，发挥城市信息化的整体效能。

（3）数字城市基于互联网形成初步的业务协同；智慧城市则更注重通过泛在网络、移动技术实现无所不在的互联和随时随地随身的智能融合服务。

（4）数字城市关注数据资源的生产、积累和应用；智慧城市更关注用户视角的服务设计和提供。

（5）数字城市更多注重利用信息技术实现城市各领域的信息化以提升社会生产效率，智慧城市则更强调人的主体地位，更强调开放创新空间的塑造及其间的市民参与、用户体验，及以人为本实现可持续创新。

（6）数字城市致力于通过信息化手段实现城市运行与发展各方面功能，提高城市运行效率，服务城市管理和发展；智慧城市则更强调通过政府、市场、社会各方力量的参与和协同实现城市公共价值塑造和独特价值创造。

智慧城市不但广泛采用物联网、云计算、人工智能、数据挖掘、知识管理、社交网络等技术工具，也注重用户参与、以人为本的创新 2.0 理念及其方法的应用，构建有利于创新涌现的制度环境，以实现智慧技术高度集成、智慧产业高端发展、智慧服务高效便民、以人为本持续创新，完成从数字城市向智慧城市的跃升。智慧城市将是创新 2.0 时代以人为本的可持续创新城市。

3.3.4　内存计算技术及其应用案例

1. 内存计算技术的基本原理

在软件、硬件系统协同配置环境下，将数据库及数据仓库移到内存中进行的运算，突破 I/O 瓶颈限制，采用高效并行处理技术，基于内存的高效数据读取和处理以及智能数据字典等高效的数据压缩机制，支持行存储和列存储的内存数据库，支持同时提供 OLTP 交易系统和 OLAP 分析系统。利用虚拟数据模型，实现内存数据仓库数据的高效率计算功能，减少冗余的数据，应用内置的计算引擎，将原来在应用层进行的运算转移到数据库层面处理，对数据密集型运算，优化应用层和数据库层之间的数据交互，从而从整体上提升系统的效率。

2. 内存计算技术的主要特点

1）基于内存的高效数据读取和处理

从数据库中读取数据因为磁盘 I/O 的性能限制而成为瓶颈，原因是传统数据库实际上是将数据以文件的形式存储在磁盘上并为应用提供访问数据的接口，从数据库中读取数据的本质是从磁盘上读取文件。在过去几十年的硬件发展中，内存和 CPU 的性能始终在飞速提升，只有磁盘 I/O 的性能提升并不明显。从磁盘上读取数据的速度是毫秒级，而从内存中读取数据的速度是纳秒级，基于内存的数据读取比基于磁盘的数据读取性能要快 100 万倍。所以当基于数据仓库进行报表分析时，如果从传统数据库中读取海量数据需要数十分钟的时间，那么从 SAP HANA 中读取同样的数据只需要不到一秒钟的时间。

2）行存储和列存储的混合模式

传统关系型数据库是按照行的方式存储数据的，能够为交易系统即 OLTP 应用提供高效的支持。例如，一个零售商每当客户购买产品时，需要在业务系统中创建一条数据记录销售的时间、地点、客户、金额、地址等字段数据，当前端完成数据的录入并提交后台系统后，在数据库中会在数据表中插入一行记录，这条记录中会包含本次销售业务操作相关的数据。然而，基于行存储的数据库在支持数据分析应用即 OLAP 应用时则显得低效和力不从心。

同样的例子，假设这家零售公司在传统数据库中保存了三亿条记录，并且需要基于这些销售记录分析单笔销售的平均金额，则需要首先读取所有这三亿条记录，并取出其中的销售金额这一个字段，然后再进行平均值计算。这意味着实际进行分析的数据（消费金额字段）只占总体数据的 5%（假设每条数据 20 个字段）。显然这是非常低效的方式。而在基于列存储的机制中，这三亿条记录实际上是按照列进行存储，即总共只有 20 条记录（20个字段，每个字段一条记录）。在进行同样的分析时，只需要取出销售金额这一列的记录并计算平均值即可，与基于行存储的机制相比，在这个示例的应用场景下，数据处理的效率提高了 50 倍。

3）高效的并行处理机制

近几年，硬件服务器的处理器主频提升并不明显，但是单台服务器开始配置更多的 CPU，并且每个 CPU 包含更多的内核。提升并行处理的能力，才能够在新的硬件发展趋势下保证系统的性能能够持续提升。

SAP HANA 支持多服务器、多处理器的高效并行处理，能够最高效、充分地利用多处理器的并发能力。能够拆解数据模型，分成可以并行执行的步骤，也能够将数据处理和运算拆分并部署到多个处理器。例如，计算引擎可以将数据模型拆解，将一些 SQL 脚本拆分成可以并行执行的步骤。这些操作将递交给数据库优化器来决定最佳的访问行存储和列存储的方案。

4）高效的数据压缩优化内存利用

SAP HANA 的基本机制是将数据全部存储到内存中，以进行高效的数据访问和运算。虽然硬件包括内存的价格日趋低廉，但相比磁盘而言，内存仍是较贵的存储设备。而在企业系统中数据增长迅速，达到数 TB 甚至数十 TB 的情况下，将所有数据原封不动地导入内存仍将带来较大的硬件投资。为了帮助企业节省这一部分投资，SAP HANA 中采取了基于智能数据字典等高效的数据压缩机制，能够将数据压缩 5～20 倍，从而充分节约硬件投资。

5）虚拟建模减少数据冗余

在 SAP HANA 中，将源数据导入内存后，在 HANA 中的虚拟建模，一个属性视图可以被看作为一个数据立方体，属性视图不存储任何数据，数据存储在列存储表中，系统只保存这些数据模型内表的构际关系以及数据的运算逻辑，当前端提交分析请求时，HANA会根据虚拟数据模型进行数据的计算并将结果提交给前端。这意味着 HANA 中不会存在冗余的数据，从而大大节约了硬件的投资和维护成本。

另外，虚拟模型可以进行灵活的创建、修改、删除，从而满足业务的需求变化，而无须担心对整体数据仓库数据结构的影响。在传统数据仓库中，通过 ETL 方式抽取数据并加载到数据模型中往往需要数小时甚至更长的时间，而在 HANA 的架构下，后端数据处理和加载的时间将大大缩短，从而减少 IT 部门运维系统投入的时间和精力，并为前端数据处理提供更长的时间窗口，减少数据不一致性发生的可能。

6）在数据库层面进行数据密集型运算

SAP HANA 除了提供完善的数据库功能外，其内置的计算引擎可以将原本在应用层进行的运算转移到数据库层面进行处理，这在数据密集型运算的场景中，能够优化应用层和数据库层之间的数据交互，从而从整体上提升系统的效率。传统上，数据密集型运算包括计划、预测、模拟等，在 HANA 中首先将计划（Planning）引擎植入计算引擎中，从而使得基于 HANA 的计划应用的性能得到极大提升。

7）与 SAP ERP 紧密整合提供实时的数据可视性

SAP HANA 能够和 SAP ERP 紧密集成，将 ERP 中的数据利用 SLT（SAP Landscape Transformation）技术实时地复制到 HANA 的内存中，并基于这些数据建立数据分析的应用，从而为业务带来几个主要的好处：一是充分利用 HANA 的内存计算技术，基于大数据量进行高效、高速的数据分析和处理；二是减少传统的在 ERP 中直接分析这些数据给 ERP 系统带来的额外性能压力；三是利用基于 HANA 上的 BI 工具可以进行灵活的数据分析；四是基于实时数据进行分析，带来实时的业务洞察力；五是利用触发机制将 SAP ERP 中的数据能够实时同步到 HANA 中。

8）与 BOBJ Data Service 整合提升数据质量

SAP HANA 和 BOBJ Data Service 紧密整合，从第三方系统获取数据。Data Service 中提供可视化的数据抽取、清洗、加载以及数据质量管理的功能，能够保证进入 HANA 的数据都是高质量的数据，从而确保基于 HANA 进行数据分析的准确性，为业务决策提供更好的支持。

3．主要应用成果

在对辽宁电力 SAP HANA 实现了 10 类业务 36 个场景的验证中，速度平均提升 36 倍，普遍提升 20 倍左右，最高可达到 863 倍。在同一场景下，数据量越大，提升效率越明显。在已知的零售业验证中，报表的查询与执行速度提升了 1000 倍；物资项目管理从 15 小时降低到 4.8 秒；订单到付款分析，从 30 天降低到 28 秒。在 IT 领域有了重要突破。举例说明如下。

场景 1：公司账卡物一致率分析

在验证查询所有（36 个）ERP 上线单位的全部资产和设备（9.86GB）的条件下，使用 HANA 查询时间为 9s，使用 ERP 前台查询超时，通过后台作业查询时间为 7 769s（2.16 小时）（ERP 测试系统），性能提升 863 倍。使用 ERP 实时正式运行系统，查询时间为 5 574s（1.58h），性能提升 619 倍。

场景 2：购电充值卡统计分析与查询性能分析

在营销系统中，在 HANA 系统中，各个单位可以随时、实时地查看数据；不仅节省了操作流程，而且查询的时候，只有初始刷新数据时需要等待 5s，随后更换查询条件的时候，一单击，报表立刻就运行出来，不需要等待时间，所以报表整体性能的提升远大于 181 倍。

3.3.5 智能电网及其主要特点

智能电网是以包括各种发电设备、输配电网络、用电设备和储能设备的物理电网为基础，将现代先进的传感测量技术、网络技术、通信技术、计算技术、自动化与智能控制技术等与物理电网高度集成而形成的新型电网，它能够实现可观测（能够监测电网所有设备的状态）、可控制（能够控制电网所有设备的状态）、完全自动化（可自适应并实现自愈）和系统综合优化平衡（发电、输配电和用电之间的优化平衡），它以充分满足用户对电力的需求和优化资源配置、确保电力供应的安全性、可靠性和经济性、满足环保约束、保证电能质量、适应电力市场化发展等为目的，实现对用户可靠、经济、清洁、互动的电力供应和增值服务。

智能电网是应用信息通信技术，实现电能从电网公司到用户的传输、分配、管理和控制，以达到节约能源和成本，实现对电力资源、电力客户、电力资产、电力运营、电力交易的产业链全过程的持续监视，利用"随需应变"的信息提高电网公司的管理水平、工作效率、电网可靠性和服务水平的新一代电力网络。

与传统电网比，智能电网进一步扩展对电网的监视范围和监视详细程度，整合各种管理信息和实时信息，为电网运行和管理人员提供更全面、完整和细致的电网状态视图，并加强对电力业务的分析和优化，改变过去那种基于有限的、时间滞后的信息进行电网管理的传统方式，利用电网实时信息和综合管理信息，与企业决策信息互相交换，促进电网企业实现更精细化和智能化的运行和管理。

1. 数据采集

在实时数据采集上，智能电网大大扩展了监视控制与数据采集系统（Supervisory Control And Data Acquisition，SCADA）的数据采集范围和数量，提高了电网的"可视化"。

2. 数据传输

智能电网需要采集大量的设备状态数据和客户计量数据。这两类数据的特点是：数据量大，采集点多且分散，对实时性要求比电网实时运行数据低，数据需要被多个系统和业务部门使用。

3. 信息集成

众多的自动化系统和管理信息系统，积累了大量的数据。但是，长期以来条块分割和部门壁垒已经成为实现"数字化电网、信息化企业"的主要障碍。

4. 动态作业管理

动态作业管理使得数据在传感器、控制中心和作业人员之间能够及时有效地流动，提高运维工作的效率和准确性。能够从各种电压、电流传感器、智能表计、设备状态监测传感器和线路监视传感器中，获得更多准确、及时的数据。通过这些数据，能够预测故障，在故障发生时，能够显示故障的位置和可能的故障原因。另外，动态作业管理能够降低作业成本，减少管理费用。

5. 基于 IP 通信的 SCADA

采用标准的 Internet 通信协议，摆脱了对不同设备制造商提供的私有通信协议的依赖。IP SCADA 为智能电网中的传感器、智能表计和手持移动设备（PDA）等提供数据通信支持，能够有效降低通信成本 20%以上。其主要优点如下。

以客户为中心：提供更多样化的电力产品给客户选择，建设更好的渠道与用户实现互动，提供高附加值的服务，实现灵活的需求管理，降低电力价格。

支持分布式和可再生资源的接入：坚强的电网架构可以支持各类的非传统电源的接入，减少网损和污染气体排放。

负载和电源的本地交互：用户可以优先使用附近的分布式能源，减轻骨干电网的负担，提高供电可靠性。

高级自动化和分布式智能：以普遍使用的智能化设备为基础，电网具备自动识别和处理电网事故的能力。

灵活的电网运行：运行需求侧响应和管理，能灵活适应电网结构和电力供求变化，保障电力供应。

面向服务的架构：以面向服务的架构为基础，建设灵活开放的信息系统，实现各种服务的有效整合。

更可靠、安全的电力供应：提高电网输送容量和发电容量，改善电力供应的可靠性和质量，实现更灵活的电能存储。

其重要意义体现在以下几个方面。

（1）具备强大的资源优化配置能力。我国智能电网建成后，将实现大水电、大煤电、大核电、大规模可再生能源的跨区域、远距离、大容量、低损耗、高效率输送，区域间电力交换能力明显提升。

（2）具备更高的安全稳定运行水平。电网的安全稳定性和供电可靠性将大幅提升，电网各级防线之间紧密协调，具备抵御突发性事件和严重故障的能力，能够有效避免大范围连锁故障的发生，显著提高供电可靠性，减少停电损失。

（3）适应并促进清洁能源发展。电网将具备风电机组功率预测和动态建模、低电压穿越和有功无功控制以及常规机组快速调节等控制机制，结合大容量储能技术的推广应用，对清洁能源并网的运行控制能力将显著提升，使清洁能源成为更加经济、高效、可靠的能源供给方式。

（4）实现高度智能化的电网调度。全面建成横向集成、纵向贯通的智能电网调度技术支持系统，实现电网在线智能分析、预警和决策，以及各类新型发输电技术设备的高效调控和交直流混合电网的精益化控制。

（5）满足电动汽车等新型电力用户的服务要求。将形成完善的电动汽车充放电配套基础设施网，满足电动汽车行业的发展需要，适应用户需求，实现电动汽车与电网的高效互动。

（6）实现电网资产高效利用和全寿命周期管理。可实现电网设施全寿命周期内的统筹管理。通过智能电网调度和需求侧管理，电网资产利用小时数大幅提升，电网资产利用效率显著提高。

（7）实现电力用户与电网之间的便捷互动。将形成智能用电互动平台，完善需求侧管理，为用户提供优质的电力服务。同时，电网可综合利用分布式电源、智能电能表、分时电价政策以及电动汽车充放电机制，有效平衡电网负荷，降低负荷峰谷差，减少电网及电源建设成本。

（8）实现电网管理信息化和精益化。将形成覆盖电网各个环节的通信网络体系，实现电网数据管理、信息运行维护综合监管、电网空间信息服务以及生产和调度应用集成等功能，全面实现电网管理的信息化和精益化。

（9）发挥电网基础设施的增值服务潜力。在提供电力的同时，服务国家"三网融合"战略，为用户提供社区广告、网络电视、语音等集成服务，为供水、热力、燃气等行业的信息化、互动化提供平台支持，拓展及提升电网基础设施增值服务的范围和能力，有力推动智能城市的发展。

（10）促进电网相关产业的快速发展。电力工业属于资金密集型和技术密集型行业，具有投资大、产业链长等特点。建设智能电网，有利于促进装备制造和通信信息等行业的技术升级，为我国占领世界电力装备制造领域的制高点奠定基础。

与现有电网相比，智能电网体现出电力流、信息流和业务流高度融合的显著特点，其先进性和优势主要表现在以下几个方面。

（1）具有坚强的电网基础体系和技术支撑体系，能够抵御各类外部干扰和攻击，能够适应大规模清洁能源和可再生能源的接入，电网的坚强性得到巩固和提升。

（2）信息技术、传感器技术、自动控制技术与电网基础设施有机融合，可获取电网的全景信息，及时发现、预见可能发生的故障。故障发生时，电网可以快速隔离故障，实现自我恢复，从而避免大面积停电的发生。

（3）柔性交/直流输电、网厂协调、智能调度、电力储能、配电自动化等技术的广泛应用，使电网运行控制更加灵活、经济，并能适应大量分布式电源、微电网及电动汽车充放电设施的接入。

（4）通信、信息和现代管理技术的综合运用，将大大提高电力设备使用效率，降低电能损耗，使电网运行更加经济和高效。

（5）实现实时和非实时信息的高度集成、共享与利用，为运行管理展示全面、完整和精细的电网运营状态图，同时能够提供相应的辅助决策支持、控制实施方案和应对预案。

（6）建立双向互动的服务模式，用户可以实时了解供电能力、电能质量、电价状况和停电信息，合理安排电器使用；电力企业可以获取用户的详细用电信息，为其提供更多的增值服务。

3.3.6　一种现代商业方法——电子商务

电子商务是指采用数字化电子方式进行商务数据交换和开展商务业务活动。电子商务主要包括利用电子数据交换（EDI）、电子邮件（E-mail）、电子资金转账（EFT）及 Internet 的主要技术在个人间、企业间和国家间进行无纸化的业务信息的交换。

在现代信息社会中，电子商务可以使掌握信息技术和商务规则的企业和个人，系统地利用各 种电子工具和网络，高效率、低成本地从事各种以电子方式实现的商业贸易活动。从应用和功能方面来看，可以把电子商务分为三个层次或 3S，即 Show、Sale、Serve。

Show（展示）就是提供电子商情，企业以网页方式在网上发布商品及其他信息，以及在网上做广告等，通过 Show，企业可以树立自己的企业形象，扩大企业的知名度，宣传自己的产品的服务，寻找新的贸易合作伙伴。

Sale（交易）即将传统形式的交易活动的全过程在网络上以电子方式来实现，如网上购物等。企业通过 Sale 可以完成交易的全过程，扩大交易的范围，提高工作的效率，降低交易的成本，从而获取经济和社会效益。

Serve（服务）指企业通过网络开展的与商务活动有关的各种售前和售后服务，通过这种网上的 Serve，企业可以完善自己的电子商务系统，巩固原有的客户，吸引新的客户，从而扩大企业的经营业务，获得更大的经济效益和社会效益。企业是开展电子商务的主角。

电子商务对社会经济产生的影响如下。

（1）电子商务将改变商务活动的方式。传统的商务活动最典型的情景就是"推销员满天飞"，"采购员遍地跑"，"说破了嘴、跑断了腿"，消费者在商场中筋疲力尽地寻找自己所需要的商品。现在，通过互联网只要动动手就可以了，人们可以进入网上商场浏览，采购各类产品，而且还能得到在线服务，商家们可以在网上与客户联系，利用网络进行货款结算服务，政府还可以方便地进行电子招标、政府采购等。

（2）电子商务将改变人们的消费方式。网上购物的最大特征是消费者的主导性，购物意愿掌握在消费者手中，同时消费者还能以一种轻松自由的自我服务的方式来完成交易，消费者主权可以在网络购物中充分体现出来。

（3）电子商务将改变企业的生产方式。由于电子商务是一种快捷、方便的购物手段，消费者的个性化、特殊化需要可以完全通过网络展示在生产商面前，为了取悦顾客，突出产品的设计风格，制造业中的许多企业纷纷发展和普及电子商务，如美国福特汽车公司在 1998 年 3 月将全世界的 12 万个计算机工作站与公司的内部网连接起来，并将全世界的 1.5 万个经销商纳入内部网，福特公司的最终目的是实现能够按照用户的不同要求，做到按需供应汽车。

（4）电子商务将给传统行业带来一场革命。电子商务是在商务活动的全过程中，通过人与电子通信方式的结合，极大地提高商务活动的效率，减少不必要的中间环节。传统的制造业借此进入小批量、多品种的时代，"零库存"成为可能；传统的零售业和批发业开创了"无店铺""网上营销"的新模式；各种线上服务为传统服务业提供了全新的服务方式。

（5）电子商务将带来一个全新的金融业。由于在线电子支付是电子商务的关键环节，也是电子商务得以顺利发展的基础条件，随着电子商务在电子交易环节上的突破，网上银行、银行卡支付网络、银行电子支付系统以及电子支票、电子现金等服务，将传统的金融业带入一个全新的领域。

（6）电子商务将转变政府的行为。政府承担着大量的社会、经济、文化的管理和服务的功能，在电子商务时代，当企业应用电子商务进行生产经营，银行金融电子化，以及消费者实现网上消费的同时，将同样对政府管理行为提出新的要求，电子政府或称网上政府，将随着电子商务发展而成为一个重要的社会角色。

总而言之，作为一种商务活动过程，电子商务将带来一场史无前例的革命，其对社会经济的影响远远超过商务的本身。除了上述这些影响外，它还将对就业、法律制度以及文化教育等带来巨大的影响，电子商务会将人类带入信息社会。

第4章　网络信息安全风险评估方法与应用分析

网络信息安全风险评估是网络信息系统安全管理的基础性工作，是信息系统安全水平持续改进过程的里程碑。我们应掌握并且量化信息系统安全现状和存在的各种安全风险，提出改进与完善电力企业现有安全策略，指导企业实施有效的信息系统风险管理及安全体系规划与设计，及时发现风险、完善安全体系、保持并提高信息安全水平。

本章主要内容包括国际常用网络信息安全风险评估技术国际标准的原则、实用规则及模型，信息安全风险评估实施方法及风险管理及安全体系规划与设计，辽宁电力系统信息安全示范工程安全评估案例。

4.1　信息安全风险评估基础知识

本节主要内容包括：ISO/IEC27001 及 SSE-CMM，信息安全风险评估的目的与范围，信息安全风险评估的主要流程，信息安全渗透测试技术能力，电力系统信息安全试验测试技术。

4.1.1　信息安全管理实用规则 ISO/IEC27001

1．标准的起源和发展

信息安全管理实用规则 ISO/IEC27001 的前身为英国的 BS7799 标准，该标准由英国标准协会（BSI）于 1995 年 2 月首次出版 BS7799-1:1995《信息安全管理实施细则》，它提供了一套综合的、由信息安全最佳惯例组成的实施规则，其目的是作为确定工商业信息系统在大多数情况所需控制范围的唯一参考基准，并且适用于大、中、小组织。

1998 年，英国公布标准的第二部分《信息安全管理体系规范》，它规定信息安全管理体系要求与信息安全控制要求，它是一个组织的全面或部分信息安全管理体系评估的基础，可以作为一个正式认证方案的根据。BS7799-1 与 BS7799-2 经过修订于 1999 年重新予以发布，1999 年版考虑了信息处理技术，尤其是在网络和通信领域应用的近期发展，同时还重点强调了涉及商务的信息安全及信息安全的责任。

2000 年 12 月，BS7799-1：1999《信息安全管理实施细则》通过了国际标准化组织 ISO 的认可，正式成为国际标准——ISO/IEC17799：2000《信息技术-信息安全管理实施细则》。2002 年 9 月 5 日，BS7799-2:2002 草案经过广泛的讨论之后，终于发布成为正式标准，同时 BS7799-2:1999 被废止。2004 年 9 月 5 日，BS7799-2:2002 正式发布。2005 年，BS7799-2:2002 终于被 ISO 组织所采纳，于同年 10 月推出 ISO/IEC27001:2005。

2005 年 6 月，ISO/IEC17799:2000 经过改版，形成了新的 ISO/IEC17799:2005，新版本较老版本无论是组织编排还是内容完整性上都有了很大增强和提升。ISO/IEC17799:2005 已更新并在 2007 年 7 月 1 日正式发布为 ISO/IEC27002:2005，这次更新只是在标准上的号码方面，内容并没有改变。

BS7799 分为两个部分：BS7799-1，信息安全管理实施规则；BS7799-2，信息安全管理体系规范。

第一部分对信息安全管理给出建议，供负责在其组织启动、实施或维护安全的人员使用。

第二部分说明了建立、实施和文件化信息安全管理体系（ISMS）的要求，规定了根据独立组织的需要应实施安全控制的要求。

2．标准的主要内容

ISO/IEC17799—2000（BS7799-1）对信息安全管理给出建议，供负责在其组织启动、实施或维护安全的人员使用。该标准为开发组织的安全标准和有效的安全管理做法提供公共基础，并为组织之间的交往提供信任。

标准指出"像其他重要业务资产一样，信息也是一种资产"。它对一个组织具有价值，因此需要加以合适地保护。信息安全防止信息受到各种威胁，以确保业务连续性，使业务受到损害的风险减至最小，使投资回报和业务机会最大。

信息安全是通过实现一组合适控制获得的。控制可以是策略、惯例、规程、组织结构和软件功能。需要建立这些控制，以确保满足该组织的特定安全目标。

ISO/IEC17799—2000 包含 127 个安全控制措施来帮助组织识别在运作过程中对信息安全有影响的元素，组织可以根据适用的法律法规和章程加以选择和使用，或者增加其他附加控制。国际标准化组织（ISO）在 2005 年对 ISO 17799 进行了修订，修订后的标准作为 ISO27000 标准族的第一部分——ISO/IEC27001，包括以下 11 个章节。

（1）安全策略。指定信息安全方针，为信息安全提供管理指引和支持，并定期评审。

（2）信息安全的组织。建立信息安全管理组织体系，在内部开展和控制信息安全的实施。

（3）资产管理。核查所有信息资产，做好信息分类，确保信息资产受到适当程度的保护。

（4）人力资源安全。确保所有员工、合同方和第三方了解信息安全威胁和相关事宜以及各自的责任、义务，以减少人为差错、盗窃、欺诈或误用设施的风险。

（5）物理和环境安全。定义安全区域，防止对办公场所和信息的未授权访问、破坏和干扰；保护设备的安全，防止信息资产的丢失、损坏或被盗，以及对企业业务的干扰；同时，还要做好一般控制，防止信息和信息处理设施的损坏和被盗。

（6）通信和操作管理。制定操作规程和职责，确保信息处理设施的正确和安全操作；建立系统规划和验收准则，将系统失效的风险降到最低；防范恶意代码和移动代码，保护软件和信息的完整性；做好信息备份和网络安全管理，确保信息在网络中的安全，确保其支持性基础设施得到保护；建立媒体处置和安全的规程，防止资产损坏和业务活动的中断；防止信息和软件在组织之间交换时丢失，修改或误用。

（7）访问控制。制定访问控制策略，避免信息系统的非授权访问，并让用户了解其职责和义务，包括网络访问控制，操作系统访问控制，应用系统和信息访问控制，监视系统访问和使用，定期检测未授权的活动；当使用移动办公和远程控制时，也要确保信息安全。

（8）系统采集、开发和维护。标示系统的安全要求，确保安全成为信息系统的内置部分，控制应用系统的安全，防止应用系统中用户数据的丢失、被修改或误用；通过加密手段保护信息的保密性、真实性和完整性；控制对系统文件的访问，确保系统文档、源程序代码的安全；严格控制开发和支持过程，维护应用系统软件和信息安全。

（9）信息安全事故管理。报告信息安全事件和弱点，及时采取纠正措施，确保使用持续有效的方法管理信息安全事故，并确保及时修复。

（10）业务连续性管理。目的是为减少业务活动的中断，是关键业务过程免受主要故障或天灾的影响，并确保及时恢复。

（11）符合性。信息系统的设计、操作、使用过程和管理要符合法律法规的要求，符合组织安全方针和标准，还要控制系统审计，使信息审核过程的效力最大化，干扰最小化。

4.1.2　系统安全工程能力成熟模型

系统安全工程能力成熟模型（SSE-CMM）描述了一个组织的安全工程过程必须具备的特征。SSE-CMM描述的对象不是具体的过程或结果，而是系统安全工程中的一般实施。这个模型是安全工程实施的标准，它主要涵盖以下内容。

SSE-CMM强调的是分布于整个安全工程生命周期中各个环节的安全工程活动，包括概念定义、需求分析、设计、开发、集成、安装、运行、维护及更新。SSE-CMM应用于安全产品开发者、安全系统开发者及集成者，还包括提供安全服务与安全工程的组织。SSE-CMM适用于各种类型、规模的安全工程组织，如商业、政府及学术界。

尽管SSE-CMM模型是一个用以改善和评估安全工程能力的独特的模型，但这并不意味着安全工程将游离于其他工程领域之外进行实施。SSE-CMM模型强调的是一种集成，它认为安全性问题存在于各种工程领域之中，同时也包含在模型的各个组件之中。

1. SSE-CMM 模型目标

SSE-CMM确定了一个评价安全工程实施的综合框架，提供了度量与改善安全工程学科应用情况的方法。SSE-CMM项目的目标是将安全工程发展为一整套有定义的、成熟的及可度量的学科。SSE-CMM 模型及其评价方法可达到以下几点目的：将投资主要集中于安全工程工具开发、人员培训、过程定义、管理活动及改善等方面。基于能力的保证，也就是说这种可信性建立在对一个工程组的安全实施与过程的成熟性的信任之上。通过比较竞标者的能力水平及相关风险，可有效地选择合格的安全工程实施者。

2. SSE-CMM 模型结构

SSE-CMM 的结构被设计以用于确认一个安全工程组织中某安全工程各领域过程的成熟度。这种结构的目标就是将安全工程的基础特性与管理制度特性区分清楚。为确保这种区分，模型中建立了两个维度——"域维"和"能力维"。"域维"包含所有集中定义安全过程的实施，这些实施被称作"基础实施"；"能力维"代表反映过程管理与制度能力的实施，这些实施被称作"一般实施"，这是由于它们被应用于广泛的领域。

SSE-CMM 模型中大约含 60 个基础实施，被分为 11 个过程域，这些过程域覆盖了安全工程的所有主要领域。基础实施是从现存的很大范围内的材料、实施活动、专家见解之中采集而来的。这些挑选出来的实施代表了当今安全工程组织的最高水平，它们都是经过验证的实施。

一般实施是一些应用于所有过程的活动。它们强调一个过程的管理、度量与制度方面。一般而言，在评估一个组织执行某过程的能力时要用到这些实施。一般实施被分组成若干个被称作"共同特征"的逻辑区域，这些"共同特征"又被分作 5 个能力水平，分别代表组织能力的不同层次。与域维中的基础实施不同的是，能力维中的一般实施是根据成熟性进行排序的。因此，代表较高过程能力的一般实施会位于能力维的顶层。

SSE-CMM 模型的 5 个能力水平如下。

级别 1——非正式执行级：该级别将注重集中于一个组织是否将一个过程所含的所有基础实施都执行了。

级别 2——计划并跟踪级：该级别主要注重于项目级别的定义、计划与实施问题。

级别 3——良好定义级：该级别集中在组织的层次上有原则地对已定义的过程进行筛选。

级别 4——定量控制级：该级别注重与组织的商业目标相结合的度量方法。尽管在起始阶段就十分有必要对项目进行度量，但这并不是在整个组织范围内进行的度量。直到组织已达到一个较高的能力水平时才可以进行整个组织范围内的度量。

级别 5——持续改善级：在前几个级别进行之后，可以从所有的管理实施的改进中收到成效。这时需要强调必须对组织文化进行适当调整以支撑所获得的成果。

4.1.3　SSE-CMM 模型的应用范围和建议

1. SSE-CMM 模型使用范围

SSE-CMM 模型适用于所有从事某种形式安全工程的组织，而不必考虑产品的生命周期、组织的规模、领域及特殊性。这一模型通常以下述三种方式来应用。

（1）过程改善——可以使一个安全工程组织对其安全工程能力的级别有一个认识，于是可设计出改善的安全工程过程，这样就可以提高它们的安全工程能力。

（2）能力评估——使一个客户组织可以了解其提供商的安全工程过程能力。

（3）提供安全保证——通过声明提供一个成熟过程所应具有的各种依据，使得产品、系统、服务更具可信性。

2．SSE-CMM 模型应用建议

信息是信息社会的主导资源。形形色色的信息或数据，包括国家、部门的政治、经济、军事信息，企业的计划、财务、合同等生产经营信息以及个人信息都在信息系统中存储、加工和传输。这些信息的丢失或损坏将给国家、企业和个人带来不可估量的损失。由此可见，信息系统和信息的安全至关重要。国外和国内曾经和正在发生的许多对信息系统的有意或无意的攻击或侵犯及其造成的重大损失，都说明了信息系统的安全问题必须认真加以解决。

信息系统安全问题的解决涉及两个方面或者说有两个层次。一个层次是技术层次，它是在某个具体的信息产品中针对某确定的安全威胁寻找具体的技术措施对该产品加以保护。比较而言，这是较低的一个层次。另一个层次是管理层次，是针对信息产品或信息系统所处的环境对信息产品或信息系统可能遭遇的安全威胁、风险进行分析和评估，确定安全需求，并以此规定、指导技术层次的活动。显然，这是一个较高的层次。

系统安全工程（System Security Engineering，SSE）就是在这样一个层次解决安全问题的方法或领域。它根据针对系统环境识别出来的安全威胁建立一套相互平衡的安全需求，进而把安全需求转换成可以被结合到开发项目中其他工程领域（技术层次）活动中或系统安装运行说明中的指导方针。这样，它就把各个领域和专家的努力结合起来形成一个对于信息系统可信性的共同理解。显然，信息系统安全工程把系统安全问题的解决方式从局限于技术领域的、零散的、多少有些盲目的较低层次提高到自觉的、系统的、工程化的较高的层次。

尽管系统安全工程有一些广为接受的原则，但缺乏一个对系统安全工程实施进行评估的综合框架。SSE-CMM 通过提出这样一个框架，提供了对系统安全工程应用的水平进行测量和改进的方法。

现代统计过程控制理论告诉我们，通过强调生产过程的质量，强调过程的成熟度，可以以较低的成本生产出质量更高的产品。安全系统的运行和维护依赖把人和技术联系起来的过程，通过强调所用的过程的质量和成熟度，可以更好地管理这种相互依赖性。

SSE-CMM 描述了一个组织的系统安全工程过程中为保证它成为一个好的安全工程过程而必须存在的一些基本特征。SSE-CMM 并不规定一个具体的过程或序列，但是它覆盖了业界通常观察到的实施。这个模型是一个由能力成熟水平维和过程域维构成的二维矩阵。能力成熟水平分为 6 级。过程域维包括与安全工程过程有关的所有的实施。

SSE-CMM 所涉及的系统安全工程活动覆盖了安全产品或安全系统的整个生命周期，包括概念定义，需求分析，设计，开发，集成，安装，运行，维护和拆除。SSE-CMM 适用于各种组织包括安全产品开发组织，安全系统开发组织，安全服务和安全工程提供组织。它所适用的安全工程组织可以是任意类型和规模的，包括商业组织、政府组织和学术组织。

　　由于上述一些特点，SSE-CMM 可以被用作对系统安全工程过程成熟度进行分级的标准。根据这个标准可以对组织的安全工程过程进行评估。

　　SSE-CMM 模型及其应用方法可以被工程组织用来为组织设计系统安全工程过程，对已有的安全工程过程进行自我评估，找出改善的方向并进而对组织的安全工程过程进行改善。它也可被客户用来对潜在的产品、系统供应商或服务提供商组织的安全工程过程进行评估以选出最优者。SSE-CMM 还可以被安全工程评估组织用来对相关组织进行评估以建立该组织基于能力的可信度。

　　由此可见，应用 SSE-CMM 及其评估方法，可以把系统安全问题的解决方式从一般的、系统的、工程化的较高层次提高到对工程过程根据确定的标准进行评估并寻求改善的更高的层次。对于 SSE-CMM 在信息系统安全问题解决方面可能起的作用应当予以充分的估计。对于 SSE-CMM 及其方法的应用和推广，应当引起足够的重视。

4.1.4　信息安全风险评估的目的与范围

　　网络信息系统的安全风险评估是信息系统安全管理的基础性工作，是信息系统安全水平持续改进过程的里程碑。通过系统的安全评估，应达到以下目标。

　　（1）掌握并且一定程度量化电力企业信息系统安全现状和存在的各种安全风险；

　　（2）改进与完善电力企业现有安全策略；

　　（3）指导电力企业实施有效的信息系统风险管理；

　　（4）通过评估推导出详细的企业信息安全需求，指导企业的安全体系规划与设计；

　　（5）安全评估作为企业信息系统运行管理的重要内容，指导企业及时发现风险、完善安全体系、保持并提高信息安全水平。

　　安全风险评估应遵从国际标准的原则：安全评估在国内目前还不是一个发展很成熟的安全项目，评估的质量除了依赖评估人员的经验与能力，还需要充分遵从相关国际标准得以保障，主要的国际标准包括：ISO17799 / BS7799；ISO13335；ISO 15408 / GB18336；SSE-CMM；《加拿大信息安全风险评估指南》；《美国国家网络安全评测指南》。

　　评估的完整性原则主要体现在：① 评估范围的完整。综合评估信息系统对象本身，及其相关的安全措施、人员、管理等方面。② 评估内容的全面。技术层面的评估结合管理层面的评估，全面反映信息安全状态。③ 评估流程的完整。作为一个完整有效的评估，应该全面覆盖安全评估的所有主要过程。

　　安全评估中的一些工作内容，如网络设备与主机的漏洞扫描、渗透测试等，将会对信息系统的运行带来影响。应该仔细设计评估方案，在评估过程中进行有效的管理，将评估对信息系统与业务的可能影响降低到最低限度。

　　电力行业的信息网络是专用信息网络，其技术体制、运行环境、管理方式具有行业特性。信息系统业务具有特定的安全需求，在信息系统安全策略与管理方面也需要遵从电力行业的相关技术政策，因此在评估过程中应该充分考虑这些行业特性，在资产的安全属性界定、威胁的评价、管理制度的审计等环节应该准确反映这些行业特性。

电力企业安全评估的范围应该包括：① 信息网络、主机等基础设施；② 信息应用系统；③ 现有的安全技术措施；④ 相关安全管理机构与人员配置；⑤ 相关安全管理制度与条例；⑥ 信息系统管理人员与信息应用业务人员。

具体的评估对象可以是上述范围内电力企业信息系统相关资产的有效抽样，所抽样的信息系统和资产应该反映电力企业信息系统的总体特征。

4.1.5 信息安全风险评估的主要流程

流程的确定主要参照了 BS7799、ISO/IEC13335、SSE-CMM、《加拿大信息安全风险评估指南》、美国的《国家网络安全评估指南》等国际标准和规范，并在"电力系统信息安全示范工程"中进行了实践检验。

1. 预备阶段

确定评估目标和评估范围，成立评估小组。主要工作包括准备资料、调查表、评估工具和设备，制定详细的实施计划。

2. 资产的评估

采用资产调查的方式进行信息资产统计，并对资产按照（业务系统、部门）归类。在评估范围内的资产，要对其进行保密性要求、完整性要求、可用性要求的调查与分析。

这一步通常采用问卷调查和对资产管理人员与使用人员的访谈来完成。对数据进行整理与分析后可得到相应资产的半定量化的价值。

3. 威胁评估

对信息安全方面的潜在威胁和可能入侵给出全面的分析。潜在威胁主要是根据每项资产的安全弱点而引发的安全威胁。通过对威胁发生的可能性和造成后果的严重性来对威胁进行高、中、低这三个等级的赋值。

这一步主要通过威胁调查（采用技术与统计手段）建立一个可能的威胁列表，并通过统计数据分析和调查访谈的方式来确定威胁的等级。

4. 漏洞评估

对每项信息资产具有的安全脆弱点、隐患和漏洞进行分析，对脆弱点被利用的难易程度赋值。脆弱点的获取可以有多种方式，例如，扫描工具扫描（Scanning）、渗透测试、制度文件审核、人员访谈等。可以根据具体的评估对象、评估目的选择具体的弱点获取方式。

5. 现有安全措施评估

对现有的安全技术措施和相关的安全策略文档进行评估，确定现有措施所起的作用，以及其面临的威胁和存在的漏洞。

现有安全措施的评估主要通过技术审查和策略文件完整性审查的方式。这一步往往同漏洞和威胁的评估结合在一起。

6．风险分析

根据以上基础数据，参照风险关系模型，对资产、威胁、漏洞、风险，及其相互之间的关系进行统计、分析。包括资产分类和分级、威胁分析、漏洞分析、风险计算以及风险分析（风险分布、风险因素比较分析、风险等级分析、整体安全风险评价）等。

对于风险分析的数据和结果建议建立风险数据库，以便于对风险进行统计、跟踪和管理。

7．提交的文档

安全评估过程中应该形成一个评估文档体系，主要包括但不限于如下关键文档。

1）预备阶段

产生的文档为《风险评估建议》和《风险评估实施方案》，主要内容为针对企业情况提出风险评估采用的方式，以及在这种方式下的评估实施方案。

2）资产分类和分级

产生的文档为《资产列表》，主要内容为资产名称、资产编号、资产的所有人以及资产的价值等。

3）威胁分类、分布和威胁的可能性、后果分析

产生的文档为《威胁列表》，主要内容为威胁列表、威胁对应的资产、威胁严重性、威胁发生的可能性以及对应威胁的防范办法等主要内容。

4）漏洞统计和分析

产生的文档为《漏洞列表》，主要内容为漏洞列表、漏洞对应的资产、漏洞的严重性、漏洞被利用的可能性以及对应漏洞的解决与处理办法等主要内容。

5）风险计算与分析

产生的文档为《风险评估报告》，主要内容包括总体及分系统的风险分布、系统中各风险因素比较分析、风险等级分析、整体安全风险评价等。

6）安全建议

《信息安全建议》是在风险分析完成后，根据风险分析内容和结果，针对具体安全情况和企业需求提出的初步的信息安全解决方案。主要内容包括需求提取、需求论证和解决方案。另外在实施过程中还会有一些申请报告、相关的会议记录以及工作备忘录等文档。

4.1.6　信息安全渗透测试技术能力

信息安全攻防技术研究能力提升的重点是渗透测试技术，渗透测试利用各种安全扫描器对网站及相关服务器等设备进行非破坏性质的模拟入侵者攻击，目的是侵入系统并获取

系统信息并将入侵的过程和细节总结编写成测试报告，由此确定存在的安全威胁，并能及时提醒安全管理员完善安全策略，降低安全风险。

人工渗透测试和工具扫描可以很好地互相补充。工具扫描具有很好的效率和速度，但是存在一定的误报率，不能发现高层次、复杂的安全问题；渗透测试对测试者的专业技能要求很高（渗透测试报告的价值直接依赖于测试者的专业技能），但是非常准确，可以发现逻辑性更强、更深层次的弱点。

1．信息收集

信息收集分析是入侵攻击的基础。通过对网络信息收集分析，可以相应地、有针对性地制定模拟黑客入侵攻击的计划，以提高入侵的成功率、减小暴露或被发现的几率。信息收集的方法包括主机网络扫描、操作类型判别、应用判别、账号扫描、配置判别等。模拟入侵攻击常用的工具包括 Nmap、Nessus、X-Scan 等，操作系统中内置的许多工具（例如Telnet）也可以成为非常有效的模拟攻击入侵武器。

2．端口扫描

通过对目标地址的 TCP/UDP 端口扫描，确定其所开放的服务的数量和类型，这是所有渗透测试的基础。通过端口扫描，可以基本确定一个系统的基本信息，结合测试人员的经验可以确定其可能存在，以及被利用的安全弱点，为进行深层次的渗透提供依据。

3．权限提升

通过收集信息和分析，存在两种可能性，其一是目标系统存在重大弱点：测试人员可以直接控制目标系统，然后直接调查目标系统中的弱点分布、原因，形成最终的测试报告；其二是目标系统没有远程重大弱点，但是可以获得远程普通权限，这时测试人员可以通过该普通权限进一步收集目标系统信息。接下来，尽最大努力获取本地权限，收集本地资料信息，寻求本地权限升级的机会。这些不停的信息收集分析、权限升级的结果将构成此次项目整个渗透测试过程的输出。

4．溢出测试

当测试人员无法直接利用账户口令登录系统时，采用系统溢出的方法直接获得系统控制权限，此方法有时会导致系统死机或重新启动，但不会导致系统数据丢失，如出现死机等故障，只要将系统重新启动并开启原有服务即可。一般情况下，如果未授权，将不会进行此项测试。

5．SQL 注入攻击

针对应用 SQL 数据库后端的网站服务器，通过研究、提交某些特殊 SQL 语句，最终可能获取、篡改、控制网站服务器端数据库中的内容。

6．跨站攻击

可以借助网站来攻击访问此网站的终端用户，来获得用户口令或使用站点挂马来控制客户端。

7．检测页面隐藏字段

网站应用系统常采用隐藏字段存储信息。许多基于网站的电子商务应用程序用隐藏字段来存储商品价格、用户名、密码等敏感内容。恶意用户通过操作隐藏字段内容达到恶意交易和窃取信息等行为，是一种非常危险的漏洞。

8．Cookie 利用

网站应用系统常使用 Cookies 机制在客户端主机上保存某些信息，例如用户 ID、口令、时戳等。入侵者可能通过篡改 Cookies 内容，获取用户的账号，导致严重的后果。

9．后门程序检查

系统开发过程中遗留的后门和调试选项可能被入侵者所利用，导致入侵者轻易地从捷径实施攻击。

10．其他测试

渗透测试中还需要借助暴力破解、网络嗅探等其他方法，目的也是为了获取用户名及密码。

4.1.7　电力系统信息安全试验测试技术

电力系统信息安全试验测试环境在模拟电力生产控制大区实时控制系统、非实时控制系统、业务生产系统的基础上，设立逻辑上独立的测试区域，在这些测试区域中采用专用的测试工具，完成针对特定测试对象的特殊情况的试验验证。

电力系统信息安全试验测试环境能够模拟电力信息系统的运行环境，主要由以下几方面内容组成。

1．高安全级测试区

支撑实验室安全级别要求较高或涉及信息密级较高的业务测试，该区域采用逻辑上独立的网络结构，使用严格的访问控制，采用独立的高性能 PC 终端，部署了业内主流的源代码级检测工具，提供深层次的漏洞分析工作，更好地支撑试验验证工作。

2．性能测试区

性能测试区依托该区域建设，支撑实验室大流量业务仿真测试。为满足高背景流量的需求，性能测试区在网络建设方面使用高性能交换机，可以全面满足各种服务器和中间网络设备的接入需求。该区域同时配备了专业的性能测试工具，可以模拟仿真 TCP/IP 主流的协议通信，能够开展对应用服务器、网络中间设备或网络架构的网络层和应用层的压力测试工作，并能够同时模拟典型的网络攻击。

3. 等级保护测试区

等级保护验证环境依托大规模电网信息安全试验测试环境进行建设，通过信息安全等级保护评估工具、主机安全配置审查系统、数据库安全检查系统、Web 应用安全检查系统等安全测试工具对电力生产控制大区实时控制系统、非实时控制系统，管理信息大区部署的业务生产系统的等级保护符合性进行测试。

4. 管理控制区

管理控制区域是整个管理信息大区安全试验测试环境的基础支撑环境，负责完成网络、主机、安全设备的管理以及信息的存储工作。采用专用的 PC 终端，安装虚拟化工具，并部署通用的管理和监控工具，完成对虚拟应用环境、网络设备、主机设备的统一管理和监控。

5. 信息资源区

信息资源区用于存储空间用以存储大规模电力信息系统安全试验测试环境的数据，采用主流存储阵列，采用主备方式建设，主备存储之间支持实时同步的冗余备份功能。信息资源区的建设主要包含生产信息大区和管理信息大区两个方面的内容。

1）生产控制大区环境建设

电力生产控制大区安全试验测试环境建设搭建智能电网调度技术支持系统，智能电网调度技术支持系统是电网运行控制和调度生产管理的重要支撑系统，其功能分为实时监控与预警、调度计划、安全校核和调度管理 4 大类应用，这 4 类应用建立在统一的基础平台之上。信息系统安全实验室通过分析智能电网调度技术支持系统建设框架，搭建了智能电网调度技术支持系统试验测试环境建设系统。

电力生产控制大区仿真实验环境按照电力调度通信系统的实际网络架构，建设了电力调度中心二次系统中生产控制大区和管理信息大区，即安全区Ⅰ（实时控制区）、安全区Ⅱ（非控制生产区）以及安全区Ⅲ（生产管理区）；在纵向选取国调和网调两个级别，构成电力生产控制大区网络架构。

电力生产控制大区安全试验测试环境模拟智能电网调度技术支持系统（D5000 系统）中的实时监控与预警、调度计划、安全校核和调度管理 4 大类应用。

2）管理信息大区环境建设

管理信息大区安全试验测试环境囊括公司主要的应用系统的应用仿真，在环境建设中将引入测试床的概念，使得整体的试验环境建设更加清晰，建成后的仿真试验环境将按测试功能区进行划分，不同的功能区具备针对通用产品/系统不同方面的试验检测能力。同时，考虑充分利用硬件资源，引入虚拟化的概念实现灵活的环境配置。

在网络搭建方面采用了多台主流交换机、路由器，分为总部信息外网、总部信息内网、网省信息内网，形成了"一横一纵"的格局规划，每一个区域之间都通过相应的安全设备进行防护和隔离。

为模拟公司信息化建设现状，管理信息大区安全试验测试环境采用典型的网络区域划分，并使用各类设备进行区域隔离，业务模拟区域可同时支撑业务模拟和仿真试验用途，该区域建设完成后可同时承担功能测试床和安全性测试床的试验验证工作，包括：

（1）总部信息内网：模拟总部内网，部署典型的 2 级或 3 级应用系统。

（2）总部信息外网：模拟总部外网，部署典型的 2 级应用系统。

（3）网省信息内网：模拟网省内网，部署典型的 2 级应用系统。

这种网络规划格局基本反映了电力信息系统连接结构，有助于在此基础上进行深入的仿真和测试。其中，总部信息内网与总部信息外网之间部署自研的内外网逻辑强隔离装置进行隔离，总部信息内网与总部信息外网之间部署主流防火墙，策略配置与信息化建设实际运行环境尽可能保持一致。

电力系统信息安全试验测试环境能够为现有应用系统、新建应用系统、新技术应用以及信息安全产品和装备测试提供支持，为信息系统等级保护系统的建设提供示范平台。

4.2　信息安全风险评估实施方法

本节主要内容包括基于风险关系模型的安全风险评估方法，信息系统安全威胁概念及分类，信息系统安全弱点的概念及分类，信息资产类别的定义与划分原则，信息资产赋值确定安全属性方法，信息安全策略文档评估内容及方法。

4.2.1　基于风险关系模型的安全风险评估方法

1. 安全评估采用风险关系模型

风险关系模型主要描述造成风险的各个要素之间的关系，模型以风险为中心描述信息资产所面临的风险、漏洞、威胁及其相应的复杂关系，用以指导风险评估和风险分析，如图 4.1 所示。

风险关系模型动态地表现了资产所面临的安全风险与其他各个要素之间的内在关系。下面对以上模型进行描述。

企业的资产（包括信息资产、物质资产、软件资产、服务、设备、人员等）面临很多威胁（包括来自企业内部的威胁和来自企业外部的威胁）。

　　威胁利用 IT 系统存在的各种漏洞（例如物理环境、网络服务、主机系统、应用系统、安全相关人员、安全策略等），对企业 IT 系统进行渗透和攻击。如果渗透和攻击成功，将导致企业资产的暴露。

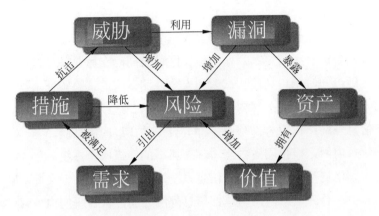

图 4.1　风险关系模型

　　资产的暴露（例如系统高级管理人员由于不小心而导致重要机密信息的泄漏），会对资产的价值产生影响（包括直接的和间接的影响）。

　　风险就是威胁利用薄弱点使资产暴露而产生的影响的大小，被资产的重要性和价值所决定。

　　对 IT 系统安全风险的分析，使得提出了对 IT 系统的安全需求。

　　根据安全需求的不同制定系统的安全解决方案，选择适当的安全控制措施，进而降低安全风险，防范威胁。

2. 安全风险评估方法

　　根据上述风险关系模型，信息资产风险的可能性是面临的威胁的可能性和资产存在的薄弱性的函数，而风险的后果是资产的价值和威胁的影响的函数。而量化的风险值是风险的可能性与风险的后果的函数。

　　因此，信息系统风险的评估包括以下过程：资产的识别与赋值、威胁的识别与赋值、漏洞的发现与赋值、整体风险的计算与评价，如图 4.2 所示。

　　资产评估：识别出信息资产，对资产进行标识或编号，并对资产价值进行半定量的估计，以便确定资产的影响。

　　威胁评估：通过技术手段（例如 IDS）、统计数据和经验来确定信息系统的威胁，一方面确定对应信息资产所面临的威胁源，另一方面要确定威胁的严重程度和发生的频率。

　　漏洞评估：漏洞评估主要采用工具、人工审核和调查问卷来发现漏洞，并按照国际通用的赋值方法（例如，CVE 漏洞严重程度定义）和经验判断对漏洞的严重性和被利用的可能性进行半定量化的估计。

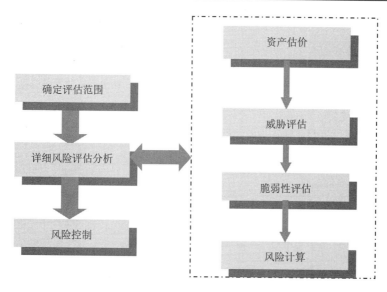

图 4.2　信息安全风险评估流程

现有的安全措施评估：对现有的安全措施（例如防火墙、管理制度等）进行评估，对其所起的保护作用进行半定量的估计。

整体风险的计算与评价：通过上面 4 步的评估，按照资产计算出其所面临的风险。风险值仅表明资产所面临的风险大小，通过这个值可以分析出对该资产面临的风险应采取何种措施（如接受、消除、转移等）。

4.2.2　信息系统安全威胁的概念及分类

威胁是信息系统和信息资产发生的不期望的事件而造成损害的可能性。威胁可能源于对企业信息直接或间接的攻击，例如非授权的泄漏、篡改、删除等，在机密性、完整性或可用性等方面造成损害。威胁也可能源于偶发的或蓄意的事件。一般来说，威胁总是要利用企业网络中的系统、应用或服务的弱点才可能成功地对资产造成伤害。从宏观上讲，威胁按照产生的来源可以分为非授权蓄意行为、不可抗力、人为错误，以及设施/设备错误等。

有关威胁的分类可参照表 4.1 中的内容。

表 4.1　威胁的分类

ID	名　称	描　述
1	远程 root 攻击	远程 root 攻击
2	滥用	由于某授权的用户（有意或无意）执行了授权他人要执行的举动、可能会发生检测不到的 IT 资产损害
3	嗅探	攻击者通过 Sniffer、窃听或者捕捉经过网络或者其他方式传送和存储的数据
4	拒绝服务攻击	攻击者以一种或者多种损害信息资源访问或使用能力的方式消耗信息系统资源
5	远程溢出攻击	攻击者利用系统调用中不合理的内存分配执行了非法的系统操作，从而获取了某些系统特权

ID	名　称	描　述
6	恶意代码和病毒	具有自我复制、自我传播能力，对信息系统的信息构成破坏的程序代码
7	侦察	通过系统开放的服务进行信息收集，获取系统的相关信息，包括系统的软件、硬件和用户情况等信息
8	权限提升	
9	远程文件访问	
10	第三方威胁	
11	篡改	由于攻击者非授权篡改或删除信息，信息的完整性可能受到损害
12	泄密	机密泄漏，如某授权的 TOE 用户可能有意或无意地观察到存储在 TOE 中的、不允许用户见到的信息
13	不可抗力	包括自然灾害、战争、社会动乱、恐怖活动等人为不可抗拒的威胁
14	设备故障	由于用户差错、硬件差错或传输差错，信息的完整性和可用性可能受到损害
15	无法规范安全管理	由于疏于安全管理，缺乏制度，制度推行不力等引发的各种威胁
16	物理攻击	可能受到的物理攻击，如物理损坏、盗窃、丢失等
17	浪费	盲目投资
18	无法监控或审计	
19	误操作	由于某用户（有意或无意的）执行了错误或有维护性的举动，可能会对资产造成损害
20	法律纠纷	
21	设备故障	软件、硬件或电源失效等可能引起 TOE 运行突然中断，数据丢失或毁坏
22	伪造和欺骗	
23	安全工作无法推动	安全工作因为没有安全组织保障，领导重视或缺乏资源等而无法推动
24	不能或错误地响应和恢复	
25	数据损坏、错误或丢失	
26	业务中断	业务连续性遭到破坏，业务中断，企业蒙受重大损失
27	环境威胁	如断电、静电、灰尘、火灾、电磁干扰等环境因素而引起的威胁
28	非授权访问	
29	密码猜测攻击	

威胁属性在安全评估中，讨论了威胁的可能性属性，也就是指威胁发生的概率和威胁发生的频率。用变量 T 来表示威胁的可能性，它可以被赋予一个数值，来表示该属性的程度。确定威胁发生的可能性是风险评估的重要环节，顾问应该根据经验和相关的统计数据来判断威胁发生的概率和频率。

威胁发生的可能性受下列两个因素的影响。

（1）资产的吸引力和曝光程度，组织的知名度，主要在考虑人为故意威胁时使用；

（2）资产转化成利益的容易程度，包括财务的利益，黑客获得运算能力很强和大带宽的主机使用等利益。主要在考虑人为故意威胁时使用。

在实际评估过程中，威胁的可能性赋值，除了考虑上面两个因素，还需要参考以下三方面的资料和信息来源，综合考虑，形成在特定评估环境中各种威胁发生的可能性。

（1）通过评估过去的安全事件报告或记录，统计各种发生过的威胁和其发生频率。

（2）在评估体实际环境中，通过 IDS 系统获取的威胁发生数据的统计和分析，各种日志中威胁发生的数据的统计和分析。

（3）过去一年或两年来国际机构（如 FBI）发布的对于整个社会或特定行业安全威胁发生频率的统计数据均值。威胁的可能性赋值标准可参照表 4.2。

表 4.2　威胁可能性赋值标准

赋　值	描　　述	说　　明
4	几乎肯定	预期在大多数情况下发生，不可避免（>90%）
3	很可能	在大多数情况下，很有可能会发生（50%～90%）
2	可能	在某种情况下或某个时间，可能会发生（20%～50%）
1	不太可能	发生的可能性很小，不太可能（<20%）
0	罕见	仅在非常例外的情况下发生，非常罕见，几乎不可能（0%~1%）

此处描述的是威胁的可能性，并不是风险的可能性，即不是威胁实际发生作用的可能性。威胁要实际产生影响还要考虑弱点被利用的难易程度这个因素。

4.2.3　信息系统安全弱点的概念及分类

弱点分析用以对信息系统目前信息资产中存在的安全弱点进行全面分析和考察，并为安全风险评估提供重要的数据来源。

1. 弱点分类

对弱点进行分类的方式多种多样，最主要的是根据弱点产生的来源和原因。参照国际通行做法和专家经验，可参照如表 4.3 所示弱点分类表。

表 4.3　弱点分类表

ID	名　　称	描　　述
1	操作系统与应用软件的默认安装	绝大多数软件，包括操作系统与应用软件都自带了安装脚本或程序。安装程序的目的是使系统尽快地安装，使大多数的应用功能可用，管理员执行工作至少使用的账户。为了完成这个目的，默认安装的内容多于大多数用户所必须使用的部分。供应商的原则是激活那些非必要的功能好于用户在需要时再增减这些功能。这种方法虽然方便了用户，但也造成了大量的危险的安全漏洞，因为用户不会积极地为他所不用的软件进行维护与打补丁。更进一步，许多用户并没有意识到他到底安装了什么，在系统上留下了危险的样本，只是因为用户并不知道有安全问题，而并没有打补丁
2	空口令或弱口令账户	多数系统将密码作为第一道，也是最后一道防线。用户 ID 非常容易获得，在许多公司还有绕过防火墙的拨号接入设备。因此，如果一个攻击者能够测出账户名和密码，他就可以登录网络。很容易猜测或默认的口令都是个大问题；但最大的问题就是账户没有口令。在实际工作中，弱口令、默认口令和空口令都应该在系统中移走。另外，许多系统具有预先设置或默认账户。这些账户具有同样的口令，攻击者一般寻找这些账户，因为他们很熟悉这些账户。因此，任何预先设置或默认账户都应该被标识并且从系统中移走

续表

ID	名　称	描　述
3	不存在或不完善的备份	当事故发生（每个组织都有可能发生），要求有最新的备份，并从备份中恢复数据。一些组织每天都会做备份，但几乎从不检验备份内容是否可用。有些组织规定了备份的策略和步骤，但没有规定恢复的策略与步骤。类似这种错误经常在系统数据被黑客毁坏或污染后，需要做恢复工作时才被发现
4	大量开放的端口	无论合法的用户与攻击者都是通过开放的端口接入系统。端口开放越多，就意味着别人有越多的途径可以进入系统。应保证系统只开放功能必需的端口，其他的端口都要关闭
5	没有根据地址过滤进出的数据包	IP 欺骗是黑客常用的一种攻击手段，用来在攻击目标时隐藏自己的踪迹。举例来讲，著名的 Smurf 攻击利用路由器的特性，向上千台机器发送广播包，每个包中都将源地址伪造成被攻击主机的地址。所有接收到数据包的机器都向被伪造地址的机器发出响应的数据包，这将造成被攻击的主机或网络的瘫痪。在进或出的数据流上执行过滤规则将提高防护水平
6	不存在或不完全的日志	一句安全格言是："预防是理想的，检测是必须的"。只要联入 Internet，攻击者就有可能潜入或渗透网络。每周都有新的漏洞被发现，基本上也没有什么办法防御攻击者利用最新的漏洞进行攻击。一旦遭受攻击，没有日志，就没有什么办法来发现攻击者做了什么。只能从原始介质中恢复系统，希望数据备份还好用，并且也承担系统仍然被黑客控制的风险
7	CGI 程序漏洞	包括微软的 IIS 与 Apache 在内的多数 Web 服务器都支持 CGI（Common Gateway Interface）程序，CGI 程序可以提供互动的页面，对用户提交的数据进行收集与校验。事实上，多数的 Web 服务器都默认安装（或分发）CGI 样本程序。不幸的是，很多 CGI 程序可以为来自互联网上的任何用户提供直接链接的功能，让他们直接进入 Web 服务器系统。对于入侵者来讲，有漏洞的 CGI 程序是一个非常有吸引力的目标，因为这些程序可以很容易地定位，同时以特权和 Web 服务器软件自身的权限操作。入侵者利用有漏洞的 CGI 程序修改数据
8	Unicode 漏洞	Unicode 为每个字符提供了一个唯一的编码，无论何种平台，无论何种程序，无论何种语言。Unicode 标准被包括微软在内的许多供应商采纳。通过向 IIS 服务发送经过精心改造的 URL，其中包括有问题的 Unicode UTF-8 序列，攻击者可以强制服务器按照给定的字面意思，"跨出"目录并执行任意的脚本。这类攻击也叫作目录跨越攻击。在 Unicode 编码中，/ 和 \ 分别等价于%2f 和%5c。然而，也可以使用"overlong"次序重新表达这些字符
9	ISAPI Extension 缓冲区溢出	微软的 IIS 在很多系统上应用，当 IIS 安装上，一些 ISAPI 拓展也自动地安装上。ISAPI（Internet Services Application Programming Interface，互联网服务应用程序接口）允许程序员通过 IIS 调用动态链接库。一些动态链接库，如 idq.dll 存在边界检查错误，黑客通过向这些动态链接库输入超常的字符串进行缓存溢出攻击，从而控制 IIS Web Server
10	IIS RDS 远程执行命令	NT 4.0 上存在 IIS 的 Remote Data Services (RDS)存在漏洞，攻击者可以利用此漏洞，以系统管理员的权限远程执行命令
11	NETBIOS – 非保护 Windows 网络访问权	服务器消息块（SMB）协议，也被称为通用互联网文件系统（CIFS）能够通过网络共享文件。连接在互联网上的机器的不正确的配置可以暴露关键的系统文件或给竞争对手以所有文件系统的访问权。许多用户为了让同事或外部访问者方便，给网络用户以磁盘可读、写的权限，他们不知道这样做也给黑客攻击提供了方便。在 Windows 机器上开放共享，不但可能造成信息失窃，还为病毒的传播提供了便利

ID	名　　称	描　　述
12	通过空连接信息泄露	Null Session 连接也称为匿名登录,这种机制允许匿名用户通过网络获得系统的信息或建立未授权的连接。它常被诸如 explorer.exe 的应用来列举远程服务器上的共享。在 Windows NT/2000 系统中,许多服务运行在 SYSTEM 账户下,在 2000 下为 LocalSystem。System 账户用于多种关键的系统操作,当一台机器需要从其他机器上取得系统信息,SYSTEM 账户就会与那台机器建立空连接。 SYSTEM 账户具有一些特权并且没有口令,不能以 SYSTEM 登录系统
13	弱加密的口令文件	虽然多数的 Windows 用户不再需要 LAN Manager 的支持,但在 Windows NT/2000 中还保留着对 LAN Manager 口令散列的默认安装。因为 LAN Manager 使用一种弱的加密算法,LAM Manager 加密的口令文件可以在很短的时间内被破解
14	在远程程序执行中缓存溢出	远程程序执行(RPCs)允许在一台电脑上执行另一台电脑上的程序,这种功能被广泛应用在获得网络服务,程序上的缺陷导致 RPC 程序上十分脆弱
15	默认 SNMP 字符串	简化网络管理协议 (SNMP) 被广泛应用在监控和授权多种类型的网络装置如路由器和网络打印机,SNMP 使用的非加密社区协议极易破译,存在极大的安全隐患

2. 弱点获取方法

弱点的获取可以有多种方式,例如,扫描工具扫描、白客测试、人工评估、管理规范文件审核、人员面谈审核等。评审员（专家）可以根据具体的评估对象、评估目的选择具体的弱点获取方式。经过研究,本项目将采取面谈、工具扫描和白客测试相结合的方法来获取资产存在弱点列表,并根据专家经验进行赋值。

3. 信息系统弱点综合分析

信息系统在这次安全弱点的考察中显现出了较多的安全问题。这些安全弱点涵盖了信息系统中的主机系统,应用系统,网络安全管理等多个方面的问题,因此这些安全弱点在总体上体现了信息系统当前的安全状态。

在抽样环境中,主机系统存在比较严重的安全弱点。由于抽样环境能比较典型地反映信息系统真实的状况,因此可以将此结论外推至骨干网整体信息系统中的主机,工作站均存在比较严重的安全弱点。

信息系统的安全弱点的产生原因除了主机系统自身的安全弱点以外,由于管理层面的不完善而导致的安全弱点在数量和严重程度上也占了很高的比例。

在被抽样的系统中,采用各种 UNIX 和 Windows 系统的安全弱点都比较多,而且都比较严重,这与信息系统上的主机系统大多缺乏安全配置有关。

在信息系统安全弱点中,由于管理层面的安全弱点而引发的技术层面的安全弱点占有比较高的比例。

4.2.4　信息安全策略文档评估内容及方法

信息系统安全评估项目中信息安全策略文档评估阶段,通过对信息系统安全相关的策略、规章制度、工作流程、培训教材等资料的收集、鉴别和整理，选取信息系统安全方面的重要策略文档进行逐个文档的评估，概括每个文档的主要内容，评述每个文档的文档格式、文档内容、文档体系的缺失和建议。接着从整体上评估，包括：在策略文档内容方面上的覆盖情况、不足和改进建议，整体策略文档在文档体系方面的覆盖情况、不足和改进建议，在文档格式与控制方面的评估。

策略文档评估是对已有的信息安全策略进行深入分析，通过此种方法找出信息系统的安全弱点和威胁。通过对个别重要文档进行交叉检查和评价，将所有阅读分析和评价记录集中整理，汇总成为一个整体评估分析报告。

主要输出为《安全策略分析和改进建议报告》，在此报告中，将对公司提供的所有与信息系统、信息管理、信息安全相关的策略、规章制度、工作流程、培训教材等资料进行分析。分析将特别注重对信息安全策略的全面性，技术和理论的先进性，对信息系统情况的符合性等方面进行分析，从而找出信息系统的安全弱点和威胁，以作为整个安全评估工作的一部分，提供信息安全策略文档方面的弱点数据和信息系统安全现状。

下面描述信息安全策略文档（以下简称策略文档）分析的目的、作用，以及策略评估工作流程和方法论。

整个策略文档评估工作可以分为下面几个步骤。

1．文档评估准备工作

在实际开始文档评估之前，需要做出一些相应的准备工作。通过与信息系统相关人员的沟通，获得相关策略文档量的估计，并搜集相关的策略文档。根据文档的量，确定参加文档评估的数量和具体人员。

2．文档搜集、接收、鉴别和整理

本部分工作将描绘整个策略文档的粗略框架。

搜集——相关人员将负责策略文档的搜集。搜集的范围包括网络安全相关的规定、流程、指南、通知、条例、处理办法等任何正式成文的内容。这些文档可以是已经正式发布的，也可以是正在编制和修改的。

接收——对于收集到的所有策略文档，提交给评估小组。作为资料接收的原始记录，需要对每个接收文档进行登记，并形成文档原始接收记录。参见《资料接收登记表》。

鉴别——负责评估的顾问将对于搜集到的每一个策略文档进行快速地浏览。迅速判断该文档的主要内容和文档类型，并决定该文档是否应当进行详细阅读和评估。

整理——将经过鉴别后的文档进行编号和整理成《策略文档评估清单》。通过对于所有接收文档的整理，会发现有某些方面的文档有缺失，此时可以与相关人员进行沟通，提醒并帮助辽宁电力挖掘和搜集其他可能存在的策略文档。

3．文档体系的评估

通过对于每个现有文档的评估，得出对于整个策略文档体系的概貌和意见。对于现有策略文档体系的结构完整性、详尽程度等方面提出建议意见,最终形成一个结论,形成《安全策略分析和改进建议报告》。

4.2.5　信息资产类别定义与划分

1. 信息资产类别

资产是企业、机构直接赋予了价值因而需要保护的东西。它可能以多种形式存在,有无形的、有形的,有硬件、软件,有文档、代码,也有服务、企业形象等。它们分别具有不同的价值属性和存在特点,存在的弱点、面临的威胁、需要进行的保护和安全控制都各不相同。企业的信息资产是企业资产中与信息开发、存储、转移、分发等过程直接、密切相关的部分。参照 BS7799 对信息资产的描述和定义,将信息资产按照表 4.4 的分类方法进行分类。

信息系统安全评估将信息资产的评估重点放在同信息安全直接相关的信息资产上面,对其他资产不进行重点评估。

2. 服务

服务在信息资产中占有非常重要的地位,通常作为企业运行管理、商业业务实现等形式存在。属于需要重点评估、保护的对象。通常服务类资产最为需要保护的安全属性是可用性。但是,对于某些服务资产,完整性和机密性也可能成为重要的保护对象。例如,通常的门户站点的新闻浏览、计算环境等的可用性最为重要。但是,完整性也同样重要,例如,门户站点的主页被修改,造成的损失也可能是灾难性的。

3. 数据

数据在信息资产中占有非常重要的地位,通常作为企业知识产权、竞争优势、商业秘密的载体。属于需要重点评估、保护的对象。通常,数据类资产需要保护的安全属性是机密性。例如,公司的财务信息和薪酬数据就是属于高度机密性的数据。但是,完整性和重要性会随着机密性的提高而提高。

表 4.4　信息资产分类

类　别	简　称	解释/示例
数据	Data	存在于电子媒介的各种数据和资料,包括源代码、数据库数据、业务数据、客户数据、各种数据资料、系统文档、运行管理规程、计划、报告、用户手册等
服务	Service	各种业务生产应用、业务处理能力和业务流程(Process)、操作系统、WWW、SMTP、POP3、FTP、MRPII、DNS、呼叫中心、内部文件服务、网络连接、网络隔离保护、网络管理、网络安全保障、入侵监控等
软件	Software	应用软件、系统软件、开发工具和资源库等
硬件	Hardware	计算机硬件、路由器、交换机、硬件防火墙、程控交换机、布线、备份存储设备等
文档	Document	纸质的各种文件、合同、传真、电报、财务报告、发展计划等

类　别	简　称	解释/示例
设备	Facility	电源、空调、保险柜、文件柜、门禁、消防设施等
人员	HR	各级管理人员，网络管理员，系统管理员，业务操作人员，第三方人员等与被评估信息系统相关人员
其他	Other	企业形象，客户关系等

企业内部对于数据类资产的分类方法通常根据数据的敏感性（Sensitivity）来进行，与机密性非常类似。例如，表 4.5 是常用的一种数据分类方法。

表 4.5　数据分类

	简　称	解释/举例
公开	Public	不需要任何保密机制和措施，可以公开使用（例如产品发表新闻等）
内部	Internal	公司内部员工或文档所属部门使用，或文档涉及的公司使用（例如合同等）
秘密	Private	由和顾问服务项目相关的公司和客户公司成员使用
机密	Confidential	只有在文档中指定的人员可使用，文档的保管要在规定的时间内受到控制
绝密	Secret	非文档的拟订者或文档的所有者及管理者，其他指定人员在使用文档后迅速地按要求销毁

但是，这样的分类并不能反映数据资产的全部安全属性。所以，在本次顾问咨询项目中，将采取对数据类资产直接赋值的方法来进行。

4. 软件

软件是现代企业中重要的固定资产之一，与企业的硬件资产一起构成了企业的服务资产以及整个 IT 信息环境。一般情况下，软件资产包括软件的许可证、存储的媒体和后续的服务等，与可能安装或运行的硬件无关，软件的价值经常体现在软件本身的许可证、序列号、软件伴随的服务等无形资产上面。

安装或运行后的软件，开始为企业提供服务和应用的功能后，成为服务资产类，有别于软件资产。

按照软件所处的层次和功能，可以将软件资产分为以下子类。如表 4.6 所示。

表 4.6　软件资产分类

	简　称	解释/举例
系统	OS	各种操作系统及其各种外挂平台，例如 Windows 2000、RichWin 等
应用软件	APP	各种应用类软件，如 MS Office、财务软件、数据库软件、MIS 等
开发环境	DEV	各种开发环境类软件，例如 MSDN、Java 开发环境、Delphi 等
数据库	DB	各种数据库类软件，例如 Oracle、DB2、Sybase 等
工具类	TOOL	例如 WinZIP、Ghost 等

5. 硬件

主要指企业中的硬件信息设备，包括计算机硬件、路由器、交换机、硬件防火墙、程控交换机、布线、备份存储设备等。硬件资产单指硬件设备，不包括运行在硬件设备中的软件系统、IOS、配置文件和存储的数据等，软件本身属于软件资产，运行中的软件系统和 IOS 等属于服务资产，配置文件和存储的数据属于数据资产。

6. 文档

主要指企业的纸质的各种打印和非打印的文档和文件，包含企业有价值的信息，又以纸质的方式来保存，包括文件、合同、传真、财务报告、发展计划、业务流程、通讯录、组织人员职责等。因为纸质文档的安全保护方法和电子信息的方法完全不同，所以和数据资产区别对待。

7. 设备

主要指企业的非 IT 类的设备，主要包括电源、空调、保险柜、文件柜、门禁、消防设施等。此处一般属于物理安全的问题，主要的设备一般集中在机房内。

8. 人员

主要指企业与信息相关的人员，包括管理人员、网络管理员、系统管理员、业务操作人员等与被评估信息系统相关的人员。

4.2.6　信息资产赋值确定安全属性方法

信息资产分别具有不同的安全属性，机密性、完整性和可用性分别反映了资产在三个不同方面的特性。安全属性的不同通常也意味着安全控制、保护功能需求的不同。通过考察三种不同安全属性，可以得出一个能够反映资产价值的数值。对信息资产进行赋值的目的是为了更好地反映资产的价值，以便于进一步考察资产相关的弱点、威胁和风险属性，并进行量化。

1. 机密性

根据资产机密性属性的不同，将它分为 5 个不同的等级，分别对应资产在机密性方面的价值或者在机密性方面受到损失时对企业或组织的影响。赋值方法见表 4.7。

表 4.7　资产机密性属性

赋值	含　义	解　释
4	Very High	机密性价值非常关键，具有致命性的潜在影响或无法接受、特别不愿接受的影响
3	High	机密性价值较高，潜在影响严重，企业将蒙受严重损失，难以弥补
2	Medium	机密性价值中等，潜在影响重大，但可以弥补
1	Low	机密性价值较低，潜在影响可以忍受，较容易弥补
0	Negligible	机密性价值或潜在影响可以忽略

2．完整性

根据资产完整性属性的不同，将它分为 5 个不同的等级，分别对应资产在完整性方面的价值或者在完整性方面受到损失时对企业或组织的影响，见表 4.8。

表 4.8　资产完整性属性

赋值	含　义	解　　释
4	Very High	完整性价值非常关键，具有致命性的潜在影响或无法接受、特别不愿接受的影响。
3	High	完整性价值较高，潜在影响严重，企业将蒙受严重损失，难以弥补
2	Medium	完整性价值中等，潜在影响重大，但可以弥补
1	Low	完整性价值较低，潜在影响可以忍受，较容易弥补
0	Negligible	完整性价值或潜在影响可以忽略

3．可用性

根据资产可用性属性的不同，将它分为 5 个不同的等级，分别对应资产在可用性方面的价值或者在可用性方面受到损失时对企业或组织的影响，见表 4.9。

表 4.9　资产可用性属性

赋值	含　义	解　　释
4	Very High	可用性价值非常关键，具有致命性的潜在影响或无法接受、特别不愿接受的影响。
3	High	可用性价值较高，潜在影响严重，企业将蒙受严重损失，难以弥补
2	Medium	可用性价值中等，潜在影响重大，但可以弥补
1	Low	可用性价值较低，潜在影响可以忍受，较容易弥补
0	Negligible	可用性价值或潜在影响可以忽略

4．资产价值

资产价值用于反映某个资产作为一个整体的价值，综合了机密性、完整性和可用性三个属性。

通常，考察实际经验，三个安全属性中最高的一个对最终的资产价值影响最大。换而言之，整体安全属性的赋值并不随着三个属性值的增加而线性增加，较高的属性值具有较大的权重。

为此，在本项目中使用下面的公式来计算资产价值赋值：

Asset Value = Round1{Log2[(2Conf+2Int+2Avail)/3]}

其中，Conf 代表机密性赋值；Int 代表完整性赋值；Avail 代表可用性赋值；Round1{}表示四舍五入处理，保留一位小数；Log2 表示取以 2 为底的对数。

上述算式表达的背后含义是：三个属性值每相差 1，则影响相差两倍，以此来体现最高赋值属性的主导作用。

各类资产安全属性说明见表 4.11～表 4.16。

表 4.10　数据类资产

资产属性类别	资产属性说明
机密性	指数据保持机密性，只在正式授权的范围内可知，确保只有经过授权的人才能访问和使用数据，防止泄漏给其他人或竞争对手
完整性	指数据的完整性和准确性，不被篡改
可用性	确保经过授权的用户在需要时可以访问和使用数据

表 4.11　服务类资产

资产属性类别	资产属性说明
机密性	指服务和流程保持机密性，包括服务的细节情况和流程的过程和方法论，例如操作系统和应用软件服务的配置情况和应用情况，业务流程中的方法论，人员技能情况和依据的标准等
完整性	指服务和流程的完整性和准确性，保证服务自身的完整性和准确性，不被篡改，可以提供正确和完成的服务和输出
可用性	确保为经过授权的用户在需要时可以提供服务和信息处理能力

表 4.12　软件类资产

资产属性类别	资产属性说明
机密性	指软件的版本、许可证等信息的机密性，一般不高，所以赋值一般为 0 或 1
完整性	指软件的完整性和准确性，不被篡改和加入后门等，在需要应用时能保证软件的完整性和准确性
可用性	指用户在需要时可以使用软件。一般不高，所以赋值一般为 0 或 1

表 4.13　硬件类资产

资产属性类别	资产属性说明
机密性	指硬件的型号、配置、连接情况和端口等信息，一般不高，所以赋值一般为 0 或 1，关键硬件可以赋值为 2
完整性	指硬件的完整性，不被毁坏或盗窃，不被非授权更改配置
可用性	指用户在需要时可以使用，能满足或支撑其上面运行的软件服务。赋值一般和硬件所支撑和承载的服务价值有较大关系

表 4.14　文档类资产

资产属性类别	资产属性说明
机密性	指文档保持机密性，只在正式授权的范围内可知，确保只有经过授权的人才能访问，防止泄漏文档上的信息和数据
完整性	指文档的完整性和准确性，不被篡改
可用性	确保经过授权的用户在需要时可以使用文档

表 4.15　设备类资产

资产属性类别	资产属性说明
机密性	指设备的型号、配置等信息的保密性，一般不高，所以赋值一般为 0 或 1
完整性	指设备硬件的完整性，不被毁坏或盗窃，不被非授权更改配置
可用性	指设备在需要时可以使用，能满足或支撑信息处理服务

表 4.16　人员类资产

资产属性类别	资产属性说明
机密性	指人员的部门、岗位、职责、技能、当前工作状态和经历等信息的保密性，对一般企业赋值不高，但对于机密和国家安全部门的机密或敏感人员，赋值非常高
完整性	指避免人员的离职、流动、调动等情况，保证人员在职
可用性	指保证人员的健康状态、技能和经验、心理状态等能够满足其信息相关的工作职责，在需要时能够胜任其工作。关键人员的可用性一般比较重要，否则对业务流程有非常大的影响

4.3　信息安全示范工程安全评估案例

本节主要内容包括信息安全策略文档内容分类与评估方法，信息系统网络部分测试与安全评估方法，信息系统安全评估白客渗透测试及分析，信息系统网络拓扑结构测试与应用分析，信息系统网络设备风险测试与应用分析，信息网络系统管理安全风险与应用分析案例。

4.3.1　信息安全策略文档内容分类与评估实用方法

1. 策略方面

关于策略自身的建设、管理、审核和修订，策略的发布、推行、培训、符合性等方面的内容，现有文档中没有体现，完全空白，建议制定此方面的系列文档。

2. 组织和人员方面

关于有关组织建设，组织和人员责任等方面的内容，在《企业信息化工作及各部门计算机岗位的岗位职责条例》中有较为全面的描述，但也存在一些问题，比如有些岗位没有职责定义，可能是虚职；网络管理组织与安全组织之间的关系不够清晰等。建议定义出清晰的组织关系和结构，最好有明晰的结构图，同时每个岗位定义具体的安全职责。

同时制定关于人员安全方面的安全培训、认证、安全素质和意识的提高等方面的制度。

3. 资产方面

关于资产进行分类、标识、价值等级和机密等级划分和维护、资产管理等方面，没有发现有文档涉及。建议建立相应的一系列制度和文档。

4. 运作方面

关于安全维护和日常管理，包括主要业务系统的安全维护和日常 IT 维护等，在辽宁电力的安全策略中有一些规定，但都不够具体和可操作，建议开发下面的更为具体和可操作的各个方面的独立的文档。

审计和跟踪机制，建立日志存储、管理和分析机制的文档；网络和系统的访问控制标准和制度，加强权限管理的制度，网络分段与网段隔离的标准和制度，远程访问和远程工作的制度；用户和口令管理的标准和制度；建立针对恶意代码，后门的保护和侦测标准和制度；第三方管理的系列标准和制度。

5．技术方面

关于技术方面，安全策略覆盖到物理层和网络层，部分覆盖到应用程序层和数据层，但内容很少，没有覆盖到操作系统层、业务系统层等层面。没有描述安全防范系统、安全扫描系统、入侵检测系统、病毒防范系统、相应安全产品的管理和维护，没有相应的技术标准、规范和方法论等文档。

应该增补或加强如下文档，形成下列技术文档体系：各种平台的主机和网络设备、应用软件和应用系统的安全技术配置标准和规范，及相应的安全配置流程手册；安全风险评估的流程、采用的标准和方法论；各种安全产品的采购要求标准和配置管理安全标准；安全事件的发现、监控、响应、恢复和取证的相应流程；鉴别和认证、访问控制、审计和跟踪、响应和恢复、内容安全等安全技术方面的标准和规范。

6．主要业务覆盖方面

没有专门针对系统的业务系统而制定的文档。建议制定并推行针对各个业务系统不同特性的安全管理制度，业务系统软件的安全配置标准和规范，日常维护的安全操作流程等文档。

7．业务连续性方面

关于业务连续性计划的制定、测试和推行，备份和容灾系统的建设、维护和管理方面，只有数据备份的管理规定，也不够详细。建议制定关于业务连续性方面的系列文档。

8．文档内容分类分析和改进建议

安全策略存在一些空白。只有安全组织和日常安全管理方面存在一些指导性的制度，但可操作性不强。在策略方面、人员安全方面、资产管理方面、安全技术标准规范和操作流程方面、应用程序层、业务系统层和数据层的管理制度和标准，主要业务系统的安全配置标准和制度，业务连续性管理计划的系列文档，法律的符合性方面基本空白，建议开发这些方面的制度，标准和操作流程等文档。

4.3.2　信息系统安全评估白客渗透测试及应用分析

为了了解公司信息系统上重要业务系统的安全现状，在许可和控制的范围内，对某些业务系统进行渗透测试，从攻击者的角度来对公司信息系统的安全程度进行评估。本次测试将作为安全弱点和威胁评估的一个重要组成部分。

在本次渗透测试中，对外网的渗透主要采用了流光进行扫描，目标系统为 SunOS、Windows 2000、AIX 和 Digital UNIX。本次渗透采用的方法主要有以下几种。

1．远程溢出

这是出现的几率最高，但同时又是最容易的一种类型，一个具有一般网络知识的入侵者就可以在很短的时间内做到这一点。

在本次测试中的远程溢出都是通过 Telnet 的漏洞。SunOS Telnet 的漏洞在最近才被发现，很容易实现攻击。

2．口令猜测

口令猜测也是一种出现概率很高的风险，几乎不需要任何攻击工具，就可以猜测口令。

对一个系统账号的猜测通常包括两个方面：首先是对用户名的猜测，其次是对密码的猜测。

SunOS 的 Finger 服务可以提供最近登录的密码，省去了猜测用户名的步骤，得到用户名之后根据用户名来猜测密码，成功的概率通常很高。拥有了一个账号之后，对于 SunOS 的系统来说，ROOT 可以说已经是 100%可以拿到了。

Windows NT/2000 的空连接（NULL Session）的建立可以枚举系统用户名，这个功能同样也可以不必去猜测用户名，和对 SunOS 密码的猜测方式一样，通过系统用户名猜测密码的成功率也很高，和 SunOS 不同的一点在于，通常可以直接猜测到 Administrators 组的密码。

3．本地溢出

所谓本地溢出是指在拥有了一个普通用户的账号之后，通过一段特殊的指令代码获得 ROOT 权限的方法。使用本地溢出的前提是首先要获得一个普通用户的密码。也就是说由于导致本地溢出的一个关键条件是设置不当的密码策略。

在经过上面的口令猜测阶段，在获得了一个普通账号之后，对 SunOS 系统实施本地溢出，其中最常用的是 LPSET 和 Xlock 的堆栈溢出漏洞。从本次渗透的情况来看，由于 SunOS 的 Patch 更新比较及时，所以采用这两种方法都没有成功，最后是采用了针对 SunOS 5.8 的内核溢出程序获得了 ROOT 权限。

4．密码文件破解

Digital UNIX 的密码文件没有严格的权限限制，通过一个普通用户就可以阅读密码文件，这样一来，就可以在有限的时间通过破解获得 ROOT 权限。

5．综合分析

本次渗透的主机大多数为 SunOS 和 NT。这些被渗透的主机系统均为实际业务主机，都没有直接暴露在外网，一部分都在防火墙内部。从渗透者的角度来看，防火墙是首先需要克服的目标。所以通常的做法就是在网段内寻找一台薄弱的主机，利用这台主机作为渗透的中转站，从而达到绕过防火墙的目的。

对于一个运行重要业务的网络来说，任何地方出现纰漏都会导致灾难性的后果。防火墙外面一台薄弱主机的出现意味着整个防火墙的失效。防火墙只能在一定程度上面减少网络攻击，但是并不能做到完全避免。

大多数渗透成功的系统都存在一些公布了很长时间的漏洞，所以总的来说这一次渗透其实并没有花费太多代价。如果这样的情况继续下去，一个具有初级技术的攻击者也同样可以渗透进入网络，对实际的业务造成难以想象的危害。

另外，密码策略也是本次渗透中暴露出来的问题，一个弱密码就是入侵者打开系统大门的钥匙。建立良好的密码策略和安全管理体制也是保证网络安全不可或缺的条件。

综上所述，网络必须有足够强的安全措施。无论是在局域网还是在广域网中，网络的安全措施和策略应是能全方位地针对各种不同的威胁和脆弱性，这样才能确保网络信息的保密性、完整性和可用性。

一个重要的系统的安全性非常符合木桶理论，整个系统的安全状况取决于安全状况最差的主机。一台有漏洞的主机所带来最严重的后果就是导致整个网络处于危险的情况。所以安全不是某一台主机或者某几台的安全，而是整个网络的安全。

4.3.3　信息系统网络部分测试与安全评估方法

本次安全评估对公司网络的部分子网、部分主机和网络设备、综合布线系统、网络安全管理体系、安全制度等方面做了安全评估。发现有不少严重的安全问题和安全隐患，这些问题和隐患正在或将会影响公司日常业务的正常、稳定、高效运行。

本次测试的工具主要采用了 Solarwinds 和 Nesuss Scanner，扫描的网络设备包括：中心交换路由设备三台 A/B/C、中心路由器一台 Cisco7505、拨号接入设备一台 Cisco3661，同时为了对网络做一个更为全面的评估，还扫描了公司 10.160.0.0 这一个网段。另外，为了更深入细致地了解网络结构、现状，以及设备的配置情况，还对公司的相关人员进行访谈并参观了主机机房、配线间、网络机房等现场情况。通过以上多种手段对公司的网络安全做了比较全面的评估。

1. 公司网络安全评估内容

（1）公司网络拓扑结构安全评估：公司主干网络和关于网络拓扑安全评估、网络的 VLAN 划分的分析、IP 地址规划的分析、网络对外连接的安全分析。

（2）公司部分网络设备安全评估：部分网络设备的安全扫描、部分网络设备的配置分析。

（3）公司网络管理安全评估：网络管理监控的分析、网络和网络设备配置管理流程分析、网络故障处理分析。

（4）公司网络综合布线系统及网络环境安全评估：布线系统及管理的安全评估、网络环境及管理的安全评估。

2. 公司网络安全评估过程及步骤

（1）公司网络拓扑结构安全评估过程

网络结构作为整个辽宁省电力公司信息网络的支撑平台，其结构的安全性和合理性将直接影响辽宁省电力公司所有业务长期安全、稳定地运行。此次对网络结构拓扑的安全评估过程如下。

查看公司的网络结构拓扑图，并与网络管理员就该图进行交流，详细了解其网络结构，包括设备配置情况、设备之间连接情况、广域网链路情况、网络路由情况。

扫描子网 10.160.0.0，并根据扫描结果对网络结构、设备软硬件配置情况、局域网和广域网链路情况做进一步分析，基本对公司的网络结构状况有了比较清楚的了解。

根据收集的从物理层到网络层的信息，对公司的网络结构做全面的安全分析。

（2）公司部分网络设备安全评估过程

对网段和网络设备扫描。首先扫描 10.160.0.0 网段，通过扫描该网段，发现了很多网络设备，再结合用户事先提供的部分网络设备，对部分设备做逐个扫描。

查看部分典型网络设备的配置文件，包括中心交换机 SSR8600A、SSR8600B、中心路由器 Cisco 7505，拨号接入设备 Cisco 3661 等。对相关网络设备做全面的安全分析。

（3）公司网络管理安全评估过程

与公司的相关人员包括网络管理人员、技术人员、普通业务人员进行交流，了解公司的日常工作流程，安全制度，网络及相关设备管理制度等情况。根据交流的结果对公司的网络管理做安全相关分析。

（4）辽宁省电力公司综合布线及网络环境评估过程

参观公司的布线系统及网络机房，并与相关人员交流，了解公司的布线系统和网络环境等物理现状。对布线系统和网络环境做安全分析。

从这次评估的过程来看，公司在网络上采取了一定的安全防范措施，主要包括：在公司的 Internet 的接口处安装防火墙，抵御外来攻击；公司通过 NAT 接入 Internet，隐藏公司网络内部结构；广域网采用本单位内部专用通信线路通道，远程拨号采用身份认证方式；设置网络设备密码时考虑了密码强度；布线系统采用标准的综合布线系统。

4.3.4 信息系统网络拓扑结构测试与应用分析

通过对网络拓扑结构的分析、相关设备的安全扫描、配置的审计和与相关人员的交流，根据评估表明公司的网络部分的安全性还是比较低的。其中主要的问题有以下几个。

1. 主干设备的冗余性问题

公司内有三台型号均为核心交换机，但是并不是一个互为备份的关系，这样如果其中一台设备出现故障，必然导致一部分数据会无法传输，甚至与外部连接也会不可用。也就是说存在着严重的核心设备单点故障问题。如果非法用户对 SSR8600 的核心交换机进行 DOS 攻击，导致该核心交换机无法正常工作，甚至瘫痪，则公司正常业务都将中断。

2．分支交换链路的冗余性问题

公司的分支接入层设备，即与桌面机器相连的交换机其上连的链路均只有一条，如果该条链路故障或上层的设备故障则该交换机所连的设备都将无法进行数据交换，也就是说存在着链路的单点故障问题。

3．主要服务器的链路冗余性问题

公司的服务器基本上都是以单条链路连入网络，如果该条链路故障或网卡故障或交换机端口故障都将导致该服务器无法进行数据交换，这又是一个单点故障问题。

4．广域网链路的单点故障问题

公司的广域网结构是一个星状结构，中心与基层每个点都是通过 2M 或光纤链路进行。这样的网络结构在其可靠性上是很不可靠的，如果该条链路故障就意味着该点无法与任何点通信。

5．VLAN 之间的访问控制问题

目前公司对于在 VLAN 之间的访问控制未做任何限制。这可能是从网络的性能的角度来考虑的，但是出于对安全的考虑，需要对一些重要的 VLAN 中的关键设备的访问做必要控制。

6．IP 地址的控制问题

无法对骨干网以外的设备做很好的 IP 地址的控制。

7．网络路由协议的安全问题

根据公司选用的路由协议来看，目前主要采用的是 OSPF、IGRP、RIP 等动态路由协议，由于动态路由协议一般都是以广播的方式进行路由发送和更新的，这就使得路由协议容易被网络上的其他设备窃听来进行拓扑发现，同时还有恶意发送错误路由造成整个网络路由混乱的安全隐患。

8．网络对外连接的安全问题

从网络拓扑结构上分析，目前公司与外面连接的出入点主要有：与 Internet 连接的两个出口、与上级公司的连接、与各基层单位之间的连接。除了在与 Internet 的连接处架构了防火墙，做了一定的安全防卫之外，在其他各点都没有做安全措施。这样不法分子可以先进入基层单位或上级公司，然后以此为跳板，对公司进行攻击。

4.3.5　信息系统网络设备风险测试与应用分析

1．SNMP 的配置问题

SNMP 是一个标准的网络管理协议，是管理网络设备所必需的一个协议，通过该协议能非常方便地管理网络上的所有设备，但是如果不能正确配置，也给网络带来了很大的安全隐患。

首先是公司的所有网络设备和服务器主机设备的 SNMP community string 都是用默认的 public，显然这个字串过于简单，轻而易举地就能被猜到。使用专业的网络管理软件通过 SNMP 就能获得大量的信息，为黑客获取信息打开了一道方便之门。

其次是对 SNMP 的权限控制，在此次的扫描中没有发现一台设备对 SNMP 的控制端口做任何限制，也就是说从网络上的任何一个点，使用任何一个 IP 地址都可以获得需要的网络信息，包括设备的操作系统版本、硬件配置情况、端口状态、该设备上所有的 IP 地址、路由表信息等。

另外，网络扫描还发现有一些网络设备配置了可写的 SNMP 字串，同样是使用默认的 private，这是非常危险的事情，这样的话通过 SNMP 就可以直接下载配置破解密码，更改设备的配置等一系列危险性极高的操作都可以轻松完成。虽然这些设备可能不是主干或中心设备，但作为一个互联互通的网络来讲，只要有一个这样的漏洞存在，都是一件很危险的事。

2．管理端口的配置问题

公司的远程管理端一般采用的是 Telnet 的方式，而且没有对 Telnet 的终端做任何限制。通过网络上的任何一台工作站上都可以用 Telnet 来访问网络设备，显然这是一个比较严重的问题，即便是为了配置的方便也不应该让这个权力如此广泛地被使用，这种方式的安全风险是 Telnet 的用户名和口令是一种明文传送的方式，很容易被人在网络上窃听到，另外未对 Telnet 的控制终端做访问控制，则任何位置、任何地址的机器都可以对中心网络设备做 Telnet 尝试登录并进行暴力破解。

3．配置中的口令加密问题

通过对网络设备配置的审计，发现在公司的网络设备中都未对口令显示进行加密，也就是用 show run 命令看到的配置中的口令都是明文显示的，这样一旦打印的配置文件不小心丢失就很可能导致口令泄密。

4．连接超时的配置问题

通过对网络设备配置的审计，发现在公司的网络设备中对控制口的连接超时一般都没有配置，或是默认配置，这也是一个安全隐患。用户可以无限次地尝试连接，在连接成功的情况下，可能会对系统造成有意或无意的破坏。

5．交换设备的端口配置安全问题

此次的评估中发现公司中不论是中心的交换设备还是分支交换设备上都没有设置端口安全。端口安全主要包括：对连接重要设备的端口应将端口和设备的 MAC 地址绑定，从而限制别的设备接入该端口，避免未经许可的设备擅自接入网络中。关闭交换机上一些不必要开放的端口，防止外部用户利用某些端口的漏洞获得管理员权限。

4.3.6　信息网络系统管理安全风险与应用分析

如果安全体系中缺乏完善的管理制度和管理体系，再好的硬件设备和设施也无法达到一个高可靠的安全环境，可能会发生诸如来自于企业内部的破坏及窃取行为，根据统计，在历来的安全事故中，有 50%～80%的破坏是来自于内部。另外，也有可能因为管理制度的不健全，造成一些比如主机配置和物理安全上的弱点，引起一些本不应有的失误和损失。

从评估的结果来看，公司在网络管理方面存在着较大的安全隐患，公司的网络管理制度不健全，虽然已经有一些制度，但制度内容不完善，并且制度的执行力度不够。基本上网络管理没有一个很好的制度和流程，凭借的都是工作人员的经验和主观性，工作比较被动。

1．网络监控和日志处理问题

公司的网络监控是很不健全的，没有对网络的实时监控，包括那些非常重要的网络设备、服务器、骨干链路等。有网络管理软件，但基本上都是想看的时候才去看，随意性比较大，这样的网络管理是非常被动的，不能及时发现网络故障和网络隐患，往往要等到网络出现明显的问题后才能去处理，无法做到防患于未然；而且技术人员对日志处理的随机性也比较大。

2．相关的网络管理制度和流程的问题

总体来看，公司的管理制度和流程不是很健全，虽然有一些默认的规范和流程，但这样的规范和流程没有形成标准或制度，也没有相应的必须遵守的措施，受人为因素影响非常大，比如日常配置更改的流程，设备安装的流程，配置的备份规范等；甚至缺少很多应有的安全规章制度，如管理员账户管理制度，密码变更策略，密码的定义规范，服务器日常管理和维护制度等。这些情况对网络而言都是一个很大的安全隐患，比如说如果没有及时备份设备的配置，一旦设备出现故障需要维修，用备份的设备来代替运行而无法很快地恢复设备的配置，从而使得网络故障时间大大增长。

3．网络数据的传输安全问题

从目前来看，公司对网络数据的传输基本上没有考虑安全传输的问题。数据不管是在

内部网络或者是经过外部网络传输都没有考虑安全传输的方式，都没有进行加密传输。

4．外部接入设备问题

在这次的评估工作中发现，整个内网中对于笔记本等移动设备或外来设备的接入没有做任何的限制，即使在网络边界安全做得非常好的情况下，对于外来设备直接接入内网也将造成危害非常大的安全问题。通过直接接入内网，可以更有效地发起恶意攻击和进行数据存取，包括散播病毒、蠕虫等恶意代码。另外，对于员工和最终用户使用的计算机的管理也不够严格，对于外来的软件和媒体介质，如光盘等都没有限制，这些也造成比较大的安全问题。

4.3.7　信息系统网络拓扑结构及设备安全策略建议

1．主干设备的冗余性问题修改建议

建议公司调整网络分布层的结构，由两台交换机互为备份作为网络的分布层，各分支接入层的设备则分别与核心层的交换机连接，这样可以架构一个更为安全稳定的核心层网络结构。从目前公司的网络设备及布线结构现状来看，这样的结构应该是可行的。

2．分支交换链路的冗余性问题修改建议

将分支交换设备通过两条链路连入核心层交换机，架构一个更为稳定的接入层网络结构。

3．主要服务器的链路的冗余性问题修改建议

对每一台重要的服务器都应该有冗余备份的链路和冗余备份的网卡，避免单点故障问题。

4．广域网链路的单点故障问题修改建议

根据公司的广域网现状和现有的通信线路状况，建议对一些骨干节点采用光纤环作为其链路层结构，但是考虑网络的长远规划及目前的可行性，可以分期实行，目前可先建一些备份线路，然后用 HSRP 实现备份线路和主线路之间互为备份，并能够在出现故障时自动选择备份线路。

5．VLAN 之间的访问控制问题修改建议

对重要 VLAN，如服务器和关键网络设备 VLAN，做一些必要的访问控制，比如指定特定的 IP 和端口才能对关键网络设备发起 Telnet 连接、SNMP 管理请求等，避免从网络上任何一点都可以发起连接请求。

6．IP 地址的控制问题修改建议

制定明确的 IP 地址使用规范，禁止不规范 IP 地址的使用，对于局域网内的一些重要设备的 IP 地址可采用 IP 地址和 MAC 地址绑定的方式防止网络上的一些恶意的 IP 地址盗用，使得重要设备无法正常工作。

7．网络路由协议的安全问题修改建议

在动态路由上采用密码认证和加密传输等方式保证安全性，对于 RIP 之类安全性和可配置性比较低的动态路由协议建议不要采用。

8．网络对外连接的安全问题修改建议

在网络的各个出入口，采用一些安全措施，以防止外部用户对内网的非法访问，如配置防火墙或其他安全措施。

9．SNMP 的配置问题修改建议

修改所有设备的 SNMP community string，并对字串加以管理，规定字串的长度，复杂性，并定期修改。同时还必须设定只有固定的管理工作站才可以使用 SNMP 对设备进行管理，即做 SNMP 的相关访问控制。分析是否有必要设置可写的 SNMP community string，如没有特殊需要应尽量不要设置。

10．管理端口的配置问题修改建议

采用比 Telnet 更为安全的方式对网络设备进行安全管理，比如 Cisco 的高端设备一般都支持 SSH 的方式。如果必须使用 Telnet 的方式，则建议在设备上对 Telnet 终端做访问控制，只允许可信任的管理终端与网络设备连接。

11．配置中的口令加密问题

在配置文件中对口令显示实行加密。相关的配置命令为：Router(config)# service password-encryption。

12．连接超时的配置问题修改建议

在配置文件中设置控制端口和远程管理端口的连接超时。相关的配置命令为：Router(config-line)# exec-timeoute MINUTES SECONDS。

13．交换设备的端口配置安全问题修改建议

根据实际连接情况在交换机上配置端口安全。相关的配置命令为：switch(config-if)#port security [action actions] [max-mac-count count]switch(config-if)#shutdown。

第 5 章 网络信息安全系统设计
与应用分析

网络信息安全系统规划设计是一项涉及人力、技术、操作和管理等方面因素，非常复杂的系统工程，安全和反安全就像矛盾的两个方面，总是不断攀升，所以网络信息安全也会随着新技术的产生而不断保护发展，是未来全世界电子化、信息化所共同面临的问题。网络信息安全系统规划设计时，重点是网络信息安全策略的制定，保证系统的安全性和可用性，同时要考虑系统的扩展和升级能力，并兼顾系统的可管理性等。

本章主要内容包括网络信息安全系统总体框架模型，信息安全示范工程应用国际标准，网络安全方案整体规划、设计基本原则，信息安全防护分项目系统实用设计与应用分析，辽宁电力系统信息安全示范工程典型设计与实际应用案例。

5.1 网络信息安全系统工程设计基础

网络信息安全系统总体框架模型包括哪些内容，国内外信息化工程最佳实践模型，电力信息安全示范工程实际应用哪些国际标准，网络安全方案整体规划、设计基本原则，网络信息安全组织体系框架设计，网络信息安全管理体系设计应用案例是本节介绍的主要内容。

5.1.1 网络信息安全系统总体框架模型

在全面系统地参考了目前国内外主要的信息安全相关标准的基础上，结合行业特点，结合电力企业生产运营特点，结合信息安全现状和需求，结合示范工程预期目标，开发了电力企业信息安全模型，从宏观上表达了电力企业信息安全建设的总体框架。

1. 电力企业信息安全建设的总体框架

电力企业信息安全建设的总体框架由相互关联的 4 个相关体系组成：信息安全总方针、信息安全管理体系、信息安全技术体系和信息安全工程模型，如图 5.1 所示。

公式表达为：

电力企业信息安全框架=信息安全总方针+信息安全管理体系+信息安全技术体系+信息安全工程模型

模型的核心意义是：以信息安全总方针为指导核心，以标准化信息系统安全工程理论与方法为指导，全面实施信息安全管理体系和技术体系，保持信息系统安全水平并持续改进。

图 5.1　电力企业信息安全结构框架

电力企业信息安全模型进一步展开，关键环节如图 5.2 所示。

图 5.2　电力企业信息安全总体框架模型

2. 信息安全总方针

信息安全总方针，是电力企业信息安全建设的最高纲领和指导方针，包括：信息安全目标、信息安全理念、信息安全模型和信息安全策略，如图 5.3 所示。

图 5.3　企业信息安全总方针

根据电力企业信息系统业务需求，国家及电力行业政策，以及示范工程的目标，电力企业信息安全目标为：在电力企业建立起完整的、标准的文档化的信息安全管理体系，并实施与保持。在风险评估的基础上，合理部署信息安全管理机制和信息安全技术手段，将信息安全风险降至企业可以接受的水平。形成动态的、系统的、全员参与的、制度化的、预防为主的、持续改进的信息安全管理模式，从根本上保证企业生产运营的连续性。

面向以上目标，电力企业信息安全方针为：遵循国内外信息安全主流标准和理念，落实企业信息安全组织和制度（管理体系）；部署全面合理的技术防范体系；提高全体员工信息安全素质（安全意识和安全技能）；建立信息安全深度防御体系；保障企业生产运营的连续性；跟踪信息安全发展趋势（包括标准和技术）；保持信息安全整体水平不断巩固提高。

3. 信息安全管理体系

信息安全管理体系是信息安全体系运作的核心驱动力，包括：制度体系、组织体系、运行体系。安全组织明确安全工作中的角色和责任，以保证在组织内部开展和控制信息安全的实施，如图 5.4 所示。安全制度（子策略）是由最高方针统率的一系列文件，结合有效的发布和执行、定期的回顾机制保证其对信息安全的管理指导和支持作用。

信息安全管理体系是信息安全体系运作的核心驱动力，包括：制度体系、组织体系、运行体系。

安全组织明确安全工作中的角色和责任，以保证在组织内部开展和控制信息安全的实施。

安全制度（子策略）是由最高方针统率的一系列文件，结合有效的发布和执行、定期的回顾机制保证其对信息安全的管理指导和支持作用。

安全运作管理是整个网络安全框架的执行环节。通过明确安全运作的周期和各阶段的内容，保证安全框架的有效性。

图 5.4　信息安全管理体系

4. 信息安全技术体系

图 5.5　信息安全技术体系

信息安全技术体系是各种安全功能和需求的技术实现，包括鉴别与认证、访问控制、内容安全、冗余和恢复、审计与响应 5 个方面。

5. 信息安全工程过程模型

工程过程模型，参照 SSE-CMM 中的信息安全工程模型。SSE-CMM 是"系统安全工程能力成熟模型"的缩写，它抽象出了信息安全工程的基本特征和基本过程，描述了一个组织的信息安全工程过程应该包含的基本内容。主要思想是"以风险管理为核心的信息安全过程"，这个理念已经在业界广泛达成共识。以此作为电力信息安全示范工程的理论指导基础，信息安全工程模型把一个信息安全工程分为相互作用的三个部分，包括：风险过程、工程过程和保证过程。这三个过程是相互关联、相互作用的，如图 5.6 所示。

信息安全工程过程就是这三部分重复和循环的过程。这三个过程概括了信息安全工程过程的全部内容，并且分解为一系列子过程和实践活动。本示范工程将遵循这个工程模型。

图 5.6　信息安全工程过程模型

5.1.2　国内外信息化工程最佳实践模型

1. 高绩效信息化运营模型

高绩效信息化运营模型分为服务规划、服务建设、服务管理和 IT 综合管理 4 大领域，描述了信息化管理的全寿命周期；同时描述了信息部门与业务部门及第三方供应商的关系。高绩效信息化运营模型的具体内容如下。

（1）信息化与业务的结合保证了 IT 的投资被有效地管理并满足业务部门的期望；

（2）建设的目的是通过开发高质量的 IT 解决方案及系统，保证用户需求得到满足；

（3）架构管理与规划用于定义企业级的 IT 架构和规划，推动企业信息化高阶设计；

（4）信息化建设完成后，通过服务引入将已建成的信息系统投入运行，服务引入的过程包括系统上线、推广，以及培训；

（5）服务水平管理是 IT 服务与业务运营的接口，保证 IT 能够为业务运营提供高质量的服务；

（6）服务管理通过一系列手段对生产环境中的系统运行提供日常的支持，保证基础设施和应用环境的正常运行；

（7）IT 综合管理负责 IT 部门的日常运作，包括 IT 财务、人力等资源的管理；供应商的管理的作用包括建立及管理关系、衡量供应商绩效等。

2. 信息技术基础框架库

ITIL（Information Technology Infrastructure Library，信息技术基础框架库）是英国政

府中央计算机与电信管理中心（CCTA）在 20 世纪 90 年代初期发布的一套 IT 服务管理最佳实践指南，旨在解决 IT 服务质量不佳的情况。IT 服务管理是 ITIL 框架的核心，它是一套协同流程，并通过服务级别协议（SLA）来保证 IT 服务的质量。ITIL V2 中把 IT 管理活动归纳为一项管理功能和 10 个核心流程，一项功能是指服务台，10 个核心流程被分为两组，即服务支持（Service Support）和服务交付（Service Delivery），其中服务支持包括配置管理、变更管理、发布管理、事件管理、问题管理；而服务交付包括服务级别管理、财务管理、可持续性管理、容量管理、可用性管理。

英国商务部于 2007 年 5 月 30 日颁布了 3.0 版本（v3），基于服务生命周期与时俱进地融入了 IT 服务管理领域当前的最佳实践。ITIL v3 将 IT 服务管理生命周期分为 5 个阶段，贯穿于实践中，确保 IT 服务管理持续改进与业务融为一体，把 IT 上升到企业战略资产高度，展示 IT 服务的价值。

ITIL v3 定义了服务生命周期的 5 个阶段：服务战略(Service Strategies)、服务设计(Service Design)、服务转化(Service Transition)、服务运营(Service Operation)、持续改进(Continual Service Improvement)，它包含生命周期内管理服务需要的流程。

3．信息化成熟度模型

信息化成熟度模型是对信息化能力模型的定级分析，从模型中可以看出，横坐标所表示的信息化成熟度被划分为 5 级，最高的为第五级，最低的为第一级；而纵坐标所表示的信息化能力与能力模型中的内容完全对应。在实际应用中，六大能力指标可以进一步细分，得到更为详尽的信息化成熟度指标集，对每一个指标集有预先设定的评判标准，将公司的信息化现状与这些指标集进行对比，再根据评判标准进行打分。综合得分，就可以得到一个公司当前所处的信息化成熟度阶段。这一工具主要用来衡量目前公司信息化所达到的水平，为大信息建设提供一个科学的判断依据。

4．信息系统及技术控制目标

COBIT 是将 IT 流程，IT 资源及信息与企业的战略与目标联系起来所形成的体系结构，以确保企业实现业务目标，实现在风险管理和收益实现间的有效平衡。

COBIT 在 4 个域定义了 34 个一级流程，三百多个二级流程，流程框架如下。

（1）规划与组织：PO1 制定 IT 战略规划；PO2 确定信息体系结构；PO3 确定技术方向；PO4 定义 IT 组织与关系；PO5 管理 IT 投资；PO6 传达管理目标和方向；PO7 人力资源管理；PO8 确保与外部需求一致；PO9 风险评估；PO10 项目管理；PO11 质量管理。

（2）获取与实施：AI1 确定自动化的解决方案；AI2 获取并维护应用程序软件；AI3 获取并维护技术基础知识；AI4 程序开发与维护；AI5 系统安装与鉴定；AI6 变更管理。

（3）交付与支持：DS1 定义并管理服务水平；DS2 管理第三方的服务；DS3 管理绩效与容量；DS4 确保服务的持续性；DS5 确保系统安全；DS6 确定并分配成本；DS7 教育并培训客户；DS8 为客户提供帮助和建议；DS9 配置管理；DS10 处理问题和突发事件；DS11 数据管理；DS12 设施管理；DS13 运营管理。

（4）交付与支持：M1 过程监督；M2 评价内部控制的适当性；M3 获取独立保证；M4 提供独立审计。

5.1.3　信息安全示范工程应用国际标准

在辽宁电力系统信息安全示范工程应用以下国际标准模型，指导和规范了示范工程实施全过程。

1．BS7799-1:1999 标准及工程应用

BS7799 标准为信息系统的安全标准提供基本依据和有效的安全管理实践，使人们有足够的信心去处理组织内部事物。提出管理系统应确立一个明确的政策方向，并且通过在组织中应用和采用该安全政策，这样才可以有效地支持系统信息的安全性。BS7799-1:1999 标准第一部分 BS7799-1 已被 ISO 采纳为国际标准，标准号为 ISO／IEC17799-信息安全管理的实施准则。

对于信息安全管理的实践 BS7799-1:1999 提出的十大项内容，以及一百二十多条具体的实施细则，本次示范工程中，管理体系和技术体系的开发与运行参考了 BS7799-1 中定义的信息安全管理实施细则，覆盖或部分覆盖了以下控制类。

信息安全方针——为信息安全提供管理方向和保障；

组织安全——建立组织内的管理体系以便安全管理；

资产分类和控制——维护组织资产的适当保护系统；

人员安全——减少人为造成的风险；

实物和环境安全——防止对 IT 服务的非法介入，损伤和干扰服务；

通信和操作管理——保证通信和操作设备的正确和安全维护；

访问控制——控制对业务信息的访问；

系统开发和维护——在安全系统框架下进行系统开发和维护；

业务持续性管理——防止商业活动中断及保护关键商业过程不受重大失误或灾难事故的影响；

法律的遵从——避免违反法令、法规、合同约定及其他安全要求的行为。

2．BS7799-2:1999 标准及工程应用

BS7799-2:1999 制定了对信息安全管理系统(ISMS)进行建立、执行和文档化的规则和要求，并且规定了如何根据独立个体的需求执行安全管理，为实现第一部分中提出的实施细则的实现指明了途径。本次示范工程中，管理体系和技术体系的开发与运行参考了工程实施步骤，参考了 BS7799-2 中定义的 ISMS 框架。

3．ISO/IEC TR 13335 标准及工程应用

ISO13335 是一个由 5 部分构成的系列标准，围绕着风险管理对信息安全管理的各个

方面进行阐述。

ISO/IEC TR 13335-1 信息安全概念与模型：参考了其中信息安全概念和模型，与信息安全要素的定义，确定了风险关系模型，指导安全评估。

ISO/IEC TR 13335-2 信息安全管理与计划：参考其中信息安全管理计划，确定本工程安全管理体系的部分内容。

ISO/IEC TR 13335-3 信息安全技术管理：参考其中风险管理的流程以及风险分析的方法，确定了本工程风险分析方法和工程实施流程。

ISO/IEC TR 13335-4 安全措施的选择：参考其中从风险分析的结果导出信息安全需求的分析，以及安全措施选择的建议，指导本工程技术体系的规划与设计。

ISO/IEC TR 13335-5 网络安全管理指南：参考其中的网络连接与信任关系的分析，设计网络边界与内部安全区域之间的防护方案。

4．SSE-CMM 标准及工程应用

SSE-CMM（Systems Security Engineering Capability Maturity Model，系统安全工程能力成熟模型）描述了一个组织的安全工程过程必须包含的本质特征，这些特征是完善的安全工程保证。尽管 SSE-CMM 没有规定一个特定的过程和步骤，但是它汇集了工业界常见的实施方法。本模型是安全工程实施的标准度量标准，它覆盖了：整个生命期，包括开发、运行、维护和终止；整个组织，包括其中的管理、组织和工程活动；与其他规范并行的相互作用，如系统、软件、硬件、人的因素、测试工程、系统管理、运行和维护等规范；与其他机构的相互作用，包括获取、系统管理、认证、认可和评价机构。

SSE-CMM 为安全工程能力由低到高定义了 5 级成熟度：非正式的执行；计划和跟踪；充分定义；定量控制；持续改进。在通过工程能力评估后，将确定一个工程机构具有的能力等级。

SSE-CMM 将安全工程项目划分为 22 个过程域（Process Area，PA），各个过程域完成不同的任务。为了完成任务，SSE-CMM 给每个过程域都定义一组基本实践（Basic Practice，BP），并规定每一个这样的基本实践都是完成该子任务所不可缺少的。过程域包括三个部分：工程过程域 11 个、项目过程域 5 个、组织过程域 6 个。

5．NIST SP 800-30 标准及工程应用

NIST SP 800-30 是《信息系统风险管理指南》。本次示范工程，参考 NIST SP 800-30，确定了工程的风险管理过程包括：识别风险、评估风险、采取措施控制风险三部分；确定了风险评估的具体流程；确定了工程采用的分析控制措施，其中包括：安全技术控制措施、安全管理控制措施、安全运行控制措施；并且指导了技术体系、管理体系的开发。

5.1.4　网络安全方案整体规划、设计基本原则

网络安全的实质就是安全立法、安全管理和安全技术的综合实施。这三个层次体现了

安全策略的限制、监视和保障职能。根据防范安全攻击的安全需求、需要达到的安全目标、对应安全机制所需的安全服务等因素，参照 SSE-CMM（系统安全工程能力成熟模型）和 ISO17799（信息安全管理标准）等国际标准，综合考虑可实施性、可管理性、可扩展性、综合完备性、系统均衡性等方面，在网络安全方案整体规划、设计过程中应遵循下列十大原则。

1．整体性原则

网络安全的"整体性"原则是指：应用系统工程的观点、方法分析网络系统安全防护、监测和应急恢复。这一原则要求在进行安全规划设计时充分考虑各种安全配套措施的整体一致性，不要顾此失彼。既要重视对攻击的防御，又要考虑在网络遭受攻击、破坏后，快速恢复网络信息中心的服务，减少损失。因此，信息安全系统应该包括安全防护机制、安全检测机制和安全恢复机制。计算机网络安全应遵循整体安全性原则，根据规定的安全策略制定出合理的网络安全体系结构。

2．均衡性原则

对于任何网络而言，绝对安全难以达到，也不一定是必要的，所以需要建立合理的实用安全性与用户需求评价和平衡体系。安全体系设计要正确处理需求、风险与代价的关系，做到安全性与可用性相融，使其更易执行。这就要求在设计安全策略时，要全面地评估企业的实际安全需求等级及企业的实际经济能力，寻找安全风险与实际需求之间的一个均衡点。当然，要真正评价一个这么大的网络系统的安全性，并找到一个均衡点，确实很难做到，只能从企业用户需求和具体网络应用环境出发进行细致的分析。

3．有效性与实用性原则

网络安全的"有效性与实用性"原则是指：不能影响系统正常运行和合法用户的操作。任何一个企业在网络安全需求方面都有它的独特性，对网络安全系统的部署成本也有不同的承受能力。不能一味地要求企业花高代价来部署高安全性的防护系统，而应结合该企业的实际安全需求进行综合评价。其实这一原则与前面介绍的"均衡性"原则类似，但侧重点不同。前者侧重于从同一企业角度来考虑，而后者则是从整个行业的角度出发。虽然说高档的硬件防火墙产品可以实现更好的安全防护，但它的价格往往是许多中小型企业所难以承受的，而且像这类小型企业，部署一个价格高昂的防火墙产品，其实并没有必要，只能说是一种资源浪费。所以，在进行网络安全策略设计时，一定要结合实际安全等级需求与经济承受能力来综合考虑。

4．等级性原则

网络安全的"等级性"原则是指安全层次和安全级别。好的信息安全系统必然是分为不同等级的，包括对信息保密程度分级，对用户操作权限分级，对网络安全程度分级（安全子网和安全区域），对系统实现结构分级（应用层、网络层，链路层等），从而针对不同级别的安全对象，提供全面、可选的安全算法和安全体制，以满足网络中不同层次的各种实际需求。

5．易操作性原则

首先，安全措施需要人去完成，如果措施过于复杂，对人的要求过高，本身就降低了安全性。例如，密钥、口令的使用，如果位数太多加大了记忆难度，则会带来许多问题。其次，措施的采用不能影响系统的正常运行。例如，由于互联网络的开放性和通信协议存在的安全缺陷，以及在网络环境中数据信息存储和对其访问与处理的分布特点，在网上传输的数据信息很容易泄漏和被破坏，网络受到的安全攻击非常严重，因此建立有效的网络安全防范体系就更为迫切。实际上，保障网络安全不但需要参考网络安全的各项标准以形成合理的评估准则，更重要的是必须明确网络安全的框架体系、安全防范的层次结构和系统设计的基本原则，分析网络系统的各个不安全环节，找到安全漏洞，做到有的放矢。

6．技术与管理相结合原则

安全技术防护体系是一个复杂的系统工程，涉及人力、技术、操作和管理等方面的因素，单靠技术或单靠管理都不可能实现。因此，必须将各种安全技术与运行管理机制、人员思想教育与技术培训、安全规章制度建设结合起来全盘考虑。

7．统筹规划，分步实施原则

由于政策规定、服务需求的不明朗，以及随着环境、条件、时间的变化，黑客们所采用的攻击手段也在不断更新，安全防护策略不可能一步到位。这样要求在部署安全防护策略时要考虑先在一个比较全面的安全规划下，根据网络的实际需要建立基本的安全体系，保证基本的、必要的安全性。然后随着网络规模的扩大及应用的增加，网络应用的复杂程度变化，调整或增强安全防护力度，保证整个网络最根本的安全需求。因此，分步实施，既可满足网络系统及信息安全的基本需求，也可节省费用开支。

8．动态化原则

网络安全的“动态化”原则是指整个系统内尽可能多的可变因素和良好的扩展性。在制定策略时要明确应根据网络的发展变化和企业自身实力的不断增强，对安全系统进行不断的调整，以适应新的网络环境，满足新的网络安全需求，比如可以采取更先进的检测和防御措施，增强安全冗余设备，提高安全系统的可用性等。

9．可评价性原则

网络安全的“可评价性”原则是指：实用安全性与用户需求和应用环境紧密相关。如何预先评价一个安全设计并验证其网络的安全性，这需要通过国家有关网络信息安全测评认证机构的评估来实现。

10．多重保护原则

任何安全措施都不是绝对安全的，都有可能被攻破。但是建立一个多重保护系统，各层保护相互补充，当一层保护被攻破时，其他层保护仍可保护信息的安全。

总之，在进行计算机网络系统安全规划设计时，重点是网络安全策略的制定，保证系统的安全性和可用性，同时要考虑系统的扩展和升级能力，并兼顾系统的可管理性等。

网络安全规划设计是一项非常复杂的系统工程，不单纯是技术性工作，必须统一步骤，精心规划和设计。安全和反安全就像矛盾的两个方面，总是不断攀升，所以网络安全也会随着新技术的产生而不断发展，是未来全世界电子化、信息化所共同面临的问题。

5.1.5　网络信息安全管理体系设计应用案例

1．信息安全管理需求分析

1）安全策略需求方面

公司现有一些安全策略文档，但不成体系，而且过于简单。缺少总的信息安全策略，不能给整个公司的信息安全工作指明方向和提供指导。没有细化到可执行的层次系列的规章制度、标准规范和操作流程，也没有针对各业务系统的安全管理规定，使安全工作无法按照标准执行，容易造成误操作，而且在遇到安全事件时也不能及时地处理。所有文档的格式都不够规范；策略文档的执行情况不好，对安全制度执行情况没有相应的监督制度和措施；并且对策略文档没有定期的审视和修订。因此，公司在安全策略方面的需求为：需要制定一个清晰完整的安全策略体系；策略的有效发布和执行；维护策略的有效和适用性。

2）安全组织建设需求方面

公司信息系统目前没有专门的安全机构来负责计划、实施信息安全管理。导致安全制度没有很好地执行，安全职责没有落实。在人员方面，安全状况较差，存在很多严重的问题。比较突出的问题是：在员工职责中没有定义安全角色和责任；员工没有得到足够的有关安全的培训；对第三方人员的安全管理不够，控制力不足等。这些问题将导致即使买了很多的安全产品也不能有效地改进安全状况，不能及时正确地判断和处理安全事件，甚至在事件发生后，仍没有警觉，而且也没有好的办法和手段来解决问题。加上专职的安全人员不够、没有长期设立的安全顾问和服务商进行技术支持，造成一些安全问题无法得到及时解决。

因此，公司在安全组织建设方面的需求为：建立并明确结构完整的信息安全组织；组成一个能在信息安全领域进行有效建议和指导的顾问组；对内部相应人员进行安全培训。

3）安全运行管理需求方面

一个有效的信息安全组织会在信息安全策略的指导下，在信息安全技术的保障下，实施信息安全运行管理。目前，公司的信息安全运行缺少规范的流程。现在的安全行为靠的是系统管理员的经验和判断。公司需要建立健全信息安全运行管理体系，引入先进的信息安全理念，设计公司实用的安全实施和管理方法论。

从下面几个方面进行：确定信息资产分类方法，并进行信息资产鉴别和统计；定期进行风险评估；建立信息安全相关的日常管理机制；建立信息项目的安全审核机制；建立信息安全事件的响应和处理机制。

2．信息安全体系建设解决方案

公司信息安全管理体系是信息安全体系建设的关键，根据辽宁电力有限公司信息安全风险评估，对辽宁电力有限公司在信息安全管理体系上的建设从信息安全策略、信息安全组织建设、信息安全运行管理等三个方面出法。其中：

1）信息安全策略开发

开发构成信息安全管理体系基础的相关文档体系，把信息安全相关的制度和内容通过文件的形式确定下来，并通过相应的审计手段，进行修改、调整和完善，以便适应安全形式的发展。

2）信息安全组织建设

建设信息安全相应的组织管理机构，充分贯彻信息安全策略。其中包括上层管理和具体的技术管理机构。

3）信息安全运行管理

完善信息系统和信息安全措施运行的过程中所进行的管理和维护手段，包括日常维护，风险评估以及事件处理等内容。运行管理和具体的安全情况有直接的联系。

5.1.6　网络信息安全组织体系框架设计

建立规范的信息安全管理组织框架，以保证在公司内部展开并控制信息安全的实施，同时使由于人员管理不当造成的安全问题得到解决。

1．成立信息安全委员会

由信息安全领导小组、信息安全顾问组、信息安全工作组以及其下的负责具体安全工作的各岗位构成。各组成部分间的关系为：信息安全领导小组对信息安全委员会负责，信息安全工作组对信息安全领导小组负责，当信息安全工作组需要外部专家支持时，信息安全顾问组可以提供帮助，信息安全工作组领导下的具体的各信息安全岗位负责具体的和日常的信息安全工作。

2．信息安全委员会的组织结构及各岗位的责任

信息安全领导小组——由公司相关高层领导组成的委员会，对于网络安全方面的重大问题做出决策，并支持和推动信息安全工作在整个公司范围内的实施。

信息安全工作组——以一个专门的信息安全工作组，负责整个信息系统的安全。配置以下岗位。

安全主管 SCM——第一负责人，对所有的信息安全事件进行协调、调查和管理，并全权处理信息安全事件。

LSA——系统分析员(Lead System Analyst)，负责系统安全情况的分析和整理。

CSA——安全分析员(Computer Security Analyst)，负责系统的安全管理、协调和技术指导。

CERT——紧急响应小组(Computer Emergency Response Team)，负责监控入侵检测设备，并对投诉的、上报的和发现的各种安全事件进行响应。

SPM——安全策略管理(Security Policy Management)，负责安全策略的开发制定、推广和指导。

NSM——网络安全管理(Network Security Management)负责网络系统的安全管理、协调和技术指导。

ST——安全培训(Security Training)，负责安全培训、策略培训工作的管理、协调和实施。

SA——安全审计(Security Audit)，负责按照安全绩效考核标准进行安全审计管理、工作监督和指导。

CIAC——安全咨询机构(Computer Incident Advisory Capability)，聘请信息安全专家作为技术支持资源和管理咨询，主要向安全领导小组提供建议，审核信息安全解决方案，向信息安全工作组提供工作指导。

建立信息安全管理中心，负责监控信息安全状况，管理安全产品，指导系统安全管理、网络安全管理、紧急响应等岗位的工作。

3. 进行信息安全培训与资质认证

对于网络管理员和专职的信息安全工作人员来说，信息安全培训和资质认证是必需的。通过培训可以提高网络管理人员和信息安全工作人员的安全素质，从而能够快速地判断信息安全问题，并采取相应措施解决问题。

资质认证是衡量网络管理人员和信息安全工作人员专业素质的尺度之一。通过不断的培训和相应的资质认证，可以循序渐进地提高信息安全技术水平和管理水平，并将其保持在较高状态。

5.2　信息安全防护分项目系统实用设计

本节通过实际应用案例介绍了企业网络信息安全策略体系文档结构设计，运行管理体系设计，鉴别和认证系统设计，访问控制系统设计，内容安全系统设计，数据冗余备份和恢复系统设计，审计和响应系统设计及其应用分析等内容。

5.2.1　企业信息安全策略体系文档结构设计

信息安全策略为信息安全建设提供管理指导和支持。制定一套清晰的指导方针，并通过在组织内对信息安全策略的发布和保持来证明对信息安全建设的支持与承诺。

企业信息安全策略体系由总方针、技术标准和规范、管理制度和规定、组织机构和人员职责、操作流程、用户协议等构成。

1. 信息安全总方针

信息安全总方针是公司信息安全的纲领性策略文件，主要陈述策略文件的目的、适用范围、信息安全的管理意图、支持目标以及指导原则，信息安全各个方面所应遵守的原则方法和指导性策略。

策略结构中的其他部分都是从信息安全总方针引申出来，并遵照总方针，不发生抵触或违背其中的指导思想。

2. 技术标准和规范

技术标准和规范，包括各个网络设备、主机操作系统和主要应用程序应遵守的安全配置和管理的技术标准和规范。技术标准和规范将作为各个网络设备、主机操作系统和应用程序的安装、配置、采购、项目评审、日常安全管理和维护时必须遵照的标准，不允许发生违背和冲突。技术标准和规范向上遵照信息安全总方针，向下延伸到安全操作流程，作为安全操作流程的依据。

3. 信息安全管理制度和规定

从安全策略主文档中规定的安全各个方面所应遵守的原则方法和指导性策略引出的具体管理规定、管理办法和实施办法，必须具有可操作性，而且必须得到有效推行和实施。

信息安全管理制度和规定向上遵照信息安全总方针，向下延伸到用户签署的文档和协议。用户协议必须遵照管理规定和管理办法，不得与之发生违背。

4. 组织机构和人员职责

安全管理组织机构和人员的安全职责，包括安全管理机构组织形式和运行方式，机构和人员的一般责任和具体责任。作为机构和员工具体工作中的具体职责依照。

组织机构和人员职责从信息安全总方针中延伸出来，其具体执行和实施由管理规定、技术标准规范、操作流程和用户手册来落实。

5. 安全操作流程

安全操作流程，详细规定主要业务应用和事件处理的流程和步骤，及相关注意事项。作为具体工作中的具体依照，此部分必须具有可操作性，而且必须得到有效推行和实施。

6. 用户协议

用户协议指用户签署的文档和协议，包括安全管理人员、网络和系统管理员的安全责任书、保密协议、安全使用承诺等。作为员工或用户对日常工作中的遵守安全规定的承诺，也作为安全违背时处罚的依据。

5.2.2　网络信息安全运行管理体系设计应用案例

信息安全运行管理是整个信息安全框架的驱动和执行环节。一个有效的信息安全运行是在信息安全管理策略的指导下，在信息安全技术的保障下，实施信息安全工作。

1．信息资产鉴别和分类

信息资产鉴别和分类是整个公司信息安全建设的根本。只有做了完整的、全面的信息资产鉴别，才能够真正了解信息安全工作的目标，够真正知道信息安全工作保护的对象。

参照 BS7799/ISO17799 对信息资产的描述和定义，将公司信息相关资产按照下面的方法进行分类（见表 5.1）。

表 5.1　公司信息相关资产分类

类　　别	解释/示例
数据	存在于电子媒介的各种数据和资料，包括源代码、数据库数据、业务数据、客户数据、各种数据资料、系统文档、运行管理规程、计划、报告、用户手册等
纸质文档	纸质的各种文件、合同、传真、电报、财务报告、发展计划等
服务	业务流程和各种业务生产应用、为客户提供服务的能力、WWW、SMTP、POP3、FTP、DNS、内部文件服务、网络连接、网络隔离保护、网络管理、网络安全保障等；也包括外部对客户提供的服务，如网络接入、电力、IT 产品售后服务和 IT 系统维护等服务
软件	业务应用软件、通用应用软件、网络设备和主机的操作系统软件、开发工具和资源库等软件，包括正在运行中的软件和软件的光盘、Key 等
硬件	计算机硬件、路由器、交换机、硬件防火墙、程控交换机、布线、备份存储设备等
其他物理设备	电源、空调、保险柜、文件柜、门禁、消防设施、监视器等
人员	包括人员和组织，包括各级安全组织，安全人员，各级管理人员，网络管理员，系统管理员，业务操作人员，第三方人员等
其他	企业形象，客户关系，信誉，员工情绪等

2．定期的风险评估

信息安全工作是一个持续的、长期的工作。通过对信息安全管理策略、信息系统结构、网络、系统、数据库、业务应用等方面进行信息安全风险评估，确定所存在的信息安全隐患及信息安全事故可能造成的损失和风险大小，了解在信息安全工作方面的问题，以及如何解决这些问题。

3．日常运行维护管理

信息系统日常运行维护可以切实地落实安全策略，可以有效地利用技术方面的安全工具和措施，是和员工和技术人员最直接相关的工作。这些工作包括：

（1）物理和环境安全：物理安全和环境安全是网络和系统安全的基础。主要包括安全区域的划分和安全管理规定，设备安全使用要求等和物理和环境相关的管理。

（2）网络/系统配置维护管理：对网络设备/系统的日常的配置维护以及故障的处理过程做记录，保留行为日志，并应按操作流程进行定期的、独立的检查。

（3）日常备份：建立常规程序以实施经过批准的备份策略，对数据做备份，演练备份资料的及时恢复，记录登录和登录失败事件，并在适当的情况下，监控设备环境。对重要的业务信息和软件应该定期备份。应该提供足够的备份设备以确保所有重要的业务信息和软件能够在发生灾难或媒体故障后迅速恢复。不同系统的备份安排应该定期进行测试，以确保可以满足持续性运营计划的要求。

（4）存储介质防护。应指定专人负责存储介质的存取和处理，使这些介质既能得到充分的利用，又不至于被恶意用户用于非法用途。

（5）信息项目的安全审核工作。

为了预防对信息安全问题的发生，对于所有关于信息系统的项目都应当在项目的开始阶段就引入信息安全方面的规划和验证。

建立对于新系统建设和旧系统改造方面的信息安全要求，在验收和使用前文档化，并测试。

（6）事故和灾难恢复、入侵事件的响应与处理机制。

建立公司的信息安全紧急响应体系，保证在最快的时间内对信息安全事件做出正确响应，确保公司业务的连续，并为事件追踪提供支持。公司系统信息安全紧急响应体系包括响应与处理制度的建设以及响应的技术支持。

目前，信息安全紧急响应手段有日志分析、事件鉴别、灾难恢复、计算机犯罪取证、攻击者追踪。公司信息安全紧急响应体系应该具备这些技术手段。同时，应该在响应制度和人员上有保障，以保证紧急事件处理有章程可循和有人负责。

5.2.3　网络信息安全鉴别和认证系统设计应用案例

鉴别和认证系统的建设采用了 PKI-CA 技术。通过 PKI-CA 系统建设，建立了信息系统全网统一的认证与授权机制，确保信息在产生、存储、传输和处理过程中的保密、完整、抗抵赖和可用；将全公司的信息系统用户纳入到统一的用户管理体系中；提高应用系统的安全强度和应用水平。

根据电力企业信息安全应用需要对 CA 中心和密钥管理中心的需求，规划的系统总体的建设层次如下。

第一级为电力企业 CA 中心和密钥管理中心。CA 中心是电力企业 PKI-CA 认证系统的信任源头，实现在线签发用户证书、管理证书和 CRL、提供密钥管理服务、提供证书状态查询服务等功能；密钥管理中心负责加密密钥的产生、备份，并提供已备份密钥的司法取证。

第二级为注册中心（RA 中心）及远程受理中心。本地设立一个 RA 中心，远程接受用户申请、审核、证书制作等功能。并同时可根据实际的地理位置设立一个远程受理中心，以满足远程用户的证书业务需求。

第三级是最终用户，可通过 RA 中心、远程受理中心进行证书申请、撤销申请等相关证书服务。

电力企业 PKI-CA 认证系统的建设本着分步建设的原则，初步建立认证体系基本架构，并在此基础上进行相关应用的安全建设。将来随着应用安全需求的增长再进行认证系统的进一步扩展建设。

电力企业 PKI-CA 认证系统具体设计包括：

PKI-CA 认证系统设计包括一个 KMC 密钥管理中心、CA 中心、RA 中心和分发中心。同时，为了保证 PKI-CA 认证系统的安全性、可靠性、高效性、可扩展性，CA 中心设计为单层结构。在将来电力行业的 CA 系统建立后，可平滑地连接到电力行业的根 CA 上，成为整个电力行业 PKI-CA 认证系统中的省级认证中心。

建立一套主、从目录服务器体系，以及 OCSP 服务器，存放全省所有的证书和废除证书列表，实现证书的查询及 CRL 的发布。

基于电力企业认证系统，设计提供安全应用支撑平台，为电力企业应用系统提供加密、解密、签名、验签等安全功能。

在认证系统建立的基础上应用 PKI 技术对现有的应用系统进行安全改造建设，从而在整个电力企业建立起完整的认证体系，为辽宁电力的信息化建设提供安全基础保障。

5.2.4　网络信息安全访问控制系统设计应用案例

电力企业访问控制系统的建设采用了防火墙技术。通过对企业电力信息网的网络边界、面临的主要安全威胁及可能造成的影响进行风险分析后，根据风险分析结论，在信息网络上通过部署防火墙系统加固网络边界安全，进行访问控制和审计，提高了信息系统的综合安全能力。

电力信息网络系统经过广域网接口或拨号与各所属单位连接，为了保证省公司信息网络中信息系统的安全性、对经过省公司信息网络边界的信息流进行限制、监控、审计、保护、认证等方面的要求，需要采用 VPN 和防火墙协作的技术，同时结合其他各种安全技术，搭建出一个严密的业务安全平台。

VPN 和防火墙协作强化了安全产品整体协同的能力，提供给用户一个更加完善的保证业务安全的网络平台。它主要的特点如下。

确保关键信息只能在受限的安全域内传输，以确保信息不会通过网络泄密。通过制定安全策略，对于特写类型的信息，只允许在指定的安全域内传输，如果信息的发送者试图向安全域之外发送信息，那么发送请求将被拒绝，同时，这种破坏安全策略的行为将会被记录到系统日志中。

完善的认证与授权体系。无论是外网用户还是内网用户，在访问关键的业务资源时，都需要经过严格的身份认证和授权检查。通过 RADIUS 协议，VPN 网关可以与各种认证服务器无缝集成。也可以通过 LDAP，支持公钥证书来认证用户的身份。这种身份的验证不仅是验证用户的身份，还包括验证用户的操作权限及保密级别。

严密的信息流向审查及系统行为的监控。对于省公司信息网络系统来说，在保证业务正常进行的前提下，确保信息不失密，同时要监控各类主体（用户、程序）对关键业务信息的存取是至关重要的。VPN 和防火墙协作具有功能强大的审计系统，可以记录关键业务主机之间传递信息的流向，以及对关键业务主机的所有访问（源 IP、用户、时间、访问的服务），确保系统的可审计性和可追查性。在发生违反安全策略的事件时，可采用多种方式实时发出报警。

通过采用公钥验证技术，确保网络连接的真实性和完整性，包括在连接中传输数据的机密性和完整性。

在实际操作中，参考电力信息网络系统安全风险分析配置防火墙根据 IP、协议、服务、时间等因素具体实施区域间边界访问控制。

建立网络安全边界。在企业内网不同应用系统接口部署防火墙进行访问控制和审计，建立企业内网不同应用安全边界。在企业外网电信接口、物资公司和职大医院、住宅接口部署防火墙进行访问控制和审计，建立企业内、外网安全边界。在与各供电公司接口和各地市供电公司当地部署防火墙进行访问控制和审计，保障企业内、外网应用安全。

5.2.5　网络信息安全内容安全系统设计

防病毒系统是信息系统内容安全主要安全技术体系。通过单机防毒和网络整体防毒。信息系统防病毒系统覆盖到了每一个病毒可能作为入口的平台，即覆盖到了网关、客户端、邮件服务器、文件服务器、应用服务器等信息网络中的每个结点，从而达到了层层防护、统一管理，大大提高了企业信息系统抗病毒的能力。

1. 防病毒系统

网关型防病毒。在公司信息网与 Internet 出口处、基层单位接口处、与企业网以及辽宁省党政信息网等出入口处部署网关型的防病毒产品，这样可以在辽宁电力有限公司信息网出入口处实施内容检查和过滤，可以防止病毒通过 SMTP、HTTP、FTP 等方式从 Internet 进入辽宁电力有限公司信息网。

此处是堵住病毒的第一道关口，应部署采用先进技术、高性能的防病毒的产品。对 SMTP 数据流进行查、杀毒，需要将其安装在防火墙的后面，在邮件服务器的前面。在扫描完病毒后，SMTP 网关型防病毒服务器把所有的邮件路由到原始的邮件服务器上，然后传递给邮件用户。

对企业网络性能影响尽可能小。在具体配置网关型防病毒方案时，可能会涉及路由、代理服务器以及 SMTP 服务器等相关配置的变化，甚至是用户端配置的修改。

服务器型防病毒。电力企业内部有大量重要数据和应用，都存在信息中心中央的数据库服务器以及相应的应用服务器中。如果它们遭受病毒袭击，以至不能恢复，对公司会造成业务中断和重大损失。对中央数据库服务器、邮件服务器、WWW 应用服务器以及部门服务器等重要服务器配置服务器型防病毒产品,当网关级防病毒产品失效时,进一步保护服务器免受病毒困扰。

2. 落实对应的管理制度和策略

落实病毒防治管理制度和策略是和电力企业内的全体员工息息相关的,需要在相关管理部门的督促下,加强对防毒系统的管理,使其发挥最大功效,同时对全体员工进行病毒危害和病毒防治的重要性相关教育、培训,提高员工安全意识,使广大员工自觉执行、落实各项规章制度,才能最大程度上确保企业免受病毒困扰。落实病毒防治管理制度的各项规定。

3. 建立电力应用安全支撑平台

应用安全支撑平台具有多层次体系结构,提供不同层次的开发接口和可以直接使用的应用支撑软件。包括一个提供规范的可信 Web 计算平台,包括不同层次、不同级别的开发接口,及安全客户端;安全支撑平台提供 C/C++、Java 等形式的接口,具有强大的二次开发能力;提供三种不同层次的接口给其他应用软件及系统,可以根据需要调用不同的接口来使自己具有支持 PKI 的能力;为新开发的应用软件提供底层 API 支持,使应用软件变成标准的 PKI Enabled 的应用软件。

为应用系统提供安全服务引擎(JIT Engine)支持,使系统软件通过安全引擎快速地获得 PKI 平台的支撑,并利用引擎的强大功能,自动管理用户的资源,进行数字证书的验证、加密等操作;对各种应用操作,以 Services 或应用软件的形式提供多种安全服务,不同的应用子系统和不同的用户可以共用这些服务,这样可以极大地减少重复开发,降低开发工作量和系统投资。平台的安全服务采用 XML、Web Services 等技术,对网络协议提供内嵌的支持,使系统开发不必使用繁杂的 API 接口,大大减少系统开发的复杂性,提高了平台的稳定性、可用性;对于应用软件,可以利用高层的安全服务接口将 PKI 的应用委托给独立安全服务进行,利用现有的安全服务包对系统提供 PKI 支持。

5.2.6　网络信息安全数据冗余备份和恢复系统设计

数据冗余备份和恢复系统的建设采用了数据备份技术。数据备份系统建设使公司信息系统中所有重要的应用系统实现了统一的自动备份和恢复管理。该系统包括系统级备份与恢复和数据级备份与恢复;将存储相关资源,数据、介质、设备等进行了统一管理。冗余和恢复系统的建设极大地提高了电力企业信息系统对故障和灾难的应对能力,为保障应用系统业务连续性运作提供了有力的技术条件。

1. 存储备份系统设计

按主与副数据中心备份系统的总体目标,中心和副数据中心采用 SAN 架构实现 Lan-Free 备份方式。目前的数据存储模式基本采用 DAS 的结构,每个应用系统服务器使用直连磁盘阵列的方式，数据难于共享；备份复杂；系统不宜扩展等。基于公司的实际情况，主与副数据中心备份系统采用全冗余的 SAN 结构。通过光纤通道实现 100%异地数据备份。

公司广域网数据备份系统由两个省级备份中心，12 个区域备份中心(12 个供电公司)构成。实现省公司和 13 个供电公司数据的本地、异地备份功能，其中各供电公司重要数据在省公司备份、省公司和 13 个供电公司 100%备份本地数据，中心和副数据中心 100%互备。省公司和供电公司分别实现备份管理及监控功能。省公司数据备份中心具备集中监控、管理各供电公司备份系统功能。

对于系统中的关键 UNIX 服务器的操作系统环境，通过 Bare Metal Restore（裸机恢复）功能加以保护，来简化服务器的恢复过程，以完成系统的快速灾难恢复。这样，当系统数据完全丢失时，系统管理员可以仅通过一个启动命令就可以进行系统数据的完整恢复，不必进行通过光盘进行操作系统重新安装，硬盘重新分区，IP 地址重新设置，以及备份软件重新安装等复杂的步骤。

BMR 的简要工作流程如下（Main Server, File Server 和 Boot Server 可合并在备份服务器上）。

BMR 服务器（Main Server）在客户机日常备份的过程中分析客户机的环境并生成恢复策略。

BMR 服务器分配启动服务器（Boot Server）和文件服务器（File Server），当客户机数据丢失时，系统管理员通过网络启动命令启动客户机。

BMR 服务器驱动启动服务器和文件服务器，使客户机自动获得启动镜像和恢复计划。客户机进一步划分硬盘分区并恢复所有数据。

2. 操作系统及应用程序备份/恢复

核心操作系统（Core OS）由主机系统管理员定期进行人工备份。对于系统中不同 UNIX 操作系统环境，可以通过 Bare Metal Restore（裸机恢复）功能，来简化服务器的恢复过程，以完成系统的快速灾难恢复。这样，当系统数据完全丢失时，系统管理员可以仅通过一个启动命令就进行系统数据的完整恢复，不必进行通过光盘进行操作系统重新安装，硬盘重新分区，IP 地址重新设置，以及备份软件重新安装等复杂的步骤。

文件系统由存储集中管理系统进行自动备份。轮流使用三组磁带，每组磁带包括两套相同的备份。每月的第一个星期日午夜进行完全备份，用两套磁带作镜像。其中第一套备份保留在本地磁带库中，第二套通过磁带复制保留在备份机房。

3. 数据库备份/恢复

DB 的备份采用完全备份和增量备份相结合的方式，每周为一个周期，使用两组磁带，分别用于完全备份和增量备份。每组磁带包含两份同样的备份。不采取磁带镜像，而是在备份的次日进行磁带备份，以防止完全备份时 DB 失败而无法恢复。第二份备份在复制后，保存到远程的磁带库中。

因 DB 工作在非归档模式下，DB 只能恢复到某次备份时的状态。恢复方法为在存储集中管理系统上进行设定，完成自动恢复。

5.2.7　网络信息安全审计和响应系统设计

根据信息安全技术体系的规划，公司采用了入侵检测(IDS)和漏洞扫描技术来构建审计与响应系统。通过采用入侵检测(IDS)和漏洞扫描系统，以及相应的管理、操作和运维的规章制度，信息系统对信息安全事件的预防、发现、响应、处理与事件取证能力得到了有效的提高。

1．入侵检测系统（IDS）设计

针对电力公司信息系统子网众多，分布密集的特点，采用分布式、集中管理的入侵检测系统，以便于适应不同的网络环境和减少管理维护的消耗。入侵检测系统（IDS）部署的要点如下。

（1）关键网段中部署网络入侵检测系统（NIDS）探测器。

（2）关键服务器上部署主机入侵检测系统（HIDS）探测器。

（3）根据需要，在不同的网络环境中，联合使用网络和主机入侵检测系统（IDS）探测器。

（4）对入侵检测系统（IDS）探测器进行集中管理。

2．漏洞检测系统的设计

公司信息系统由大量的网络和主机设备构成，相互间是高信任和低机密性的关系，容易产生一台主机被攻破而导致整个网络被攻破的情况，任何一点的安全漏洞都将是整个信息系统的安全隐患。建议采用漏洞扫描工具对网络和主机上的漏洞检测，及时修补安全漏洞。扫描工具的部署要点如下。

（1）对关键主机采用网络和主机扫描工具进行定期的漏洞检测。

（2）对数据库系统采用数据库扫描工具进行定期的漏洞检测。

（3）采用网络扫描工具对网络设备进行定期的漏洞检测。

（4）对扫描工具进行定期的升级与维护，保证漏洞库的及时更新。

3．实施审计与响应系统主要完成的工作

（1）对审计与响应系统功能和能力需求的准确、合理定位。至少需要考虑到如下因素：① 信息系统的现状，包括系统配置和网络划分等；② 可利用的资源条件，例如网络信道条件、机房条件等；③ 根据公司相关情况确定对于信息系统中相关应用中断、延迟时限，以及对系统性能损失的容忍程度等的要求；④ 明确审计与响应系统功能和能力需求的具体定位。

（2）根据功能和需求定位进行方案的比较和选择：① 在选择技术方案时应充分考虑系统现状以及系统的远期规划，尽量减少对现有系统的影响范围和程度；② 尽量避免在方

案中对某个厂家设备/系统的依赖性；③ 研究具体技术方案在辽宁电力有限公司实施的可行性；；④ 明确具体方案的实施对象（即针对的具体网段和主机）。

（3）提出审计与响应系统的相关配置要求和配套条件要求：① 需新增的软、硬件设备配置，包括对现有系统相关配置的变更；② 明确对于审计与响应系统所需要的网络通信条件的要求；③ 明确对于相关规章制度、操作流程等管理规范的要求。

4. 系统管理

建立审计与响应系统后，应当实现对审计与响应系统、主机系统、网络通信等的运行情况的实时监测，当监测并确认到主用中心系统失效时，才可做出启用审计系统、系统接管等决定，并执行相应的流程操作。

系统管理中配置信息安全事件响应辅助工具，例如：

（1）审计与响应策略决策系统：审计策略决策系统应以风险及损失分析为基础，同时考虑成本、响应速度、防灾种类、数据的完整性等因素，通过科学的分析及决策方法来确定应采用的审计策略。

（2）信息安全事件响应指引系统：通过将相应的信息安全事件响应处理流程编成相应的在线指引性软件系统，在信息安全事件发生后指导管理维护人员如何一步一步地依照设定好的步骤，准备相应的资源，执行相应的操作，从而准确地进行信息安全事件响应。信息安全事件发生后的响应工作是一项复杂的系统工作，不是仅凭经验就可以做好的，响应工作必须依照严格的操作指南来完成，以保证整个系统响应工作的有序进行。

（3）自动运行管理系统：运行自动化是指通过软、硬件等措施，实现主用系统及审计系统的全部或部分自动操作。这样既可减少人员的投入，又可减少由于人为失误而带来的损失，从而提高整个系统的安全性与可靠性。

5.3　辽宁电力系统信息安全应用示范工程实例

本节主要内容包括辽宁电力系统信息安全应用示范工程，项目实施背景与意义，项目实施前、后的信息网络及安全状况，辽宁电力系统信息安全应用示范工程实施历程以及各主要网络信息安全系统取得的成果。

5.3.1　辽宁电力系统信息安全应用示范工程实例综述

辽宁电力系统信息安全应用示范工程，是国家科技部"十五"期间信息安全领域重点科技攻关项目。工程按照国家信息安全工作的总体要求，积极吸收国内外信息安全领域的先进思想，在辽宁省电力公司信息系统范围内，应用国内外成熟的信息安全技术及产品，开发并且实施辽宁电力信息系统安全保障的总体框架、技术体系、管理体系、评估体系，发挥行业的示范作用，指导电力行业信息安全建设工作，落实国家信息安全战略。完成国家电网公司下达的电力系统信息安全示范工程有关工作；推动国家电网公司信息安全工作的迅速开展，避免重复开发所造成的资金浪费。为电力系统全面实施安全战略提供科学依据和实践经验，指导电力企业信息安全的建设。

近年来，辽宁电网信息化建设投入了大量资金，计算机及信息网络系统在电力生产、建设、经营、管理、科研、设计等各个领域有着十分广泛的应用，尤其在电网调度自动化、厂站自动控制、管理信息系统、电力负荷管理、计算机辅助设计、科学计算以及教育培训等方面取得了较好的效果，在安全生产、节能降耗、降低成本、缩短工期、提高劳动生产率等方面取得了明显的社会效益和经济效益，同时也逐步健全和完善了信息化管理机构，培养和建立了一支强有力的技术队伍，有力促进了电力工业的发展。

1. 项目实施前的信息网络及安全状况

截止到 2000 年 12 月，辽宁电力信息主干网为千兆以太网，信息点设置为两千四百多个。网络中心以两台 SmartSwitchRoute8600 交换式路由器为核心交换机，省公司机关大楼每三层设置一台背板式 DECHUB 900 MultiSwitch 交换机.。辽宁电力信息广域网 2M 以上连接 38 个单位。其中，1000M 连接国电东北公司、南胡大酒店等 8 个单位；100M 连接辽宁电力科学研究院等 5 个单位；2M 连接吉林、黑龙江省公司、辽宁省公司所属 13 个供电公司、7 个发电厂和 3 个其他单位，共 25 个单位。通过中国电信和吉通公司的中国金桥网（ChinaGBN）接入国际互联网。是国电东北公司、吉林、黑龙江省电力有限公司及辽宁省电力有限公司所属单位连接国家电力中心的枢纽。提供域名服务、打印服务、目录服务、文件服务等十多种服务。辽宁电力信息网建立了统一的广域网防病毒体系并为基层各单位配备了安全漏洞检测系统，省公司建立了数据备份系统等。

2. 项目实施后的信息网络及安全状况

项目实施后，辽宁电力信息网城域网连接在沈 16 个局域网，广域网连接 42 个局域网，主干网络连接 13 个住宅小区。其中 13 个供电公司连接速率为 622M、155M、34M，中心采用一台 Cisco7609 路由器，13 个供电公司采用 Cisco7204 路由器。

省公司主干网采用星状结构，传输介质为光纤，网络主干速率为 2G，主干与其他单位相连采用 1000M 专线、155 M 专线、100M 专线、2M 专线相结合的方式，信息点 3400 个。网络中心以三台 Smart Switch Route 8600 交换式路由器为核心交换机，连接省公司机关大楼，每三层设置一台 ELS-100 楼层交换机；省公司主干网共 25 台服务器，其中中央服务器、办公自动化服务器、生产数据库服务器、Intranet 服务器通过 1000M 多模光纤直接连接在 SSR 8600 中央交换机上，部门服务器等多种服务器通过 100M 多模光纤直接连接在 SSR 8600 中央交换机上。

辽宁电力信息网主干网上运行的应用系统和程序共 140 个，主要应用系统在原有基础上进行了不断完善，并新增了省公司统一管理的数据备份中心、基层单位数据备份系统、PKI—CA 认证应用系统，统一管理的省公司及 13 个供电公司的防火墙系统，网络信息安全监视及管理平台。全省统一配置了 Oracle 数据仓库、数据库、BEA 的中间件、IBM Tivoli

网络管理系统等工具。

5.3.2　辽宁电力系统信息安全应用示范工程实施历程

1. 调研分析和方案论证

受国家电力公司委托，辽宁省电力有限公司于 2000 年 8 月开始"国家电力公司信息安全示范工程"项目前期准备工作。省公司领导对此十分重视，专门成立了信息安全示范工程项目领导小组，指定专人负责，各有关业务部门派专人参加配合工作。

2000 年 8 月 10 日将辽宁电力系统信息网络系统情况材料上报国家电力公司科环部。

2000 年 8 月 25 日，参加了科环部组织的可行性研讨会。根据讨论情况，我们有针对性地进行了调研工作，先后与中国电力科学研究院、哈尔滨工业大学、北京东华诚信公司、IEI 公司、北京外企紫垣网络安全技术有限公司、鼎天软件有限公司、北京赛门铁克信息技术有限公司和 CA 中国有限公司就信息安全问题进行了深入探讨，在充分了解了国内外信息安全目前所采用的技术、产品的基础上，2001 年 2 月完成了项目可行性研究报告，并于 2 月 20 日通过了国家电力公司组织的评审。2001 年 6 月与国家电网公司签订"国家电力公司信息安全示范工程——辽宁电力系统信息安全示范工程"合同。

2002 年 4 月 1 日，国家电力公司在北京召开了国家电力信息安全技术研讨会。电力系统信息安全示范工程专家组成员和信息安全应用示范工程项目的有关单位技术人员讨论了"电力系统信息安全示范工程"可行性报告中的"项目主要研究内容、关键技术及实施技术路线"。最后确定主要研究内容如下。

（1）电力信息系统安全工程总体框架；

（2）电力信息系统安全策略；

（3）电力信息系统安全技术体系；

（4）电力信息系统安全管理体系；

（5）安全技术与产品在电力系统的应用与评测体系。

该项目的技术创新在于将 PKI 的信任与授权服务技术、网络信任域技术与电力信息系统的具体业务相结合，为电力企业内部的生产经营管理和服务于社会大众的信息系统提供统一的信息安全保障，形成有电力特色的信息安全保障体系。

项目实施的技术路线如下。

（1）系统级的网络安全设计；

（2）采用信任与授权机制，实现信息资源、用户、应用的高强度的安全保障；

（3）统一的安全管理；

（4）用户定制的授权管理；

（5）自主知识产权安全产品的应用。

2002 年 10 月，省公司与中国电力科学研究院、哈尔滨工业大学等合作，辽宁电力系统进行了信息安全评估。通过评估，首先，了解了辽宁电力信息系统安全现状和存在的各种安全风险,发现与安全目标之间的差距;其次,对现有企业信息安全策略进行动态调整、修订和完善,丰富企业信息系统安全策略;第三,发现企业中存在的比较迫切的安全需求。根据评估的结果,我们有针对性地修改完善了"辽宁电力系统信息安全实施方案"。2003年2月26日,该方案通过了国家密码办管理委员会办公室在北京组织的评审。

按评审会上专家提出的建议,我们对实施方案又做了进一步完善。主要开展了以下工作。

为保证辽宁电力系统信息安全防火墙产品的正确选择,2003年7月21日至8月3日,省公司和电科院信息安全项目组有关人员在国家电力科学研究院对天元龙马、清华实德、天融信、东软和联想等5家国内知名品牌的国产防火墙产品进行了技术功能和技术性的测试。经过测试,对各家防火墙产品的功能和性能有了全面的了解,为省公司防火墙产品的合理选型,保证今后防火墙产品在省公司的有效应用奠定了基础。

2003年7月22日在北京参加国家电网公司组织召开的CA研讨会,初步制定了证书格式规范,考察了中国金融认证中心(CFCA),全面了解了CFCA的体系结构、采用的技术标准、安全保障机制和证书的应用等情况。根据省公司证书应用的实际需求,参考了CFCA的有关应用经验,我们编制了PKI-CA测试大纲,7月23日和8月1日我们对北京格方网络技术有限公司和吉大正元网络技术有限公司的PKI-CAX系统进行了测试,两家的产品均能满足我们的需求。

在防"非典"期间,辽宁省公司办公楼禁止外来人员进入,在一定程度上影响了我们与各公司的直接交流。为保证信息安全工程按时完成,我们通过E-mail、电话和传真等通信工具一直与各公司保持联系,同时委托国家电力科学研究院的项目组成员在北京与有关公司进行技术交流,细化方案,降低了"非典"对工程工期的影响。

2. 项目实施

2002年2月,辽宁省公司与国家电力公司签定了"国家电力系统信息安全示范工程"项目合同,国家科技部2002年250号文下达了"电力系统信息应用示范工程"项目。按国家科技部和国家电力公司信息安全示范工程的有关要求和统一部署,省公司开展了信息网络系统结构优化调整工程,在Internet和住宅小区的网关处更换两台防火墙,用于保护应用系统和网络的安全;新增一套均衡负载交换机,能够充分利用接入Internet的4条线路;新增了一个容量为900GB的存储系统,来完善数据的存储;一台Cisco7609路由器,广域网中13个供电公司的Cisco2509路由器更新为Cisco7204,为广域网VPN应用创造了条件。上述设备已全部安装调试完,正式投入运行。

在网络系统结构优化调整的同时,进行了应用系统平台的优化调整。新增两台SUNF3800服务器,采用双机集群技术,用于辽宁电力信息网Intranet安全管理平台和应用服务等功能;两台IBM M85服务器,采用双机集群技术,用于完善办公自动化系统;对原有应用系统进行升级,建立了集中的统一用户管理系统,为现有的和将来的应用系统提供用户认证服务;通过安全的委托管理机制,实现统一用户的分级管理;建立了集中、统一管理的DNS系统,使管理简单化;建立了统一的邮件平台,在为本地用户提供邮件服务的同时，能够为基层单位提供邮件服务；通过对代理系统的升级和设置，能够对用户的所有访问进行控制。

　　按辽宁省公司信息化有关工程的进度要求，我们在 2003 年 8 月月初进行了信息化有关项目的招标准备工作，编制招标方案和技术规范，同时与有关厂商进一步细化技术方案，8 月 9 日招标文件全部完成。招标工作由东北电力集团成套设备有限公司组织。

　　2003 年 8 月 18 日，在沈阳天都饭店召开了"辽宁省电力有限公司 2003 年信息化建设工程"评标会议。

　　2003 年 8 月 18 日至 8 月 21 日，评标组对 10 个标段的 41 份投标文件进行详细审查、答疑，最后确定了 10 个预中标单位。

　　信息安全项目预中标单位分别是：吉大正元信息技术股份有限公司（PKI-CA）；东软软件公司（防火墙）；北京东华合创数码科技有限公司（省公司数据备份中心）；辽宁傲联通科技发展有限公司（基层数据备份系统）。

　　定标决议下达后，信息中心组织有关厂商制定详细的实施方案，2003 年 9 月底签订合同，所有工程项目按计划进行。

　　2003 年 11 月中旬开始，信息安全示范工程签订的 PKI-CA、防火墙、数据备份等合同的所有设备已到货，各系统集成商开始安装调试。

5.3.3　辽宁电力系统信息安全应用示范工程成果之一

1. 建立了电力系统信息安全保障的总体框架

　　辽宁电力系统信息安全保障的总体框架，是以信息安全总方针为指导核心，以标准化信息系统安全工程理论与方法为指导，全面实施信息安全管理体系和技术体系，保持信息系统安全水平并持续改进。该框架由相互关联的 4 个相关体系组成：信息安全总方针、信息安全管理体系、信息安全技术体系和信息安全工程模型。

　　信息安全总方针，包括信息安全目标、信息安全理念、信息安全模型和信息安全策略。

　　信息安全管理体系，包括信息安全策略、信息安全组织建设、信息安全运行管理。

　　信息安全技术体系，包括鉴别与认证、访问控制、内容安全、冗余和恢复、审计与响应 5 个方面。

　　信息安全工程模型，是在对系统安全工程能力成熟度模型（SSE-CMM）进行全面研究的基础上提出的，把一个信息安全工程分为风险过程、工程过程和保证过程，这三个过程是相互关联、相互作用的。信息安全工程过程就是这三部分重复和循环的过程。

　　制定了《辽宁电力有限公司信息安全方针》、《辽宁省电力有限公司 Windows 2000 安全配置标准》、《辽宁省电力有限公司病毒防治管理规定》和《辽宁省电力有限公司网络设备安全管理规定》等 11 个安全策略。

2. 建立了信息安全管理体系

　　信息安全管理体系是信息安全体系建设的关键，辽宁电力系统的信息安全管理体系是在信息安全风险评估基础上制定的。体系结构包括信息安全策略、信息安全组织建设、信息安全运行管理等三个方面。其中：

信息安全策略由信息安全总方针、技术标准和规范、管理制度和规定、组织机构和人员职责、操作流程等构成。把信息安全相关的制度和内容通过文件的形式确定下来，在省公司系统内发布并执行，并定期审查和不断进行修改、调整和完善，以便适应安全形式的发展。《操作系统安全配置标准》、《防火墙安全标准》和《信息系统主机加固安全管理制度》等一系列安全策略已在辽宁省公司系统内执行。

在信息安全组织建设方面，设立了相应的组织管理机构，由专人负责信息安全项目的管理、组织实施工作，有效地推动了信息安全工作的进展，保证信息安全项目的顺利实施。

在信息安全管理策略的指导下，配合信息安全技术手段，系统开展了信息安全运行管理工作，包括日常维护，风险评估以及事件处理等内容。

3．建立了信息安全技术体系

辽宁电力系统信息安全技术体系包括鉴别与认证、访问控制、内容安全、冗余和恢复、审计与响应 5 个方面。

鉴别与认证主要解决主体的信用问题和客体的信任问题。采用 PKI/CA 技术，用基于"数字证书"的认证机制代替现在"用户名+口令"的认证机制。

访问控制技术主要是在网络的边界处等关键位置通过配置适当的控制规则/策略来限制用户对信息资源的访问。通过省公司和 13 个供电公司统一的层次化的防火墙防护体系，实现对信息资源的访问控制；同时应用主机加固系统，增强主机系统的访问控制能力。

内容安全主要是直接保护在系统中传输和存储的数据等内容。利用省公司统一部署的全方位、多层次病毒防护体系，控制病毒在网络中的传输，保证数据传输和存储安全性；采用 VPN 技术，保证了关键业务数据传输的保密性、真实性与完整性；建立了辽宁省公司和 13 个供电公司的数据备份系统，保证数据的可用性。

冗余和恢复主要是在异常情况发生前所做的准备和发生后所采取的措施。在局域网核心层和接入层冗余设计，在省公司 13 个供电公司统一建立了数据备份系统。

审计是对主业务进行记录、检查、监控，相应完成的是对网络安全问题的实时检测、告警和处理，采用了漏洞扫描工具和入侵检测。

5.3.4　辽宁电力系统信息安全应用示范工程成果之二

1．组织实施了信息安全风险评估

电力系统内第一次在全面深入研究信息安全风险评估的理论及方法基础上，结合电力系统信息安全特色，依靠项目中培养的技术力量，成功组织了辽宁省公司范围的风险评估，初步形成国家电网公司信息安全风险评估相关规范。

在充分借鉴相关国际标准：ISO17799、ISO13335、ISO15408，SSE-CMM 以及美国

NISTSP800 系列等基础上，结合电力行业业务特色，提出了辽宁电力信息安全风险评估模型，制定了辽宁电力信息安全风险评估规范，成功组织完成了对辽宁电力现有信息系统的风险评估。

评估体系覆盖了信息系统的技术、管理、人员，以及工程实施各方面，提出了综合上述多种因素的量化的风险计算模型与评价方法，全面、客观、深入地识别了系统面临的风险，制定了合理可行的风险控制方案，指导下阶段安全技术体系与管理体系的建设。

结合评估工作，形成了一套电力系统行之有效的安全评估理论、方法与流程、规范，及实用化的评估工具。

通过示范工程中安全评估工作的实践，国网公司将安全评估纳入企业安全生产评价体系中，作为信息系统安全管理基础工作开展，将评估工作规范化、制度化。

2. 建立了电力系统信息安全实验室

初步建立了电力系统第一个信息安全实验室，其实验室技术条件与技术队伍在电力行业内领先，具备持续承担电力系统信息安全领域的科研任务与技术服务工作的能力。

在信息安全示范工程实施过程中，利用实验室先进的技术条件和技术队伍，深入研究了信息安全核心技术、信息安全工程理论、信息安全攻防手段、信息安全检测与评估手段。成功完成了示范工程中防火墙、IDS 产品的选型评测，完成了辽宁电力信息安全评估，并且初步形成了电力企业信息安全风险评估实施规范、电力信息系统防火墙选型评测规范（试行）；电力信息系统 IDS 选型评测规范（试行），为安全产品的合理选型提供了科学的依据。

实验室测试环境能模拟多种网络环境；能够提供受控的、可重复的测试条件，能够将完成测试任务所需的时间及其他资源的投入控制在合理的范围内；提供的评测结果客观、正确、可靠。可模拟仿真事故，做好应急措施和紧急恢复方案。

利用实验室先进的技术条件和技术队伍，对技术人员进行了安全培训。

辽宁省电力有限公司与微软（中国）有限公司合作，建立了一整套基于.NET 架构的企业级应用测试环境，并将提供企业级各类应用的测试和实验平台。

.NET 是微软所倡导的业界标准，它以工业标准和 Internet 标准为基础，为开发（工具）、管理（服务器）、使用（建立社区服务以及智能的客户端程序）以及体验（丰富的用户体验）XML Web 服务的各个方面提供支持，从而成为企业构建信息架构的最佳平台。

3. 建立了辽宁电力系统 PKI-CA 认证中心

初步建立了辽宁电力系统统一的认证与授权机制、统一的时间服务，确保信息在生产、存储、传输和处理过程中的保密、完整、抗抵赖和可用；将省公司的信息系统用户纳入到统一的用户管理体系中；提高应用系统的安全强度和应用水平。

辽宁电力系统的 PKI-CA 认证系统，采用自主开发、拥有完全的自主知识产权的国内信息安全产品加以实现。包括一个 KMC 密钥管理中心、CA 中心、RA 中心和一个远程受理点。其结构可平滑地连接到国家电网公司根 CA 上。

建立一套主、从目录服务器体系和 OCSP 服务器，存放全省所有的证书和废除证书列表。实现证书的查询及 CRL 的发布。

初步建立 PMI 系统,实现对应用系统的各种资源进行集中访问控制,并完成授权管理。

初步建立时间戳服务系统,为应用系统提供精确可信的时间戳服务,保证业务处理的不可抵赖性和可审计性。

应用 PKI 技术对现有的应用系统进行安全改造建设,为应用系统提供加密、解密、签名、验签等安全功能。

辽宁电力 PKI-CA 系统功能结构如图 5.7 所示。

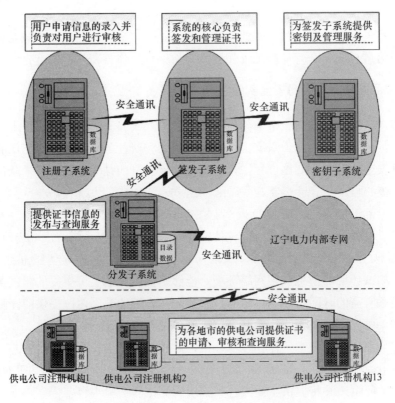

图 5.7 辽宁电力 PKI-CA 系统功能结构图

5.3.5 辽宁电力系统信息安全应用示范工程成果之三

1. 网络信息安全监视及管理平台

依托成熟稳定的平台产品,将辽宁电力信息网中与安全相关的信息集中,利用数据仓库技术做灵活的展示。包含安全产品的信息、网络的性能信息和故障信息、主机的性能信息和故障信息、数据库的性能信息和故障信息以及应用系统的性能信息和故障信息。并对相关信息生成定期报表,对性能信息做出趋势预测。用户可以通过 Web 的方式,以图形的方式查询网络设备的运行情况,可以分为实时和历史两种模式;对于设备运行过程中出现的故障能够在图形上展现出来，并且按照用户设定的方式进行告警，如声、光、E-mail 和手机短消息等。系统支持大屏幕显示方式。

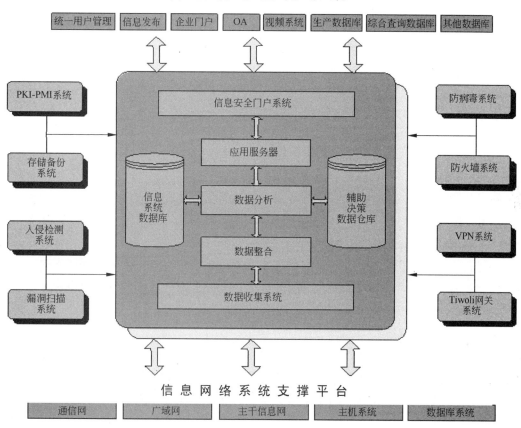

图 5.8　辽宁电力网络信息安全监视及管理平台架构图

整个系统从大的层次分为监控单元层、数据处理层和用户界面层。系统从网络管理平台获得网络监控的基础性能数据，经过综合数据处理平台的数据整合处理转换成用户需要的展现方式。如图 5.8 所示为辽宁电力网络信息安全监视及管理平台架构图。

2．建立了数据备份和灾难恢复系统

辽宁电力系统异地数据备份和容灾系统由两个省级备份中心（省公司和沈阳供电公司），12 个区域备份中心（12 个供电公司）构成。实现省公司和 13 个供电公司数据的本地、异地备份功能。实现了将存储相关资源，数据、介质、设备等在线存储资源统一管理和调度，合理分配存储备份资源，避免资源浪费，提高资源的利用率。对所有重要应用系统实现了系统级和数据级的自动备份与恢复，增加了备份的安全性与可靠性；在系统毁损而必须完全重新安装操作系统、应用程序的状态下，提供简便且快速的灾难恢复能力；可以在最短的时间内同时对大量的数据进行备份，提供高速的备份能力。

统一制定了备份策略，建立了辽宁电力系统的数据信息存储管理模式和规章制度。为今后建立辽宁电力系统数据中心奠定了技术基础。

该系统的应用，保证了省公司企业各业务系统数据的安全，为电网的安全生产、经营和管理提供了保障。

3. 建立了信息网络安全防护体系

辽宁电力系统信息安全防护体系是由防病毒系统、防火墙系统、漏洞扫描和入侵检测系统构成。

在辽宁电力信息网内统一部署了防病毒系统，制定并采用统一的防病毒策略和防病毒管理制度，省公司设一级防病毒服务器，基层单位及其二级单位设二、三级防病毒服务器，由省公司负责病毒定义码的更新。

在省公司及所属 13 个供电公司统一部署了防火墙系统，形成统一的层次化的防火墙防护体系。将辽宁电力信息网整体划分为外网、行业、基层、住宅区、DMZ 和内网 6 个安全域；在安全域之间采取有效的访问控制措施。在 Internet 出口、服务器集群网段接口处，以及基层的接入处的防火墙，采用双机热备、负载均衡的部署方案。为了保证防火墙安全策略的一致与完整性，提高安全管理水平，在省公司对所有的防火墙进行集中管理，统一设置、维护安全策略并下发，监督所有防火墙运行状况，查看、统一分析安全日志。落实防火墙管理制度，技术手段和管理手段结合使用，保证企业安全。

在省公司系统中统一部署了入侵检测系统（IDS）、漏洞扫描系统和主机加固系统。可以发现网络中的可疑行为或恶意攻击，及时报警和响应。可对网络和主机进行定期的扫描，及时发现信息系统中存在的漏洞，采取补救措施，增加系统安全性。

通过建立信息安全防护体系，有效地保证了省公司信息网络和应用的安全。

5.3.6　辽宁电力系统信息安全应用示范工程成果之四

1. 组织汇编和编译国际信息安全标准

编译了信息技术-IT 安全管理指南、信息安全管理、系统安全工程能力成熟度模型 SSE-CMM 和风险评估工作指南等 26 个国际标准。

2. 健全信息安全管理及培训制度

2002 年 10 月 30 日，为了贯彻落实国务院和国家电力公司对网络与信息安全工作的要求，保证省公司系统的网络与信息系统在十六大和明年两会期间的正常运行，防止网络受到破坏和攻击、防止有害信息传播等情况的发生，有效防范与处理重大网络安全事故，省公司信息中心组织召开了"辽宁电力系统信息化工作座谈会"。

会上传达了国务院信息化工作办公室和国家电力公司下发的有关文件精神，对确保十六大和明年两会期间网络与信息安全等工作进行了全面部署，并提出了具体工作要求，要求各单位要提高认识，狠抓落实，全力以赴，确保党的十六大和明年两会期间的网络与信息安全。各信息系统要本着"谁主管，谁负责"、"谁经营，谁负责"、"谁使用，谁负责"、"谁上网，谁负责"的原则，明确责任到人，落实措施到岗，资金保证到位，保证必要的人力、物力和资金的投入。要加强网络与信息系统的安全管理，制定、完善相关规章制度，加强信息工作人员及信息系统用户的信息安全培训，提高全体工作人员的信息安全技能和意识。要按照《国家电力公司网络与信息安全评测大纲》开展网络与信息安全自查工作，并结合本单位实际情况，制定安全防范措施和应急预案。

为贯彻落实国家电力公司的安全生产方针，加强辽宁电力信息网络系统的安全管理，提高网络安全水平，保证网络和信息系统的正常进行，促进电力工业信息化的发展，于2002年11月开始组织基层单位有关人员编制《辽宁电力信息系统信息安全规程（试行）》，辽宁电力系统信息网络运行规程（试行）和辽宁电力信息网络系统管理规程（试行）。这些规程将保证各单位将网络安全管理落实到实际的工作中。

为保证省公司机关及所属单位的主机安全，开发了主机加固程序，并用视频系统开展信息安全培训工作，指导基层单位完成主机加固。

在防病毒等工作方面，充分利用辽宁电力信息发布系统，在网上设立"防病毒专栏"，公布"冲击波"、CIH、"蠕虫王"和"杀手13"等病毒及其变种病毒防治的方法，保证了辽宁电力系统的网络和信息安全。

下发和转发了《信息系统数据备份与管理暂行规定》、《信息系统主机安全加固管理制度》、《关于对"十六大"期间网络与信息安全工作部署的紧急通知》、《关于对用涉密计算机上国际互联网问题进行保密安全检查的通知》和《辽宁电力有限公司信息系统信息安全策略——Windows 2000 安全配置标准》等有关文件和标准。

为保证示范工程的质量和按期完成，2003年4月参加了BS7799信息安全培训，系统学习了信息安全管理基础、实践规范、体系规范、信息安全技术管理、安全措施等。

为提高基层供电公司技术人员的信息安全方面的技能，2003年11月17日至20日省公司信息中心在沈阳南湖大酒店举办了网络管理系统、防火墙和数据备份系统技术培训班。培训内容有：防火墙（Neteye 防火墙）的配置和基本操作；网络管理系统（Tivoli）的体系结构、基本操作和配置；数据备份管理系统(Veritas)的安装与基本操作和StorageTek自动磁带库安装与维护。基层13个供电公司共有23人参加，每单位至少有一人参加。

通过培训，基层单位技术人员对即将实施的系统有了初步的了解，再经过实施工程中的现场培训，基本可以达到一般的运行维护水平。

3．持续改进完善，不断提高应用水平

在全省各供电公司建立远程受理点及目录服务、OCSP 服务系统，从而将现有的省公司认证系统扩充为整个辽宁电力系统范围的认证系统，形成辽宁电力系统完整的认证体系。

并建立各供电电力公司的安全应用支撑平台，完成辽宁电力系统的认证系统体系建设，进一步完善应用系统改造，完成各地市供电公司的应用改造系统。为辽宁电力系统应用系统进行证书安全服务。

对全省数据备份系统存储设备进行扩容，对在线及二级存储进行扩容，不断接入新的应用系统，满足辽宁电力系统不断发展的需要。在省公司与沈阳、大连供电公司建立全省的数据信息存储灾备中心，实时容灾集群，实现异地应用级的集群备份。不断完善现有的网络信息系统，坚持四统一原则，加强基层单位信息化建设，满足省公司生产、经营和管理的安全需求。

第6章 网络信息安全防护体系及应用分析

网络信息安全防护体系是保证网络信息安全十分重要的安全基础平台，运用系统工程理论，采用主动防护技术，一般有数据加密、安全扫描、网络管理、网络流量分析和虚拟网络技术、被动防护技术，目前有防火墙技术、防病毒技术、入侵检测技术、路由过滤、审计与监测等技术，组成安全防护工具系统，根据各种攻击、威胁、弱点等制定安全风险的防护策略，安全防护主要技术和管理措施。

本章主要内容包括网络信息系统安全主动与被动防护技术原理，防火墙、防病毒、入侵检测、漏洞扫描等防护系统的工作原理与主要功能，网络信息安全防护体系的设计原则。阐述了工业控制系统安全防护重点及措施、电力监控系统安全防护含义及安全规范等基础知识，介绍了辽宁电力系统网络信息安全防护体系建设与实际应用案例。

6.1 网络信息安全防护技术基本原理

本节主要内容包括网络信息安全防护技术原理等基本概念，以及主动防护技术，一般有数据加密、安全扫描、网络管理、网络流量分析和虚拟网络技术、被动防护技术，目前有防火墙技术、防病毒技术、入侵检测技术、路由过滤、审计与监测等技术。

6.1.1 信息系统安全主动防护技术原理

1. 主动防护技术

一般有数据加密、安全扫描、网络管理、网络流量分析和虚拟网络等技术。网络安全性隐患扫描也称为网络安全性漏洞扫描，它是进行网络安全性风险评估的一项重要技术，也是网络安全防护技术中的一项关键性的技术。其原理是采用模拟黑客攻击的形式对目标可能存在的已知安全漏洞和弱点进行逐项扫描和检查。目标可以是工作站、服务器、交换机、数据库应用等各种对象。根据扫描结果向系统管理员提供周密可靠的安全性分析报告，为提高网络安全整体水平提供重要依据。系统的安全弱点就是它安全防护最弱的部分，容易被入侵者利用，给网络带来灾难。找到弱点并加以保护是保护网络安全的重要使命之一。

由于管理员需要面对大量的主机、网络、用户、设备、审计文件以及潜在的大量入侵行为和手段，安全性弱点和漏洞的发现和保护仅依靠人力是不能解决的。因此，必须提供一种高效的网络安全性隐患扫描的工具，通过它能自动发现网络系统的弱点，以便管理员能够迅速有效地采取相应的措施。

安全扫描器通过对网络的扫描，可以了解网络的安全配置和运行的应用服务，及时发现安全漏洞，客观评估网络风险等级。可以根据扫描的结果更正网络安全漏洞和系统中的错误配置，在黑客攻击前进行防范。安全扫描就是一种主动的防范措施，可以有效避免黑客攻击行为，做到防患于未然。

2．网络管理技术

网络管理系统具有对整个管理系统的趋势进行跟踪并相应采取措施的能力，快速部署应用程序和管理工具，通过提供集成化视图来管理支持业务程序的 IT 系统，并视业务政策和目标的变化进行动态调整，能够根据其监视或检测到的情况实施管理活动。

3．网络流量分析技术

网络流量分析系统提供了用户上网行为分析、异常流量实时监测、历史流量分析报表到流量趋势预警等功能，涵盖了网络流量分析的所有细节，可以通过日报、周报、月报的标准报表、对照报表、趋势分析报表等多种格式报告流量分析结果。

4．带宽管理技术

带宽管理系统可以使广域网或互联网上运行的应用程序提高运行效率。带宽管理系统可以控制网络表现，使之与应用程序的特点、业务运作的要求以及用户的需求相适应，然后，提供验证结果。

5．VLAN 与 VPN 技术

VLAN（虚拟网）把网络上的用户（终端设备）划分为若干个逻辑工作组，每个逻辑工作组就是一个 VLAN 。可以灵活地划分 VLAN，增加或删除 VLAN 成员。当终端设备移动时，无须修改它的 IP 地址。在更改用户所加入的 VLAN 时,也不必重新改变设备的物理连接。

VPN（虚拟专用网）采用加密和认证技术，利用公共通信网络设施的一部分来发送专用信息，为相互通信的节点建立起一个相对封闭的、逻辑的专用网络，通过物理网络的划分，控制网络流量的流向，使其不要流向非法用户，以达到防范目的。

6．数据加密技术

密码技术是保护信息安全的主要手段之一，不仅具有信息加密功能，而且具有数字签名、身份验证、秘密分存、系统安全等功能。所以，使用密码技术不仅可以保证信息的机密性，而且可以保证信息的完整性和正确性，防止信息被篡改、伪造或假冒。

6.1.2　信息系统安全被动防护技术原理

被动防护技术目前有防火墙技术、防病毒技术、入侵检测技术、路由过滤、审计与监测等技术。

1．防火墙技术

我国公共安全行业标准中对防火墙的定义为："设置在两个或多个网络之间的安全阻隔，用于保证本地网络资源的安全，通常是包含软件部分和硬件部分的一个系统或多个系统的组合"。其基本工作原理是在可信任网络的边界（即常说的在内部网络和外部网络之间，通常认为内部网络是可信任的，而外部网络是不可信的）建立起网络控制系统，隔离内部和外部网络，执行访问控制策略，防止外部的未授权节点访问内部网络和非法向外传递内部信息，同时也防止非法和恶意的网络行为导致内部网络的运行被破坏。

从逻辑上讲，防火墙是分离器、限制器和分析器；从物理角度看，各个防火墙的物理实现方式形式多样，通常是一组硬件设备（路由器、主机等）和软件的多种组合。

2．防病毒技术

在《中华人民共和国计算机信息系统安全保护条例》第二十八条中将计算机病毒定义为："指编制或者在计算机程序中插入的破坏计算机功能或者数据，影响计算机使用并且能够自我复制的一组计算机指令或者程序代码。"

防病毒技术就是系统管理及下发防病毒服务器组内的防病毒服务器及各个客户端的防病毒策略，通过设定防病毒升级服务器进行防病毒组内的服务器端及客户端的病毒代码更新，通过搜索来确定网络内的防病毒服务器组，搜集防病毒服务器的运行日志。

3．入侵检测技术

入侵检测，顾名思义，是对入侵行为的发觉。现在对入侵的定义已大大扩展，不仅包括被发起攻击的人（如恶意的黑客）取得超出合法范围的系统控制权，也包括收集漏洞信息，造成拒绝服务（DoS）等对计算机系统造成危害的行为。入侵检测技术是通过从计算机网络和系统的若干关键点收集信息并对其进行分析，从中发现网络或系统中是否有违反安全策略的行为或遭到入侵的迹象，并依据既定的策略采取一定的措施的技术。也就是说，入侵检测技术包括三部分内容：信息收集、信息分析和响应。

1）入侵检测系统能使系统对入侵事件和过程做出实时响应

如果一个入侵行为能被足够迅速地检测出来，就可以在任何破坏或数据泄密发生之前将入侵者识别出来并驱逐出去。即使检测的速度不够快，入侵行为越早被检测出来，入侵造成的破坏程度就会越少，而且能越快地恢复工作。

2）入侵检测是防火墙的合理补充

入侵检测能够收集有关入侵技术的信息，这些信息可以用来加强防御措施。

3）入侵检测是系统动态安全的核心技术之一

鉴于静态安全防御不能提供足够的安全，系统必须根据发现的情况实时调整，在动态中保持安全状态，这就是常说的系统动态安全。其中检测是静态防护转化为动态的关键，是动态响应的依据，是落实或强制执行安全策略的有力工具，因此入侵检测是系统动态安全的核心技术之一。

从技术上，入侵检测分为两类：一种基于标志，另一种基于异常情况。

对于基于标志的检测技术来说，首先要定义违背安全策略的事件的特征，如网络数据包的某些头信息。检测主要判别这类特征是否在所收集到的数据中出现。而基于异常的检测技术则是先定义一组系统"正常"情况的数值，如 CPU 利用率、内存利用率、文件校验和等，然后将系统运行时的数值与所定义的"正常"情况比较，得出是否有被攻击的迹象。

两种检测技术的方法所得出的结论有非常大的差异。基于标志的检测技术的核心是维护一个知识库。对于已知的攻击，它可以详细、准确地报告出攻击类型，但是对未知攻击却效果有限，而且知识库必须不断更新。基于异常的检测技术则无法准确判别出攻击的手法，但它可以判别更广泛甚至未发觉的攻击。

4. 路由过滤技术

当两台连在不同子网上的计算机需要通信时，必须经过路由器转发，由路由器把信息分组通过互联网沿着一条路径从源端传送到目的端。路由器中的过滤器对所接收的每一个数据包根据包过滤规则做出允许或拒绝的决定。由于路由器作用在网络层，具有更强的异种网互连能力、更好的隔离能力、更强的流量控制能力、更好的安全性和可管理维护性。

5. 审计与监测技术

计算机安全保密防范的第三道防线是审计跟踪技术，在系统中保留一个日志文件，与安全相关的事件可以记录在日志文件中，审计跟踪是一种事后追查手段，它对涉及计算机系统安全保密的操作进行完整的记录，以便事后能有效地追查事件发生的用户、时间、地点和过程，发现系统安全的弱点和入侵点。

6.1.3　网络信息安全防护体系的设计原则

企业的性质决定了企业的电力生产、经营和管理型企业，信息交换频繁，要求安全可靠、方便快捷、实时性强。网络信息安全防御体系的设计应遵循以下原则。

（1）网络环境综合治理原则。信息网络系统配备齐全、职责分工科学，网络系统管理软件功能完备，管理、控制策略合理灵活，具有较强的网络支撑能力。

（2）网络结构优化先行原则。信息网络包括局域网、城域网、广域网协调配置，办公自动化内部信息网络、外部信息网络、DMZ 非军事区、Internet 分工明确，网络结构合理。

（3）网络及信息安全防护网络化原则。根据电网公司是网络化的特点，建立网络化 2、3 级信息安全监视与管理系统，包括性能监视与管理（网络管理、网络流量分析、带宽管理软件等）、安全防护与管理（防火墙系统、防病毒系统、VPN 系统、VLAN 系统等）、安全检测与管理（漏洞扫描系统、入侵检测等）。

（4）集中管理与分级控制原则。根据信息网络系统的规模和企业管理体制的实际情况，确定信息网络及应用系统的安全直接管辖以及管理范围，例如，省公司信息中心负责安全直接管辖并运行维护的本级局域网或主干网络系统及其所属设备，负责安全管理的本级与下一级连接的边界路由器和防火墙以及需要直接管辖的系统。

（5）根据企业性质和任务，建立的信息安全总体框架及管理体系、技术体系，应遵循统一领导、统一规划、统一标准、分级组织实施原则。

6.1.4　防火墙系统的工作原理与主要功能

1. 防火墙的分类

根据在 OSI 参考模型中位置的不同，网络防火墙具有不同的类别，其中最常见的是工作在网络层的路由器级防火墙和工作在应用层的网关级防火墙。网络层的路由器级防火墙一般采用过滤技术完成访问控制，也称为包过滤防火墙或 IP 防火墙；应用层的网关级防火墙一般采用代理技术完成访问控制，也称为应用代理防火墙。

通常安全性能和处理速度是防火墙设计实现的重点，也是最难处理的一对矛盾。因此防火墙研制的两个侧重点：一是将防火墙建立在通用的安全操作系统和通用的计算机硬件平台上，利用已有平台提供的丰富功能，使防火墙具备尽可能多的安全服务；二是以高速度为设计实现目标，利用快速处理器、ASIC 和实时高效的操作系统实现防火墙，根据有关的测速报告，这类防火墙的实际吞吐率可以接近线速。

防火墙有助于提高网络系统的总体安全性。防火墙的基本思想不是对每台主机系统进行保护，而是让所有对系统的访问通过某一点，并且保护这一点，并尽可能地对外界屏蔽被保护网络的信息和结构。也就是说，防火墙定义了单个阻塞点，将安全能力统一在单个系统或系统集合中，在简化了安全管理的同时可强化安全策略。

2. 防火墙的主要功能

（1）实施网间访问控制，强化安全策略。能够按照一定的安全策略，对两个或多个网络之间的数据包和链接方式进行检查，并按照策略规则决定对网络之间的通信采取何种动作，如通过、丢弃、转发等。

（2）有效地记录因特网上的活动。因为所有进出内部网络的信息都必须通过防火墙，所以防火墙非常适合收集各种网络信息。这样一方面提供了监视与安全有关的事件的场所，如可以在防火墙上实现审计和报警等功能；另外还可以很方便地实现一些与安全无关的网络管理功能，如记录因特网使用日志和流量管理等。

（3）隔离网段，限制安全问题扩散。防火墙能够隔开网络中的某个网段，这样既可以防止外部网络的一些不良行为影响内部网络的正常工作，又可以阻止内部网络的安全灾难蔓延到外部网络中。

（4）防火墙本身应不受攻击的影响，也就是说，防火墙自身有一定的抗攻击能力。由于防火墙是实施安全策略的检查站，一旦防火墙失效，则内外网间依靠防火墙提供的安全性和连通性都会受到影响，因此防火墙系统应该是一个具有安全操作系统特性的可信任系统，自身能够抵抗各种攻击。

（5）综合运用各种安全措施，使用先进健壮的信息安全技术。如采用现代密码技术、一次性口令系统、反欺骗技术等，一方面可增强防火墙系统自身的抗攻击能力，另外还提高了防火墙系统实施安全策略的检查能力。

（6）人机界面良好，用户配置方便，易管理。防火墙不是解决所有安全问题的万能药方，它只是网络安全政策和策略中的一个组成部分。

6.1.5　防病毒系统的工作原理与主要功能

1．计算机病毒的结构特点和工作原理

计算机病毒是指编制或者在计算机程序中插入的破坏计算机功能或者数据，影响计算机使用并且能够自我复制的一组计算机指令或者程序代码。要认清计算机病毒的结构特点和行为机理，为防范计算机病毒提供充实可靠的依据。通过对计算机病毒的主要特征、破坏行为以及基本结构的分析来阐述计算机病毒的工作原理。

1）可控性

计算病毒与各种应用程序一样也是人为编写出来的。它并不是偶然自发产生的。在某些方面，它具有一定的主观能动性，即是可事先预防的。当程员编写出这些有意破坏、严谨精巧的程序段时，它们就具有严格组织的程序代码，与其所在环境相互适应并紧密配合，伺机达到它们的破坏目的。因此，这里所指的可控性并不是针对其散播速度和范围的，而是对其产生根源的控制，也就是说是对人的控制。

2）自我复制能力

自我复制也称"再生"或"传染"。再生机制是判断是不是计算机病毒的最重要依据。在一定条件下，病毒通过某种渠道从一个文件和一台计算机传染到另外没有被感染的文件和计算机，轻则造成被感染的计算机数据破坏和工作失常，重则使计算机瘫痪。病毒代码就是靠这种机制大量传播和扩散的。携带病毒代码的文件成为计算机病毒载体和带毒程序。每一台被感染了病毒的计算机，本身既是一个受害者，又是计算机病毒的传播者，通过各种可能的渠道，如光盘、活动硬盘、网络去传染其他的计算机。在染毒的计算机上曾经使用过的光盘，很有可能已被计算机病毒感染，如果把它拿到其他机器上使用，病毒就会通过带毒光盘传染这些机器。如果计算机已经联网，通过数据和程序共享，病毒可以迅速传染与之相连的计算机，若不加控制，就会在很短时间内传遍整个世界。

3）夺取系统控制权

一般的正常程序由系统或用户调用，并由系统分配资源。其运行目的对用户是可见的

和透明的。而就计算机病毒的程序性（可执行性）而言，计算机病毒与其他合法程序一样，是一段可执行程序，但它不是一个完整的程序，而是寄生在其他可执行程序上，因此它享有一切程序所能得到的权力。当计算机在正常程序控制之下运行时，系统运行是稳定的。在这台计算机上可以查看病毒文件的名字，查看或打印计算机病毒代码，甚至复制病毒文件，系统都不会激活并感染病毒。病毒为了完成感染、破坏系统的目的必然要取得系统的控制权。计算机病毒一经在系统中运行，病毒首先要做初始化工作，在内存中找到一片安身之地，随后将自身与系统软件挂起钩来执行感染程序，即取得系统控制权。系统每执行一次操作，病毒就有机会执行它预先设计的操作，完成病毒代码的传播和进行破坏活动。

4）隐蔽性

不经过程序代码分析或计算机病毒代码扫描，病毒程序与正常程序不易区别开。计算机病毒的隐蔽性表现在两个方面：一是传染的隐蔽性，大多数病毒在进行传染时速度是极快的，一般不具有外部表现，不宜被人发现；二是病毒程序存在的隐蔽性，一般的病毒程序都夹在正常程序之中，很难被发现，而一旦病毒发作，往往已给计算机系统造成了不同程度的破坏。随着病毒编写技巧的提高，病毒代码本身还进行加密和变形，使得对计算机病毒的查找和分析更为困难，容易造成漏查或错杀。

5）潜伏性

一个编制精巧的计算机病毒程序，进入系统之后一般不会马上发作，可以在几周或者几个月甚至几年内隐藏在合法文件中，对其他系统进行传染，而不被人发现。潜伏性愈好，其在系统中的存在时间就会愈长，病毒的传染范围就会愈大。只有在满足其特定条件后才启动其表现模块，先是发作信息和进行系统破坏。其中一个例子就是臭名昭著的 CIH 病毒，它在平时会隐藏得很好，而只有在每月的 26 日发作时才会凶相毕露。

使计算机病毒发作的触发条件主要有以下几种。

（1）利用系统时钟提供的时间作为触发器，这种触发机制被大量病毒使用。

（2）利用病毒体自带的计数器作为触发器。病毒利用计数器记录某种事件发生的次数，一旦计算器达到设定值，就执行破坏操作。这些事件可以是计算机开机的次数；可以是病毒程序被运行的次数；还可以是从开机起被运行过的程序数量等。

（3）利用计算机内执行的某些特定操作作为触发器。特定操作可以是用户按下某些特定键的组合，可以是执行的命令，也可以是对磁盘的读写。被病毒使用的触发条件多种多样，而且往往是由多个条件的组合出发。大多数病毒的组合条件是基于时间的，再辅以读写盘操作，按键操作以及其他条件。

6）不可预见性

不同种类病毒的代码千差万别，病毒的制作技术也在不断地提高，病毒比反病毒软件永远是超前的。新的操作系统和应用系统的出现，软件技术不断地发展，也为计算机病毒提供了新的发展空间，对未来病毒的预测更加困难，这就要求人们不断提高对病毒的认识，增强防范意识。

7）病毒的衍生性，持久性，欺骗性等

2．防病毒系统的主要功能

（1）防病毒系统管理功能：管理及下发防病毒服务器组内的防病毒服务器及各个客户端的防病毒策略，通过设定防病毒升级服务器进行防病毒组内的服务器端及客户端的病毒代码更新，通过搜索来确定网络内的防病毒服务器组，搜集防病毒服务器的运行日志。

（2）防病毒系统应用功能：为作为防病毒服务器的主机提供病毒防护，负责为防病毒服务器组内客户端进行病毒代码更新，负责采集防病毒服务器组内客户端及本机的运行日志。负责为客户端所在机器提供病毒防护。可以进行简单的客户端日志采集。

（3）防病毒系统统计分析功能：进行客户端的日志采集并转发到服务器端，对采集回来的日志进行汇总分析，采取不同的分类方式进行查看，方便网络管理人员进行防病毒的策略调整。

3．计算机网络病毒的检测与防范

当一台计算机染上病毒之后，会有许多明显或不明显的特征。例如，文件的长度和日期忽然改变，系统执行速度下降或出现一些奇怪的信息或无故死机或更为严重的是硬盘已经被格式化了。

常用的防毒软件就是利用所谓的病毒码。病毒码其实可以想象成是犯人的指纹，当防毒软件公司收集到一个新的病毒时，就会从这个病毒程序中截取一小段独一无二足以表示这个病毒的二进制程序码，来当作扫毒程序辨认此病毒的依据，而这段独一无二的二进制程序码就是所谓的病毒码。在计算机中所有可以执行的程序（如* .EXE，*.COM）几乎都是由二进制程序码所组成的，也就是计算机的最基本语言——机器码。就连宏病毒在内，虽然它只是包含在 Word 文件中的宏命令集中，可是，它也是以二进制代码的方式存在于 Word 文件中。

计算机网络病毒的防范过程实际上就是技术对抗的过程，反病毒技术相应也要适应病毒繁衍和传播方式的发展而不断调整。网络防病毒应该利用网络的优势，使网络防病毒逐渐成为网络安全体系的一部分；重在防，从防病毒、防黑客和灾难恢复等几个方面综合考虑，形成一整套安全机制，才可最有效地保障整个网络的安全。主要从下列几个方面进行网络病毒防范。

1）以网为本，防重于治。

防治病毒应该从网络整体考虑，从方便减少管理人员的工作着手，透过网络管理 PC。例如，利用网络唤醒功能，在夜间对全网的 PC 进行扫描，检查病毒情况；利用在线报警功能，当网络上每一台机器出现故障、病毒侵入时，网络管理人员都会知道，从而从管理中心处予以解决。

2）与网络管理集成

网络防病毒最大的优势在于网络的管理功能，如果没有把网络管理加上，很难完成网络防毒的任务。管理与防范相结合，才能保证系统的良好运行。管理功能就是管理全部的网络设备：从 Hub 、交换机、服务器到 PC，局域网上的信息互通及与 Internet 的接口等。

　　3）安全体系的一部分

　　计算机网络的安全威胁主要来自计算机病毒、黑客攻击和拒绝服务攻击等三个方面，因而计算机的安全体系也应从这几个方面综合考虑，形成一整套的安全机制。防病毒软件、防火墙产品、可调整参数能够相互通信，形成一整套的解决方案。才是最有效的网络安全手段。

　　4）多层防御

　　多层防御体系将病毒检测、多层数据保护和集中式管理功能集成起来，提供了全面的病毒防护功能，从而保证了"治疗"病毒的效果。病毒检测一直是病毒防护的支柱，多层次防御软件使用了三层保护功能：实时扫描，完整性保护，完整性检验。

　　实时扫描驱动器能对未知的病毒包括异形病毒和秘密病毒进行连续的检测。它能对E-mail 附加部分，下载的 Internet 文件（包括压缩文件）及正在打开的文件进行实时的扫描检验。扫描驱动器能阻止已被感染过的文件复制到服务器或工作站上。

　　完整性保护可阻止病毒从一个受感染的工作站扩散到服务器。完整性保护不只是病毒检测，实际上它能制止病毒以可执行文件的方式感染和传播。完整性保护还可防止与未知病毒感染有关的文件崩溃和根除。完整性检验使系统无须冗余的扫描并且能提高实时检验的性能。集中式管理是网络病毒防护最可靠、最经济的方法。多层次防御病毒软件把病毒检测、多层数据保护和集中式管理的功能集成在同一产品内，因而极大地减轻了反病毒管理的负担，而且提供了全面的病毒防治功能。

　　5）在网关、服务器上防御

　　大量的病毒针对网上资源的应用程序进行攻击，这样的病毒存在于信息共享的网络介质上，因而要在网关上设防，网络前端实时杀毒。防范手段应集中在网络整体上，在个人计算机的硬件和软件、LAN 服务器、服务器上的网关、Internet 及 Intranet 的 Web Site 上，层层设防，对每种病毒都实行隔离、过滤。

6.1.6　入侵检测系统的工作原理与主要功能

　　入侵检测系统对各种事件进行分析，从中发现违反安全策略的行为是入侵检测系统的核心功能。检测主要判别这类特征是否在所收集到的数据中出现。或者将系统运行时的数值与所定义的"正常"情况比较，得出是否有被攻击的结论。

　　入侵检测系统可以单台独立应用，也可以由多台入侵检测装置组成系统网络或分级、分步入侵检测系统。按根据收集的待分析信息的来源，入侵检测系统（Intrusion Detection System，IDS）可分为以下三类。

1. 基于主机的入侵检测系统

　　基于主机的入侵检测技术，通过分析特定主机上的行为来检测入侵，其数据来源通常是系统和应用程序的审计日志，也可以是系统的行为数据，或者是受保护系统的文件系统等。它们必须从所监测的主机收集信息。这使得 IDS 能够以很细的粒度分析主机上的行为，同时能够精确地确定对操作系统执行恶意行为的进程和用户。该入侵检测技术一般用于保护关键应用服务器，实时地监视和检查可疑连接、非法访问和系统日志等，并可提供对主机上的应用系统（如 WebZ-mail 服务等）进行监视。有些基于主机的 IDS 通过将管理功能和攻击报告集中到一个单一的安全控制台上，简化了对一组主机的管理。还有一些 IDS 可以产生同网管系统兼容的消息。

基于主机的入侵检测系统的优点如下。

（1）由于基于主机的 IDS 可以获悉一个主机上发生的事件，它们能够监测基于网络的 IDS 不能检测的攻击，由于它可以获取系统高层应用的特有信息，理解动作的含义，在实现某些特殊功能时，例如审计系统资源和系统行为等方面，具有其他技术无法替代的优势。

（2）基于主机的 IDS 可以运行在使用加密的网络上，只要加密信息在到达被监控的主机时或到达前解密即可。

（3）基于主机的 IDS 可以运行在交换网络中。

基于主机的入侵检测系统的缺点如下。

（1）必须在每个被监控的主机上都安装和维护信息收集机制。

（2）由于这些系统的一部分安装在有可能遭到攻击的主机上，基于主机的 IDS 可能受到攻击并被一个高明的攻击者设为无效。

（3）由于每台主机上的 IDS 只能看见该主机收到的网络分组，基于主机的 IDS 不太适合于检测针对网络中所有主机的网络扫描。

（4）基于主机的 IDS 通常很难检测和应对拒绝服务攻击。

（5）由于其原始数据来源受到具体操作系统平台的限制，其入侵检测的实现需要针对特定的系统平台来进行设计，因此，在环境适应性、可移植性方面存在一定问题。

（6）基于主机的 IDS 使用它所监控的主机的计算资源。

2．基于网络的入侵检测系统

基于网络的入侵检测技术其信息来源是网络系统中的信息流。该技术不依靠审计攻击事件对目标系统的影响来实现，而主要是分析网络行为和过程，通过行为特征或异常来发现攻击事件，从而检测被保护网络上发生的入侵事件。此类系统侧重于对网络活动的监视和检测，因而能够实时地发现攻击的企图，在很多情况下可以做到防患于未然。例如，网络上发生了针对 Windows NT 系统的攻击行为时，即使其保护的网络中没有 NT 系统，基于网络的入侵检测系统也可以检测到这种攻击。

基于网络的入侵检测一般通过在网络的数据链路层上进行监听的方式来获得信息。以太网上的数据发送是采用广播方式进行的，而计算机的网卡通常有两种工作模式：一种是正常的工作模式，只接收目的 IP 地址为本机地址的 IP 数据包；另一种是杂收模式，当网卡工作在杂收模式时，就能使一台主机不管目的 IP 地址是谁而接收同一广播网段上传送的所有 IP 数据包。

基于网络的入侵检测系统的优点如下。

（1）少量位置适当的基于网络的 IDS 可以监控一个大型网络。

（2）基于网络的 IDS 的安装对已有网络影响很小。基于网络的 IDS 通常是一些被动型的设备，它们只监听网络而不干扰网络的正常运作。因此，为安装基于网络的 IDS 对现有网络的改造很容易进行，所需的代价很小。

（3）由于原始数据来源丰富，只要传输数据未进行底层加密，从理论上就可检测到一切通过网络发动的攻击，特别是只有此类系统能够有效检测针对协议族和特定服务的攻击手段，如远程缓冲区溢出、网络碎片攻击等。

（4）由于只关心网络上的数据，在实时性、适应性、扩展性方面具有其独特的优势。

（5）基于网络的 IDS 可以很好地避免攻击，对于很多攻击者来说甚至是不可见的。

基于网络的入侵检测系统的缺点如下。

（1）在一个大型的或拥挤的网络中，基于网络的 IDS 很难处理所有的分组，因此有可能无法识别网络流量较大时发起的攻击。由于硬件实现的速度要快得多，有些厂商试图通过完全以硬件方式实现 IDS 来解决这个问题。快速分析分组的需求也迫使厂商使用尽可能少的计算资源来监测攻击，这会降低检测的有效性。

（2）基于网络的 IDS 的许多优势并不适用于现代的基于交换的网络。交换机可以将网络分为许多小单元（常常是每台主机一条快速以太网线），可以同时在由同一交换机支持的主机之间提供专用链路。多数交换机不提供统一的监测端口，这就减少了基于网络的 IDS 探测器的监测范围。在提供监测端口的交换机中，往往通过一个端口也不能监测所有通过该交换机的流量。

（3）基于网络的 IDS 不能分析加密信息。由于组织和攻击者越来越多地使用加密手段进行攻击，这个问题就日益严重。

（4）多数基于网络的 IDS 不报告攻击是否成功，它们只报告是否有攻击发起。在检测到一个攻击后，管理员通常需要手工查看每台受攻击的主机以确定主机是否被入侵。

3．基于应用的入侵检测系统

基于应用的入侵检测系统监控一个应用内发生的事件。通常情况下通过分析应用的日志文件检测攻击。由于可以直接接触应用并获悉重要的域或应用信息，基于应用的 IDS 可能对应用内部的可疑行为更具有洞察力或更细粒度的了解。

基于应用的入侵检测系统的优点如下。

（1）基于应用的 IDS 以极细的粒度监测行为，从而可以通过未授权的行为跟踪到个别用户。

（2）由于基于应用的 IDS 常与可能执行加密操作的应用接触，它们常运行在加密的环境中。

基于应用的入侵检测系统的缺点是：由于基于应用的 IDS 通常作为所监控主机上的一个应用而运行，它们同基于主机的 IDS 相比更易受到攻击而失去作用。

6.1.7　漏洞扫描系统工作原理与主要功能

安全扫描系统与防火墙、入侵检测系统互相配合，能够有效提高网络的安全性。通过对网络的扫描，网络管理员可以了解网络的安全配置和运行的应用服务，及时发现安全漏洞，客观评估网络风险等级。网络管理员可以根据扫描的结果更正网络安全漏洞和系统中的错误配置，在黑客攻击前进行防范。如果说防火墙和网络监控系统是被动的防御手段，那么安全扫描就是一种主动的防范措施，可以有效避免黑客攻击行为，做到防患于未然。

1．网络隐患扫描系统所采用的基本方法

（1）基于单机系统的安全评估系统。这是最早期所采用的一种安全评估软件，使用的是基于单系统的方法。安全检测人员针对每台机器运行评估软件进行独立的检测。

（2）基于客户的安全评估系统。基于客户机的方法中，安全检测人员在一台客户机上执行评估软件。在网络中的其他机器并不执行此程序。

（3）采用网络探视方式的安全评估系统。网络探测型的评估软件是在一个客户端执行，它通过网络探测网络和设备的安全漏洞。目前，国外很多功能较为完善的系统，如 NAI 的 CyberCops Scanner 等采用了这种方式。网络探测将模拟入侵者所采用的行为，从系统的外围进行扫描试图发现网络的漏洞。

（4）采用管理者/代理方式的安全评估系统。管理者/代理类型的安全隐患扫描结合了网络探测等技术，为企业级的安全评估提供了一种高效的方法。安全管理员通过一台管理器，来控制位于网络中不同地点的多个安全扫描代理（包含安全扫描和探测的代码），以控制和管理大型系统中的安全隐患扫描。这是更先进的一种设计思想。

2．数据库安全漏洞扫描系统所采用的基本方法

在各种操作系统和网络系统中存在的可被他人利用和入侵的安全性漏洞或网络攻击手段可达上千种，并且新的漏洞和攻击手段还在不断增加。因此，需要详细分析和掌握现有的漏洞及攻击手段，研究每一种安全性漏洞或入侵手段的原理、入侵方式以及检测方式等，并对所涉及的各种研究对象按照其内在特征进行分类和系统化，再对每一类的漏洞进行深入研究。通过对各类漏洞的分析，从中提取规律性的特征，作为扫描和分析的依据。

通过对安全性漏洞和入侵手段的分析研究，就可以将上述的研究成果进行归纳总结，形成一个安全漏洞数据库，作为扫描检测的依据。这个数据库应该涵盖所有有关各种安全性漏洞和入侵手段的信息和知识，其中包括：

（1）安全性漏洞原理描述、危害程度、所在的系统和环境等信息；

（2）采用的入侵方式、入侵的攻击过程、漏洞的检测方式；

（3）发现漏洞后建议采用的防范措施。

数据库的组织逻辑上可划分为一个检测方法库和一个知识库。知识库中详细记录着各种漏洞和入侵手段的相关知识；方法库中记录各种漏洞的检测方法（漏洞检测代码）。在每个数据库中将根据研究对象的分类来组织划分。安全漏洞数据库的设计应该保持良好的可扩展性和独立性，与系统中扫描引擎独立，可实现平滑升级和更新。

3. 安全漏洞扫描引擎

利用漏洞数据库可以实现安全漏洞扫描的扫描器。扫描器的设计遵循的原则是：与安全漏洞数据库相对独立，可对数据库中记录的各种漏洞进行扫描。

1）支持多种 OS，以代理性试运行于系统中不同探测点，受到管理器的控制；

2）实现多个扫描过程的调度，保证迅速准确地完成扫描检测，减少资源占用；

3）有准确、清晰的扫描结果输出，便于分析和后续处理。

4. 结果分析和报表生成

扫描工具还应具有结果分析和报告生成的能力。通过分析扫描器所得到的结果发现网络或系统中存在的弱点和漏洞，同时分析程序能够根据这些结果得到对目标网络安全性的整体安全性评价和安全问题的解决方案。这些结果和解决方案将通过分析报告的形式提供给系统管理员。报告中包含的内容如下。

（1）目标网络中存在的安全性弱点的总结；

（2）对目的网络系统的安全性进行详细描述，为用户确保网络安全提供依据；

（3）向用户提供修补这些弱点的建议和可选择的措施；

（4）能够就用户系统安全策略的制定提供建议，以最大限度地帮助用户实现信息系统的安全。

报表的生成是通过综合分析扫描结果和相关知识库中的信息进行的。

5. 安全扫描工具管理器

扫描工具管理器提供良好的用户界面，实现扫描管理和配置。如果采用分布式扫描设计，扫描器（即扫描引擎）可以作为扫描代理的形式分布域网络中的多个扫描探测点，同时受到管理器的控制和管理。管理员可通过管理器配置特定的安全扫描策略，包括在何时、何地启动哪些类型的扫描等。

在网络安全体系的建设中，网络安全扫描工具的费用低、效果好、见效，不影响网络的运行，安装运行简单并且相对独立，可以极大地减少安全管理员的手工劳动。同时，作为整个网络安全体系中的一部分，网络安全扫描工具也能够与系统中的其他网络安全工具（如防火墙、入侵检测系统）协同工作，共同保证整个网络的安全和稳定以及安全性策略的统一。

6.2　网络信息安全防护技术基础知识

本节主要内容包括国际工业控制系统发展历程与展望，我国工业控制系统安全防护重点及措施，电力监控系统安全防护含义及安全规范，电力监控系统安全防护重点与难点，电力监控系统安全防护大区划分，电力监控系统安全防护体系的实施案例。

6.2.1　国家工业控制系统发展历程与展望

　　随着计算机技术、通信技术和控制技术的发展，传统的控制领域正经历着一场前所未有的变革，开始向网络化方向发展。控制系统的结构从最初的 CCS（计算机集中控制系统），到第二代的 DCS（分散控制系统），发展到现在流行的 FCS（现场总线控制系统）。最早在 20 世纪 50 年代中后期，计算机就已经被应用到控制系统中。20 世纪 60 年代初，出现了由计算机完全替代模拟控制的控制系统，被称为直接数字控制（Direct Digital Control，DDC）。20 世纪 70 年代中期，随着微处理器的出现，计算机控制系统进入一个新的快速发展的时期，1975 年，世界上第一套以微处理为基础的分散式计算机控制系统问世，它以多台微处理器共同分散控制，并通过数据通信网络实现集中管理，被称为集散控制系统（Distributed Control System，DCS）。

　　进入 20 世纪 80 年代以后，人们利用微处理器和一些外围电路构成了数字式仪表以取代模拟仪表，这种 DDC 的控制方式提高了系统的控制精度和控制的灵活性，而且在多回路的巡回采样及控制中具有传统模拟仪表无法比拟的性能价格比。20 世纪 80 年代中后期，随着工业系统的日益复杂，控制回路的进一步增多，单一的 DDC 控制系统已经不能满足现场的生产控制要求和生产工作的管理要求，同时中小型计算机和微机的性能价格比有了很大提高。于是，由中小型计算机和微机共同作用的分层控制系统得到大量应用。进入 20 世纪 90 年代以后，由于计算机网络技术的迅猛发展，使得 DCS 系统得到进一步发展，提高了系统的可靠性和可维护性，在今天的工业控制领域 DCS 仍然占据着主导地位，但是 DCS 不具备开放性，布线复杂，费用较高，不同厂家产品的集成存在很大困难。

　　计算机网络技术的发展使它成为现代信息技术的主流，特别是 Internet 的发展和广泛应用使它成为公认的未来全球信息基础设施的雏形。采用 Internet 成熟的技术和标准，人们提出了 Intranet 和 Extranet 的概念，分别用于企业内部网和企业外联网的实现，于是便形成了以 Intranet 为中心，以 Extranet 为补充，依托于 Internet 的新一代企业信息基础设施。

　　随着企业信息网络的深入应用与日臻完善，现场控制信息进入信息网络实现实时监控是必然的趋势。为提高企业的社会效益和经济效益，许多企业都在尽力建立全方位的管理信息系统，它必须包括生产现场的实时数据信息，以确保实时掌握生产过程的运行状态，使企业管理决策科学化，达到生产、经营、管理的最优化状态。信息-控制一体化将为实现企业综合自动化 CIPA（Computer Integrated Plant Automation）和企业信息化创造有利条件。

　　在计算机控制系统的发展过程中，每一种结构的控制系统的出现总是滞后于相应计算机技术的发展。实际上，大多数情况下，正是在计算机领域一种新技术出现以后，人们才开始研究如何将这种新技术应用于控制领域。鉴于两种应用环境的差异，其中的技术细节做了适当修改和补充，但关键技术的原理及实现上，它们有许多共同之处。正是由于二者在发展过程中的这种关系，使得实现信息-控制一体化成为可能。

控制网络的发展，其基本趋势是逐渐趋向于开放性、透明的通信协议。上述出现的问题，根本原因在于现场总线的开放性是有条件的、不彻底的。以太网具有传输速度高、低耗、易于安装和兼容性好等方面的优势，由于它支持几乎所有流行的网络协议，所以在商业系统中被广泛采用。

近些年来，随着网络技术的发展，以太网进入了控制领域，形成了新型的以太网控制网络技术。这主要是由于工业自动化系统向分布化、智能化控制方面发展，开放的、透明的通信协议是必然的要求。现场总线由于种类繁多，互不兼容，尚不能满足这一要求。而以太网的 TCP/IP 的开放性使得在工控领域通信这一关键环节具有无可比拟的优势。主流产品的速度已经达到 100Mb/s，千兆以太网也已经投入使用，其网络产品和软件发展速度很快。以太网以成本低、组网方便、软硬件丰富、可靠性高等特点得到了广泛的认可。Internet飞速发展的主要原因在于以太网和 TCP/IP 的广泛应用，TCP/IP 是极其灵活的，几乎所有的网络底层技术都可用于传输 TCP/IP 的通信。应用 TCP/IP 的以太网已经成为最流行的分组交换局域网技术，同时也是最具开放性的网络技术。从趋势来看，将 Internet 及其相关技术集成到现有控制系统中，利用 Internet 上开放的、并且已经成熟的技术对现有的控制系统进行升级改造，加快工业企业的信息一控制一体化进程，已有的现场总线仍将继续存在，最有可能的是发展一种混合式控制系统。

6.2.2　我国工业控制系统信息安全重点及措施

随着计算机和网络技术的发展，特别是信息化与工业化深度融合以及物联网的快速发展，工业控制系统产品越来越多地采用通用协议、通用硬件和通用软件，以各种方式与互联网等公共网络连接，病毒、木马等威胁正在向工业控制系统扩散，工业控制系统信息安全问题日益、突出。2010 年发生的"震网"病毒事件，充分反映出工业控制系统信息安全面临着严峻的形势。数据采集与监控(SCADA)、分布式控制系统(DCS)、过程控制系统(PCS)、可编程逻辑控制器(PLC)等工业控制系统广泛运用于工业、能源、交通、水利以及市政等领域，用于控制生产设备的运行。一旦工业控制系统信息安全出现漏洞，将对工业生产运行和国家经济安全造成重大隐患。

工业控制系统信息安全管理重点领域包括：核设施、钢铁、有色、化工、石油石化、电力、天然气、先进制造、水利枢纽、环境保护、铁路、城市轨道交通、民航、城市供水供气供热以及其他与国计民生紧密相关的领域。

工业控制系统信息安全防护措施如下。

1. 连接管理要求

（1）断开工业控制系统同公共网络之间的所有不必要连接。

（2）对确实需要的连接，系统运营单位要逐一进行登记，采取设置防火墙、单向隔离等措施加以防护，并定期进行风险评估，不断完善防范措施。

（3）严格控制在工业控制系统和公共网络之间交叉使用移动存储介质以及便携式计

算机。

2．组网管理要求

（1）工业控制系统组网时要同步规划、同步建设、同步运行安全防护措施。

（2）采取虚拟专用网络(VPN)、线路冗余备份、数据加密等措施，加强对关键工业控制系统远程通信的保护。

（3）对无线组网采取严格的身份认证、安全监测等防护措施，防止经无线网络进行恶意入侵，尤其要防止通过侵入远程终端单元(RTU)进而控制部分或整个工业控制系统。

3．配置管理要求

（1）建立控制服务器等工业控制系统关键设备安全配置和审计制度。

（2）严格账户管理，根据工作需要合理分类设置账户权限。

（3）严格口令管理，及时更改产品安装时的预设口令，杜绝弱口令、空口令。

（4）定期对账户、口令、端口、服务等进行检查，及时清理不必要的用户和管理员账户，停止无用的后台程序和进程，关闭无关的端口和服务。

4．设备选择与升级管理要求

（1）慎重选择工业控制系统设备，在供货合同中或以其他方式明确供应商应承担的信息安全责任和义务，确保产品安全可控。

（2）加强对技术服务的信息安全管理，在安全得不到保证的情况下禁止采取远程在线服务。

（3）密切关注产品漏洞和补丁发布，严格软件升级、补丁安装管理，严防病毒、木马等恶意代码侵入。关键工业控制系统软件升级、补丁安装前要请专业技术机构进行安全评估和验证。

5．数据管理要求

地理、矿产、原材料等国家基础数据以及其他重要敏感数据的采集、传输、存储、利用等，要采取访问权限控制、数据加密、安全审计、灾难备份等措施加以保护，切实维护个人权益、企业利益和国家信息资源安全。

6．应急管理要求

制定工业控制系统信息安全应急预案，明确应急处置流程和临机处置权限，落实应急技术支撑队伍，根据实际情况采取必要的备机备件等容灾备份措施。

6.2.3　电力监控系统安全防护含义及安全规范

电力监控系统是指用于监视和控制电力生产及供应过程的、基于计算机及网络技术的业务系统及智能设备，以及作为基础支撑的通信及数据网络等，具体包括以下内容。

（1）电力数据采集与监控系统、能量管理系统、变电站自动化系统、换流站计算机监控系统、发电厂计算机监控系统、配电自动化系统、微机继电保护和安全自动装置、广域相量测量系统、负荷控制系统、水调自动化系统和水电梯级调度自动化系统、电能量计量系统、实时电力市场的辅助控制系统、电力调度数据网络等。

（2）电力调度数据网络，是指各级电力调度专用广域数据网络、电力生产专用拨号网络等。

（3）控制区，是指由具有实时监控功能、纵向连接使用电力调度数据网的实时子网或者专用通道的各业务系统构成的安全区域。

（4）非控制区，是指在生产控制范围内由在线运行但不直接参与控制、是电力生产过程的必要环节、纵向连接使用电力调度数据网的非实时子网的各业务系统构成的安全区域。

电力监控系统安全防护工作应当落实国家信息安全等级保护制度，按照国家信息安全等级保护的有关要求，坚持"安全分区、网络专用、横向隔离、纵向认证"的原则，保障电力监控系统的安全。

发电企业、电网企业内部基于计算机和网络技术的业务系统，应当划分为生产控制大区和管理信息大区。

生产控制大区可以分为控制区(安全区 I)和非控制区(安全区 II)；管理信息大区内部在不影响生产控制大区安全的前提下，可以根据各企业不同的安全要求划分安全区。

根据应用系统实际情况，在满足总体安全要求的前提下，可以简化安全区的设置，但是应当避免形成不同安全区的纵向交叉连接。

电力调度数据网应当在专用通道上使用独立的网络设备组网，在物理层面上实现与电力企业其他数据网及外部公用数据网的安全隔离。

电力调度数据网划分为逻辑隔离的实时子网和非实时子网，分别连接控制区和非控制区。

生产控制大区的业务系统在与其终端的纵向连接中使用无线通信网、电力企业其他数据网（非电力调度数据网）或者外部公用数据网的虚拟专用网络方式（VPN）等进行通信，应当设立安全接入区。

在生产控制大区与管理信息大区之间必须设置经国家指定部门检测认证的电力专用横向单向安全隔离装置。生产控制大区内部的安全区之间应当采用具有访问控制功能的设备、防火墙或者相当功能的设施，实现逻辑隔离。安全接入区与生产控制大区中其他部分的连接处必须设置经国家指定部门检测认证的电力专用横向单向安全隔离装置。

在生产控制大区与广域网的纵向连接处应当设置经过国家指定部门检测认证的电力专用纵向加密认证装置或者加密认证网关及相应设施。安全区边界应当采取必要的安全防护措施，禁止任何穿越生产控制大区和管理信息大区之间边界的通用网络服务。生产控制大区中的业务系统应当具有高安全性和高可靠性，禁止采用安全风险高的通用网络服务功能。

依照电力调度管理体制建立基于公钥技术的分布式电力调度数字证书及安全标签，生产控制大区中的重要业务系统应当采用认证加密机制。

电力监控系统在设备选型及配置时，应当禁止选用经国家相关管理部门检测认定并经国家能源局通报存在漏洞和风险的系统及设备；对于已经投入运行的系统及设备，应当按照国家能源局及其派出机构的要求及时进行整改，同时应当加强相关系统及设备的运行管理和安全防护。生产控制大区中除安全接入区外，应当禁止选用具有无线通信功能的设备。

6.2.4 电力监控系统安全防护体系的实施案例

根据电力系统必须不间断为国民经济和人民生产生活提供动力的企业特点，要求电力监控系统安全性、可靠性、稳定性、灵活性都非常高，防护体系的监控原则如下。

1. 安全防护的 P2DR 模型

电力监控系统的安全防护应该按照"在安全策略（P）的指导下进行安全防御（P）和入侵检测（D）以及安全响应和反击（R）"的原则进行研究、设计、实施，如图 6.1 所示。

图 6.1　安全防护的 P2DR 模型

2. 全面防护、突出重点的原则

电力监控系统是一个特大型系统，它是由多个业务系统（EMS、DTS、电能量计量、电力市场、水调自动化、调度生产管理等）所组成，这些业务系统彼此互相紧密关联，因此任何业务系统的安全漏洞都可能影响其他系统，因此需要全面防护；但若对所有的业务系统均采取相同的安全防护策略和措施，也是不科学的，因此必须突出重点，对最重要的业务系统进行重点安全防护。

3. 分层分区、强化边界的原则

将电力监控系统的各个业务系统根据其业务的重要性和对一次系统的影响程度进行分区，所有系统都必须置于相应的安全区内；对安全区的边界配置横向隔离装置和纵向加密认证装置进行重点防护。

4．系统性原则

安全防护必须具有全局观点。即相同的业务系统必须在上下级环境中处于相同的安全区；在相同安全区的各个业务系统无论在当地局域环境或在远程广域环境均应该采取相同的安全防护策略和防护措施；不应该强调本地本单位的局部特殊性而形成不同安全区的交叉以及降低安全防护强度，进而降低整个电力监控系统的安全防护强度。

5．简单性和可靠性原则

采取安全防护措施时，不要一味追求"高、精、尖"，应该尽量采取简单实用的安全措施；越是简单的、切合电力系统实际的、可以控制其技术关键的措施，越是可靠。

6．实时、效率、连续、安全相统一的原则

在研究、设计、实施安全防护时一定要统筹考虑，既要安全，又要考虑尽量不影响或少影响业务系统的实时性、运行的连续不可间断性，以及业务系统的效率。

7．方便与安全相统一的原则

在研究、设计、实施安全防护时要兼顾业务系统的方便和安全；在涉及实时控制和生产的高安全区以安全为主方便为辅，而在信息管理的低安全区则以使用方便为主而以安全为辅。

8．整体规划、分步实施的原则

电力监控系统安全防护是一个巨大的系统工程，不可能短期完全实施到位；因此必须采取措施，做出整体的规划，但又分成若干具体实施步骤，一步一个脚印地踏踏实实地进行实施。

9．动态提高螺旋发展的原则

电力监控系统是一个大系统，并且在不断发展变化，电力监控系统安全防护具有动态性，随着安全防护的实施将逐步完善和提高；安全工程的实施过程不是一蹴而就的，而是一个持续的、长期的"攻与防"的矛盾斗争过程。

10．责任到人，分级管理，联合防护的原则

安全防护的最终落实应该本着"三分技术、七分管理"的原则进行实施，而在安全管理中重点落实"责任到人，分级管理，联合防护"的原则。

6.2.5 电力监控系统安全防护重点与难点

电力监控系统包括生产控制系统和管理信息系统及相关数据网络，是电力系统的基础

设施，不仅与电力系统生产、经营和服务相关，而且与电力系统的安全运行紧密关联。监控系统的安全是整个电力系统安全的重要组成部分。电力是国民经济和人民生活极其重要的基础设施之一，电力安全直接关系到国计民生，也是国家其他行业安全的重要基础，一直是国家有关部门关注的重点。

1. 电力监控系统安全防护的重点

电力监控系统安全防护的重点是确保电力实时闭环监控系统及调度数据网络的安全，目标是抵御黑客、病毒、恶意代码等通过各种形式对系统发起的恶意破坏和攻击，特别是能够抵御集团式攻击，防止由此导致一次系统事故或大面积停电事故，及监控系统的崩溃或瘫痪。

随着计算机技术、通信技术和网络技术的发展，接入数据网络的电力控制系统越来越多。特别是随着电力改革的推进和电力市场的建立，要求在调度中心、电厂、用户等之间进行的数据交换也越来越多。电力生产自动化水平的提高导致大量采用远方控制，对电力控制系统和数据网络的安全性、可靠性、实时性提出了新的严峻挑战。

而另一方面，Internet 技术已得到广泛使用，E-mail、Web 和 PC 的应用也日益广泛，但同时病毒和黑客也日益猖獗。目前有一些调度中心、发电厂、变电站在规划、设计、建设及运行控制系统和数据网络时，对网络安全问题重视不够，过度一体化，过度资源共享，使得具有实时控制功能的监控系统，在没有进行有效安全防护的情况下与当地的 MIS 系统互连，甚至与因特网直接互连，存在严重的安全隐患。例如，一是旁路控制（Bypassing Controls），入侵者对发电厂、变电站发送非法控制命令，导致电力系统事故，甚至系统瓦解。二是完整性破坏（Integrity Violation），如非授权修改电力控制系统配置、程序、控制命令；非授权修改电力交易中的敏感数据。三是违反授权（Authorization Violation），电力控制系统工作人员利用授权身份或设备，执行非授权的操作。四是工作人员的随意行为（Indiscretion），电力控制系统工作人员无意识地泄漏口令等敏感信息，或不谨慎地配置访问控制规则等。五是拦截/篡改（Intercept/Alter），如拦截或篡改广域网传输中的控制命令、参数设置、交易报价等敏感数据。六是非法使用（Illegitimate Use），如非授权使用计算机或网络资源。

2. 解决电力监控系统安全风险的技术难度

（1）监控系统安全防护基础薄弱。电力行业是比较重视安全生产的，但长期以来更多的是关心基建、发电、输电和供电等生产过程，"重一次轻二次，重强电轻弱电"，对信息安全防护特别是电力监控系统的安全防护重视不够。在电力设计、实施、管理和运行等一系列生产过程中，对监控系统安全防护的意识薄弱、措施缺乏。

（2）行业性质特殊。电力生产是发、输、变、配和用电瞬间完成的过程，电力与国家其他基础行业相比，其实时性、可靠性和稳定性要求更高。因此，能适用于一般行业的通用安全技术和产品不能简单地应用于电力行业的关键系统，必须根据电力行业的特点和实际情况加以调整、应用，有些特殊的安全产品必须专项研制和开发。

（3）涉及的系统多。电力行业不仅是资本密集型，更是技术密集型行业。电力行业较早应用了计算机、自动化和通信等技术，这些技术深入运用到电力生产的每一个过程，发挥着重大作用。电力监控系统是一个特大型系统，它是由几十个业务系统（EMS、DTS、电能量计量、电力市场、水调自动化、调度生产管理、信息管理和通信网络等）所组成，这些业务系统彼此互相紧密关联，相互影响。

（4）涉及的单位多，实施难度大。电力体制改革实施后，原国家电力公司划分为两个电网公司、5 个发电公司，没有隶属关系。而全国电力系统共有 36 个网省公司，近两百家大型发电企业（约三千座发电厂），二百八十余个地（市）级供电企业，两千四百余个县级供电企业，要在全电力行业众多单位采用统一的安全防护策略、实施统一的安全措施和技术存在着相当大的困难。

（5）缺乏电力行业的安全防护标准和技术体系。由于长期对安全防护重视不够，全电力行业中只有某些单位个别采用了防火墙、防病毒软件等通用的安全产品和技术，缺乏适合于整个电力行业特点的统一的安全防护标准和技术体系。国外电力监控系统的安全防护工作也处于初级阶段，尚无可供参考的成功实例。

（6）电力监控系统遍布全国，并且全国联网；装备数量庞大、技术复杂；对不同监控系统安全强度的要求也不同；电力监控系统的运行管理涉及的单位有几万家之多；电力监控系统运行对实时性和可靠性的要求很高。

6.2.6　电力监控系统安全防护大区划分

1. 生产控制大区划分

(1)安全区 I：控制区。安全区 I 中的业务系统或功能模块的典型特征为直接实现实时监控功能，是电力生产的重要必备环节，系统实时在线运行，使用电力调度数据网络或专用信道。安全区 I 的典型系统包括调度自动化系统（SCADA/EMS）、广域相量测量系统、配电自动化系统、变电站自动化系统、发电厂自动监控系统等，其主要使用者为调度员和运行操作人员，数据实时性为秒级（或毫秒级），外部边界的通信经由电力调度数据网的实时子网。该区中还包括采用专用信道的控制系统，如继电保护、安全自动控制系统、低频/低压自动减载系统、负荷控制系统等，这类系统对数据通信的实时性要求为毫秒级或秒级。

安全区 I 是电力监控系统中最重要的系统，安全等级最高，是安全防护的重点与核心。

（2）安全区 II：非控制区。安全区 II 中的业务系统或功能模块的典型特征为：所实现的功能为电力生产的必要环节，但不具备控制功能，使用调度数据网络，在线运行，与安全区 I 中的系统或功能模块联系紧密。安全区 II 的典型系统包括调度员培训模拟系统（DTS）、水调自动化系统、继电保护及故障录波信息管理系统、电能量计量系统、批发电力交易系统等，其面向的主要使用者分别为电力调度员、水电调度员、继电保护人员及电力市场交易员等。该区数据的实时性是分钟级、小时级，其外部通信边界为电力调度数据网非实时子网。

2．管理信息大区划分

（1）安全区 III：生产管理区。安全区 III 中的业务系统或功能模块的典型特征为：实现电力生产的管理功能，但不具备控制功能，不在线运行，可不使用电力调度数据网络，与调度中心或控制中心工作人员的桌面终端直接相关，与安全区 IV 的办公自动化系统关系密切。该区的典型系统为调度生产管理系统（DMIS）、统计报表系统、雷电监测系统、气象信息接入等。该区的外部通信边界为电力数据通信网的生产子网或其他电力企业数据网。

（2）安全区 IV：管理信息区。安全区 IV 中的业务系统或功能模块的典型特征为：实现电力信息管理和办公自动化功能，使用电力数据通信网络，业务系统的访问界面主要为桌面终端。该区包括管理信息系统（MIS）、办公自动化系统（OA）、客户服务系统等。该区的外部通信边界为电力数据通信网的信息子网及因特网。

6.3　网络信息安全防护体系应用分析实例

本节论述了网络信息安全防护主要技术措施，介绍了国家电网公司电网信息安全纵深防御最佳实践，辽宁电力系统信息安全应用示范工程防火墙系统、防病毒系统、入侵检测系统、漏洞扫描系统实际应用案例。

6.3.1　网络信息安全防护主要技术措施

1．网络访问控制

网络访问控制是在网络层实现访问控制措施，以限制主体（访问发起者）对客体（资源）的访问。网络访问控制决定谁能够访问安全域或应用系统，能访问安全域或系统的何种资源以及如何访问这些资源。适当的访问控制能够阻止未经许可的用户有意或无意地获取敏感信息。典型的网络访问控制实现形式包括防火墙、虚拟防火墙和 VLAN 间访问控制。硬件防火墙或软件防火墙以硬件或软件防火墙的形态实现网络访问控制功能；虚拟防火墙将一台防火墙在逻辑上划分成多台虚拟的防火墙，每个虚拟防火墙系统都可以被看成是一台完全独立的防火墙设备，可拥有独立的系统资源、管理员、安全策略、用户认证数据库等；VLAN 间访问控制通过在交换机上划分 VLAN，进而设定访问控制列表以实现网络访问控制功能，适合在桌面终端域和安全级别相对较低的系统间部署。

实施网络访问控制必须：除因访问需要而设置的允许的规则外，其他网络连接默认应当设为拒绝访问；拦截所有源地址或目标地址是访问控制设备本身的网络连接；拦截所有从互联网和外部网络发起的 ICMP（Internet Control Message Protocol）网络通信包；所有从互联网发起的网络通信包的目标地址只能是外网应用系统域限定主机的地址，以及被允许的通信协议如 HTTP、HTTPS、SMTP、POP3、DNS；开启访问控制设备日志记录功能，对日志进行定期审计，并且将日志发送到日志服务器中收集分析；只为用户或应用设置必要的访问策略；严格禁止任何其他旁路方式将不可信网络直接连入内部网络都将导致访问控制措施的失效；尽可能遵循系统原有的网络安全设计，任何对访问控制策略的变更都必须经过申请和严格批准，并进行记录。

2．系统安全加固

对主机操作系统、数据库管理系统、通用应用服务和网络设备进行安全配置加固，以解决由于系统漏洞或不安全配置所引入的安全隐患。

实施系统安全加固必须：关闭系统中不用的服务，以免产生安全薄弱点；对设备的管理应当采用安全的 SSH、 HTTPS 代替不安全的 Telnet 及 HTTP 管理方式；对于 UNIX 服务器，正确配置 Syslog 使其记录相关的安全事件，对于 Windows 服务器，开启敏感事件及对重要资源的访问审核；制定用户安全策略，包括制定用户登录超时锁定、口令复杂度及生存周期策略、账号锁定策略等；限制管理员权限使用，仅当执行拥有特权的管理操作时方可切换至超级用户，一般的日常维护操作应当使用普通权限用户执行；对于数据库系统，应当加强对敏感存储过程的管理，尤其是能执行操作系统命令的存储过程。

3．系统弱点扫描

管理员使用弱点扫描系统发现所维护的服务器的各种端口分配、提供的服务、服务软件版本和系统存在的安全漏洞，查看网络和系统弱点隐患情况并制定解决方案。

4．入侵检测措施

入侵检测通过对行为、安全日志或审计数据或其他网络上可以获得的信息进行操作，以检测对系统的闯入或闯入的企图，其目的是接近实时地识别内部和外部攻击者对计算机系统的非授权使用和攻击。

根据所监测的数据类型，明确所要监测的主机、服务等因素以定制入侵检测规则以优化入侵检测性能，并制定合理的报警或日志记录方式。制定入侵检测事件分类分级机制，不同安全级别的事件以不同的形式通知管理员处理，如一般事件仅进行日志记录，而发现缓冲区溢出等攻击则以短信、Windows Messenger 等方式实时通知管理员处理。

5．无线安全措施

无线局域网采用电磁波作为载体，电磁波能够穿越天花板、玻璃、楼层、砖、墙等物体，因此在一个无线局域网接入点(Access Point)的服务区域中，任何一个无线客户端都可以接收到此接入点的电磁波信号，而非授权的客户端也能接收到数据信号。由于采用电磁波来传输信号，非授权用户在无线局域网（相对于有线局域网）中窃听或干扰信息就容易得多，为了防止这些非授权用户访问无线局域网络，使用无线应用时应当引入相应的安全控制措施。

实施无线安全措施必须：隐藏 SSID（Service Set Identifier）；采用 WEP（Wired Equivalent Privacy）或 WPA（Wi-Fi Protected Access）等无线加密方式对无线传输的数据进行加密；安全配置无线设备的 DHCP 服务，使其仅向无线网段提供地址服务，防止有线网段意外通过无线设备获得 IP 地址；禁用或对 SNMP 服务进行安全设置；使用访问控制列表对通过无线连接可访问的资源进行限制，或者在无线接入设备和内部有线网络之间部署防火墙进行防护；在用户接入无线网络时采用 802.1x 等方式进行准入控制。

6. 远程接入控制

网络的封闭性是保障网络与信息安全的重要手段，封闭的网络可以避免来自系统外部的各种攻击和破坏，远程接入建议选择较为安全的 VPN 接入方式，如果采用拨号接入，则建议在拨号后结合采用 VPN 进行远程连接。基于 IPSec 技术构建的虚拟专网由一组 VPN 设备和安全策略共同组成。VPN 设备以 IPSec 协议为基础，在网络上构建加密隧道，实现 IP 包加密、信息完整性认证、信源和信宿鉴别等安全功能；安全策略基于 IP 地址或数字证书灵活设定，通过对安全策略的统一管理和设置，确保所提供的安全功能得到有效地实施。

实施远程 VPN 接入时将 VPN 服务器放置于 DMZ 区或 Internet 防火墙之外；对于各业务系统经由 VPN 实现的远程管理必须制定严格的访问控制措施；对经过 VPN 进行的远程业务访问设定严格的访问控制规则；进行完整的访问记录事件审计；采用强认证，如证书、动态口令等进行远程访问的认证。

7. 内容安全控制

内容安全在本方案中包括对恶意代码及垃圾邮件等通过正常协议传输的恶意信息的过滤、拦截，内容安全的实现可采用统一威胁管理（UTM）、入侵防护系统（IPS）、防火墙等边界安全设备在网络边界进行过滤拦截或是在桌面终端上部署相应的内容安全控制措施。

采用 UTM、IPS、防火墙等设备的过滤模块在边界上执行恶意代码及垃圾邮件过滤操作；在邮件服务器上安装垃圾邮件过滤模块，所过滤的垃圾邮件应当可恢复，可复查；在桌面主机上部署可统一管理的恶意代码防护措施；及时升级恶意代码防护特征库；采取管理措施防止恶意代码被执行，不赋予一般用户超级用户权限。

8. 病毒检测措施

病毒通过把代码在不被察觉的情况下嵌入至另一段程序中，从而达到运行具有入侵性或破坏性的程序、破坏被感染计算机数据的安全性和完整性的目的。

对防病毒服务器定期更新，在重大病毒预警发布时及时按需更新；配置日志功能以对病毒感染情况进行记录，并定期审核日志以监控病毒防护情况；采用增量升级模式并在非业务高峰期分发特征代码；对病毒可能侵入系统的途径（如光盘、可移动磁盘、网络接口等）进行控制，严格控制并阻断可能的病毒携带介质在系统中的使用；在网络性能允许的前提下，在互联网边界处部署防病毒网关或相应病毒过滤措施。

9．日志审计措施

日志审计是保障应用系统信息安全的重要手段。应当将用户在系统中的操作、登入和登出时间等信息，以及与计算机系统内敏感的数据、资源、文本等安全有关的事件，实时记录在日志文件中，便于发现、调查、分析及发生事件后追查责任，为加强安全管理提供依据。

设立统一的日志服务器，将各日志源的日志集中发送到日志服务器上；开启主机系统、网络设备、安全设备和软件、应用系统和数据库等的日志审计功能；制定恰当的日志策略，确定记录日志的设备或系统范围、记录日志的事件类别、记录日志的最大时间范围、日志备份策略、审计日志的处理方式等；提供对日志进程及日志记录的保护，避免进程被意外停止、日志记录被意外删除、修改或覆盖等；定期检查日志磁盘空间，及时备份和删除日志；及时或定期对日志进行分析处理以发现安全事件。

10．备份恢复措施

定期以手工方式备份重要文件及保存在数据库中的业务数据；或定期采取自动备份系统或备份脚本进行数据备份，管理员应复核自动备份结果；在业务环境变更时定期执行备份恢复测试；采用 TFTP 等远程备份方式对网络、安全设备的配置文件执行备份。

11．身份认证和访问管理控制措施

身份和访问管理是用来管理数字化身份并控制身份如何访问资源的方法、技术和策略。身份和访问管理包括两部分内容：用户身份管理和用户对资源的访问管理。

当应用数量众多，用户数量庞大时，对用户身份进行集中管理、统一认证；制定对于用户账号权限的申请、审批、变更及撤销流程；基于最小化授权原则对用户授予其执行业务操作的最小权限；制定对于用户行为及重要资源访问的审计措施；如果实现多个重要应用系统统一身份认证，建议采用强认证方式进行身份认证，强认证包括数字证书、一次性口令认证及硬件令牌等。

12．物理安全措施

涉及的是硬件设施的安全问题，物理安全保证计算机与网络的设备硬件自身的安全和信息系统相关硬件的安全稳定运行。虽然物理安全在信息安全控制中相对简单容易理解，但其往往是内部人员恶意入侵的攻击链中很重要的起始环节，是内部安全控制中不可或缺的重要内容。业务系统相关的硬件服务器及网络、安全设备必须存放于专用的物理机房中

进行管理，以确保这些设备处于特定的物理安全防护措施的保护之下。

6.3.2　电网信息安全纵深防御最佳实践

1. 网络纵深防御

国家电网公司建成了以调度生产系统为核心，实现从信息外网到信息内网，再到调度数据网的纵深防护的电网信息安全三道纵深防线。

第一道防线，电网信息系统与互联网边界的防御。通过采用国产防火墙、IDS、IPS 等信息安全产品，实现管理信息外网与互联网之间的防护；通过采用自主研发的电网一体化安全运行监管平台，实现对电网信息系统互联网出口、对外服务网站安全状态的实时监测。通过这些措施，将大多数直接来自互联网的威胁抵挡在第一道防线外。

第二道防线，管理信息内外网之间的防御，是电网信息安全等级保护纵深防御体系中最关键的防线。按照"双网双机、分区分域、等级保护、多层防护"的安全策略，通过采用自主研发的信息内外网逻辑强隔离装置，实现信息内外网系统与设备的高强度逻辑隔离，仅允许内外网间必需的业务数据在可控的数据库通信方式下实现交换，数据访问过程可控、交互数据真实可靠，并禁止信息内网主机对互联网的任何访问。

第三道防线，管理信息大区与生产控制大区之间的防御，核心防护调度生产大区。并按照"安全分区、网络专用、横向隔离、纵向认证"的原则，通过采用自主研发的正反向隔离装置，将电网核心生产控制系统与管理信息网络、互联网严格隔离开，仅允许生产控制系统中有关数据单向从生产控制大区流向管理信息大区，边界不允许任何通用网络协议的交互。

生产控制大区与管理信息大区使用专用的正反向隔离装置进行强隔离，生产控制大区往信息管理大区单向传输信息须采用正向隔离装置，由信息管理大区往生产控制大区的单向数据传输必须采用反向隔离装置。反向隔离装置采取签名认证和数据过滤措施。

电力调度数据网络承载业务是电力实时控制业务、在线生产业务、网络管理业务。生产控制大区通过电力专用纵向加密认证装置接入调度数据网络时，实现网络层双向身份认证、数据加密和访问控制，实现生产控制大区的纵向贯通。

电网信息系统三道防线从互联网威胁抵御出发，以信息系统防控为核心，以纵深防御为特色，实现了三道边界的纵深高强度防护，是电网信息安全等级保护纵深防御的核心技术架构之一。

三道防线将电网信息系统面临的最大的威胁源——互联网，与生产控制系统隔绝开来，将内部应用系统与互联网隔离起来，仅将对外服务的系统运行在信息外网，允许互联网用户进行访问，确保业务信息系统的安全。

2. 系统纵深防御

应用系统的纵深防御采用防病毒软件、漏洞扫描、防火墙、入侵检测系统、安全网关、安全接入、行为审计等基础防御措施，实现以应用与数据为核心的防护。并将电网信息系统按照等级保护要求划分成物理、边界与网络、主机、应用和数据等多个纵深防护层面，并在每个层面采用自主研发、国产化产品实施保护，实现针对各等级业务应用系统的纵深防护。

网络与边界防御，采用国产化的入侵检测设备、隔离装置、防火墙等网络设备。通过电网一体化安全运行监管平台集中管理，实现了对互联网出口、内外网边界、网络拓扑、数据流的图形化实时监控分析，对安全防护设备监测数据的统一采集，并结合事件安全关联分析，将原始的设备报警进一步规范化并归纳为典型安全事件类别，更快速地识别当前威胁的性质。

主机安全防护，制定了加固规范，对操作系统和数据库的防护做了加强可操作性的细化。通过电网一体化安全运行监管平台，实现对主机实时的性能监测，实现安全风险视图、安全事件统计、风险统计、脆弱性统计等。

应用安全防护，发布了应用系统软件上线管理办法，执行信息系统上线前的安全测评，保证新系统在上线之前将安全隐患消除。据等级保护要求，制定了应用软件通用安全要求，将各等级应用系统的等级保护要求细化为 69 条具体内容。对于部署于信息内网的系统，重点在于增强安全策略配置、用户身份鉴别、用户和权限管理、安全审计、数据安全保护和软件容错等功能；对于部署在信息外网的系统，重点增加了数据在存储和通信中的完整性、保密性和可用性等方面的要求。

终端安全防护，通过电网一体化安全运行监管平台，从终端注册和定位管理、终端节点加固及补丁管理、终端应用资源监控、终端安全（涉密）审计、终端流量控制、远程协助、客户端级联管理控制等多个方面进行监控管理，从而提高桌面计算机安全防护水平。

数据安全防护，从管理和技术方面控制和规范信息内网与信息外网的数据交换行为，保证数据交换的保密性、可控性、可审计性。通过安全移动存储介质管理系统对普通的移动存储介质（主要为移动硬盘、U 盘）内数据进行高强度算法加密，并根据安全控制策略的需要进行数据区划分，实现从主机层面和移动介质层面对文件读、写的访问控制和审计，为网络内部可能出现的数据备份泄密、移动存储介质遗失泄密、U 盘病毒等安全问题提供解决方案。

6.3.3　部署统一分层管理的防火墙系统

1. 防火墙系统实现的应用功能

在省公司及所属 13 个供电公司统一部署了防火墙系统，形成统一的层次化的防火墙防护体系。将辽宁电力信息网整体划分为外网、行业、基层、住宅区、DMZ 和内网 6 个安全域；在安全域之间采取有效的访问控制措施。在 Internet 出口、服务器集群网段接口处，以及基层的接入处的防火墙，采用双机热备、负载均衡的部署方案。

为了保证防火墙安全策略的一致与完整性，提高安全管理水平，在省公司对所有的防火墙进行集中管理，统一设置、维护安全策略并下发，监督所有防火墙运行状况，查看、统一分析安全日志。落实防火墙管理制度，技术手段和管理手段结合使用，保证企业安全。

辽宁电力有限公司信息网络系统经过广域网接口或拨号与各所属单位连接，为了保证省公司信息网络中信息系统的安全性，对经过省公司信息网络边界的信息流进行限制、监控、审计、保护、认证等方面的要求，需要采用 VPN 和防火墙协作的技术，同时结合其他各种安全技术，搭建出一个严密的业务安全平台。

2．VPN 和防火墙协作主要的特点

（1）关键信息在安全域内传输。

确保关键信息只能在受限的安全域内传输，以确保信息不会通过网络泄密。通过制定安全策略，对于特写类型的信息，只允许在指定的安全域内传输，如果信息的发送者试图向安全域之外发送信息，那么发送请求将被拒绝，同时，这种破坏安全策略的行为将会被记录到系统日志中。

（2）完善的认证与授权体系。无论是外网用户还是内网用户，在访问关键的业务资源时，都需要经过严格的身份认证和授权检查。通过 RADIUS 协议，VPN 网关可以与各种认证服务器无缝集成。也可以通过 LDAP，支持公钥证书来认证用户的身份。这种身份的验证不仅是验证用户的身份，还包括验证用户的操作权限及保密级别。

（3）严密的信息流向审查及系统行为的监控。对于省公司信息网络系统来说，在保证业务正常进行的前提下，确保信息不失密，同时要监控各类主体（用户、程序）对关键业务信息的存取是至关重要的。VPN 和防火墙协作具有功能强大的审计系统，可以记录关键业务主机之间传递信息的流向，以及对关键业务主机的所有访问（源 IP、用户、时间、访问的服务），确保系统的可审计性和可追查性。在发生违反安全策略的事件时，可采用多种方式实时发出报警。

（4）通过采用公钥验证技术，确保网络连接的真实性和完整性，包括在连接中传输数据的机密性和完整性。

在实际操作中，配置防火墙根据 IP、协议、服务、时间等因素具体实施区域间边界访问控制。

3．建立网络安全边界

（1）在东北公司、网调和省调接口部署防火墙进行访问控制和审计，建立省网安全边界，保障省网安全。

（2）在拨号接口和内部财务接口部署防火墙进行访问控制和审计，建立省网安全边界，保障省网安全。

（3）在电信接口、物资公司和职大医院住宅接口部署防火墙进行访问控制和审计，建立省网安全边界，保障省网安全。

（4）在各电业公司和发电厂接口和各地市供电公司当地部署防火墙进行访问控制和审计，建立省网安全边界，保障省网安全。

（5）部署防火墙后辽宁电力信息网络系统，形成省、市、县（区）统一控制和调整管理防火墙系统。

6.3.4　统一防病毒策略和分布式管理防病毒系统

1．统一防病毒策略和分布式管理

根据辽宁电力有限公司（包括基层单位）纵向、层次的网络结构，在整个网络防病毒管理方面，采取统一、分布式的管理方式。即在整个辽宁电力有限公司内采用统一防病毒策略和分布式管理的方式。在这种管理模式下，整个辽宁电力有限公司（包括基层）制定并采用统一的防病毒策略和防病毒管理制度，通常情况下，省局、基层单位按照统一的病毒防治策略各自管理自己的局域网内的防病毒产品，但省局可以在需要的时候对基层单位进行管理和监督，确保统一的防病毒软件和策略在整个网络中的贯彻和实施。

其中对防病毒产品的统一管理还包括防病毒软件的安装、维护、病毒定义码和扫描引擎的更新升级、报警的集中管理、定时调度、隔离、实时扫描和监控等。其中对某些安全策略和配置设置、病毒码和扫描引擎的更新，采用强制执行的政策，以免由于个别员工安全意识薄弱，而降低企业的整体防病毒能力。

不同产品的实现形式不一样，例如对 Symantec 防病毒产品，省局防毒控制系统是 SSC 兼主一级服务器，基层单位防毒控制系统是 SSC 兼一级服务器，而防毒产品包括基于服务器和客户机的各个层次上的防病毒产品（其中网关处和邮件服务器防病毒产品是通过 Web 方式或专用的控制台进行管理的）；其中省局的主一级服务器可管理省局的防病毒产品，同时管理基层单位的一级服务器。

2．对防病毒产品及时、自动更新

对防病毒产品进行及时、自动更新，可以及时查出新近出现的各种病毒，保护辽宁电力有限公司信息网免受病毒侵害。其中对防病毒产品的更新主要是对网络病毒定义码和扫描引擎的更新升级。目前主要有如下更新升级方式。

（1）所有防病毒产品到防病毒厂商网站处更新病毒定义码和扫描引擎。

（2）省局和基层单位的管理控制系统各自分别到防病毒厂商处更新病毒定义码和扫描引擎，然后由省局和各基层单位的管理控制系统分别负责本单位内病毒定义码和扫描引擎的更新。

（3）由省局统一进行病毒定义码和扫描引擎的更新、升级。也就是说，由省局的防毒管理控制系统自动到厂商的防病毒网站上更新最新的病毒定义码和扫描引擎，而其他防病毒产品的更新则靠管理控制系统自动下推/或上拉更新的病毒定义码和扫描引擎来完成，形成一种树状的结构。

（4）为避免重复下载相同的病毒定义码和扫描引擎，节省广域网网络带宽，确保辽宁电力有限公司任何时刻都具有最强的防病毒能力，同时确保辽宁电力有限公司和其基层单位保持管理的相对独立性，可将病毒定义码和扫描引擎的更新升级方式结合使用。

（5）不同厂商的防病毒产品的实现方式存在差异，本方案中将结合 Symantec 公司的防病毒产品介绍病毒码和扫描引擎的更新升级方式。

（6）在省局、各基层单位局域网内部，分别建立内部病毒定义码和扫描引擎升级服务器——LiveUpdate Server，由这台升级服务器到上一级或赛门铁克网站自动更新最新的病毒定义码和扫描引擎，局域网内部所有服务器和客户端防病毒产品（包括网关防病毒产品）都到这台 LiveUpdate 服务器上更新升级最新的病毒定义码和扫描引擎；可以通过省局的 LiveUpdate Server 进行更新，也可以直接通过互联网到 Symantec 网站上进行更新。

3．定义统一防病毒安全规则

定义适合辽宁电力有限公司的防病毒安全规则，可以提高整个企业对病毒的抵抗能力。此处涉及的安全规则主要是和防病毒管理人员相关的，其中主要包括：

（1）打开时实自动防护功能；

（2）设定病毒定义码和扫描引擎自动更新；

（3）每周定时对所有系统进行一次全面杀毒（包括关键业务服务器）；

（4）设定提供详尽病毒活动记录，方便追踪病源；

（5）设置报警方式，当发现病毒时，在本机上显示消息，同时通过适当方式通知管理员，以便管理员迅速采取应对措施；

（6）为保证重要数据不丢失，设置侦测到病毒时的处理动作为转移至特定目录，然后根据情况进行杀毒、删除等处理；

（7）遇到传染性特强的病毒时，主动和防病毒厂商联系，寻求解决方案等；

（8）锁定某些策略配置，如对关键服务器，只能从管理控制系统进行配置修改。

4．落实对应的管理制度和策略

落实对应的管理制度和策略，使防病毒系统发挥其应有的作用。落实病毒防治管理制度和策略是和辽宁电力有限公司内的全体员工息息相关的，需要在相关管理部门的督促下，加强对防毒系统的管理，使其发挥最大功效，同时对全体员工进行病毒危害和病毒防治的重要性相关教育、培训，提高员工安全意识，使广大员工自觉执行、落实各项规章制度，才能最大程度上确保企业免受病毒困扰。

在辽宁电力信息网内统一部署了防病毒系统，制定并采用统一的防病毒策略和防病毒管理制度，省公司设一级防病毒服务器，基层单位及其二级单位设二、三、级防病毒服务器，由省公司负责病毒定义码的更新。

落实《辽宁电力有限公司病毒防治管理制度》的各项规定。针对辽宁电力有限公司信息系统的网络拓扑图及其实际需求，及时调整防病毒系统的控制策略。

6.3.5　统一部署分层管理的入侵检测系统

在省公司系统中统一部署了入侵检测系统（IDS）、漏洞扫描系统和主机加固系统。可以发现网络中的可疑行为或恶意攻击，及时报警和响应。可对网络和主机进行定期的扫描，及时发现信息系统中存在的漏洞，采取补救措施，增加系统安全性。通过建立信息安全防护体系，有效地保证了省公司信息网络和应用的安全。

1．入侵检测系统（IDS）整体功能

（1）检测来自数千种蠕虫、病毒、木马和黑客的威胁。

（2）检测来自拒绝服务攻击的威胁。

（3）检测网络因为各种 IMS（实时消息系统）、网络在线游戏导致的企业资源滥用。

（4）检测 P2P 应用可能导致的企业重要机密信息泄漏和可能引发与版权相关的法律问题。

（5）保障电子商务或电子政务系统 24×7 不间断运行。

（6）提高企业整体的网络安全水平。

（7）降低企业整体的安全费用以及对于网络安全领域人才的需求。

（8）迅速定位网络故障，提高网络稳定运行时间。

2．入侵检测分析过程

从总体来说，入侵检测系统可以分为两个部分：收集系统和非系统中的信息然后对收集到的数据进行分析，并采取相应措施。

第一部分：信息收集

信息收集包括收集系统、网络、数据及用户活动的状态和行为。而且，需要在计算机网络系统中的若干不同关键点（不同网段和不同主机）收集信息，这除了尽可能扩大检测范围的因素外，还有一个就是对来自不同源的信息进行特征分析之后比较得出问题所在的因素。

第二部分：信号分析

对收集到的有关系统、网络、数据及用户活动的状态和行为等信息，一般通过三种技术手段进行分析：模式匹配、统计分析和完整性分析。其中前两种方法用于实时的入侵检测，而完整性分析则用于事后分析。

（1）模式匹配就是将收集到的信息与已知的网络入侵和系统已有模式数据库进行比较，从而发现违背安全策略的行为。该过程可以很简单（如通过字符串匹配以寻找一个简单的条目或指令），也可以很复杂（如利用正规的数学表达式来表示安全状态的变化）。一般来讲，一种进攻模式可以用一个过程（如执行一条指令）或一个输出（如获得权限）来表示。该方法的一大优点是只需收集相关的数据集合，显著减少系统负担，且技术已相当成熟。它与病毒防火墙采用的方法一样，检测准确率和效率都相当高。但是，该方法存在的弱点是需要不断地升级以对付不断出现的黑客攻击手法，不能检测到从未出现过的黑客攻击手段。

（2）统计分析方法首先给系统对象（如用户、文件、目录和设备等）创建一个统计描述，统计正常使用时的一些测量属性（如访问次数、操作失败次数和延时等）。在比较这一点上与模式匹配有些相似之处。测量属性的平均值将被用来与网络、系统的行为进行比较，

任何观察值在正常值范围之外时，就认为有入侵发生。例如，本来都默认用 GUEST 账号登录的，突然用 ADMIN 账号登录。这样做的优点是可检测到未知的入侵和更为复杂的入侵，缺点是误报、漏报率高，且不适应用户正常行为的突然改变。具体的统计分析方法如基于专家系统的、基于模型推理的和基于神经网络的分析方法，目前正处于研究热点和迅速发展之中。

（3）完整性分析主要关注某个文件或对象是否被更改，这经常包括文件和目录的内容及属性，它在发现被更改的、被特洛伊化的应用程序方面特别有效。完整性分析利用强有力的加密机制，称为消息摘要函数（例如 MD5），它能识别哪怕是微小的变化。其优点是不管模式匹配方法和统计分析方法能否发现入侵，只要是成功地攻击导致了文件或其他对象的任何改变，它都能够发现。缺点是一般以批处理方式实现，用于事后分析而不用于实时响应。尽管如此，完整性检测方法还应该是网络安全产品的必要手段之一。例如，可以在每一天的某个特定时间内开启完整性分析模块，对网络系统进行全面的扫描检查。

3．入侵检测系统（IDS）在辽宁电力信息网中的实际应用

按照"二级部署，二级监控，一级管理中心"的部署内容，在辽宁省电力有限公司及各地市供电公司部署绿盟科技入侵检测设备，从而实现入侵检测系统"引擎分布、监控集中、管理统一"的功能要求，达到增强辽宁电力信息网安全防护能力的设计目标。

辽宁省电力有限公司：部署绿盟科技千兆入侵检测设备 NIDS 1600，负责对本地局域网和所辖范围进行区域管理，包括与各局通信口、家属区通信口和 Internet 出口，全部部署工作完成后，实现省公司入侵检测设备的统一管理及监控。

地市各供电公司：部署绿盟科技百兆入侵检测设备 NIDS 200，负责对本地局域网的安全监控管理，包括与省公司通信口、重要服务器取或 VLAN、本地的 Internet 出口。

在省公司建立入侵检测系统并部署一台绿盟科技千兆入侵检测引擎 NIDS 1600。入侵检测系统设备安装在系统网管机房，负责本省范围内入侵检测系统的安全监控管理，实现全网统一的策略定制、报警等管理功能。

在地市公司建立本地入侵检测系统并部署一台绿盟科技入侵检测引擎 NIDS 200。地市公司入侵检测系统在省公司入侵检测系统的管理下，实现对本地入侵检测系统的管理以及本地策略定制、报警信息上传等功能。

6.3.6　集中部署分级管理的漏洞扫描系统

安全扫描技术与防火墙、入侵检测系统互相配合，能够有效提高网络的安全性。通过对网络的扫描，网络管理员可以了解网络的安全配置和运行的应用服务，及时发现安全漏洞，客观评估网络风险等级。

1．漏洞扫描系统整体应用功能

端口扫描技术和漏洞扫描技术是网络安全扫描技术中的两种核心技术，并且广泛运用于当前较成熟的网络扫描器中。

（1）端口扫描向目标主机的 TCP/IP 服务端口发送探测数据包，并记录目标主机的响应。通过分析响应来判断服务端口是打开还是关闭，就可以得知端口提供的服务或信息。端口扫描也可以通过捕获本地主机或服务器的流入流出 IP 数据包来监视本地主机的运行情况，它仅能对接收到的数据进行分析，帮助我们发现目标主机的某些内在的弱点，而不会提供进入一个系统的详细步骤。

（2）漏洞扫描主要通过以下两种方法来检查目标主机是否存在漏洞：在端口扫描后得知目标主机开启的端口以及端口上的网络服务，将这些相关信息与网络漏洞扫描系统提供的漏洞库进行匹配，查看是否有满足匹配条件的漏洞存在；通过模拟黑客的攻击手法，对目标主机系统进行攻击性的安全漏洞扫描，如测试弱势口令等。若模拟攻击成功，则表明目标主机系统存在安全漏洞。

能够检测超过 1600 条以上经过安全专家审定的重要安全漏洞，涵盖各种主流操作系统（Windows、UNIX 等）、设备（路由器、防火墙等）和应用服务（FTP、WWW、Telnet、SMTP 等）。

2．漏洞扫描系统实际应用

辽宁省电力有限公司漏洞扫描系统采用的是绿盟科技的极光远程安全评估系统 AURORA-200，通过漏洞扫描系统（极光远程安全评估系统 AURORA-200），能过对辽宁省公司及其基层单位的网络和主机检测超过 1400 条以上经过安全专家审定的重要安全漏洞，涵盖各种主流操作系统（Windows、UNIX 等）、设备（路由器、防火墙等）和应用服务（FTP、WWW、Telnet、SMTP 等）。

第 7 章　身份认证与授权管理系统及应用分析

辽宁省电力有限公司 PKI-CA /PMI 系统按照分步建设的策略，初步建立 PKI-CA 认证体系基本架构，完成了一期 PKI-CA 系统的认证系统建设，以及屏蔽环境建设等。组织建设了以 PMI 授权管理系统。通过两期建设，建立起完善的 PKI-CA/PMI 认证及授权管理体系，完成对原有的各种应用系统的安全改造，构建起整个辽宁电力信息系统的安全认证保障体系。从技术体系确保了公司应用系统中信息在产生、存储、传输和处理过程中的保密、完整、抗抵赖和可用；为应用系统提供统一的用户管理、统一的授权管理服务，提高了应用系统的安全强度和应用水平。

本章主要内容包括密码学原理与系统设计规范，信息系统 PKI-CA 与 PMI 基本工作原理，PKI-CA 与 PMI 系统结构及技术特点，身份认证系统 PKI 与授权管理系统 PMI 的区别，辽宁电力系统信息安全应用示范工程重点项目 PKI-CA/PMI 系统应用案例。

7.1　密码学原理与系统设计规范

本节介绍了信息密码技术及基本原理，现代密码学加密算法与分类，基于公共密钥（PKI）的认证机制，网络信息安全认证系统设计规范，网络信息安全认证体系总体功能，辽宁电力 PKI-CA 认证系统设计及应用层次等内容。

7.1.1　信息密码技术及基本原理

密码技术的发展可划分为三个阶段：前科学时代（古代到 1948 年）主要是隐写术，包括藏头诗之类；科学时代（1948—1976 年），以山农发表的《通信保密与数学基础》为里程碑，主要研究对称密码算法和分析；现代密码学时代（1976 年到现在），以提出非对称（公钥）密码思想为标志，非对称密码体制及相关技术迅速发展，并得到广泛应用。

密码技术的基本原理是在不依赖通信网络的物理安全性前提下实现信息安全，通过对网络传输数据的变换信息的表示形式（加密）来伪装需保护的敏感信息。根据加密密钥作用方式的不同，数据加密技术分为对称型加密和非对称型加密，目前在分布式系统环境下已经广泛使用和部署的主要加密技术有：RSA, DES, IDEA, PGP, RC4, MD5、IPSec 认证、用户/密码认证、摘要算法的认证、PKI 的认证以及数字签名等。

密码技术包括密码编码和密码分析，密码编码是将明文变成密文和把密文变成明文的技术，密码分析是指在未知加密算法中使用的原始密钥情况下把密码转换成明文的步骤和运算。加密算法（或称密码算法）是在密钥控制下的一族数学运算。密码技术主要研究通信保密，而且目前仅限于计算机及其保密通信。它的基本思想就是伪装信息，使未授权者不能理解截获数据的含义。所谓伪装，就是对信息系统的信息（如数据、软件中的指令）进行一组可逆的数学变换。伪装前的原始信息称为明文（Plaintext，P），伪装后的信息称为密文（Ciphertert，C），伪装的过程称为加密（Encryption，E），加密要在加密密钥（Key，K）的控制下进行。用于对信息进行加密的一组数学变换，称为加密算法。发信者将明文数据加密成密文，然后将密文数据存储、传输。授权的接收者收到密文数据之后，进行与加密相逆的变换，去掉密文的伪装，恢复明文的过程称为解密（Descyption，D）。解密是在解密密钥的控制下进行的，用于解密的一组数学变换称为解密算法。对明文进行加密的主体叫加密者，接收密文的主体叫接收者，加密和解密过程组成加密系统，明文和密文统称为报文。加密系统采用的基本工作方式称为密码体制，它是密码技术中的关键概念。密码体制的基本要素是密码算法和密钥，其中密码算法是一些公式、法则或程序，而密钥则可看成是密码算法中的可变参数。

7.1.2　现代密码学加密算法与分类

现代密码学的基本原则是：一切秘密寓于密钥之中，即加密系统总是假定密码算法可公开，真正保密的只是密钥。密码算法的基本要求是在已知密钥条件下的计算应是简洁有效的，而不知道密钥条件下的解密计算是不可行的。理论上通过穷尽所有可能的密钥值（密钥的长度有限）总可以破译密文的内容，但是若密钥长度足够，穷举法不能在所需的时间或可承受的成本内完成，破译就没有意义。宏观评估加密算法的安全性主要考虑：破译的代价是否大于可能获得的结果；破译的时间是否大于结果的有效期；是否能产生足够多的数据供破译使用。

加密系统在网络环境下可能会受到主动（篡改、干扰、重放、假冒）攻击和被动(窃听)攻击。按照攻击的目标（彻底攻破、全局推演、实例推演或信息推演），对密码系统可采取下列攻击方法，如图 7.1 所示。

被动攻击的首要目的在于试图了解密文和密钥的内容，包括：未知算法仅从密文进行破译；在已知算法的前提下根据密文进行破译；在已知算法的前提下，攻击者拥有部分密文和对应的密钥。

通过明文来对密钥进行破译；攻击者已掌握了装有加密密钥的加密装置，无法获得密钥，但能有选择地收集到任意出现的明文和与之对应的密文信息；攻击者已拥有装有解密密钥的解密装置，希望能够找出加密密钥。

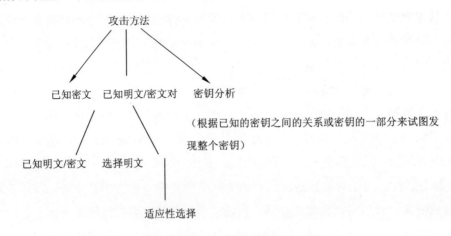

图 7.1　对加密系统的常用攻击方法

　　主动攻击的意图在于篡改或伪造密文，以达到伪造明文的目的，包括：攻击者可以（像合法用户一样）发送加密的信息；攻击者可以截获或重发信息（重放）；攻击者可以任意篡改信息。另外，破译某种密码算法的能力意味着今后可获得更多的明文，很有意义，因此破译者大多不会主动承认对某种密码算法的破译能力。各种攻击的存在使得完整的加密系统要有数据鉴别和数据完整性保护设施。加密系统的各元素及其关系如图 7.2 所示。

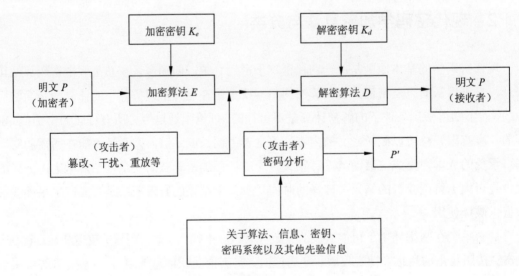

图 7.2　加密系统的各元素关系

　　需要注意的是，加密算法的安全强度可以用数学的方法来保证，但攻击者采用社会工程套取密钥、密码甚至明文来攻击密码系统往往要容易得多。

　　密码编码学基于算法的分类如图 7.3 所示，从中可以比较宏观地把握密码编码学的总体框架。每种算法在信息安全保障中都有不同的应用，一个分布式网络环境的应用系统，为保障信息的机密性、完整性、可用性可能需要组合使用三大类算法（非密钥系列、对称密钥系列公开密钥系列）。

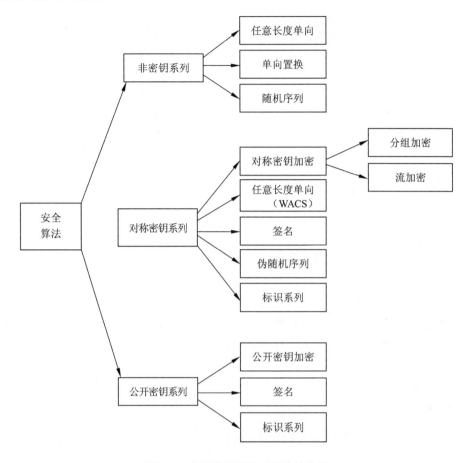

图 7.3　密码编码学基于算法的分类

7.1.3　基于公共密钥（PKI）的认证机制

网络认证技术是网络安全技术的重要组成部分之一。认证指的是证实被认证对象是否属实和是否有效的一个过程。其基本思想是通过验证被认证对象的属性来达到确认被认证对象是否真实有效的目的。被认证对象的属性可以是口令、数字签名或者指纹、声音、视网膜这样的生理特征。认证常常被用于通信双方相互确认身份，以保证通信的安全。目前在 Internet 上也使用基于公共密钥的安全策略进行身份认证，具体而言，使用符合 X.509 的身份证明（数字证书）。

公钥基础设施（Public Key Infrastructure，PKI）是以公开密钥密码技术为基础构建的信息安全基础设施，PKI 应用先进的加密技术，为信息网络中的电子化信息，在其产生、交换、使用、存储等过程中，提供了机密性、完整性、真实性和不可抵赖性 4 种安全保障。公钥密码技术使用两个不同的密钥——公钥和私钥，用户将私钥保密，公钥则公布给其他用户，这种密码体制的安全性是基于知道公钥并不能通过计算推导出私钥的事实。用一个用户的公钥加密的信息，只有具有对应私钥的这个用户才可以解密，这用于解决信息的机密性问题；而一个用户用自己的私钥加密的信息，任何用户都可以用他的公钥解密，从而可以验证该信息是否来自该用户，如果用私钥加密的信息是一个用称之为密码杂凑算法计算出的信息摘要，则还可以验证信息是否被篡改，这用于解决信息的真实性、完整性和用户行为的不可抵赖性问题，该密码操作过程也称为数字签名。

公钥密码技术使公钥公开，私钥保密，解决了密码系统中密钥分发的复杂性和安全性问题，使密码技术得以在计算机信息系统中广泛应用，并将安全问题最终归结为如何证明和保证公钥的真实性和有效性问题，即如何确定一个用户的公钥确实属于这个用户，并保证用户和他的公钥之间的联系真实有效。

在一个大家互相认识的小的团体中，用户可以将自己的公钥给想给的人。而在大型的应用中，大家互相之间可能不认识，就不能指望每个用户将自己的公钥交给可能用到的人。解决这个问题的一个方法是所有的用户和单位都同意信任一个知道所有人的权威机构，由这个权威机构保证用户的公钥确实属于这个用户并且是有效的，这个权威机构称为 CA。获得 CA 信任的基本技术元素包括：

（1）连接个人及其公钥的数字证书；

（2）建立这些证书和保证其有效性的认证；

（3）负责验证用户身份用于生成密钥和数字证书的注册认证；

（4）认证路径，用于认可和信任其他 CA 发出的数字证书，以建立更大的、相互连接的网络间的信任。

数字证书是将用户和他的公钥联系起来的电子信任状。数字证书本身由 CA 建立，该 CA 用自己的私钥对实体的名称，实体的公钥和其他一些识别信息进行数字签名，形成数字证书，保证证书中的公钥确实属于持有该证书的用户。数字证书储存在一个目录或其他数据库中，用户可以像查电话簿一样查找别人的公钥。

CA 的职责是签发和管理数字证书，负责数字证书的生成、分发、更新、撤销和终止，目的是保证数字证书的真实性和有效性。CA 可以在证书上附加约束条件，例如生效日期和终止日期。有时有必要在终止日期之前收回数字证书，例如证书持有者离开了发证组织，或者泄漏了私钥，因此，CA 还负责提供证书状态信息，可以发布目录中的证书撤销列表，或者提供在线的证书状态查询等。用户可以通过验证证书有没有到期、是否收回和终止等来验证证书的有效性。

CA 在发证书给用户之前，必须根据组织预先制定的政策证明用户的身份，通常委托注册审核中心来做，注册审核中心称为 RA。RA 根据预先制定的验证身份的政策审核申请证书的用户身份，在验证了用户的身份之后，RA 建立一个唯一的用户名。这个包括用户姓名的唯一用户名，保证了证书的持有者可以与类似姓名的人区分开来，就像是电子邮件地址那样。然后，CA 在这个唯一的用户名和用户的公钥之间建立不能撤销的联系。

不同组织实施的 CA 可以组合起来形成更大的系统，构成认证体系，例如整个政府范围的，国内范围的或国际范围的 CA 组合。要做到这一点，需要建立一个可靠的 CA 认证的电子路径来为其他子系统用户的数字证书提供交叉认证。建立 CA 认证路径的方法或认证路径模型称为认证体系结构。

7.1.4　网络信息安全认证系统设计规范

在目前信息安全业界技术快速发展的背景下，以 PKI 技术为基础的安全认证系统所包含的内容越来越丰富。在以前的狭义定义中，安全认证系统仅包含 PKI 基础设施，其功能主要是对数字证书的管理。但随着技术的逐渐发展和产品的丰富，数字证书已经能为用户带来更多安全上的价值体现，"PKI 基础设施"才退居幕后，真正成为各种安全应用的基础设施。

因此，对"网络信息安全认证系统"的定义除 PKI 基础设施之外，还包含"应用安全支撑平台"、"安全管理体系"、"标准和规范体系"多个部分，其中，"应用安全支撑平台"中阐述了 PKI 技术所能带来的各层面的安全保障，是本设计规范中的重点部分。

1．统一的 PKI 基础设施

采用数字证书的手段来实现用户身份的描述，通过建设 PKI 基础设施来实现集团企业的用户、设备的权威、统一描述，为整个行业提供权威的实体身份管理。

统一的 PKI 基础设施保证能够平滑地纳入集团部分公司已经建设的 CA 系统，同时又要满足未来的信息化建设、整合对 PKI 基础设施的需求。

在业务系统需要时 PKI 基础设施需要和集团企业范围之外的其他行业或国家部委之间实现互联互通。在未来国家信任体系建设完成后，可以方便地融入国家 PKI 基础设施中。

2．全面的应用安全支撑体系

统一的应用安全支撑体系通过对底层 PKI 基础设施的高度抽象，采用组件化服务器的方式向业务系统提供统一的、体系化的安全支撑服务。为业务系统提供用户身份认证、传输加密、数字签名、单点登录等安全服务。

业务系统通过调用应用安全支撑提供的服务，可以经过简单的配置或少量的代码更改就实现安全功能的嵌入，实现和数字证书的结合。通过应用安全支撑体系，能够实现对用户终端、内部网络、业务系统、内部文档的统一安全认证。

3．统一的审计和责任认定

针对用户的身份状态、授权状态应能够进行统一的查询统计，使管理者能够在统一的平台中掌握任意用户的身份状态以及任意用户在各业务系统中的授权状况。

分布在各种业务系统上的用户行为数据采集到统一审计系统中，进行审计、分析，保证行为数据的可信性、抗抵赖性和有效性，便于日后的责任认定。

责任认定功能为责任认定对象提供身份确认、责任认定信息的完整性和真实性服务，保证了责任认定的公正性和权威性。

4．建立安全管理体系

集团企业安全认证系统作为集团企业信息化建设的信息安全基础设施，肩负着为集团企业提供信息安全保障的重任。任何一个安全认证系统其设计、建设非常重要，但是更为重要的是后期的管理，只有管理跟得上，安全认证系统才能够真正用得好，才可以真正发挥其应有的效益。因此，一个完善的安全管理体系，是安全认证系统不可或缺的一部分。

5．技术标准体系

在工程建设过程中，逐步形成系统建设、系统推广使用等各种规范，并且本着"理论指导实践、实践修正理论"的原则，最终形成符合集团企业需求的标准规范，以保证安全认证系统的全行业建设和全行业的应用安全开展。

具体的标准规范包括：PKI 应用接口、管理制度、目录服务建设、数字证书格式、系统建设、系统命名、运行管理、证书存储介质、证书管理。

7.1.5　网络信息安全认证体系总体功能

1．密码支撑体系

密码服务主要包括对称加解密、非对称加解密、签名及签名验证、数字信封等安全服务，以支持信息的机密性、完整性和不可抵赖性。按照标准化、模块化、系列化的原则，集中管理各种不同密码算法，为集团企业安全认证系统以及所承载的业务应用系统的安全提供高效、统一、通用、灵活的密码作业支持和密码服务。

2．PKI 基础设施功能设计

PKI 基础设施作为整个体系的核心，以数字证书为基础，向集团企业业务范畴内的用户、网络设备等实体提供身份的可信描述，构建出可信的网络虚拟环境。密码服务系统是安全认证系统的基础，同时也为业务应用系统提供密码服务。PKI 基础设施的信任源点为集团企业安全认证系统信任源头，负责制定和发布认证策略，为下级认证节点提供可信证明，为不同认证节点间的互信互认提供保障。

3．安全支撑体系功能设计

PKI 基础设施作为安全基础设施可以提供完整的证书管理、身份验证、单点登录等服务。

对于用户来说，面对的也不是各个独立的应用系统，而是直接面对应用安全支撑平台，通过应用安全支撑平台提供的单点登录功能，就可以实现各个子项门户系统之间安全漫游。通过应用安全支撑平台提供的其他功能，应用系统可以享受到统一的身份验证、数字签名、用户信息获取、可信时间获取等安全服务。

对于管理员来讲，面对的是集中的安全管理，可以有效地降低管理的复杂度。对于新建的应用系统可以方便地加入应用安全支撑平台，享受到与其他业务系统相同级别的安全服务。

4．灾难备份与恢复体系

灾难备份与恢复体系主要是从整个体系服务的可靠性和不间断性入手，满足整个体系可靠性和不间断性的要求。采用"全复制、无引用"策略，通过对复制策略的完备设计，使所有对外提供服务的目录服务节点都具备全局的数据条目存储，无须通过"引用"的方式到其他节点去获取数据。数据全复制策略保证了对各地应用系统访问请求的最大效率和最大的稳定性和可控性，避免了引用所带来的效率损失和故障率。

5．网络安全防护体系

网络安全防护体系从网络层面对安全认证体系的防护进行设计，保证安全认证体系网络的安全性。采用安全接入网关技术对应用系统网段实行保护，用户在访问网络前需通过安全接入网关进行基于个人数字证书的网络接入认证，只有合法的、被授权的用户才能够访问受保护的网络，并能够控制用户是否能够访问到具体的网络资源。安全接入网关技术主要的意义在于对"用户"的认证和控制，而不是传统的内网安全产品、防火墙产品等，只能对"终端"进行认证和控制。

6．安全管理体系

安全管理体系主要是针对整个体系的管理进行设计，为安全认证体系提供全方位的管理设计。

一是建立运行管理机构，设置专门机构来负责该系统的运行维护，从事安全认证系统的日常运行和管理。二是人员管理，对于安全认证系统相关人员的安全性，从人事管理，人员安全策略，从人员的可信度鉴别、岗位设置等方面来保证人员的安全性，保障安全认证系统的安全运行。三是为了充分保障安全认证系统自身的正常运作秩序和安全性，从而保证整个信息安全认证管理系统信息的安全性，保护机密信息和专有信息不遭受网络攻击，树立良好的形象，必须建立一套完善的运行管理规范。四是规范安全认证系统在信息系统应急方案、电力系统故障、消防系统应急方案、病毒应急方案、系统备份应急方案、人员异动情况应急方案、安全事故处理方法、安全应急事件及事故处理中的程序。

7．标准规范体系

1）国际国内标准规范

技术标准体系是指导安全保障技术体系的技术性规范和准则，根据技术标准建设安全保障技术体系，能够确保安全保障技术体系具有更强的生命力，并使之易于集成和维护。

2）行业标准规范

安全认证系统在建设完成后，只有在行业标准规范的指导下，才可以实现安全认证系统在整个行业的推广，保证整个安全认证体系建设、推广的顺利进行。

　　3）目录服务规范

　　包括证书格式规范；命名制定统一的规则；证书管理规范；证书存储介质需要遵循的技术规范、功能接口、技术性能等的规定；规范数字证书管理、密钥管理的规定。

7.1.6　辽宁电力 PKI-CA 认证系统设计及应用层次

　　辽宁省电力公司 PKI 是一个企业内部的信息安全基础设施，其建设的总体目标是：建立全网统一的认证与授权机制，确保信息在产生、存储、传输和处理过程中的保密、完整、抗抵赖和可用；将全公司的信息系统用户纳入到统一的用户管理体系中；提高应用系统的安全强度和应用水平。

1. 辽宁电力 PKI-CA 认证系统设计原则及主要内容

　　（1）建设技术先进、安全性能高的身份认证体系（Public Key Infrastructure，PKI），即在省公司建立一个 KM（密钥管理）中心、CA（证书认证）中心、RA（注册审核）中心和分发中心（信息发布），并分别部署在三个不同的安全域内。每个安全域之间使用防火墙、入侵检测系统进行安全隔离。为了保证辽宁电力 PKI-CA 认证系统的安全性、可靠性、高效性、可扩展性，辽宁电力 CA 中心设计为单层结构。在将来国家电力网的 CA 系统建立后，可平滑地连接到国家电力公司根 CA 上，成为整个国家电力行业 PKI-CA 认证系统的省级认证体系。

　　（2）建立完善的目录服务体系，即全省建立一套 LDAP 体系。在省公司建立一个主 LDAP 服务器和从 LDAP 服务器，以及 OCSP 服务器，存放全省所有的证书和废除证书列表，并实现证书的查询及 CRL 的发布。

　　（3）建立完善可靠的安全应用支撑体系，即向全省的电力应用系统提供密码服务（加密、解密、签名、验签，OCSP 等服务）。

　　（4）在认证系统建立的基础上应用 PKI 技术对现有的应用系统进行安全改造建设，对现有邮件系统、NOTES 办公系统等进行相应的安全改造，实现利用 PKI-CA 系统来保障应用系统安全。从而在整个辽宁省电力系统建立起完整的认证体系，为辽宁电力的信息化建设提供安全基础保障。

2. 辽宁电力 PKI-CA 认证系统层次规划

　　根据辽宁省电力公司信息安全项目对 CA 中心和密钥管理中心的需求，系统总体的建设如下。

　　第一级为辽宁电力 CA 中心和密钥管理中心。其中，CA 中心是辽宁省电力 PKI-CA 认证系统的信任源头，实现在线签发用户证书、管理证书和 CRL、提供密钥管理服务、提供证书状态查询服务等功能；密钥管理中心负责加密密钥的产生、备份，并提供已备份密钥的司法取证。

第二级为注册中心（RA 中心）。省公司设立一个 RA 中心，完成接受用户申请、审核、证书制作等功能，以满足省公司用户的证书业务需求。

第三级是最终用户，可通过 RA 中心、远程受理中心进行证书申请、撤销等相关证书服务。

7.2　信息系统 PKI–CA/PMI 基本理论

7.2.1　信息系统 PKI-CA 基本工作原理

PKI 是 Public Key Infrastructure 的缩写，提供公钥加密和数字签名服务的综合系统，通常译为公钥基础设施。PKI 是使用公钥（公开密钥）理论和技术建立的提供安全认证服务的基础设施。按照 X.509 标准中定义，PKI "是一个包括硬件、软件、人员、策略和规程的集合，用来实现基于公钥密码体制的密钥和证书的产生、管理、存储、分发和撤销等功能。"应用 PKI 的目的是管理密钥并通过公钥算法实现用户身份验证。

CA(Certificate Authority)是数字证书认证中心的简称，是指发放、管理、废除数字证书的机构。CA 的作用是检查证书持有者身份的合法性，并签发证书（在证书上签字），以防证书被伪造或篡改，以及对证书和密钥进行管理。

PKI 从技术上解决了网络通信安全的种种障碍。CA 从运营、管理、规范、法律、人员等多个角度来解决了网络信任问题。由此，人们统称其为 PKI-CA。从总体构架来看，PKI-CA 主要由最终用户、认证中心和注册机构来组成。

PKI 体系结构采用电子证书的形式管理公钥，通过 CA 把用户的公钥和用户的其他标识信息（如名称、身份证号码、E-mail 地址等）捆绑在一起，实现用户身份的验证；将公钥密码和对称密码结合起来，通过网络和计算机技术实现密钥的自动管理，保证机密数据的保密性和完整性；通过采用 PKI 体系管理密钥和证书，可以建立一个安全的网络环境，并成功地为安全相关的活动实现以下 4 个主要安全功能。

（1）身份认证：保证在信息的共享和交换过程中，参与者的真实身份。

（2）信息的保密性：保证信息的交换过程中，其内容不能够被非授权者阅读。

（3）信息的完整性：保证信息的交换过程中，其内容不能够被修改。

（4）信息的不可否认性：信息的发出者无法否认信息是自己所发出的。

PKI-CA 系统工作原理：PKI-CA 电子证书认证系统通过挂接密钥管理中心（KMC）来管理用户的解密密钥，从而提高了用户解密密钥的安全性和可恢复性。通过支持证书模板，提高了签发各种类型证书的灵活性。

PKI-CA 电子证书认证系统支持可用密钥的选择和虚拟 CA，用户可以在一套系统中采用不同的密钥来签发不同类型的证书。PKI-CA 电子证书认证系统具有为用户签发双证书的功能，可以很方便地同其他 CA 建立交叉认证。在证书的审核方面，PKI-CA 电子证书认证系统支持多级审核,用户可以建立多级审核机构来完成对申请的审核。此外,PKI-CA还支持在线证书状态查询,支持多种加密设备和多种数据库平台。

　　PKI-CA 电子证书认证系统是用于数字证书的申请、审核、签发、注销、更新、查询的综合管理系统。PKI-CA 应用国际先进技术,拥有高强度的加密算法,高可靠性的安全机制及完善的管理及配置策略,提供自动的密钥和证书管理服务。

7.2.2　信息系统 PKI-CA 结构及技术特点

　　PKI-CA 由签发系统、注册系统、证书发布系统、密钥管理中心、在线证书状态查询系统 5 个部分组成。PKI-CA 的系统结构如图 7.4 所示。

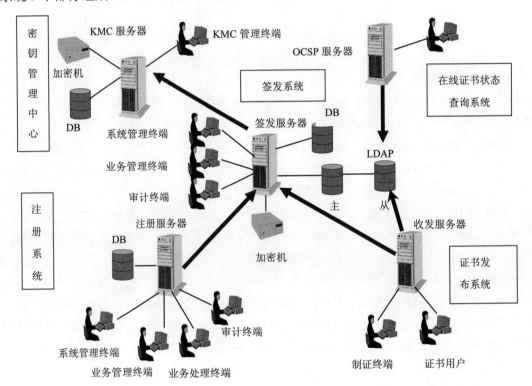

图 7.4　PKI-CA 系统结构图

1. 签发系统

　　(1)签发服务器:签发系统的核心。负责签发和管理证书 CRL,并负责管理 CA 的签字密钥以及一般用户的加密密钥对。

　　(2)系统管理终端:签发服务器的客户端。以界面的方式向签发服务器发送系统配置和系统管理请求,完成签发系统的配置管理功能。

（3）业务管理终端：签发服务器的客户端。以界面的方式向签发服务器发送系统配置和业务管理请求，完成签发系统的配置和业务管理功能。

（4）审计终端：签发服务器的客户端，可配置。以界面的方式向签发服务器发送日志查询和日志统计请求，以便对签发系统的日志进行审计。

（5）配置向导：生成签发服务器运行所必需的配置文件。

2．注册系统

（1）注册服务器：是注册系统的核心部分。负责审核用户，用户申请信息的录入，接收签发服务器的返回信息并通知用户。

（2）RA 系统管理终端：注册服务器的客户端。以界面的方式向注册服务器发送系统配置和系统管理请求，完成注册系统的配置管理功能。

（3）RA 业务管理终端：注册服务器的客户端。以界面的方式向注册服务器发送系统配置和业务管理请求，完成注册系统的配置和业务管理功能。

（4）RA 业务处理终端：注册服务器的客户端。主要负责处理日常证书业务，可面对面地处理用户的证书申请、注销、恢复、更新以及证书授权码发放等证书业务。

（5）RA 审计终端：注册服务器的客户端，可配置。以界面的方式向注册服务器发送日志查询和日志统计请求，以便对注册系统的日志进行审计。

（6）注册服务器配置向导：生成注册服务器运行所必需的配置文件。

3．密钥管理中心

（1）密钥管理中心服务器：是密钥管理中心的核心部分。为签发系统的签发服务器提供密钥管理服务；为密钥管理中心管理终端提供系统配置和管理服务。

（2）密钥管理中心管理终端：密钥管理中心服务器的客户端。以界面的方式实现 KMC 服务器的系统配置、管理和审计功能。

（3）密钥管理中心提供的对外接口。

4．证书发布系统

（1）收发服务器：是证书发布系统的核心部分。以 Web 方式（B/S 模式）与 Internet 用户交互，用于处理在线证书业务，方便用户对证书进行申请、下载、查询、注销、恢复等操作。

（2）制证终端：收发服务器的客户端。向收发服务器发送请求，用于为客户发放证书，以及密钥恢复。

5．在线证书状态查询系统

（1）在线证书查询服务器：是向外提供在线证书状态查询的服务系统。通过访问服务器用户可以实时查询与访问服务器相绑定的 CA 颁发的证书的状态。

（2）OCSP API：本接口是在 PKI-CA 在线证书协议需求基础之上建立的，为用户提供一个广泛的、独立的接口。

6．PKI-CA 软件结构

PKI-CA 软件结构如图 7.5 所示。

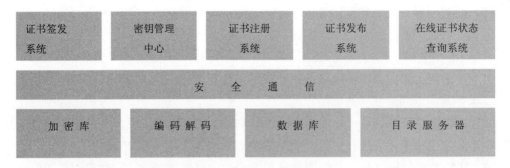

证书签发系统	密钥管理中心	证书注册系统	证书发布系统	在线证书状态查询系统
安　全　通　信				
加 密 库	编 码 解 码	数 据 库	目 录 服 务 器	

图 7.5　PKI-CA 软件结构

7．PKI-CA 系统技术特点

PKI-CA 系统是灵活的、易用的、可扩展的、可互操作的认证系统软件，它提供强大的安全特征和多重策略支持，使用户建立的 PKI 安全体系能支持大量的应用。

体系结构的设计保证了用户能按照适合其组织的方式建设 PKI 安全体系。CA 作为构建安全体系的基石，它能使用户已建立的 PKI 安全体系不断满足日渐变化的需求，如支持新应用、增加用户、与合作伙伴进行互操作、改变自己的基础设施等。

7.2.3　信息系统 PKI-CA 系统主要功能

1．签发系统

签发系统是 PKI-CA 的核心部分，负责证书和 CRL 的签发和管理。

签发服务器是电子证书认证系统中核心的核心，拥有最高的安全级别，负责所有证书的签发和注销。具有下列功能。

（1）签发证书及 CRL 主用户的管理：① CA 自身根钥的管理；② 首席安全官员的管理；③ 日志功能；④ 数据库管理；⑤ 目录服务管理；⑥ 自身的配置和管理。

（2）系统管理终端。

签发服务器的客户端，以界面的方式向签发服务器发送系统配置和系统管理请求，完成签发系统的配置管理功能：① 签发服务器端服务的启动和停止；② 签发服务器系统配置；③ 高安全级别的系统管理任务；④ 虚拟 CA 管理；⑤ 数据库管理；⑥ 本地的基本配置；⑦ 本地日志管理；⑧ 主用户身份验证。

（3）业务管理终端。

签发服务器的客户端，以界面的方式向签发服务器发送系统配置和业务管理请求，完成签发系统的配置和业务管理功能：① CA 配置管理；② 权限管理；③ 证书模板管理；④ 证书管理；⑤ 本地日志管理。

（4）系统审计终端。

签发服务器的客户端，可配置，以界面的方式向签发服务器发送日志查询和日志统计请求，以便对签发系统的日志进行审计。

负责对签发系统的操作历史和现状进行及时监查和审计：① 系统菜单；② 日志菜单；③ 配置；④ 切换；⑤ 安全；⑥ 窗口；⑦ 签发系统密钥管理；⑧ CA 证书密钥；⑨ SPKM证书密钥；⑩ 管理员证书密钥；⑪ 用户证书密钥；⑫ 数据库加密密钥；⑬ 主密钥。

2. 注册系统

RA 注册服务器主要功能是：① 证书申请；② 证书注销；③ 注销证书恢复；④ 证书更新；⑤ 证书模板；⑥ 权限管理；⑦ 安全通信；⑧ 注册服务器采用 SPKM 协议和客户端及上级进行通信；⑨ 导出安全通信证书的申请书；⑩ 导入安全通信证书；⑪ 导出******文件；⑫ 配置管理；⑬ 系统管理；⑭ 启动服务；⑮ 停止服务；⑯ 数据库备份；⑰ 数据库恢复；⑱ 更新数据库加密密钥；⑲ 更新系统密钥。

3. RA 系统管理终端

主要作用是：① RA 服务器端服务的启动和停止；② 安全；③ 任命首席官员；④ 导出******文件；⑤ 导出通信证书申请书；⑥ 导入安全通信证书；⑦ 主用户管理；⑧ 数据库管理；⑨ 数据库备份；⑩ 数据库恢复；⑪ 数据库密钥更新；⑫ 日志归档；⑬ 本地的基本配置；⑭ 本地日志管理；⑮ 日志查询；⑯ 日志归档；⑰ 日志打印；⑱ 日志视图：一般列表，详细列表。

4. RA 业务管理终端

主要功能有：① 系统配置，包括通信配置、安全配置、伺服参数配置、数据库配置和最大日志数配置；② 证书模板管理；③ 更新证书模板；④ 修改证书模板的审核方式；⑤ 权限模板管理；⑥ 新建权限模板；⑦ 修改权限模板信息；⑧ 删除权限模板；⑨ 终端管理员管理；⑩ 新建管理员；⑪ 修改管理员信息；⑫ 删除管理员；⑬ 下级 RA 管理；⑭ 新建下级 RA；⑮ 修改下级 RA 信息；⑯ 删除下级 RA；⑰ 日志管理。

5. RA 业务处理终端

主要功能有：① 设置系统配置；② 恢复默认配置；③ 更改管理员口令；④ 查看系统状态；⑤ 证书申请；⑥ 证书注销；⑦ 注销证书的恢复；⑧ 更新证书；⑨ 日志管理。

6. 审计终端

功能同签发系统审计终端，但配置不同。

7．密钥管理中心

命令行服务功能在 KMC 服务器中以命令行参数的形式提供，在执行这些功能时，将停止一切远程服务：① 通信证书配置管理；② 重新产生密钥管理中心服务器申请书；③ 导入 KMC 证书的颁发者 CA 的证书链；④ 数据库管理；⑤ 数据库备份；⑥ 数据库恢复；⑦ 重新加密数据；⑧ 验证数据库签名（验证数据库的完整性）；⑨ 备份归档表，同时清空归档表；⑩ 系统管理；⑪ 建立管理员；⑫ 为用户产生 KMC 配置文件；⑬ 更改主用户口令；⑭ 查看数据表中密钥信息；⑮ 产生密钥；⑯ 启动 KMC 但不自动产生密钥。

远程应用服务主要是为登录用户（Authority 用户）提供的服务功能，登录用户在注册完毕后可以通过 KMC API 来调用相应的服务：① 申请新密钥；② 更新用户密钥；③ 恢复用户密钥；④ 获取密钥历史；⑤ 更新密钥状态；⑥ 修改用于保护加密证书私钥的口令；⑦ 远程管理服务；⑧ 配置管理；⑨ 远程通信配置；⑩ 远程更新数据库配置；⑪ 远程更新 CA 证书链；⑫ 用户管理；⑬ 增加登录用户；⑭ 修改登录用户。

统计服务是指将提取的密钥按照密钥类型做数量上的统计。密钥管理中心 KMC Server 的管理员能够根据用户的需求调整 KMC Server 预产生密钥的数量等系统参数。主要功能有：① 密钥管理；② 密钥归档；③ 司法取证；④ 托管密钥查询；⑤ 归档密钥查询；⑥ 审计功能；⑦ 系统日志查询；⑧ 提取系统日志；⑨ 公用服务。

公用服务是任何一个能够登录 KMC Server 的用户都可以调用的服务。公用服务可以通过 T KMC API 来调用。

（1）取得 KMC 版本。

（2）提取 KMC Server 支持的密钥类型。

8．密钥管理中心管理终端

密钥管理中心管理终端是密钥管理中心负责管理和审计的终端，它由主用户管理。对 KMC Server 系统配置、登录用户和用户的密钥进行管理。

（1）系统功能：登录、注销、退出。

（2）配置管理：通信配置、数据库配置、设置锁屏时间、取 KMC Server 的密钥类型。

（3）系统管理：增加登录用户、查询登录用户、注销登录用户、恢复登录用户、统计用户密钥、查询归档密钥信息、查询托管密钥、司法取证、密钥恢复、密钥注销、查询系统日志。

（4）安全管理：更新主用户口令、更新 KMC Server 证书链、密钥归档。

7.2.4 信息系统 PMI 基本工作原理

属性证书、属性权威、属性证书库等部件构成的综合系统，用来实现属性证书的产生、管理、存储、分发和撤销等功能，被称为权限管理基础设施，简称 PMI(Privilege Management Infrastructure)。

PMI 是 X.509v4 中提出的授权模型，它建立在 PKI（公钥管理基础设施）提供的可信身份认证服务的基础上。X.509v4 中建议基于属性证书（Attribute Certificate，AC）实现其授权管理。PMI 向用户发放属性证书，提供授权管理服务；PMI 将对资源的访问控制权统一交由授权机构进行管理；PMI 可将访问控制机制从具体应用系统的开发和管理中分离出来，使访问控制机制与应用系统之间能灵活而方便地结合和使用，从而可以提供与实际处理模式相应的、与具体应用系统开发和管理无关的授权和访问控制机制。

建立在 PKI 基础上的授权管理基础设施（PMI）是信息安全基础设施的一个重要组成部分，其目标是向用户和应用程序提供授权管理服务，提供用户身份到应用授权的映射功能，提供与实际应用处理模式相应的、与具体应用系统开发管理无关的授权和访问控制机制，简化具体应用系统的开发与维护，并减少管理成本，降低管理复杂度，提高系统整体安全级别。

PMI 系统工作原理：PMI 体系是计算机软硬件、权限管理机构及应用系统的结合，它为访问控制应用提供权限和角色服务。PMI 是基于"属性证书"的系统，类似于用户的"电子签证"，即可以通过属性证书作为识别用户权限和资质的依据。基于属性证书的授权管理示意图如图 7.6 所示。

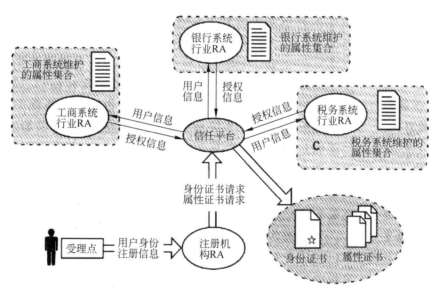

图 7.6　基于属性证书的授权管理示意图

PMI 使用属性证书表示和容纳权限信息，通过管理证书的生命周期实现对权限生命周期的管理。属性证书的申请、签发、发布、注销、验证过程对应着传统的权限申请、产生、存储、撤销和使用的过程。

使用属性证书进行权限管理，使得权限的管理和具体的应用分离，同一种权限可以在多个受信任的应用中使用，利于支持分布式环境下的更为安全的访问控制应用。分布式授权模型的应用模式示意图如图 7.7 所示。

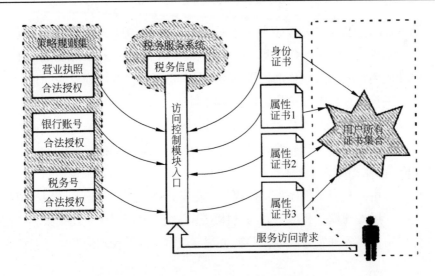

图 7.7　分布式授权模型的应用模式示意图

7.2.5　信息系统 PMI 系统结构及主要特点

PMI 由授权和访问控制策略、权限管理系统、权限发布系统、访问控制支持系统 4 个部分组成。

1．授权和访问控制策略

访问控制和授权策略展示了一个机构在信息安全和授权方面的顶层控制，授权遵循的原则和具体的授权信息。在一个机构的 PMI 应用中，策略应当包括一个机构将如何将它的人员和数据进行分类组织，这种组织方式必须考虑到具体应用的实际运行环境，如数据的敏感性、人员权限的明确划分，以及必须和相应人员层次相匹配的管理层次等因素。所以，策略的制定是需要根据具体的应用量身定做的。

具体地说，策略包含着应用系统中的所有用户和资源信息以及用户和信息的组织管理方式；用户和资源之间的权限关系；保证安全的管理授权约束；保证系统安全的其他约束。

2．权限管理系统

属性证书实施说明：PMI 系统的认证机构需要一个称为"属性证书实施说明"（Attribute Certification Practice Statements，ACPS）的文件对相关操作过程及策略进行说明，主要包括授权安全策略在实践中怎样被加强和支持。

属性证书：对于一个实体进行权限绑定是由一个被数字签名了的数据结构来提供的，这种数据结构称为属性证书。属性证书的功能如下。

（1）将用户或实体的标识与角色（权限/属性）绑定。

（2）能被分发和存储在非安全的分布式环境中。

（3）与身份证书配合使用。

（4）必要时，通过发行证书撤销表，确保证书能被撤销。

属性证书的签发模块：最终负责给用户分配具体的权限/角色，并将属性证书发布到权限发布系统。

属性证书的申请模块：为权限管理者提供了一个界面，它负责获取权限申请信息，并把申请提交给签发模块。

3. 权限发布系统

签发的数字属性证书主要通过目录服务的方式进行发布，尽管可以通过用户自定义的手段。使用目录权限发布系统的优点在于，可以为各种形式的系统提供一致和标准的权限发布及获取服务，为所有应用系统提供统一的权限接口。

4. 访问控制支持系统

如果使用属性证书没有给安全应用在权限管理和访问控制上带来设计，实施，管理，审计，总体安全的改善和提高，PMI 技术便没有得到实质上的应用，也不会改变访问控制实施复杂的情况。访问控制支持系统能够方便地将属性证书和具体的应用集成起来，极大地简化了属性证书的应用和访问控制系统的设计、实施和管理。

应用 PKI 的目的是管理密钥并通过公钥算法实现用户身份认证，在实际访问控制应用中，存在一些问题，如用户数目很大时，通过身份验证仅可以确定用户身份，但却不能区分出每个人的用户权限。这就是 PKI 新扩展产生的一个原因。

另外，传统的应用系统通常是通过使用用户名和口令的方式来实现对用户的访问控制的，而对权限的控制是每个应用系统分别进行的，不同的应用系统分别针对保护的资源进行权限的管理和控制，在应用系统较多、环境复杂时这样会带来许多问题，如要为同一个在不同的应用系统中开设用户，并为其授权以便控制对资源的访问，各个应用系统的授权方式不同安全强度也不同这给使用、安全、维护带来各种各样的问题。在这样复杂的应用权限控制环境下，有一个点上出现了问题整个应用系统就有可能变成不安全的了，而这样复杂的环境仅凭系统管理员进行人员维护其工作量是可想而知的，出错的可能将非常大。

而且，权限信息相对于身份信息来说容易改变，维护授权信息代价相对维护身份信息要高得多。同时，又因为不同系统的设计和实施策略不同，导致了同一机构内存在多种权限管理的现状。总之，基于 PMI 技术的授权管理模式与传统的同应用密切捆绑的授权管理模式相比主要存在以下三个方面的特点。

1. 授权管理的灵活性

基于 PMI 技术的授权管理模式可以通过属性证书的有效期以及委托授权机制来灵活地进行授权管理，从而实现了传统的访问控制技术领域中的强制访问控制模式与自主访问控制模式的有机结合，其灵活性是传统的授权管理模式所无法比拟的。

与传统的授权管理模式相比，采用属性证书机制的授权管理技术对授权管理信息提供了更多的保护功能；而与直接采用公钥证书的授权管理技术相比，则进一步增加了授权管理机制的灵活性，并保持了信任服务体系的相对稳定性。

2. 授权操作与业务操作相分离

基于授权服务体系的授权管理模式将业务管理工作与授权管理工作完全分离，更加明确了业务管理员和安全管理员之间的职责分工，可以有效地避免由于业务管理人员参与到授权管理活动中而可能带来的一些问题。

基于 PMI 技术的授权管理模式还可以通过属性证书的审核机制来提供对操作授权过程的审核，进一步加强了授权管理的可信度。

3. 多授权模型的灵活支持

基于 PMI 技术的授权管理模式将整个授权管理体系从应用系统中分离出来，授权管理模块自身的维护和更新操作将与具体的应用系统无关，因此，可以在不影响原有应用系统正常运行的前提下，实现对多授权模型的支持。

在 PKI 得到较大规模应用以后，人们已经认识到需要超越当前 PKI 提供的身份验证、机密性、完整性和不可否认性，步入到授权验证的领域，提供信息环境的权限管理将成为下一个主要目标。

7.2.6　信息系统 PKI 与 PMI 主要关联分析

PMI 授权管理基础设施需要 PKI 公钥基础设施为其提供身份认证服务。PKI 和 PMI 之间的主要区别在于：PMI 主要进行授权管理，证明这个用户有什么权限，能干什么，即"你能做什么"，为各类应用提供相对独立的授权管理，并且各类应用相互之间的权限资源独立；PKI 主要进行身份鉴别，证明用户身份，即"你是谁"，并且由各类应用共同信任的有关机构提供统一管理。它们之间的关系类似于护照和签证的关系。护照是身份证明，唯一标识个人信息，只有持有护照才能证明你是一个合法的人。签证具有属性类别，持有哪一类别的签证才能在该国家进行哪一类的活动。

授权的信息可以放在身份证书扩展项中或者直接使用属性证书表示，但是将授权信息放在身份证书中是很不方便的。因为，首先，授权信息和公钥实体的生存期往往不同，授权信息放在身份证书扩展项中导致的结果是缩短了身份证书的生存期，而身份证书的申请审核签发是代价较高的；其次，对授权信息来说，身份证书的签发者通常不是业务资源的拥有者，也就是不具有权威性，这就导致身份证书的签发者必须使用其他的方式从权威源（资源的拥有者）获得授权证明信息。此外，授权发布要比身份发布频繁得多，对于同一个实体可由不同的属性权威来颁发属性证书，即一个人有一张身份证书但可以有多张属性证书。

因此，一般使用属性证书来容纳授权信息，即 PKI 可用于认证属性证书中的实体和所有者身份，并鉴别属性证书签发权威 AA 的身份。

PMI 和 PKI 有很多相似的概念，如属性证书与公钥证书，属性权威与认证权威等，相关术语的比较见表 7.1。

表 7.1　PMI 和 PKI 系统功能比较

概念	PKI 实体	PMI 实体
证书	公钥证书	属性证书
证书签发者	认证权威	属性权威
证书用户	主体	持有者
证书绑定	主体名和公钥绑定	持有者名和权限绑定
撤销	证书撤销列表(CRL)	属性证书撤销列表(ACRL)
信任的根	根 CA/信任锚	权威源(SOA)
从属权威	子 CA	属性权威 AA

（1）公钥证书是对用户名称和他/她的公钥进行绑定，而属性证书是将用户名称与一个或更多的权限属性进行绑定。在这个方面，公钥证书可被看为特殊的属性证书。

（2）数字签名公钥证书的实体被称为 CA，签名属性证书的实体被称为 AA。

（3）PKI 信任源有时被称为根 CA，而 PMI 信任源被称为 SOA。

（4）CA 可以有它们信任的次级 CA，次级 CA 可以代理鉴别和认证，SOA 可以将它们的权利授给次级 AA。

如果用户需要废除他/她的签字密钥，则 CA 将签发证书撤销列表。与之类似，如果用户需要废除授权，AA 将签发一个属性证书撤销列表。

7.3　示范工程 PKI–CA/PMI 系统与应用分析

本节主要内容包括辽宁省电力有限公司在 PKI-CA 安全基础设施之上又建设了以 PMI 授权管理系统为基础的安全支撑平台。同时，还建立了辽宁电力系统的电子印章系统、时间戳系统和网站防篡改系统。为辽宁电力应用系统提供以数字证书为核心的安全保障服务，以及辽宁电力 PKI-CA/PMI 系统取得应用成果。

7.3.1　辽宁电力 PKI-CA 总体安全体系工程实施

根据辽宁省电力公司的情况，本期认证系统建设将认证系统布置在其省公司的服务器集群网络中，共用其已有的物理、网络等相关安全保护设备及设施，从而在达到满足安全需求的前提下，实现认证系统的安全建设。标准认证系统的整个安全体系结构如图 7.8 所示。

除上面的安全体系结构之外，还要考虑灾难恢复的问题，即当出现影响系统安全运行的情况之后，应该迅速做出反应，在尽可能短的时间里恢复系统的运行。

图 7.8　标准认证系统的整个安全体系结构图

1. 物理安全和环境安全建设

CA 系统的物理安全和环境安全是整个系统安全的基础，要把 CA 系统的危险减至最低限度，需要选择适当的设施和位置，同时要充分考虑水灾、地震、电磁干扰与辐射、犯罪活动以及工业事故等的威胁。

物理隔离：由于 CA 安全的需要，从网络上将划分非军事区、操作区、中心安全区。因此，在辽宁电力 PKI-CA 系统的物理建设中，按此来划分不同的物理功能区对其进行分隔管理。每道门是一道屏障，如锁着的门或关闭的大门，它可以对个人的进入提供强制性的控制；并且每个个人要进入下一个区域，必须做出积极的反应（例如，刷智能卡、输密码等）。

物理访问控制：每个进入 CA 物理环境的人都需要预先得到授权，作为物理访问控制的一部分，所有人员被分成具体的授权组。授权组主要根据进入者自身在系统中承担的角色来确定。根据每个人所属的授权组，确定此人有权访问的地区（区域）和每天允许访问的时间。身份识别卡（可以与密码输入一体化）和生物识别都是访问控制系统识别个人所属授权组的方法的例子。

当进入者向卡机出示其身份识别卡时，读卡机从这个卡上读出与访问控制系统所保存的该个人信息相关的信息（例如，系列序号）。访问控制系统决定该个人是否被授权进入特定区域或地区。访问控制系统只能够跟踪其信息保存在系统数据库中。

物理安全加固：CA 系统中涉及微型计算和主机、LAN 服务器等资源的房间，必须进行严格的管理，对这些部门的访问要严格控制，要求经过授权并进行监控。

具体的实施方案如下。

（1）整个 CA 系统的各个房间之间要利用隔墙进行保护，防止通过天花板下面的假平顶进入。

（2）中心安装防盗门，防止窃贼撬门而入。

（3）在有人操作期间双层门由出入卡系统进行控制；在无人操作期间，外层门要加锁保护。

（4）在 CA 系统工作室安装电子出入控制（监控）系统、防侵入系统、机械组合锁等装置。

（5）CA 系统中的服务器、密钥管理设备采用专用屏蔽室，以防止电磁干扰，增加系统的安全性。

（6）按照防火管制的要求，尽量减少出入口数量。

环境安全：敏感区域的墙壁必须加固，并且需要进行防辐射处理；地板需要铺设防静电材料。

执行连续操作的所有硬件设备，配备空调系统、冷却设备以及照明系统等，同时还要考虑应急环境设施。

为 CA 系统提供支持的公用设施、管线等均通过地下进入大楼或采用其他措施加以保护。

对支持 CA 系统的服务设施，如配电盘、通信与电话间、通风以及空调系统都要采取严格的保护措施，首先加锁保护，同时要限制人员的随意进入。

CA 系统的电气系统应符合电子数据处理设备的防火标准、组织政策、职业安全与保健法等。主要包括以下几个方面。

（1）电源电缆；

（2）铺设于通风和地板下的电缆；

（3）变压器；

（4）机房设备的断电装置；

（5）不间断电源系统（UPS），及电池装置；

（6）位于不同防火区的设备和 UPS 之间的导电器；

（7）机房应急照明设备；

（8）所有设备的电源系统应该与厂商技术规范保持一致，必要时配备净化电源，以保证电源的性能。

2．网络安全设计

网络安全设计的目标是保证网络安全可靠地运行，从网络拓扑结构、网络安全区域的划分、防火墙系统的设置等各个方面的设计中防范来自网络的攻击并加强对内部的安全管理。

1）CA 中心的网络结构

在 CA 中心里签发服务系统既要为用户签发证书，又要支持用户对 CRL、CPS 等的查询，并且很多工作都要求实时完成，这样 CA 受外界攻击的机会最多，这就对系统的网络安全提出了很高的要求。在辽宁电力 PKI-CA 系统设计中通过网络划分，综合运用三道防火墙、入侵检测等来保障 CA 中心的网络安全。

2）网络区域划分

CA 系统在为用户签发证书，响应用户对 CRL、CPS 的查询时都是在线连接实时处理，所以在我们的网络系统中，将把整个 CA 中心网络划分为 4 个区，并在各区间采用不同的防火墙产品进行保护。

（1）公共区：在 CA 中心控制范围之外的区域，这里主要指辽宁省电力专用网络。

（2）非军事区：非军事区是认证中心为客户和最终用户提供服务的地方。在非军事区中是一个高可用性的目录服务器，配置成映射目录。非军事区是用路由器和防火墙来保护的，通过对它们的端口进行配置，只能允许进行安全策略授权的通信。

非军事区和所有的组件区要设置在一个安全的设施之中，要有适当的物理安全、人员安全和操作安全。系统管理部件（代理、引擎等）可以安装在非军事区，如果安全策略允许，这些部件是可选的。

（3）操作区：操作区主要是对 CA 操作人员进行限制。操作人员在操作区执行每天的工作，需要配置运行管理工作站。操作区的房间应该是高度安全的，使用监视器、报警和访问控制系统。并且应该考虑应用多人同时工作的方式（任何一个成员不能自己在房间里完成一项操作）。

（4）安全区：安全区是最安全的房间。CA 服务器、主目录服务器和密钥系统都存储在安全区中，安全区的房间必须具有屏蔽功能，保障安全区内软硬件的高安全性。

（3）多层次防火墙保护

防火墙保护是网络安全性设计中重要的一环，在辽宁电力 PKI-CA 系统中采用多层次的防火墙保护方案提高系统安全性，既限制外部对系统的非授权访问，也限制内部对外部的非授权访问，同时还限制内部系统之间特别是安全级别低的系统对安全级别高的系统的非授权访问。

4）入侵检测

在采用多层防火墙技术增加系统的安全性的同时，还使用了入侵检测系统，入侵检测系统可以从多方面对网络系统进行监测和分析，能够及时发现入侵者并及时报警，同时还能够采取一定的补救措施。

入侵检测系统（Intrusion Detection System）从计算机网络系统中的关键点收集信息，并分析这些信息，检查网络中是否有违反安全策略的行为和遭到袭击的迹象。IDS 主要执行如下任务。

（1）监视、分析用户及系统活动。

（2）系统构造变化和弱点的审计。

（3）识别反映已知进攻的活动模式并向相关人士报警。

（4）异常行为模式的统计分析。

（5）评估重要系统和数据文件的完整性。

（6）操作系统的审计跟踪管理，并识别用户违反安全策略的行为。

实现以下功能。

（1）监视用户和系统的运行状况，查找非法用户和合法用户的越权操作。

（2）检测系统配置的正确性和安全漏洞，并提示管理员修补漏洞。

（3）对用户的非正常活动进行统计分析，发现入侵行为的规律。

（4）检查系统程序和数据的一致性与正确性。如计算和比较文件系统的校验和能够实时对检测到的入侵行为进行反应。

在本系统中通过入侵检测系统来收集并分析计算机系统和网络中的关键信息，检查系统和网络中是否有违反安全策略的行为和遭到袭击的迹象。

3．主机安全性设计

在辽宁电力 PKI-CA 系统中，关键服务器等均采用 HP 系统主机系统。HP 公司的企业服务器扩展了传统网络服务器的性能，采用了一些过去只有在大型主机上才有的关键技术，将多处理器性能、系统容量和外设的连通性提高到一个新的层次上。此外，HP 注重平衡的系统性能，使每个部件通过合理化的设计和集成，为系统提供最优性能。

HP 企业服务器的 RAS 功能在安全可靠性方面，提供了很好的可靠性、可用性和可维护性。

7.3.2　基于 PKI-CA 的应用系统升级改造

辽宁电力信息网的应用服务环境主要是以信息发布系统、电子邮件系统、代理系统、应用服务系统、用户管理系统、数据库服务器组成，是 C/S 结构与 B/S 结构相结合的应用体系结构，数据库系统主要采用 Sybase 和 SQL Server。主要应用系统有房改、计划、人事、营业、物资、科技、财务、机关、开发调试、综合数据库、营业部服务器等各种应用。

1．应用系统存在的主要安全问题

现有应用系统多采用"用户名＋口令"的机制来对企业内部员工和外部客户进行身份认证，这种方式由于用户名、口令均为明文传递到服务器，在服务器端进行验证；用户的信息存放在服务器端，只是服务器验证用户，用户对服务器没有进行有效的验证，极易造成用户口令的泄漏，从而造成系统的安全漏洞。无法有效保障其运行数据的安全，不能有效实现对相关操作的抗抵赖。同时还能看到以往的各种应用系统，由于各成一套体系，造成用户在访问不同应用系统时要记忆不同的用户+口令，或出示不同的凭证（如磁卡），既不安全又不方便，大大制约了辽宁省电力系统信息化应用的发展。

2．办公自动化系统的安全改造

辽宁省电力有限公司的办公自动化系统是 Lotus Notes 5.06a 办公协作平台，在辽宁电力 PKI-CA 系统建设完成后，在 Notes 系统中能够使用自己的 CA 系统签发的高密钥强度的数字证书，并能够对 Notes 系统中的表单进行加密和签名等操作。

基于 Lotus Notes 系统提供的口令扩展接口、管理扩展接口和对数字证书的支持，在客户端提供了登录安全和文档安全两个插件。实现了用智能卡登录、用数字证书签名加密文档的功能，同时在服务器端对数字状态进行查询，确保证书的有效性。

辽宁电力 PKI-CA 系统将数字证书签发到 key 中，由信息中心统一管理 key 并发放到辽宁电力的办公自动化注册人员手中，注册人员把 key 连接到终端计算机上，输入 key 的保护口令，就能够登录办公自动化系统的客户端，并对编辑的文档进行加密和签名操作，对收到的文档进行解密和验证签名操作。

3. 安全电子邮件系统的安全改造

辽宁省电力有限公司的员工邮件客户端是 Microsoft Outlook Express，在辽宁电力 PKI-CA 系统建设完成后，在邮件系统中能够使用自己的 CA 系统签发的数字证书，并能够对邮件进行加密和签名等操作。

安全电子邮件（Secure/ Multipurpose Internet Mail Extensions，S/MIME）是 Internet 中用来发送安全电子邮件的协议。S/MIME 为电子邮件提供了数字签名和加密功能。该标准允许不同的电子邮件客户程序彼此之间收发安全电子邮件。为了使用安全电子邮件 S/MIME，必须使用支持 S/MIME 功能的电子邮件程序，例如 Outlook Express 4 或以上版本。

在安全邮件应用中用户证书存储在 CA 中心签发的 key 中，联系人的证书可以从 CA 中心的 Web 服务网页中获得，一次导入 Outlook Express 就可以多次使用方便快捷，使用简单。导入证书到 Outlook Express 中后就可以利用这些证书签名电子邮件和加密电子邮件。

签名一个电子邮件意味着，将自己的数字证书附加到电子邮件中，接收方就可以确定是谁。签名提供了验证功能，可以保证邮件在网络上传输过程中没有被篡改。加密电子邮件意味着只有指定的收信人才能够看到信件的内容。为了发送签名邮件，必须有自己的数字证书。为了加密邮件，必须有收信人的数字证书。

辽宁电力 PKI-CA 系统将数字证书签发到 key 中，由信息中心统一管理 key 并发放到辽宁电力的电子邮件注册人员手中，注册人员把 key 连接到终端计算机上，输入 key 的保护口令，就能够在 Microsoft Outlook Express 中，对编辑的邮件进行加密和签名操作，对收到的邮件进行解密和验证签名操作。

4. 应用系统（B/S、C/S 结构）的安全改造

在辽宁省电力有限公司内部信息网上有多种应用系统（包括 B/S、C/S 结构），一直以来，人们登录系统普遍都采用用户名+口令的方式，即在用户登录时输入事先设定好的用户名和与之相对应的口令，如与数据库中的记录相吻合则可成功登录，并可根据数据库中的相关记录分配相应的用户权限。这种方式具有简单方便，易于使用的优点。但也存在一些不足，如用户姓名不易记忆，用户登录的有效期不易控制，用户的用户名，用户口令容易失密（包括用户口令被暴力破解、用户登录口令被窃取）。而其中最主要的问题就是用户口令失密问题。当用户口令失密时又不易察觉，容易造成严重的损失。在辽宁电力 PKI-CA 系统建设完成后，在这些应用系统中能够使用自己的 CA 系统签发的数字证书，对访问这些应用系统的人员进行身份验证和权限管理。

开发了相应的加密签名控件加入到相应的应用系统中，使得应用系统可以使用数字证书进行登录，员工在访问应用系统时，将 key 连接到终端计算机上，输入 key 的保护口令，这时应用系统就能够根据员工所使用的数字证书对其进行身份验证并判断员工所拥有的权限，直接登录到应用系统中进行相应的操作。完成了 11 个应用系统安全改造。

7.3.3　辽宁电力 PMI 授权管理系统的建设工程

在完成国家 "十五" 重大科技攻关项目——电力系统信息安全应用示范工程辽宁电力 PKI-CA 身份认证系统建设之后，为进一步推进辽宁省电力公司信息化建设的进程，辽宁电力公司继续与吉大正元公司合作，在 PKI-CA 安全基础设施之上又建设了以 PMI 授权管理系统为基础的安全支撑平台。同时，还建立了辽宁电力系统的电子印章系统、时间戳系统和网站防篡改系统。为辽宁电力应用系统提供以数字证书为核心的安全保障服务。

（1）对原有 PKI-CA 系统进行升级扩容。即除了省中心已经建设完毕的 CA（证书认证）系统、RA（证书注册）系统、KM（密钥管理）中心以外，还在沈阳、大连、锦州三地供电公司建设了三个 RA 中心。通过省中心和三个 RA 中心的建设，可以形成覆盖全省电力行业的证书发放体系，为全省电力应用提供身份认证和信息加密服务。

（2）建设 PMI 授权管理。在 PKI-CA 的安全认证平台基础上，通过属性证书对用户权限进行管理，可以为应用系统建立一个高安全强度，更易维护管理，扩展能力极强的访问控制环境，提供可以不断延伸和标准化的授权平台。

（3）建设时间戳系统，为辽宁电力应用系统提供精确可信的时间戳服务，为业务处理的不可抵赖性和可审计性提供支持。

（4）建立电子印章系统，实现辽宁电力传统公章的电子化，为发展无纸化办公提供基础条件。

（5）基于 PKI 和 PMI 的应用系统安全加固。应用系统安全建设主要是针对辽宁电力目前的应用系统情况，在辽宁电力的综合查询、PMIS、人力资源、信息发布、科技管理等系统中引入 PMI 权限管理功能，实现这些业务应用系统的安全权限分配、管理及控制。同时，在 Notes OA 系统中加入了电子印章系统；对安全电子邮件系统进行完善；实现相关的网站网页的篡改。并提供相应的表单签名等应用产品，实现在相应的系统中对数字签名等安全功能的要求。

7.3.4　辽宁电力 PKI-CA 系统的升级和扩建工程

1. 辽宁电力 PKI-CA 认证系统升级和扩建后体系结构

辽宁电力 PKI-CA 认证系统前期建设已建立起省公司的认证系统主体框架，并承担起为应用系统提供数字证书及认证信息等相关服务，为进一步提高辽宁电力 PKI-CA 认证系统的服务范围及能力，二期建设中将在省电力公司所辖的三个地市供电公司建立 RA 中心，与一期的系统形成辽宁电力 PKI-CA 认证系统的完善体系，如图 7.9 所示。

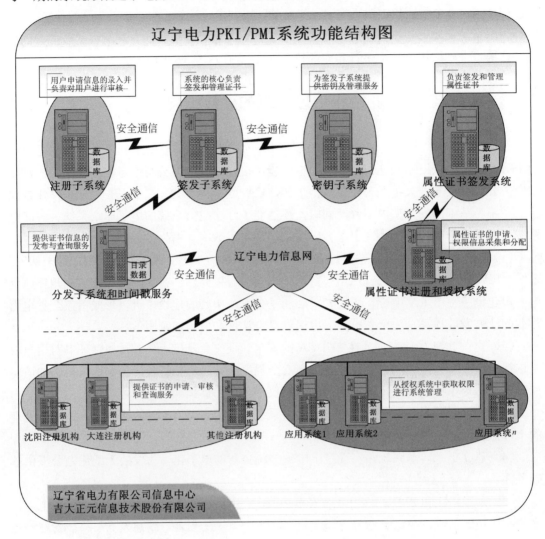

图 7.9　辽宁电力 PKI-CA 认证系统升级和扩建后体系结构

2．省中心网络拓扑

三个地市公司的 RA 建设主要是为大连、沈阳、锦州供电公司。对于未建立 RA 中心的 11 个供电公司，也可通过覆盖全省的电力网获得相关的证书业务服务。

因为新增 PMI 授权管理系统和原 PKI 身份认证系统安全级别相近，为避免重复投资，新增 PMI 授权管理系统和原 PKI 身份认证系统共用一套网络设备。省中心网络拓扑如图 7.10 所示。

3．各地市 RA 中心建设

RA 中心是直接面对用户提供服务的系统，在辽宁省的三个地市供电公司建立 RA 中心，为地市供电公司提供证书的申请、审核、签发等功能，并提供数字证书信息的查询服务。各 RA 中心利用加密机通过电力专网与辽宁电力省公司 PKI-CA 认证系统中心的 RA 中心进行安全连接通信。

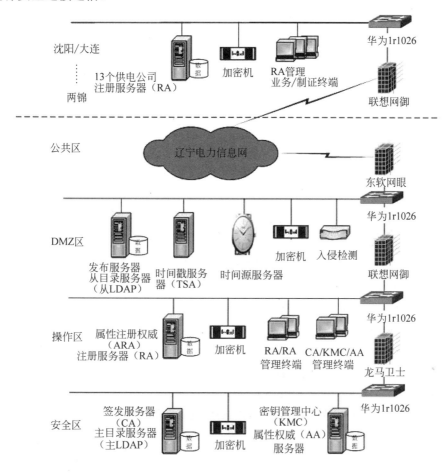

图 7.10　辽宁电力 PKI-CA/PMI 系统网络结构

　　各地市供电公司 RA 中心由 RA 服务器、业务终端（录入终端、审核终端、制证终端）、管理终端、审计终端组成。其中，RA 服务部署在一台服务器上，实现各地市供电公司对证书申请、审核管理的需求，负责将用户的证书审核通过的申请信息发送到省公司 CA 中心的 RA 注册服务器上，其相应的数据是利用加密机加密后，经电力专网与辽宁电力省公司 CA 中心进行交换传输；业务终端、管理终端、审计终端分别安装在三台 PC 上，其权限的划分是靠管理员的证书来区分的，并且录入、审核是有范围限制的，不能做越权操作的。

　　为保障 RA 中心的安全，RA 中心通过防火墙进行安全防护，防火墙根据实际需要只开放相应的端口，并制定相应的控制策略，在最大程度上保证 RA 中心的安全。同时，采用电力系统已有各种防护机制对 RA 中心进行网络边界的防护，保证 RA 中心数据信息及系统的安全。RA 中心的管理终端负责对 RA 中心的设备进行设置管理，RA 中心的审计终端对服务器的操作系统日志、防火墙日志进行管理、审计、存储。

各地市 RA 中心的证书业务受理，主要实现了以下功能：收集和管理各地市供电公司人员的信息；录入证书申请者身份信息；初步审核与提交员工身份信息；下载数字证书并制证；发放数字证书；沈阳、大连和锦州 RA 已经建设完毕，并按照产品测试大纲进行了测试。目前已经可以对外提供证书服务。

7.3.5　辽宁电力 PMI 授权管理系统与应用分析

1. 辽宁电力 PMI 系统网络结构

辽宁电力 PMI 系统是一套基于 PKI-CA 系统的权限管理系统，根据辽宁电力现在的实现环境条件，辽宁电力 PMI 系统部署在辽宁电力现有的 PKI-CA 机房中，并充分利用现有的相应的网络及主机设备，达到在不影响整体安全及系统性能的前提上，将 PMI 系统与 PKI-CA 系统紧密结合，构筑起辽宁电力整体的应用安全基础设施。

授权管理基础设施（PMI）是信息安全基础设施的一个重要组成部分，其目标是向用户和应用程序提供授权管理服务，提供用户身份到应用授权的映射功能，提供与实际应用处理模式相应的、与具体应用系统开发管理无关的授权和访问控制机制，简化具体应用系统的开发与维护，提高系统整体安全级别。

PMI 体系是计算机软硬件、权限管理机构及应用系统的结合，它为访问控制应用提供权限和角色服务。PMI 是基于“属性证书”的系统，类似于用户的“电子签证”，即可以通过属性证书作为识别用户权限和资质的依据。

根据辽宁电力应用的特点，我们对 PMI 系统进行了客户化工作。主要修改了以下几个部分。

（1）操作界面，使之符合辽宁电力应用系统风格。

（2）录入方法，采用树状结构分配权限，使之操作简便，易于上手。

（3）权限管理方法，采用了先进的资源+动作组合分配权限方式，更适于电力系统复杂权限的分配。

2. PMI 系统主要部分

（1）属性证书的签发系统：最终负责给用户分配具体的权限/角色，并将属性证书发布到权限发布系统，部署在安全区。

（2）属性证书的申请模块系统：为权限管理者提供了一个界面，它负责获取权限申请信息，并把申请提交给签发模块。部署在操作区对外提供服务。

（3）权限发布系统：签发的数字属性证书主要通过目录服务的方式进行发布，尽管可以通过用户自定义的手段。使用目录权限发布系统的优点在于，可以为各种形式的系统提供一致和标准的权限发布及获取服务，为所有应用系统提供统一的权限接口。权限发布系统部署在非军事区，供应用系统查询用户权限。

（4）访问控制支持系统：如果使用属性证书没有给安全应用在权限管理和访问控制上带来设计，实施，管理，审计，总体安全的改善和提高，PMI 技术便没有得到实质上的应用，也不会改变访问控制实施复杂的情况。访问控制支持系统能够方便地将属性证书和具体的应用集成起来，极大地简化了属性证书的应用和访问控制系统的设计、实施和管理。访问控制支持系统部署在应用服务器上。

3．时间戳系统的建设

辽宁电力的时间戳系统要为省公司及三个地市供电公司提供可信的时间服务，时间戳系统可以采用集中部署和分布部署两种方式，集中部署即时间戳服务器部署在省公司，各地市供电公司不再部署时间戳服务器；分布部署即在省公司和各地市供电公司都部署时间戳服务器，我们从成本、管理、实用方面考虑辽宁电力的用户群是本公司，相对用户量不是很大，采用了集中部署方式，如果将来随着用户量增大时，可以采用负载均衡方式提高系统的健壮性和响应速度。

1）时间源的部署

时间戳系统采用了上海寰泰的 GTT100 网络时间源服务器。时间源的时间来自于与卫星同步时间，误差在十万分之一秒内。

时间源服务器存放于 PKI-CA 机房内，通过三道防火墙与电力专网相连，保证了其安全性。时间源服务器与时间信号接收器通过电缆直连，最大程度减小了对时间信号的干扰。

2）时间戳的部署

时间戳服务是提供在特定时间内某数据存在的服务，该服务是一个可信任第三方提供的，提供该服务的第三方称为"时间戳权威（Time Stamp Authority，TSA）"。TSA 是时间戳的签发机构，一个提供可信赖的且不可抵赖的时间戳服务的可信任第三方，它是 PKI 的重要组成部分。TSA 的主要功能是提供可靠的时间信息，证明某份文件（或某条信息）在某个时间（或以前）存在，防止用户在这个时间前或时间后伪造数据进行欺骗活动。目前在辽宁电力也存在大量的应用系统，时间戳系统可以提供统一的权威可信时间源。

时间戳服务区域与公用证书下载系统同属一区，用防火墙在网络层面做访问控制，入侵检测系统保证攻击的抵御与预防。

我们还设置严格的访问控制列表，只有被授权的管理员才能配置系统，系统对每个操作做严格的审计记录以保证事件的可追溯性。

4．网站防篡改系统的建设

PKI/PMI 系统都是安全等级非常高的系统，为了防止页面被非法改变，采用了基于数字证书的网页防篡改系统 JIT-Keeper 进行保护。在网页内容防篡改的实现中，采用数字证书来识别程序的身份，同时采用数字签名技术，传送数据时附加一个对数据的数字签名，以保证所传递数据的安全性和完整性。

根据电力系统信息安全应用示范工程——辽宁电力 PKI-PMI 系统的整体实施要求，在本阶段使用本系统对 PKI 系统中的对外发布系统进行实时监控；对 PMI 系统中的属性证书注册系统（ARA）进行实时监控，来进一步保障辽宁电力的信息安全基础设施的安全性。

7.3.6　基于 PKI/PMI 的应用系统升级改造

辽宁电力应用系统多属 B/S 结构，B/S 结构模式在目前的应用开发中得到了广泛的应用。其优点为方便维护，降低应用总体成本，升级方便灵活，操作控制简单，但 B/S 结构的应用普遍存在以下弱点。

（1）身份认证：很多 B/S 结构的应用沿用了 C/S 结构的用户名/口令的认证方式，由于 HTTP 自身也是一个明文协议，所以这种身份认证方式无疑面临着诸如窃听、仿造、暴力测试等多种威胁。

（2）传输安全：用户和服务器之间的明文传输导致全部的用户数据都毫无保护地暴露在网络环境中。服务器和服务器之间的通信安全也是人们常常忽视的问题。

（3）权限控制：权限控制在旧的应用系统中是一个普遍存在的问题，由于大多数权限控制都以 ACL 的模式实现，并且权限只在本系统有效，造成了系统边界成为权限管理的弱点。

（4）系统审计：由于缺乏技术上的不可否认能力，系统审计缺乏足够的可信性。

（5）系统认证：网络时代的大型应用往往由多个系统共同组成，系统之间相互协作共同完成整个应用，这就带来了系统之间的安全问题，如何保证协作的系统确实是获得许可的，这是多机分布式系统要解决的问题。

1．旧应用系统改造步骤

应用系统访问控制流程如图 7.11 所示。

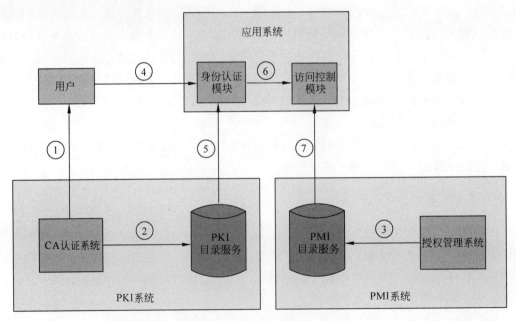

图 7.11　应用系统访问控制流程

由于旧应用系统的不规范性，很难提供一套通用的解决办法。针对这种用户的要求我们提供了一套应用改造 API，用户可能根据自己应用实际情况使用这套 API 灵活地定制自己的访问控制功能。

B/S 应用系统的改造：利用数字证书提供身份认证服务，代替原有的用户名/口令方式，并充分利用 SSL 协议在实现身份认证的同时，为信道提供高强度的加密，保证数据的传输安全。应用系统在用户登录后，根据数字证书提供的身份信息从权限管理中心的目录服务器中获取用户的属性证书，判断用户在该应用系统中的访问控制权限。

B/S 应用系统改造流程如图 7.12 所示。

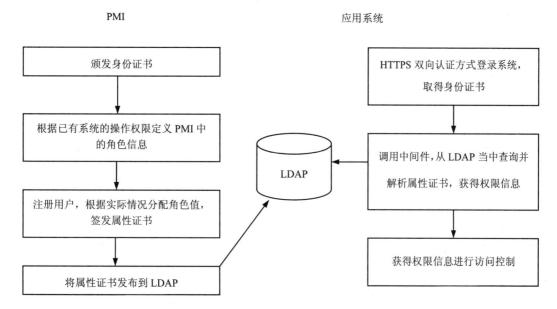

图 7.12　B/S 应用系统改造流程

1）身份认证

系统采用数字证书代替了原有的用户名/口令的认证方式，用户使用 HTTPS 利用浏览器登录 Web 服务器，如果用户证书是由 Web 服务器所信任的 CA 颁发，而且有效，应用将允许用户登录。

2）权限的获取和判断

由于系统采用数字证书代替了原有的用户名/口令的认证方式，并用属性证书来作为用户权限的载体，所以需要替换到系统原有的权限获取的模块，我们采用针对 B/S 结构的安全中间件来作为应用系统获取用户权限的工具。该安全中间件是一个组件，应用系统调用即可。

3）安全中间件的功能

（1）在身份认证结束后，获取用户的数字证书。

（2）根据用户的身份证书从目录服务上获取用户的属性证书。

（3）验证属性证书的有效性，从属性证书中提取用户的权限，提交给应用系统。

（4）应用系统根据用户的权限、资源的敏感程度和访问控制策略判断是否允许访问。

C/S 应用系统的改造：服务器要求用户使用数字签名进行身份认证，代替原有的用户名/口令方式。应用系统在用户登录后，安全中间件根据数字证书提供的身份信息从权限管理中心的目录服务器中获取用户的属性证书，判断用户在该应用系统中的访问控制权限。登录后，服务器与用户间生成一个共享临时会话密钥来保护通信数据。

可以使用提供的安全开发包（中间件）和安全应用服务器对原有应用系统进行改造。下面以开发包为例简要说明改造方式。

1）改造用户端

替换用户端基于用户名/口令登录模块，使用安全开发包开发基于数字证书的登录模块。

在原有系统的通信基础上，使用安全开发包开发通信保护模块加密信道。

2）改造服务器端

（1）使用安全开发包验证解析证书，获取用户的身份信息。

（2）使用安全开发包开发通信保护模块加密信道。

（3）使用安全开发包开发权限获取和验证模块。

（4）安全中间件可以很好地和应用系统结合在一起，采用这种方式无须额外的投资，并且不会改变系统原有的流程。

（5）安全应用服务器是独立于应用系统之外的功能服务器，它将身份认证和权限获取的功能从原系统之内剥离出来形成一个单独的系统。应用系统本身不再需要单独的身份认证模块，它只需要和安全应用服务器进行通信，从安全应用服务器获得身份认证的结果，根据从身份认证服务器传来的权限信息进行访问控制。

2．系统改造遇到的主要问题及解决办法

为保证原系统的正常运行，同时不耽误应用改造进度的进行，我们搭建了与生产系统完全一致的软件环境，并在该环境的基础上进行应用改造和测试。已经完成改造的应用有：综合查询、人力资源、信息网络、科技管理、生产管理（PMIS）系统、电力行业协会系统和 OA 办公系统。

（1）应用系统多采用了 Weblogic、Iplanet 等不同 Web 服务器，进行应用改造前需要熟悉每一种 Web 服务器的使用方法和原理。为保障应用改造早日开始，我们的开发人员认真学习，在最短的时间内掌握了不同 Web 服务器的配置方法，为以后的改造工作打好了基础，也节省了工期。

（2）应用系统的操作系统也不一样，分别部署在不同的 UNIX 和 Windows 服务器上，所使用的 JDK 版本也不尽相同。这导致同一功能接口在不同的应用中不能通用，必须针对每种操作系统做相应开发。为保障项目的正常开发进度，我们投入人力对各应用系统进行同时开发。经过探讨，最终决定在每个应用的服务器上对应用接口进行现场编译工作，并

直接测试。这样保障了应用接口与操作系统和 JDK 版本的兼容性和可用性。

（3）应用系统的开发涉及了 Java、VC、JSP、ASP 等不同开发语言；根据需要，先后召集了多位不同语言的开发人员对应用系统进行改造，通过合理的调配资源和认真学习，我们对系统改造拥有了较高的把握。在应用开发上的协助下顺利完成了不同语言平台的改造工作，并且保障了系统的开发进度和质量。

（4）应用由多家应用厂商开发，所采用的方法也有很大差异。由于我们采用了不同应用有不同人员同时进行开发的方法，每个开发人员都能有针对性地与应用厂商进行交流，避免了重复劳动。同时也能以最快的开发进度结束应用开发。

（5）PMI 系统部署中解决的问题。

PMI 授权管理系统采用的是标准 SQL 语句开发，在系统的部署过程中发现与电力公司所使用的 Oracle 数据库存在不兼容现象。经过仔细调研和讨论、测试提出解决问题办法，节省了大量的改造时间，也为应用改造工作的早日开展创造了有利条件。

（6）地市 RA 部署中解决的问题。

由于各地市与省中心是通过电力网络联通，且中间经过很多路由和防火墙，网络十分复杂。尤其是我们在 RA 中心和省中心配备了多层防火墙，并且为了保障主机安全对主机 IP 进行了多次 NAT 转换来保护主机真实 IP。在有关技术人员配合下，逐步分析终于找到问题所在，并一举解决，使各市电力 RA 中心与省中心保持了畅通连接。

（7）OA 系统与 PKI/PMI 系统的结合。

电子印章系统制作的电子印章具有唯一性、不可复制性和防伪能力；已签章电子文件用电子印章封装加密，保障电子文件的隐秘性和数据完整性；签章流程可全程跟踪，签章人的身份利用生物技术完全确认，利于政府和企业运作的高效和安全。所用的时间戳系统配合完成。

（8）PKI 系统与统一管理平台的结合。

PKI 系统与 Portal 的结合有利于辽宁电力信息资源的整合和统筹，按照组织、部门、邮件等多种条件进行组合查询，并能够根据检索条件中的某一条信息从指定 LDAP 上读取制证所需要的用户信息（C，S，L，O，OU，CN，E-mail），证书是否已经存在以及证书状态；判断目录上指定用户的证书是否已经存在，并要能够给用户证书加上状态属性；根据条件发放的证书上传到 LDAP 上，位置由 IEI 决定，对吉大透明；按照条件进行查询并删除已经存在的用户证书（该功能在证书注销时使用）。

7.3.7　辽宁电力 PKI-CA/PMI 系统应用成果

1. 建立起完善的 PKI-CA/PMI 认证及授权管理体系

辽宁省电力有限公司通过两期建设，建立起完善的 PKI-CA/PMI 认证及授权管理体系，完成对原有的各种应用系统的安全改造，构建起整个辽宁电力信息系统的安全认证保障体系，形成辽宁省电力公司整体的安全信息化应用平台，如图 7.13 所示。

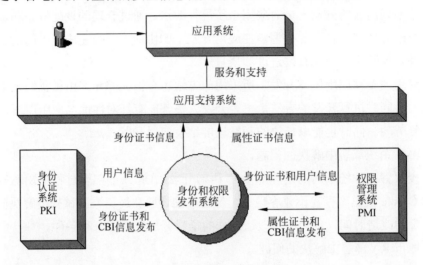

图 7.13　辽宁电力 PKI/PMI 系统逻辑结构图

从技术体系上确保了省公司应用系统中信息在产生、存储、传输和处理过程中的保密、完整、抗抵赖和可用；为应用系统建立了统一的用户管理体系，为系统的资源提供了统一的授权管理服务；为企业内部实现办公自动化奠定了安全保障；提高了应用系统的安全强度和应用水平。

从物理环境建设方面，机房的建设遵循国家 B 级要求建设机房的墙面、地面、照明、空调和新风、综合布线等，为了保证密码产品的安全性和防电磁泄漏，按照国家密码管理局的要求建设了屏蔽机房，并通过了 GJBZ20219—1994《军用电磁屏蔽室通用技术要求和检测方法》C 级标准的验收，机房还部署了门禁与监控系统，来保证人员出入和审计的安全性。

2. 完善的辽宁电力 PKI/PMI 系统功能

建立完善的辽宁电力 PKI/PMI 系统功能，即在省公司建立一个 KM（密钥管理）中心、CA（证书认证）中心、RA（注册审核）中心和分发中心（信息发布）。

在省公司建立一个主 LDAP 服务器和从 LDAP 服务器，存放全省所有的证书和废除证书列表，实现证书状态查询。建立完善可靠的安全应用支撑体系，即向全省的电力应用系统提供密码服务（加密、解密、签名、验签、OCSP 等服务）。在各地市供电公司建立证书注册机构，提供证书申请、审核和查询服务。

3. 完成了基于证书的各种应用系统改造

基于证书的应用系统改造已完成 21 个应用系统，发放数字证书共有四百余张，在省公司和基层供电公司得到了应用，成为辽宁电力系统信息安全防线。

　　不同的开发工具：开发语言有 Java、C/C++、Visual Basic 等，开发工具有 C++5.0/6.0、PowerBuilder 6.0/9.0、Visual Basic 6.0 等。

　　不同的系统平台：操作系统有 UNIX AIX、Solaris、Windows NT，应用服务器有 WebLogic 8.1、iPlanet 6.5、Tomcat 4.0。

　　不同的数据库：Oracle 9i、Sybase 11.5/12.5、Sybase SQL Anywhere 5.0，需要提供相应的判断机制和编码转换方法。

　　不同的开发商：大约将近十六个开发商完成，采用的系统设计也略有不同，导致要分别提供认证接口。

　　不同的客户端操作系统：Windows 98/2000/ME/XP，再加上用户计算机操作水平的不同。

　　例如，原有应用多采用"用户名＋口令"的机制进行身份认证，这种方式由于用户名、口令均为明文传递到服务器，在服务器端进行验证；用户的信息存放在服务器端，只是服务器验证用户，用户对服务器没有进行有效的验证。极易造成用户口令的泄漏，从而造成系统的安全漏洞。

　　各种应用系统（包括 B/S、C/S 结构），无法有效保障其运行数据的安全，不能有效实现对相关操作的抗抵赖。以往的各种应用系统，由于各成一套体系，造成用户在访问不同应用系统时要记忆不同的用户+口令，或出示不同的凭证（如磁卡），既不安全又不方便。

　　具体实施方法为：开发相应的加密签名控件加入到相应的应用系统中，将 key 连接到终端计算机上，输入 key 的保护口令，这时应用系统就能够根据员工所使用的数字证书对其进行身份验证并判断员工所拥有的权限，直接登录到应用系统中进行相应的操作。

　　存有数字证书的智能密码钥匙储存 Notes 用户的用户名称和 ID 文件保护口令，实现用智能密码钥匙登录 Lotus Notes 客户端的功能，实现了基于数字证书的身份验证。

　　使用证书登录 B/S 结构的管理系统，证书经过后台服务器验证证明是否为真实有效。验证通过后系统根据登录的用户赋予相应的权限完成整个登录过程。例如，生产管理、信息发布、综合数据查询、人力资源、信息中心管理、科技成果管理、行协信息系统等 7 个 B/S 结构的管理信息系统。

　　在邮件客户端（Outlook Express）中使用数字证书，对编辑的邮件进行加密和签名操作，对收到的邮件进行解密和验证签名操作，实现安全电子邮件功能。

　　对于 C/S 结构的管理系统，通过使用数字证书确认用户的身份，并保证用户被确认后，用户本身不可抵赖。由于用户私钥证书存储于智能密码钥匙中，就像用户的钥匙，安全性得到了很好的保证。其他人无法获得用户的钥匙就无法冒名进行对数据库的操作。应用系统对系统中用户能进行有效的识别，对合法用户的操作行为的可确认性也得到了很好的保证。例如，营业管理、干部管理、外事管理、安全监察、燃料管理、机关房产、机关人事、综合计划、社保管理、学会协会、公积金管理、职工健康档案共 12 个应用系统。

4．建设辽宁电力 PKI-CA/PMI 认证中心机房

（1）建设了辽宁电力 PKI-CA/PMI 认证中心机房，在安全区选用 2.5mm 优质钢板拼装成电磁屏蔽机房，实用于频带较宽场合的抗干扰，达到国家 C 级安全标准。空调、门禁、完整的消防系统，采用数字监控系统，对所有通道和主要房间进行实时监控，确保无监控死角。

（2）完成了 UPS 电源及监控系统、机房空调、温度和湿度监控系统、消防系统等安全基础设施的升级、扩建和改造工程；完成了计算机主机房、网络管理中心、PKI-CAA/PMI 认证中心、信息安全实验室和培训教室等重点部位的在线安全视频监视系统的建设。

第8章 数据存储备份与灾难恢复技术及应用分析

数据存储备份和容灾备份系统是网络信息安全的关键环节。数据存储备份网络化及数据存储备份虚拟化是数据存储备份和容灾备份技术的发展方向。数据存储备份和容灾备份是保证数据已经承载数据的系统安全的主要措施，是电力系统网络信息安全"三大支柱"之一，应该统一规划、统一标准、统一分步组织实施。

本章介绍了存储备份与灾难恢复基础知识，存储备份与灾难恢复技术，企业数据保护与备份的目的意义及实现方法，灾难影响分析及制定灾难恢复计划和灾难恢复实现方法。还介绍了辽宁电力数据备份及灾难恢复系统建设与应用实例。

8.1 数据存储备份与灾难恢复基础知识

什么是数据管理 5 项基础标准、4 类数据环境基本含义，数据仓库及其主要特点，如何根据影响程度定义灾难，以及企业数据环境、数据存储备份、系统灾难恢复基本概念是本节主要内容。

8.1.1 企业数据环境建设基本概念

企业数据环境是指：企业生存和发展所需要的各种数据采集、存储、集合和管理的有序组织程度。企业数据环境的要点如下。

（1）企业内部的数据交换不使用数据接口，而是存取共享的数据库；

（2）少量的、过渡性的数据接口在系统集成发展的过程中是允许的；

（3）少量的、非过渡性的数据接口对连接几个成熟的应用系统是必要的；

（4）通过总体数据规划进行全企业共享数据库的重新设计，有步骤地实现数据环境重建；

（5）最终建成高档次的数据环境——以主题数据库和数据仓库为主体的数据环境。

重建企业数据环境的实质，是运用信息组织技术将企业多年来所积累的结构不合理、数据冗余混乱的数据库进行规范化的重组织工作，从而取消或极大地减少数据接口，实现基于高档次数据环境的系统集成。所用到的信息组织技术中包括一些基本的原理、规则和方法，并不因为其他信息技术的发展而改变。企业数据环境建设的主要作用为：

1．确立了信息资源在企业中的战略地位

IRM 明确提出，信息不仅是共享性资源，还是企业的战略性资源，对企业的生存与发展具有重要的意义。据美国科尔尼（A.T.barmy）国际咨询公司 20 世纪 80 年代初期的调查，虽然仅有 8% 的公司成功地将信息作为资源进行管理，但这些公司 5 年内总资本回收及纯边际利润是其他公司的 300%。到 20 世纪 80 年代中期，信息资源管理为许多大企业的管理者所采纳，逐步确立了信息在企业中的战略地位。

2．支持企业参与市场竞争

企业为了在激烈的市场竞争中求生存、求发展，必须加强信息化建设，通过掌握信息、依靠信息、运用信息而提高企业的竞争力。当今，IRM 的作用日益显著。CIO 的地位、作用逐渐被人们所重视。这些是适应全球经济发展的需要，是经济全方位信息化的产物。

3．成为企业文化建设的重要组成部分

知识管理是信息管理发展的新阶段，它主要通过知识的共享和推广应用，提高企业的应变能力和创新能力。IRM 侧重于事实性知识的管理，许多企业领导强调科学的管理要靠数据说话。信息资源的有效管理必然使信息和信息技术渗透到企业的各部门，影响到所有员工的工作与生活，使信息文化融入企业文化之中，丰富了企业文化建设的内容。这对提高员工的信息意识和信息技能，增强企业凝聚力和核心竞争力是有重要意义的。

8.1.2　数据管理 5 项基础标准

所谓"数据管理基础标准"，是指那些决定信息系统质量的，因而也是进行数据管理的最基本的标准。数据管理标准有：数据元素标准、信息分类编码标准、用户视图标准、概念数据库标准和逻辑数据库标准。

1．数据元素标准

数据元素（Data Elements）是最小的不可再分的信息单位，是一类数据的总称。例如，电厂资料中的厂名"清河厂"、"沈海厂"等，可以抽象出"电厂名称"这个数据元素；每一座电厂都有一个编号，可以概括出"电厂编号"这个数据元素。通常职工档案中的"简历"、"受奖情况"等，不是数据元素。

2．数据元素标识标准

数据元素标识即数据元素的编码，是计算机和管理人员共同使用的标识。数据元素标识用限定长度的大写字母字符串表达，字母字符可按数据元素名称的汉语拼音抽取首音字母，也可按英文词首字母或缩写规则得出。

3. 数据元素一致性标准

数据元素命名和数据元素标识要在全企业中保持一致，或者说不允许有"同名异义"的数据元素，也不允许有"同义异名"的数据元素。这里的"名"是指数据元素的标识，"义"是指数据元素的命名或定义。

4. 信息分类编码标准

信息分类编码（Information Classifying and Coding）是标准化的一个领域，有自身的研究对象、研究内容和研究方法。

（1）信息分类就是根据信息内容的属性或特征，将信息按一定的原则和方法进行区分和归类，并建立起一定的分类系统和排列顺序，以便管理和使用信息。信息编码就是在信息分类的基础上，将信息对象（编码对象）赋予有一定规律性的、易于计算机和人识别与处理的符号。具有分类编码意义的数据元素是最重要的一类数据元素。按照"国际/国家标准—行业标准—企业标准"的顺序原则，引用或建立企业的信息分类编码标准。

（2）编码对象的分类：一般可将信息分类编码对象划分为 A、B、C 三种类型。

A 类编码对象：在信息系统中不单设编码库表，代码表寓于主题数据库表之中的信息分类编码对象，称之为 A 类编码对象。如身份证号码（国家标准），客户编码、职工编码、设备编码（企业标准）等，都是 A 类编码。

B 类编码对象：在信息系统中单独设立编码库表信息分类编码对象，称之为 B 类编码对象。如国家行政区划编码、职称编码（国家标准）、生产统计项目编码（行业标准）、设备配件编码（企业标准）等，都是 B 类编码。

C 类编码对象：在应用系统中有一些码表短小而使用频度很大的编码对象，如人的性别代码、文化程度代码和婚姻状况代码等。

（3）信息分类编码的标准化管理，首先要分析识别企业生产经营所需的信息分类编码对象，并规定将其归属为 A、B、C 的哪种类型。然后，对每一编码对象制定出相应的编码规则，编制代码表。

（4）信息分类编码标准的建立过程：一是在总体数据规划过程中，通过对全企业的信息需求分析，建立起全企业的信息资源管理标准和稳定的数据模型。用户分析员和系统分析员在建立数据元素标准时，就要识别出哪些数据对象具有分类编码意义，按该对象的什么属性或特征进行分类编码。二是在系统设计和建造阶段，信息分类编码工作要确定每个编码对象的编码规则、码表结构和代码表，支持含有信息分类编码的数据库逻辑设计，并建成物理的数据库。三是在系统运行维护阶段，要做好代码表的更新维护工作。随着应用的不断发展，信息分类编码也要做一些相应的调整和更新维护。

5. 用户视图标准

用户视图（User View）是一些数据元素的集合，它反映了最终用户对数据实体的看法。用户视图是数据在系统外部（而不是内部）的样子，是系统的输入或输出的媒介或手段。

1）用户视图的分类编码

用户视图分为三大类："输入"大类代码为"1"，"存储"大类代码为"2"，"输出"大类代码为"3"。四小类："单证"小类代码为"1"，"账册"小类代码为"2"，"报表"小类代码为"3"，"其他"（屏幕表单、电话记录等）小类代码为"4"；为区别不同的职能域的用户视图，需要在编码的最前面标记职能域的代码。

2）用户视图组成的规范化

用户视图组成是指顺序描述其所含的数据元素或数据项，对于用户视图的组成的表述，不是简单地照抄现有报表的栏目，而是要做一定的分析和规范化工作。一般来说，存储类用户视图在表述其组成时要规范化到一范式，标出其主关键字。

6．概念数据库标准

概念数据库（Conceptual Database）是最终用户对数据存储的看法，是对用户信息需求的综合概括。简单地说，概念数据就是主题数据库的概要信息。概念数据库一般用数据库名称及其内容的描述来表达。

7．逻辑数据库标准

逻辑数据库（Logical Database）是系统分析设计人员的观点，是对概念数据库的进一步分解和细化，一个逻辑主题数据库由一组规范化的基本表（Base Table）构成。基本表是按规范化的理论与方法建立起来的数据结构，一般要达到三范式（3-NF）。

由概念数据库演化为逻辑数据库，主要工作是采用数据结构规范化的理论与方法，将每个概念数据库分解、规范化成三范式（3-NF）的一组基本表。企业的逻辑数据库标准是指以基本表为基本单元，列出企业全部的逻辑数据库。

8.1.3　4类数据环境基本含义

"数据环境（Data Environment）"是为解决"数据处理危机问题"而提出的重要概念。马丁在《信息工程》和《总体数据规划方法论》中将计算机的数据环境分为4种类型，并认为清楚地了解它们之间的区别是很重要的，因为它们对不同的管理层次，包括高层管理的作用是不同的。

第一类数据环境：数据文件（Data Files）。早期的数据处理还没有出现数据库管理系统（DBMS实际上是一种操纵数据库的软件），系统分析员和程序员根据应用的需要，用程序语言分散地设计实现各种数据文件。这是一种数据组织技术简单、相对容易实现的数据环境。但随着应用程序增加，数据文件数目剧增，会导致很高的维护费用并且一小点儿应用上的变化都将引起连锁反应，使修改又慢又贵，并很难进行。

第二类数据环境：应用数据库（Application Databases）。后来，虽然出现了数据库管理系统，但系统分析员和程序员根据报表的原样"建库"。由于没有在数据分析和组织上下功夫，为分散的应用设计分散的"数据库"实际上并不具备数据库的品质，不能支持数据的共享，因此叫作"应用数据库"。实际上，这种数据库环境像数据文件环境一样，随着应用的扩充，应用数据库也在剧增。在这种数据环境中的信息系统，其维护费用仍然很高，有时甚至高于第一类数据环境。该类数据环境还没有发挥使用数据库的主要优越性。

　　第三类数据环境：主题数据库（Subject Databases）。这是一种真正意义上的数据库，经过科学的规划与设计，其结构与使用它的处理过程是独立的。各种面向业务主题的数据，如顾客数据、产品数据或人事数据，通过一些共享数据库被联系和体现出来。这种主题数据库的特点是：经过严格的数据分析，建立模型需要花费时间，但其后的维护费用很低。最终（但不是立即）会使应用开发加快，并能使用户直接与这些数据库交互使用数据。 建立这种数据环境，需要改变传统的系统分析方法和整个数据处理的管理方法，如果管理不善，也会蜕变成第二类（或者有可能是第一类）数据环境。

　　第四类数据环境：信息检索系统（Information Retrieval System）。这种数据环境的目的是保证信息检索和快速查询的需要，以支持高层管理和辅助决策，而不是大量的事务管理。20 世纪 90 年代称这种数据环境为数据仓库（Data Warehouse)， 它是面向主题的、单一的、完整的和一致的数据存储。数据从多种数据源获取，经过加工成为最终用户在一定程度上可理解的形式。可以说数据仓库是主题数据库的集成，是深加工的信息。

　　以数据文件或应用数据库为主体的数据环境，是低档次的数据环境。一个现代化管理水平较高的企业，应该具有第三类和第四类的数据环境，这是高档次的数据环境，能保证高效率、高质量地利用数据资源。

8.1.4　数据仓库及其主要特点

　　数据仓库（Data Warehouse）是一个面向主题的（Subject Oriented)、集成的（Integrate)、相对稳定的（Non-Volatile)、反映历史变化（Time Variant）的数据集合，用于支持管理决策。对于数据仓库的概念可以从两个层次予以理解，首先，数据仓库用于支持决策，面向分析型数据处理，它不同于企业现有的操作型数据库；其次，数据仓库是对多个异构的数据源有效集成，集成后按照主题进行了重组，并包含历史数据，而且存放在数据仓库中的数据一般不再修改。

　　数据仓库可以理解成企业数据资源的合理集合，数据仓库拥有以下 4 个特点。

1. 面向主题

　　操作型数据库的数据组织面向事务处理任务，各个业务系统之间各自分离，而数据仓库中的数据是按照一定的主题域进行组织。主题是一个抽象的概念，是指用户使用数据仓库进行决策时所关心的重点方面，一个主题通常与多个操作型信息系统相关。

2. 集成的

　　面向事务处理的操作型数据库通常与某些特定的应用相关，数据库之间相互独立，并且往往是异构的。而数据仓库中的数据是在对原有分散的数据库数据抽取、清理的基础上经过系统加工、汇总和整理得到的，必须消除源数据中的不一致性，以保证数据仓库内的信息是关于整个企业的一致的全局信息。

3．相对稳定的

操作型数据库中的数据通常实时更新，数据根据需要及时发生变化。数据仓库的数据主要供企业决策分析之用，所涉及的数据操作主要是数据查询，一旦某个数据进入数据仓库以后，一般情况下将被长期保留，也就是数据仓库中一般有大量的查询操作，但修改和删除操作很少，通常只需要定期的加载、刷新。

4．反映历史变化

操作型数据库主要关心当前某一个时间段内的数据，而数据仓库中的数据通常包含历史信息，系统记录了企业从过去某一时点（如开始应用数据仓库的时点）到目前的各个阶段的信息，通过这些信息，可以对企业的发展历程和未来趋势做出定量分析和预测。

企业数据仓库的建设，是以现有企业业务系统和大量业务数据的积累为基础。数据仓库不是静态的概念，只有把信息及时交给需要这些信息的使用者，供他们做出改善其业务经营的决策，信息才能发挥作用，信息才有意义。而把信息加以整理归纳和重组，并及时提供给相应的管理决策人员，是数据仓库的根本任务。整个数据仓库系统是一个包含 4 个层次的体系结构，如图 8.1 所示。

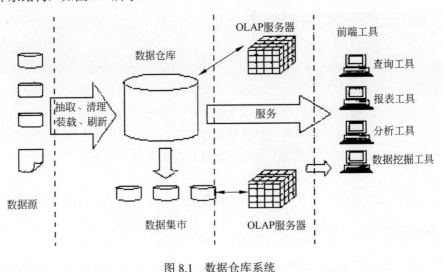

图 8.1　数据仓库系统

1．数据源

这是数据仓库系统的基础，是整个系统的数据源泉。通常包括企业内部信息和外部信息。内部信息包括存放于 RDBMS 中的各种业务处理数据和各类文档数据。外部信息包括各类法律法规、市场信息和竞争对手的信息等。

2. 数据的存储与管理

这是整个数据仓库系统的核心。数据仓库的真正关键是数据的存储和管理。数据仓库的组织管理方式决定了它有别于传统数据库，同时也决定了其对外部数据的表现形式。要决定采用什么产品和技术来建立数据仓库的核心，则需要从数据仓库的技术特点着手分析。针对现有各业务系统的数据，进行抽取、清理，并有效集成，按照主题进行组织。数据仓库按照数据的覆盖范围可以分为企业级数据仓库和部门级数据仓库（通常称为数据集市）。

3. OLAP 服务器

对分析需要的数据进行有效集成，按多维模型予以组织，以便进行多角度、多层次的分析，并发现趋势。其具体实现可以分为：ROLAP、MOLAP 和 HOLAP。ROLAP 基本数据和聚合数据均存放在 RDBMS 之中；MOLAP 基本数据和聚合数据均存放于多维数据库中；HOLAP 基本数据存放于 RDBMS 之中，聚合数据存放于多维数据库中。

4. 前端工具

主要包括各种报表工具、查询工具、数据分析工具、数据挖掘工具以及各种基于数据仓库或数据集市的应用开发工具。其中，数据分析工具主要针对 OLAP 服务器，报表工具、数据挖掘工具主要针对数据仓库。

8.1.5　数据存储备份基本概念

传统数据存储备份通常是指：把计算机硬盘驱动器中的数据复制到磁带或光盘上，本机磁盘存储、直接附加存储（DAS）和手工备份。企业级数据备份是指：对精确定义的数据收集进行备份，无论数据的组织形式是文件、数据库，还是逻辑卷或磁盘，管理保存上述备份介质，以便需要时能迅速、准确地找到任何目标数据的任何备份，并准确追踪大量介质。提供复制已备份数据的机制，以便进行离站存档或灾难防护。准确追踪所有目标数据的所有备份位置。备份的方式一般有三种：全备份，备份所有选择的文件；增量备份，只备份上次备份后改变过的文件；差分备份，只备份上次全备份后改变过的文件。

数据保护对象，狭义指计算机系统中的操作系统、数据库、应用系统和应用数据。保护数据的主要技术手段是：存储和备份恢复。传统的数据存储和备份技术主要是：服务器本机磁盘存储、直接附加存储（DAS）和手工备份。这些技术已经不能满足数据快速增长、数据可靠存储和有效管理、数据备份管理和恢复的发展需求。

在数据存储备份网络化，或者说，以服务器为中心转向以存储器为中心的趋势下，网络连接存储（NAS）和存储区域网（SAN），带来了真正的高可用性、高扩展性、安全性和可管理性。最新的网络化存储可以在数据中心和 WAN 中建立经济有效的存储连接。

采用数据存储备份虚拟化技术，可以将历史遗留的、来自于不同厂商的存储硬件"孤岛"整合到统一的"存储池"中，再进一步提供镜像、快照、复制、存储质量管理（Quality of Storage Services，QoSS）、数据归档、迁移、生命周期管理等服务。提供各种 UNIX 及 Windows 平台上的文件系统和数据库的增量及全备份方法，提供 LanFree，Serverless 及 BLIB 等先进技术缩短数据备份窗口，以适应应用的不同要求。支持操作系统和数据的快速恢复，具有灾难恢复功能；支持层次化的数据管理策略以节省磁盘空间并提高备份效率；支持防火墙复杂网络环境下的数据备份与恢复；对多个异地备份域提供集中的管理与控制，可以与网络管理工具集成。

8.1.6　系统灾难恢复基本概念

容灾备份通过设置合理的备份策略，如果受到灾难性重大事故的打击，整个系统最多只丢失几个小时的数据，再通过几个小时的数据恢复应急处理，系统又可以重新恢复正常的业务。容灾备份的目的是防止数据的意外丢失造成系统业务的中断。容灾备份系统从对系统业务的弥补效果来看，分为磁带容灾、数据容灾和应用容灾三个级别，分别满足不同的 RTO、RPO 指标。对 RTO、RPO 的解释如图 8.2 所示。

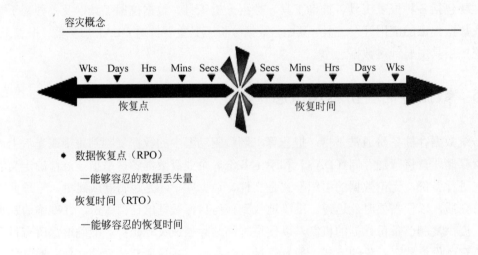

图 8.2　容灾备份及恢复时间节点示意图

从图的最左侧算起，为系统进行容灾备份的时间点。图的中间部位表示灾难事故发生造成数据损失以及系统服务中断。图的右侧代表数据业务恢复的时间。

RPO(Recovery Point Object)指灾难发生前的数据丢失量，RTO(Recovery Time Object)指灾难发生后系统的修复时间。

磁带的备份/恢复能够将 RTO、RPO 的指标缩短到几个小时。但是，实时容灾备份技术，已经能够将上述指标缩短到分钟级、秒级甚至到零，从而为用户带来真正意义上的业务连续性效果。实时容灾技术包括数据复制和跨地域的集群两种方案，如图 8.3 所示。

容灾架构

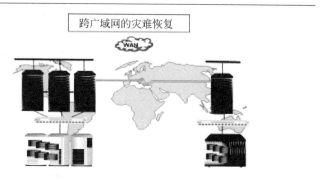

图 8.3　广域网络的灾难恢复结构示意图

备份容灾解决方案如图 8.4 所示。

实时容灾技术

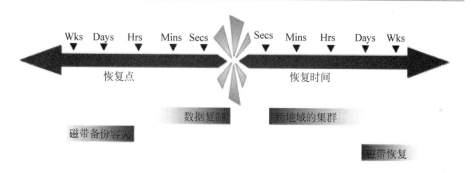

图 8.4　备份容灾解决方案控制图

LAN-Base 备份方式如图 8.5 所示。

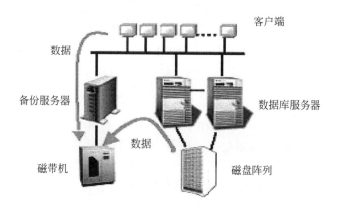

图 8.5　备份容灾系统 LAN-Base 备份方式结构图

在该系统中数据的传输是以网络为基础的。其中配置一台服务器作为备份服务器，由它负责整个系统的备份操作。磁带库则接在某台服务器上，在数据备份时备份对象把数据通过网络传输到磁带库中实现备份。

LAN-Base 备份结构的优点是节省投资、磁带库共享、集中备份管理；它的缺点是对网络传输压力大、备份效率不高。

LAN-Free 备份方式如图 8.6 所示。

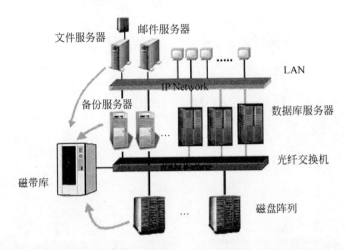

图 8.6　备份容灾系统 LAN-Free 备份方式结构图

LAN-Free 和 Server-Free 的备份系统是建立在 SAN（存储区域网）的基础上的。基于SAN 的备份是一种彻底解决传统备份方式需要占用 LAN 带宽问题的解决方案。它采用一种全新的体系结构，将磁带库和磁盘阵列各自作为独立的光纤结点，多台主机共享磁带库备份时，数据流不再经过网络而直接从磁盘阵列传到磁带库内，是一种无须占用网络带宽(LAN-Free)的解决方案。

在备份技术中，将 SAN 结构中磁盘向磁带库系统的直接备份称为 LAN Free Backup。实际上，在 SAN 形成的根本原因中，高速的备份系统成为很重要的一个因素。SAN 为存储系统提供了高速的光通道连接网络，因此使磁盘的数据向磁带库的直接备份成为可能，并且可以直接获得接近 100MB/s 的通道传输速率（采用基于千兆以太网的网络备份平均只能获得 30MB/s 的数据传输速度）。这种备份大大优化了备份结构，完全将应用 LAN 解放出来，可以说，充分利用了 SAN 带来的巨大潜力，这也是 LAN Free Backup 的优势所在。这种备份方式采用全新的存储区域网络的概念，有着其本身独特的特点：备份的性能能够得到最佳的发挥，释放备份所占用的 LAN 带宽。LAN 本身不是为高数据流所设计的，而SAN 则是基于高数据流设计，能够将高速磁带设备的性能体现出来。

8.1.7　根据信息系统影响程度定义灾难

灾难可以定义为任何不可预知的影响企业正常运营的事件（预知事件产生不可预知的

影响也符合灾难定义）。我们最关注的是灾难对企业正常运营造成的影响，而不是灾难的性质。对企业而言，灾难类型和根源微乎其微。从灾难恢复的角度来看，灾难发生原因和灾难类型并不重要，真正重要的是灾难对企业正常运营产生的影响。灾难影响的定义如下。

（1）范围：灾难影响到企业的哪些运营。

（2）持续时间：灾难造成企业不能正常运营的时间长度。

（3）发生时间：企业不能正常运营与其他相关事件的时间关系。

灾难恢复旨在减轻灾难对企业运营带来的不良影响，而不管灾难发生的原因是什么。

1．范围

灾难对企业运营影响的范围可大可小，比如一个天文观测站，观测望远镜的调焦系统出现故障在某种意义上是一种灾难。如果这个观测站有两台或者更多的望远镜，由于具有冗余功能，观测工作仍能正常进行。然而，如果观测站仅有的一台望远镜或者调焦系统发生一定程度的故障，则该企业（天文观测站）的观测工作便不能正常进行。

2．持续时间

灾难对企业运营最明显的影响是停机时间，指整个或局部企业不能正常运营的时间。故障时间（图 8.7 中的 T_1）是指企业不能正常运营的开始时间。T_2 是指企业从灾难中完全恢复的时间，停机时间是指 T_1 和 T_2 之间的时间间隔。

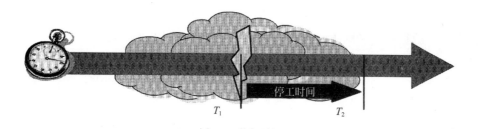

图 8.7　停机时间

3．发生时间

直观地，灾难造成的停机时间越短，企业的损失就越小。然而灾难的影响与灾难发生时间和灾难导致的停机时间有关。例如，在观测站的例子中，如果望远镜调焦系统发生故障的时间正好是彗星飞过地球的时间，则故障对观测站的影响要比宇宙相对平静时发生故障的影响大得多。

4．灾难对信息服务的影响

灾难对企业信息服务的影响通常大于对企业运营其他方面的影响。举例来说，如果记录某些活动的服务器及其在线存储服务器同时在 T_1（图 8.8）时间遭到灾难破坏，灾难影响将从最近的日志备份时间 T_0 持续到系统完全恢复时间 T_2。T_0 和 T_1 之间记录的活动与在线存储一旦丢失，T_1 和 T_2 之间的活动就未被记录，因为日志系统无法正常运行，生成日志。

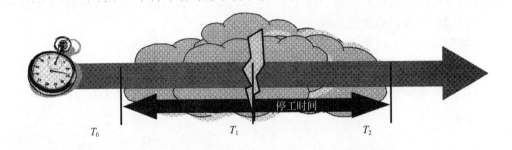

图 8.8　停机时间和数据丢失

灾难造成的影响还与企业所记录活动的程度密切相关。如果日志只是概念测试的部分记录，灾难影响可能无关紧要，因为测试还可以重新运行。然而，如果活动日志用来生成规范企业运作的报表或者用来处理客户订单，那么，灾难造成的损失将十分巨大。

8.2　存储备份与灾难恢复技术

本节主要内容包括数据存储与备份技术，数据库热备份应用技术，信息网络系统的高可用性技术，数据块和文件访问技术，存储网络-数据访问的基础设施，弹性存储网络应用与管理。

8.2.1　数据存储与备份技术

1. 企业备份结构的组件

要了解企业备份技术，首先要了解备份的主要功能组件。图 8.9 展示了一个企业备份结构中的 4 大功能组件。

（1）备份客户端（通常简称为客户端）。需要备份数据的任何计算机都称作备份客户端。这个定义可能让人糊涂，因为企业备份的客户端通常是指应用程序、数据库或文件服务器。实际上，备份客户端也用来表示能从在线存储设备上读取数据并将数据传送到备份服务器的软件组件。

（2）备份服务器（通常简称服务器）。它是指将数据复制到备份介质并保存历史备份信息的计算机系统。有些企业备份管理器将备份服务器分成以下两类。

① 主备份服务器。这类备份服务器用于安排备份和恢复工作，并维护备份编录（备份编录用以描述什么数据保存在什么介质上）。用来执行以上功能的软件通常称为备份管

理器。

②　介质服务器。这类备份服务器按照主备份服务器的指令将数据复制到备份介质上。备份存储单元通常与介质服务器相连。

（3）备份存储单元。它们是数据磁带、磁盘或光盘，通常由介质服务器控制和管理（"磁带"这个词通指任何用于离线存储数据的记录介质，原因是到目前为止，数据磁带已然是计算机领域最常用的存储介质）。

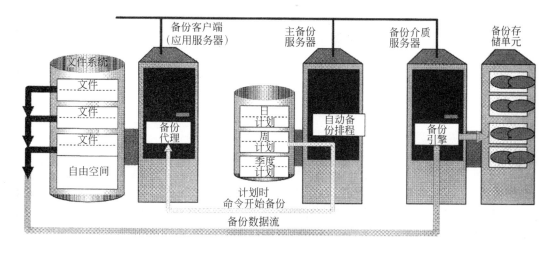

图 8.9　企业备份的功能组件

备份是主备份服务器、备份客户端和介质服务器三方协作的过程。

（1）主备份服务器根据预先设定的备份安排，启动并监控备份工作。主备份服务器根据预先制定的策略和当前的条件为每个备份任务选择一个介质服务器。

（2）有数据需要备份的客户端执行备份任务时，将要备份的数据从它的在线卷传送到指定的介质服务器，同时将实际备份过的文件列表传送至主备份服务器。

（3）介质服务器选择一个或多个备份存储单元，选择并加载介质，通过网络接收客户端数据，并将数据写入存储介质中。

同样，要从备份恢复数据：

（1）客户端请求主备份服务器恢复特定备份的数据。

（2）主备份服务器确定由哪个备份介质服务器来监控被请求的备份，然后命令该介质服务器执行恢复操作。

（3）介质服务器查找并安装包含恢复数据的备份介质（可能需要人工协助），然后将数据发送到请求恢复的客户端。

（4）备份客户端接收来自介质服务器的数据，并将数据写入本机文件系统。

2. 根据企业需求扩展备份体系机构

在小型系统中，三大备份功能通常在一个应用服务器中运行。这里介绍模块化备份体系结构的目的是希望读者了解，随着企业运营的增长或需求的变化，每一种功能可以迁移到特定服务器，而无须中断预先设定的备份程序。图 8.10 举例说明了企业备份的可扩展性。

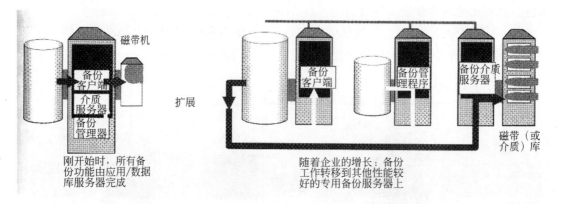

图 8.10　大型企业的备份体系结构

可扩展备份体系结构具有以下两大优势。

（1）中心控制：主备份服务器为整个企业维护备份计划和数据编目。单点控制意味着单个管理团队就能管理所有备份操作。当然，该主备份服务器应当是一个集群，这样，当某台计算机发生故障时，就不会出现企业不能恢复数据的窘迫局面。此外，从增强灾难的恢复性来看，备份目录应在广泛的区域内进行复制。

（2）资源的扩展与共享：介质服务器可以随时随地添加到系统。而磁带机，特别是与自动介质库合并使用时，资源成本相当高且使用频率较低。因此，从经济角度考虑，几个应用程序服务器共享这些设备极具诱惑力。

正如图 8.10 所述，分布式备份体系结构不仅可以最小化管理成本，还能优化利用昂贵的硬件资源。但随着企业网络流量的增加，相应的成本也会上升。目前有几种技术可以最小化备份对在线操作的影响，但不可避免的是，大量数据必须在不适当的时候从备份客户端转移到备份服务器。企业为分布式数据中心设计备份体系结构时，必须评估分布式备份对网络流量的影响（如图 8.10 所示），从而决定：

（1）应用和备份流量共享企业网络。

（2）基于主机备份的专用备份网络。

（3）使用存储区域网备份流量。

（4）通过直接连接到应用服务器的介质服务器，进行本地备份。

8.2.2　数据库热备份应用技术

数据库管理系统一般能够进行时间点数据库的备份。所采用技术类似于文件系统快照。暂停数据库活动，旨在启动并继续备份。备份过程中应用程序的更新，会复制保存以前更新的内容。换句话说，备份程序读取以前的镜像，其他的所有应用程序读取实时目标数据内容。

以这种方式进行的备份是备份启动时间点的数据库内容。这种备份技术通常称为数据库热备份。有些企业备份管理器可以与数据库管理器备份设施集成，这样数据库热备份就成为企业整体备份策略的组成部分。数据库热备份可以明显地增加数据库的输入/输出，其原因有两个方面，一是因为备份本身，二是因为保存了以前的目标数据库镜像。

1. 快照和数据库备份

有些企业备份管理器还可以通过从文件系统快照中备份数据，以最小的开销，进行数据库某个时间点的一致性热备份。其中，每个快照都代表了某个时间点数据库数据的镜像。快照或者采用随写随备份，或者采用在线镜像分离出来的数据库卷的完整镜像备份方式。

当数据库没有处理数据，并且所有高速缓存数据都写入磁盘时，应立即启动用于数据库备份目的的快照操作。因此快照开始之前，需要暂停数据库操作。当数据库暂停时，文件系统快照便即时启动（花几秒钟时间），随后数据库可以重新启动，供应用程序使用。快照几乎（但不完全）不需要数据库备份窗口。全备份和增量备份都可以通过快照进行，如图 8.11 所示。

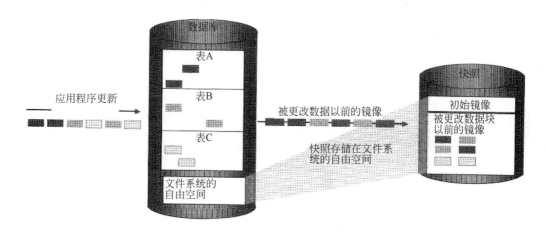

图 8.11　在数据库中使用文件系统快照

如图 8.12 所示，有些文件系统可以进行多次快照。尽管数据更新时每一次快照都会占用存储空间和输入/输出资源，但这种快照为数据库管理员提供了灵活的备份选择。而且有些集成备份管理器能从快照中将数据块更改以前的镜像写成主数据库镜像，以"滚回"快照时的数据库状态。

2. 块级增量备份

尽管增量备份对于基于文件的应用程序十分有用，但在数据库中的用处却十分有限。数据库一般将数据存储在少数几个大型容器文件中，大部分容器文件会随着数据库的更新频繁变化（虽然只是轻微变化）。因此，即使只有很少一部分数据在最新备份之后发生了变化，备份每个文件的全部变化的增量备份也很可能包括数据库中的所有容器文件。图 8.13

显示了数据库的增量备份。

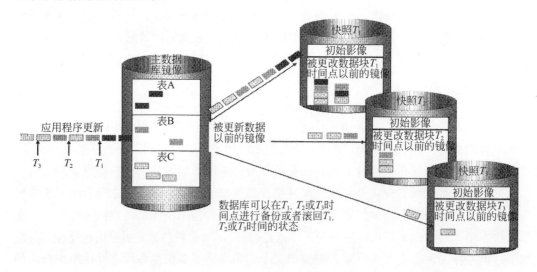

图 8.12　多次快照和数据库滚回

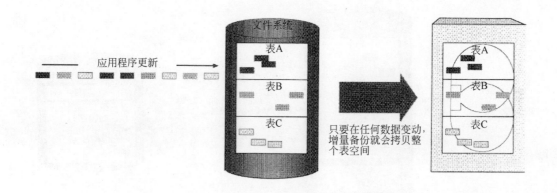

图 8.13　增量备份在数据库备份中的限制

然而，随写随备份快照可以准确识别"快照"之后发生变化的数据库容器文件，数据块快照本身包含该数据块以前的内容。而主数据库则包含快照之后发生变化的数据（在对应的数据块地址中）。有些企业备份管理器可以利用快照数据块地址，来创建数据库的块级增量备份，如图 8.14 所示。

块级增量备份只包括快照后修改的数据库块。如果数据库中只有很小比率的数据被更新，块级增量备份的数据量也相应很小。与数据库全备份相比，块级增量备份一般只需要很少的备份时间，以及很少的存储和输入/输出带宽。

与文件系统增量备份相似，块级增量备份也是基准全备份的相对概念。要从块级增量备份中恢复整个数据库，必须首先恢复数据库的全备份，然后按照时间顺序恢复新增的所有块级增量备份。

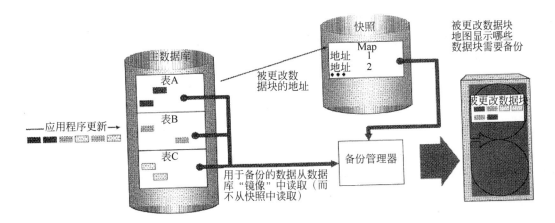

图 8.14　采用"无数据"快照的块级增量备份

为了大幅减小备份的影响，块级增量备份鼓励数据库管理员更频繁地安排备份。频繁备份不仅可以减少资源需求（输入/输出和存储容量），还能使数据库恢复到更接近故障发生时间点的状态。

3．存档

随着时间的推移，企业保存的历史数据会不断增长。月度、季度、年度报表，销售、生产、发货和服务记录，以及其他数据必须保留，但通常情况下，历史数据不需要在线，这类数据可以存档处理 。从功能的角度看，存档和备份是相同的。存档是把指定的文件按照预定的时间计划复制到备份介质，然后进行编目，以便日后查询。然而，存档与备份的不同之处在于：一旦存档任务完成，被存档的文件将从硬盘上删除，释放其占用的磁盘空间，以做他用。

这样一个文件系统：数据库表占用了一个编目，每月的汇总表和报告信息占用了另一个编目。数据库编目安排了定期备份。月汇总编目下的数据的使用次数十分有限，但根据规定必须保留。因此，包含月汇总数据的编目安排了定期存档。

一旦该编目中的文件备份到存档介质，月汇总编目下的文件就会被删除，所占用的空间会被释放，该空间一般会留给下一个月的汇总数据。利用自动介质库，存档可以自动完成，除非特殊情况发生，通常不需要手工介入。

8.2.3　信息网络系统的高可用性技术

使信息网络系统具有高可用性现在采用的主要技术有以下几种。

（1）用现有组件配置计算机系统。

（2）确定最可能发生故障的系统组件。

（3）为已经确定为容易发生故障的组件安装、配置冗余组件，这样某一个组件出现故障，另一个组件可以接管它。系统组件，无论多么可靠，最终都会失效。增加冗余组件配置，能够自动替换，防止部件故障导致严重系统停机。系统能够自动替换故障组件，而不需要中断系统，等待手工替换。高可用系统很大程度上依赖于监控系统组件的软件，并在必要时将功能切换到冗余组件。

软件通过以下几种形式使计算机系统具有高可用性。

（1）磁盘子系统固件和基于服务器的卷管理器，监控磁盘镜像并在故障发生时重新定向输入/输出数据流。

（2）运行在服务器端或智能存储设备上的多路径软件（如 VERITAS 的卷管理器或 EMC 的 PowerPath）检测存储设备的故障，并响应和重定向输入/输出请求到预备路径。

（3）故障冗余管理软件监控应用，如果同一服务器或其他服务器上的应用不能响应时则重新启动。

（4）网络软件堆枝检测到远端计算机的响应故障时，输入/输出请求将被重定向到备用网络路径。

（5）网络交换机和路由器相互监控，当检测到故障时，会将流量自动路由到备用路径。

计算机系统中的任何组件都可能出现故障。设计高可用系统的关键是预测最可能发生的故障，并以此配置系统的硬件、软件和程序，这样，当某个组件发生故障时，系统才能尽快恢复。最常见的部件故障有：系统崩溃、应用程序崩溃、磁盘崩溃、磁盘已满、网络故障、断电、数据中心故障、建筑物灾难、较大范围的灾难。

高可用性技术的一个明显优势就是能够让系统保持运营（尽管系统的性能级别可能下降），并且能够从第二次故障或灾难中恢复，当然需要采取完全恢复措施。

如图 8.15 所示为全部宕机时间。

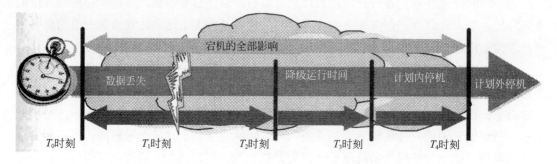

图 8.15　全部宕机时间

我们关心降级运行时间，主要是因为如果在降级运行期间发生第二次故障，再从第二次故障或灾难中恢复几乎不可能，从而导致更长的停机时间。降级运行时间是指系统宕机时间 T_2 到系统恢复服务时间 T_3 之间的间隔。时间 T_3 和时间 T_4 之间的间隔，也是灾难恢复要考虑的最后一个时间段。这一时段代表了完成从故障或灾难的恢复必须安排的计划内停机。对于磁盘故障，计划内停机是必需的，以便替换机柜中的故障磁盘。对于毁坏数据中心的灾难，当被毁的数据中心重新组建和重新设置之后，通常需要计划内停机，这样信息服务便能够从恢复站点转回主要站点。

在宕机的 4 个时段中，时间长短与成本和复杂性此消彼长。目前的技术可以将每一个时段缩减到最小，但在某些情况下，采用这些技术的实际成本会非常高。设计信息服务可用性策略时，必须考虑宕机的每一个时段对服务恢复的重要性，即恢复时间、数据实时性或恢复点、降级运行时间、计划内停机。

缩短这几个时段非常重要，因此有必要根据企业的信息服务要求、企业希望防护的故障或灾难类型进行投资。

从以上例子可以看出，规划信息服务的灾难恢复相当于规划较简单的局部故障恢复，换句话说，从信息技术的角度来看，对系统提供灾难保护相当于对数据中心提供故障保护（显然，使整个数据中心瘫痪的灾难事件对个人和整个企业的后勤保障都会产生影响，而一般情况下，数据中心内部的事故影响没有这么大）。灾难恢复策略是企业提供高可用信息服务必不可缺的部分。

不同的信息服务有不同的可用性要求。有些系统对企业的运营十分关键，哪怕是短暂的宕机都不能接受。对于有些服务，长时间的宕机可能会造成违法事件或者企业的全盘瘫痪。有的服务非常重要，必须防止宕机，但可以接受短时甚或适度宕机。然而有的服务对可用性的要求并不高，可以容忍长时间宕机，至少在某些非关键时间可以容忍。

可用性的高成本是企业运营在关键信息服务方面的投资。企业投资开发和运营信息服务，是因为信息服务或多或少对企业很重要。由于预料之外的故障或灾难引起宕机是企业规划的失误。关键系统必须受到适当级别的容错和容灾保护，从而提供必要的可用性。由于更高级别的容错系统更复杂，需要的资源更多，因此可用性成本的增长速度比可用性的增长更快。通常的规则是：服务系统的可用性每增加一个级别，提供特定信息服务的成本就增加十倍。图 8.16 显示了这个规则。

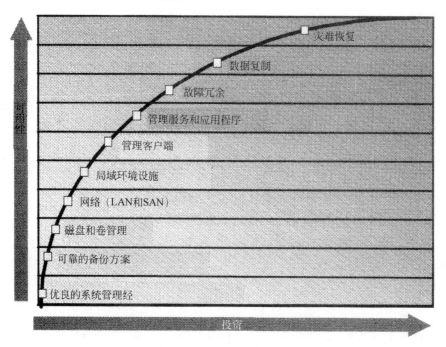

图 8.16　服务系统的可用性与投资成本关系

8.2.4　存储网络-数据访问的基础设施

一套可靠的基础设施能够提高任何复杂系统的弹性，无论系统是商务、楼宇还是计算机应用。企业信息服务需要多层级基础设施，包括 CASE 工具、数据库、集群和存储网络。

企业需要信息服务具有弹性和可用性，并且其覆盖范围能够符合可扩展、高可用、经济高效的快速数据访问的要求。随着服务器端的应用功能越来越强大，数据访问技术也在不断地改进以保证同步发展。因此，了解弹性信息服务的不断变化的存储网络技术前景，对系统管理员来说越来越重要。

智能楼宇建筑是多种管道、线缆组成的网络，可以将服务传送到需要的各个位置。除了偶尔需要维护外，这些网络理应是透明的。为了支持弹性信息服务，企业存储网络必须同样卓越——稳定、可靠、高性能、可扩展并易于管理。

企业信息网络使用不同的传输介质（如 100Base-T 以太网、千兆以太网、ATM 和 FDDI）和不同的协议（如 TCP/IP、NFS、FTP 和 HTTP），以满足不同的需求。同样，存储网络也使用不同的介质（如光纤信道、千兆以太网和 InfiniBand）和协议（如 SCSI、FICON、VI、IP 和 iSCSI），以适应不同的环境和应用。

1. 存储互连

存储互连是指计算机 I/O 总线和存储设备（磁盘和磁带机）之间的物理连接，用来实现计算机与存储设备的数据交换。存储互连包括使用 SCSI 和光纤信道（主要用于 UNIX 和 Windows 系统）、ESCON 和 FICON（用于大型计算机）。除此之外，TCP/IP 还可用于存储互连，实现文件共享。

SCSI（小型计算机系统接口）可用于存储设备和计算机之间的直接连接（不使用中间设备）。SCSI 最早用于小型计算机的互连，在随后近二十年的使用过程中已经做过多次改进，以便支持更高速度的数据传输，SCSI 已经发展成为各种规模系统的存储设备的主要直接互连，然而设备选址和总线长度的限制制约了它在大型系统中的使用。

每个 SCSI 设备都拥有一个 ID 号（总线地址）。SCSI 启动器是发出读写命令的设备。SCSI 启动器通常由运行在名为主机总线适配器（HBA）模块上的 ASIC 充当。SCSI 的目标设备是存储数据并响应读写命令的磁盘或磁带机。

一个 SCSI 总线可以互连的设备不能超过 16 个（启动器或目标设备），因此限制了带有 SCSI 的存储网络的大小。而且，随着更多的计算机添加到 SCSI 存储网络，以便访问更多的数据，可以连接的存储设备的数量也会随之减少。

图 8.17 显示了多个启动器的 SCSI 配置。在协同操作的计算机小型集群中经常会发现这样的 I/O 子系统配置。但从图 8.17 上可以清楚地看到，SCSI 总线选址限制了这种集群的规模。

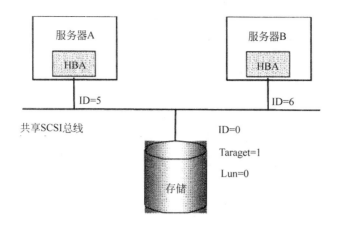

图 8.17 多个启动器的并行 SCSI

这并不意味着 SCSI 设备不能用于大型存储网络，新型基础设施设备——网关和路由器，可以将 SCSI 存储设备和服务器连接到采用新技术的大型存储网络。光纤信道到 SCSI 的路由器可以延长 SCSI 存储设备和带有 SCSI HBA 的服务器的使用寿命。这种存储设备和服务器的一种常见使用是部署到灾难恢复站点。另外，网关和路由器还能使基于 SCSI 的服务器实现所谓的"独立于 LAN(LAN-ke)"的备份，从而使这些服务器能够与其他服务器共享光纤信道存储设备。

2. 存储网络互连

SCSI 总线长度和选址的限制制约了它在大型存储网络中的使用。为了让信息服务具有弹性，存储网络必须将企业信息网络的灵活性与存储互连的强韧性结合起来。存储网络化并不是一种新概念，在过去近二十年，存储网络一直可用于主机和其他供应商专属计算机系统。

存储网络所带来的好处包括：① 存储从服务器分离出来。② 提高了服务器的弹性。③ 更大型更灵活的集群。④ 共享存储资源。⑤ 存储（和服务器）整合。⑥ 更快速（独立于 LAN）的备份与恢复。⑦ 服务器和存储设备更加独立。⑧ 更高的系统 I/O 性能。⑨ 简化管理。⑩ 降低总投资成本（TCO）。

存储网络互连和协议技术已经从供应商专属模式，发展成为标准化光纤信道存储区域网（SAN）。新兴技术可让广域存储网络实现分布式数据访问和备份。IMiniBand 是另外一种新兴互连，其设计是为了取代 PCI 总线，支持高于 2G b/s 的数据传输速率，并能够为集群、分布式文件系统、锁定管理提供低延时计算机与计算机的互连。

8.2.5 数据块和文件访问

运行在服务器上的应用通常使用数据块访问或文件级访问协议来读写数据。如果组织数据以便应用的文件系统或数据库管理运行在应用程序服务器上，文件系统或数据库会使用 SCSI 或光纤信道协议（FCP），向存储设备发送数据块 UO 命令。如果文件系统运行在存储设备上，运行在应用程序服务器上的文件访问客户端会使用 CIFS 或 SCSI 协议向存储设备发送 UO 命令。在这种情况下，存储子系统被称为文件服务器或网络附加存储（NAS）设备，它使用数据块 I/O 命令来访问与之相连的存储设备。

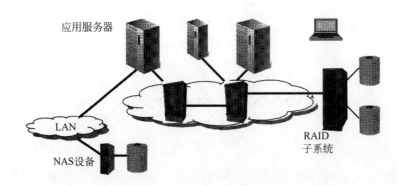

图 8.18　存储网络示例

图 8.18 显示了一个复杂的存储网络，文件和数据块的访问存储设备同时存在。图 8.18 中的应用服务器被连接到一个交换式 SAN 结构，RAB 子系统也被连接到为所有应用服务器提供数据块访问存储设备的结构。除了数据块访问服务，图内左边的应用服务器经 LAN 连接到文件服务器（NAS 设备），NAS 设备可以为运行在该服务器上的应用提供文件访问服务。RAID 子系统和 NAS 设备都连接到磁盘，并组织磁盘上的存储，以便应用。RAB 子系统可以虚拟化磁盘的容量，然后提供更大容量、更高性能或更可靠的其他磁盘。NAS 设备将磁盘上的数据组织成文件，然后提供给它的客户端（应用服务器）。

1. 光纤信道

光纤信道是 2GB/s 的存储网络互连。光纤信道 ASIC 可以自动调整传输速度，例如，将一个低速的 1GB 设备连接到 2GB 设备。

光纤信道 SAN 可以配置成以下三种网络拓扑结构。

（1）点对点。

（2）光纤信道仲裁环路（称为 FC-AL）。

（3）交换式结构（互连交换机的集合）。

点对点和交换式结构光纤信道网络可以配置为全双工模式（双向同时传输），数据传输的最高吞吐量每秒可达 400MB。

光纤信道互连可同时支持多种高层协议，其中一个高层协议为 IP（互联网协议），有时用于集群式或独立于 LAN 的备份。大型计算机可以在光纤信道协议之上使用 FICON，以访问远达 100km 以外的磁盘、磁带和打印机资源。IP、FICON 和光纤信道协议可以共享同一个物理互连。

光纤信道可以将存储总线的可预见性和可靠性，与网络的拓扑结构和配置的灵活性有机结合起来。光纤信道的主要用途是使用 SCSI 光纤信道协议（SCSI FCP）和高层协议访问开放式存储，开放式存储可以映射 SCSL3 命令集。

2. 主机总线适配器和存储设备

虚拟接口（Virtual Interface，VI）体系结构是另外一种光纤信道高层协议，VI 最适合低延迟信息处理，并且可用于集群以及分布式数据库和文件系统的日志管理。

服务器和存储设备都需要好的解决方案来解决存储网络连接、网络内部 I/O 命令转换、数据传输协议。将服务器连接到光纤信道 SAN 的设备叫 HBA，将服务器连接到基于 IP 的存储网络的设备叫 SNIC。HBA 和 SNIC 将服务器的内部 I/O 总线（如 PCI 或 Sbus）连接到网络。操作系统使用名为设备驱动器的软件组件来控制 HBA，通常由 HBA 开发商提供。大多数光纤信道 HBA 卡支持多种高层协议，包括 SCSL、FICON、TCP/IP 和 VI 。

HBA 的购买和配置通常独立于服务器，不同的 HBA 具有不同的功能，HBA 模式的主要区别如下。

（1）上层协议支持——SAN 拓扑支持；

（2）操作系统支持；

（3）每个适配器的端口数量；

（4）物理介质和端口速度。

将冗余 HBA 连接到交换式结构中的单独交换机，可以确保存储网络不会因为 HBA、线缆和交换机故障而停止运行。大多数现代 HBA 可以在多种网格结构模式下运行，但许多旧的 HBA 则仅限于环路拓扑模式下运行。

端口适配器是存储设备的常见组成部件。光纤信道存储设备包括磁盘和磁带机，以及 RAID 子系统输出的逻辑存储单元（LUN）。光纤信道结构可让存储设备（不是数据）在主机（FICON）和开放系统（SCSI FCP）之间实现共享，数据共享则需要其他技术来处理数据格式化、选址和锁定。

3. 线缆和连接器

光纤信道标准规定传输介质必须是铜线和光纤（多数采用光纤）。铜线介质的传输距离可达 30 m。规定使用 625mm 和 50 mm 的多模光纤（MMF）和 9 mm 的单模光纤（SMF）。多模光纤的通信距离最远可达 1 km，价格更昂贵的单模光纤则可以实现最远 100 km 的通信。

光纤信道标准还指定了几种不同的连接器。所谓的 SC 和 ST 连接器可用于 1G 设备的连接。小型可插拔连接器（SFP）可增加端口密度，用于 2G 设备的连接。

4. 基础设施

存储网络的基础设施是指连接服务器和存储设备的互连组集。同局域网一样，早期的存储网络基础设施基于低成本的被动集线器。光纤信道集线器采用光纤信道仲裁环路

（FC-AL）拓扑结构，最多可以连接 126 个设备。目前，集线器主要用来连接磁盘驱动器和 MID 控制器，还可以连接不支持仲裁环路拓扑结构的旧设备。

交换机是一种主动网络组件，可让多个互连设备共享高通信带宽。在基于集线器连接的基础设施中，任何时刻都只有一个设备在传输数据，而在交换机的基础设施中，许多设备可以同时接收和发送数据。在某些情况下，使用插入端口适配器，光纤通道指引器还能够进行光纤信道和其他协议之间的转换。

光纤信道结构是互连信道交换机的集合，因此在这种结构中，任何交换机上的任何端口都可以与其他端口通信。大多数新型 HBA 和存储设备都可以直接连接到光纤信道结构。而某些旧的设备只可能连接到环路，想让这些设备也可用于光纤信道结构，必须使用桥接设备（如集线器）。

交换机和指引器 SAN 结构的基本构件，为了让存储网络具有弹性，ISL 应当配置成对，一个弹性 ISL 至少占用所连接的每一台交换机的两个端口。

多交换机结构可增加互连端口的数量，比任何一台交换机所能提供的端口数量都多。多交换机结构的配置可以将特定流量与特殊 SAN 分段隔离，与 LAN 交换机隔离信息流量的方式类似。

并行 SCSI 设备可以借助各种桥接器、网关，或路由设备连接到光纤通道 SAN，如图 8.19 所示。桥接器的一端与使用其协议的光纤信道 SAN 连接，另一端则使用并行 SCSI，逻辑上，桥接器在两种协议之间起到转换作用。新型桥接设备能够实现光纤信道和其他互连之间的类似互连。

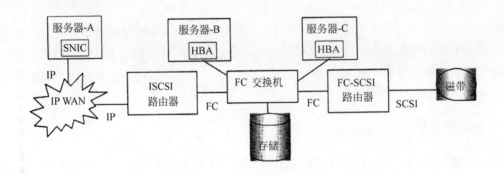

图 8.19　存储网络中的路由器

8.2.6　弹性存储网络应用与管理

让企业网络具备弹性的总原则与信息服务系统其他部分的弹性原则有许多共同之处。

（1）将冗余光缆彼此分开。光缆与其他电缆一样容易受到物理破坏（如锄耕机的破坏）。

（2）记录网络配置、参数和历史，并将记录与其他恢复文档存储在一起，以便灾难恢复时易于访问。

（3）将防火墙、网络连接和网路基础设施电源与冷却考虑进冗余性规划和配置中，以最大限度地减少故障的易发性。

（4）提供充足的网络容量，以处理通常会在灾难恢复过程中发生的大量远程通信。

（5）使用积极的病毒扫描和严格的访问控制，保护企业网络和信息服务免遭服务攻击拒绝。

（6）保护网络设备和线缆连接，使其免受物理损坏。尽管光纤不会被水破坏，但是放大器和其他电子设备却依然会受到水的影响。

1．备份

存储网络可以通过很多方式提高备份性能。最常见的方式就是将备份 I/O 流量从企业局域网转移到光纤信道存储网络，从而释放局域网的容量。该存储网络将服务器与磁带机直接连接，增强了 I/O 性能，从而减少了备份时间。（或者，像有些企业一样，为备份配置单独的基于以太网的存储网络。）

2．高可用性集群和弹性系统

由于不同的服务有不同的可用性要求，因此获得高可用性的策略有很多，从定期备份到采用集群服务器来杜绝单点故障都可以实现这个目的。对于要求建立集群的应用来说，存储网络互连服务器和存储设备的距离可以超过数百千米，这种存储网络应该配置冗余路径、交换机和 HBA 卡来防止 HBA 卡、线缆、交换机和 I/O 控制器发生故障。

3．广域存储网络

广域存储网络具有以下几个重要功能。

（1）广域集群可以保证不间断应用，甚至在灾难发生时。

（2）远距离镜像和复制可以进行灾后在线数据恢复。

（3）访问远程或分布式数据。

（4）远程备份、介质管理和存档。

镜像和复制技术可提供数据的实时访问，以便快速恢复数据，同时数据的异地备份也可以用来恢复意外删除或破坏的数据。

1）光纤信道连接距离超过 10 km

光纤信道标准定义了最远的连接距离为 10 km，这种连接距离可以通过光纤连接来构建园区网和扩展本地存储网络。尽管这代表了直接附加存储设备之间的连接距离有了重大的进步，但是仍然需要更远的连接距离来支持城域和广域的互连。

目前，使用长波 GBIC，光纤信道的连接距离最远可达 80 km。使用密集波分复用技术，光纤信道链路可以扩展到 100 km 以外。光纤信道链路还可以使用 ATM（OC3 和 OC12）、IP 网桥或扩展器进行扩展。增加的协议，包括光纤信道骨干网协议（FC-BB）、FCIP（IP 的光纤信道）和其他一些协议，也能够实现广域 SAN 的构建。

足够的缓存块加上长波 GBIC，可允许光纤信道链路扩展到 80 km 以外，而不会引起性能的重大损失。如果设备内的缓存没有扩充，数据传输距离达到 80 km 也是有可能的，但是性能却会受到影响，因为除非先前发送的数据帧已经确认到达，释放了所占用的缓存，否则以后的数据帧便无法发送。

2）DWDM 城域光纤网络

把光纤信道存储网络的连接距离扩展到 10 km 以外的另一种技术是密集波分多路复用(DWDM)。DWDM 可将光纤信道和 FICON 链路扩展到 100 km 或更远。DWDM 也能够自己设置附加带宽，进行长距离备份、镜像和数据复制。

图 8.20 显示了两个完全分离的数据中心，都配有冗余光纤信道 SAN 和千兆以太网信息处理功能。在两个互连的站点之间，冗余 DWDM 设备在同一条光纤电缆上波分复用光纤信道和千兆以太网的数据，可以扩展这两个站点之间的最远连接距离，但却只需要耗费一条物理连接的成本。

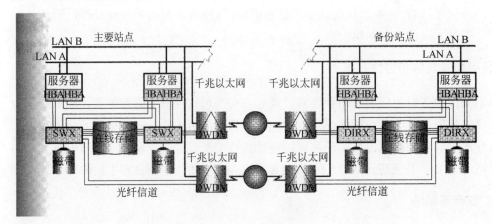

图 8.20　广域存储网络

合理的管理可以简化灾难恢复，同时可让日常的信息服务操作稳定下来。合理的管理包括明确的策略和经过测试的程序，这需要适当的管理工具和文档支持。 SAN 管理工具可以分为以下几种。

（1）组件管理器。组件管理器用以配置、监控、诊断和操作单个存储网络组件。组件管理器通常由该组件的供应商提供。

（2）存储网络构架。这些工具可以执行分区、报告、监控和其他一些网络任务。这些工具通常利用组件管理器提供的服务在组件上操作。

（3）数据管理工具。数据管理工具包括卷管理器和其他虚拟化备份、恢复、分级存储管理器。

8.3　存储备份与灾难恢复技术应用分析

本节介绍了辽宁电力数据备份及灾难恢复系统建设历程，主要功能包括：覆盖全部操作系统平台的应用及数据库备份系统，实现全省数据中心各主要系统的自动数据备份和 14 个地市的主要系统的自动备份和恢复，以及省中心对各地市数据的远程灾难备份和恢复。

8.3.1　企业数据备份策略选择

1．企业备份数据选择

决定什么数据需要备份，不仅需要了解企业的运营策略，还需要了解计算机系统的操作。有效的备份策略应当可以区分很少变化的数据和经常变化的数据，并且对后者的备份要比对前者的备份更频繁。

需要备份的数据可以文件列表的形式表示。对于较大的或者特别活跃的文件系统，较为理想的备份方法通常是对某个或多个目录树的全部内容进行备份。这样，就不需要在备份策略说明中反映备份内容的增减。

备份说明甚至可能更复杂。有时会使用排除列表来表示备份策略，排除列表是不需要备份的文件或目录的指定列表，备份时，这个列表中的文件或目录会被忽略，不进行备份。

2．企业数据备份方式的选择

决定何时备份也需要了解企业运营策略和计算机系统的操作。系统管理员必须平衡可以接受的最长备份周期（用以决定最坏情况下有多少个小时的数据更新需要通过其他方式重建）和备份资源消耗对信息服务的影响之间的关系。

表面上看，将数据备份到何处这一问题似乎很简单。备份客户端是数据的来源，目的地是某个（或几个）介质服务器。但对介质服务器的选择会因商业周期、设备可用性或其他考虑因素的不同而不同。通常，主备份服务器软件追踪每一客户端的备份任务执行情况，并动态选择介质服务器，动态选择根据备份设备的可用性、相对负载以及是否符合选择标准而定。

利用企业备份管理器，用来执行特定备份任务的备份设备，通常由介质服务器根据系统管理员制定的备份策略进行动态选择。

备份介质也用类似的方法进行管理。企业备份管理器根据动态分类来管理介质，每个介质池都有一个或多个预定的备份任务。介质服务器通常会根据平均使用（以及磨损）存储介质 的运算法则，从某个任务的介质池中选取可用介质进行备份操作。介质管理器也负责介质的清洁和介质退废的时间安排，并追踪介质的物理位置。

3．备份策略

备份策略的参数包括：① 备份客户端；② 文件和目录列表；③ 合格介质服务器、介质类型与介质池、设备组；④ 信息排程。

以上参数通常会综合考虑，抽象地称为备份策略。备份策略通常还包括诸如相对于其他策略的优先级特征等。主备份服务器管理企业的备份策略，并与客户端和介质服务器协作，启动、监控和记录预定备份等。

4．增量备份

1）全备份和增量备份

在大多数企业信息服务中，连续两次备份之间只有一小部分在线数据发生变化。在基于文件的系统中，只有很小比率的文件会变化。权重多份技术可充分利用这一事实，最大限度地减少备份资源需求。增量备份只备份上次备份以后发生变化的文件。备份客户端可利用文件系统元数据来确定哪些文件已经发生变化，并只备份这些文件。

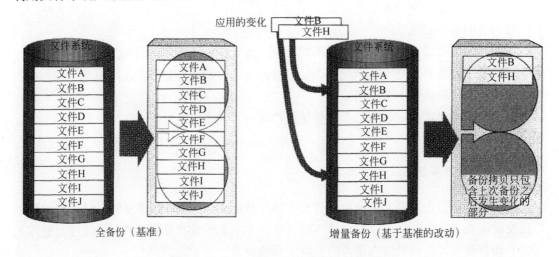

图 8.21　全备份和增量备份之间的差异示意图

增量备份是在全备份的基础上增加，而不是替代全备份。增量备份只包含某一时刻全备之后发生变化的文件。要从增量备份中恢复一套文件，必须首先恢复此前的全备份，以建立基准，然后按照时间顺序（最早的最先）恢复增量备份，根据前面建立的基准替换发生变化的文件。增量备份可以减少耗时的全备份的必要执行频率。

全备份和增量备份之间的差异如图 8.21 所示。

2）增量备份的影响

如果一个大型文件系统中只有很小比率的文件在上一次备份之后发生变化，那么只有小比率的数据需要备份。通常，增量备份完成的速度会很快（快好几个数量级），而且在线信息服务的影响要比全备份的影响小得多。

然而，灾难之后要从增量备份中恢复整个文件的系统就相对较复杂。首先必须恢复作基准的全备份，然后按照时间顺序恢复所有新增的增量备份。尽管企业备份管理器一般都指导管理员按照正确顺序安装介质，但在实际操作中，全备份和增量备份的恢复程序叫比理想状态涉及的人力要多，以便进行决策和介质处理。

图 8.22 显示了从全备份和增量中恢复整个文件系统的过程。

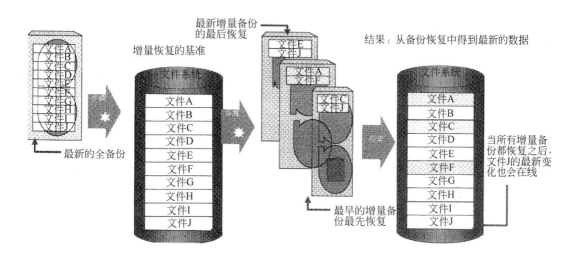

图 8.22　从全备份和增量中恢复整个文件系统的过程

3）增量备份的不同类型

增量备份有两种截然不同的类型。差异备份包含最新任意类型备份之后修改的所有文件备份。这样，采用"每周全备份和每天差异备份"的策略时，通过恢复最新的全备份，然后按时间顺序恢复每一次新增的差异备份，即可完成整个系统的恢复。越靠近周末，就有越多的增量备份需要恢复，因此完全恢复花费的时间就越长。

企业备份管理器一般允许系统管理员制定自动备份计划。利用自动磁带库，预定备份能够完全自动化。一旦备份策略制定好，备份过程就不需要系统管理员或者计算机操作人员的手工介入了。

8.3.2　灾难恢复计划方式选择

灾难恢复计划和准备通常遵循以下两种方法。

1. 全面灾难恢复计划

有些企业设计的全面灾难预防和恢复计划可以对任何可预见的灾难事件进行全部或部分的调用。这些计划与其说是灾难事件驱动，倒不如说是不得已而启动，它们一般根据能够预见的最坏灾难事件而设计。执行全面灾难恢复计划时，必须采取的第一步是评估灾难影响，从而确定应当调用哪些团队和哪些资源。正因为如此，灾难发生和开始恢复之间，通常会有一段延时。

2. 特定灾难恢复计划

与上述办法相反，有些企业制定了几种特定灾难恢复计划。这些计划考虑了最可能发生的灾难和灾难的最大潜在影响。这些企业列出了可能发生影响的不同灾难，同时考虑了这种灾难对整个行业、地区、产品、服务和供应链的影响。他们会采用历史信息和最好的假设方法对每一种灾难进行量化分析，并计算出最坏的和最有可能的影响。通过最详细的计划，他们会高度重视最有可能发生的灾难和具有最大潜在影响的灾难。

例如，在加利福尼亚和日本，发生地震的机率很高，所以建筑都设计成抗震建筑。而在新英格兰和伦敦，地震发生的机率很小，因此人们在防震上投入的精力就较小（但不能忽略发生地震的可能）。另一个例子就是以上几个地区几乎都没有防御龙卷风侵袭的措施。因为龙卷风在上述地区十分罕见。有些灾难独立于自然环境因素，绝大多数企业都具有紧急恢复计划，以应对电源中断、火灾、洪水、网络故障和其他不可预知的灾难。

执行特定灾难恢复计划，应当遵循特定的步骤和流程。只要灾难的性质清楚，就不需要在恢复初期做太多决策。多数情况下，初始恢复步骤可以自动完成。但特定灾难恢复计划的主要缺点是不能预料灾难，比如企业有可能采用电源中断应急方案来进行火山爆发灾难恢复。

3. 混合恢复计划

实际上，大多数企业采用上述两种偏激方法的组合方案。即制定一些针对常见灾难（如断电、暴风雪等）的特定计划，同时制定全面恢复计划，应对其他所有灾难。此外，也有一些企业拥有多个全面恢复计划，以应对不同影响类型的灾难。企业通常倾向于采用能满足自身要求的恢复策略。最佳的方案是一定要有一个可以应对各种灾难事件的全面恢复方案。随着时间的推移，不断检验和修改计划，加快初始决策速度，从而克服全面恢复方案的缺点。

8.3.3　数据备份及灾难恢复现状分析

1. 现状及存在的问题

辽宁电力现在运行的系统包括营销数据系统、MIS 管理系统、客户服务系统、OA 系统、GIS 管理系统、发行系统等。这些系统的数据已经成为辽宁电力公司最宝贵的财富之一，因此应及早建立科学、有效的数据备份措施和观念，防患于未然。这就要求对企业的核心业务数据有一套完整的备份方案，以保证企业中最重要的资源——各业务系统数据的安全。保证一旦发生不可预知的系统灾难时，数据资料不会丢失，同时能在最短的时间内恢复系统运行，将企业的损失减少到最小程度。另外，如何实现全省各子系统与省中心系统的统一规划以及全省的集中和高效率的数据管理，体现全省一盘棋的思想，也是备份系统建设的重要方面。

辽宁电力现有的信息应用系统均采用传统的存储管理模式，具有结构简单，配置灵活的特点。但其不足之处也是显而易见的，例如：

（1）数据备份的结构为网络备份，大量数据要通过网络传输到备份服务器的存储设备上，当备份数据量较大时，会严重占用网络带宽，影响网络上服务器的正常应用。并经常出现备份服务器连接不到客户端的情况。

（2）备份设备容量及性能远远不能满足大量数据及应用系统备份的要求，备份空间紧张、备份速度慢。

（3）备份服务器和磁带库通过 SCSI 电缆相连，当从网络传送来的数据量过大时，SCSI 接口带宽有限，会形成瓶颈，影响备份任务的完成。

（4）备份任务繁重，每个带库一个驱动器满足不了大量数据备份的要求，需要增加速度更快、容量更大的带库及驱动器。

（5）Legato 数据备份软件客户端数量支持有限，难于满足应用系统扩展的需要。

（6）备份设备已过保修期，设备故障率增高。

（7）系统、数据备份过多依赖人工操作，对工作人员的素质要求高，耗费人力资源。

（8）数据安全性差，管理难度大，很容易造成无序管理。

根据辽宁电力信息化建设的规划，在近年内辽宁电力将陆续开发十几个信息应用系统，辽宁电力对信息系统的依赖程度将大大提高，保障数据的安全，对辽宁电力运营将起到决定性作用。对几十个系统的存储进行单独、人工管理，工作量将是巨大的，其难度也可想而知。它需要十几甚至是几十位高素质的技术和管理人员，复杂细致的管理规定和工作流程，高标准的介质存放场地。关键问题是一切依靠人，而人是很容易出错的。一旦造成数据遗失，或是需要恢复时数据却不可用，损失难以挽回。

2．系统建设的目标

根据辽宁电力信息化建设对数据存储备份的需求和存储技术可能提供的解决方案，备份系统建设目标定义为：数据信息存储集中管理系统建设，为辽宁电力信息化建设搭建数据存储备份、管理平台。具体为三个方面的问题：第一，为辽宁电力所有重要信息系统的在线存储整合提供规划方案，实现在线存储资源的统一管理和调度；第二，对所有重要应用系统实行统一的自动备份/恢复管理。包括系统级备份与恢复和数据级备份与恢复。第三，在高于上述两点的层面上，将存储相关资源，数据、介质、设备作为一种企业资源进行管理，分析其使用趋势、价值，为公司的信息技术投资提供参考。

数据信息存储集中管理，既不是存储介质物理上的集中，也不是数据的集中存放，而是存储资源、数据逻辑上的统一管理。尽管从系统的某个局部看起来存在数据物理上的集中，但并不反映存储集中管理的本质。项目的关键不是数据的集中存储，而是存储的集中管理。

数据信息存储集中管理系统，不是一个简单的系统，而是整个信息系统的存储管理平台。它将取代由各应用系统独立管理存储资源的存储模式，将应用系统中管理存储资源的任务大部分交给存储管理平台去完成。比如，应用系统不需要有自己的盘阵和磁带机，应用系统的管理人员无须人工对数据进行备份和恢复。所有这些功能都由存储管理平台去完成。

8.3.4 一期数据备份及灾难恢复系统主要功能

根据辽宁电力业务系统存储状况的需求分析，辽宁电力备份系统最终目标是为辽宁电力系统提供一套高效和安全的灾难备份系统，即：建立一个覆盖全部操作系统平台的应用及数据库备份系统，实现全省数据中心各主要系统的自动化数据备份和各地市的主要系统的自动化备份和恢复，以及省中心对各地市数据的远程灾难备份和恢复，备份的管理采用内部备份管理和全省远程集中管理相结合的方式。具体实现如下要点。

（1）在辽宁电力省公司信息中心建立起辽宁电力数据信息存储集中管理中心。

（2）部署存储备份及资源管理软件。

（3）实现省中心对各地市局关键业务数据的远程备份。

（4）实现各地市数据中心本地全备份和恢复。

（5）省公司与沈阳局建立全省的数据信息存储灾备中心，实现同城异地应用级的备份。

（6）实现全省数据备份和恢复的统一集中管理、监控。

（7）简单、友好的管理操作方式。

（8）数据库在线备份。

（9）系统文件在线备份。

（10）数据和操作系统的快速灾难恢复。

（11）数据库的备份采用全备份方式以及归档，提供一个合理的备份策略，获得较好的备份恢复效果。

（12）建立适用于辽宁电力全省范围的数据信息存储管理模式，规章和制度。

（13）对辽宁电力数据信息存储集中管理系统在线及二级存储进行扩容，不断接入新的应用系统，满足辽宁电力 IT 系统 5 年规划建设的需要。

（14）这种备份系统既要求采用先进的备份技术又要求具有很高的稳定性和可靠性，这就要求对系统的各个环节进行深入的技术分析，使系统的各个环节均能够有机地形成整体，充分发挥系统的整体效能。

（15）全省统一的集中管理和监控。

由于备份系统在维护、管理技术上具有极强的专业性，对于管理人员的素质和专业知识要求较高。如果缺少专业人员的维护，系统有可能无法有效地运行，备份系统可能无法为应用系统提供良好的服务。如果各地市数据中心均建立自身的备份管理体系和管理队伍，管理成本较高。建立省中心的备份管理中心可以有效地解决这个问题。

备份管理软件 NetBackup 是面向企业级的多层次备份体系。在各中心的备份体系之上（Backup Master Server），还提供了 Global Data Manager 的高层次管理机制（Master of Masters），此备份管理中心可以建立在省中心，专业的备份管理人员通过备份管理中心对全省的各备份作业和策略进行远程调度和控制，实现统一和集中的监控。各地市数据中心的管理人员只需对备份系统的硬件设备进行常规定期维护，确保畅通。VERITAS 软件的这一有效机制大大提高了备份系统的可管理能力，提高了备份系统的管理效率。

（16）远程灾难备份。

要实现远程数据灾难备份，就是为了保证本地数据的安全性，建立一个异地的数据备份系统，该备份系统是本地关键应用数据的一个复制。在本地数据及整个应用系统出现灾难时，至少在异地保存有一份可用的关键业务的数据。

（17）在辽宁电力备份系统中，省中心和各地市数据中心备份系统设计有所不同。省中心作为全局备份的核心，一方面实现对省中心应用数据的备份，另一方面，也要实现与沈阳数据中心互为100%备份，达到异地灾难备份的目的。除此以外，省中心还要实现对其他地市数据中心关键数据的远程备份。因此，省中心要解决海量数据备份的性能问题。

（18）在各地市数据中心，沈阳数据中心与省中心互为灾备中心，除了备份本身的数据外，还要实现与省中心互为100%备份，因此数据量很大，也存在保证海量数据备份的性能问题。而其他市数据中心仅需要备份或归档本市数据中心的数据，数据量相对较小，采用网络备份系统可以减少系统复杂度、降低开销。

（19）快速可靠的灾难恢复。

业务数据是电力公司业务运营的基石，因此，离线数据的安全性和可用性是非常重要的。在发生故障时，无论灾难是小到磁盘阵列出错，还是大到整个机房受损，NetBackup都能根据主备份进行完全恢复或部分恢复，而且还能恢复灾难现场外的应用或服务器。

首先，NetBackup 能自动对主备份进行复制。这些复制的辅助磁带可以保存在另外的地方。

其次，NetBackup 将把多路分散的数据合并起来，这样数据就可以共存在相同的磁带上。这样做的原因是大多数软件安装时都有必须要首先运行起来的关键任务应用，必须要首先运行起来，如果数据共存在一起，进行选择性恢复的过程就会大大加快。

第三，NetBackup 建立的备份文件符合 TAR 格式。NetBackup 用自己的方法把数据转移或写到磁带上，以确保数据的可靠性，同时这些磁带也可以由基本的 UNIX 设备读出。

第四，要实现故障恢复的完全自动化，NetBackup 提供了全面的库管理。这一选项包括取出复制的磁带，放到磁带库的 I/O 槽，查看打印各种格式的报告等。另外，磁带可以从异地的磁带库中自动取出或放入。

8.3.5　一期数据备份与灾难恢复系统架构选择

综合考虑当前辽宁电力系统全省的数据存储状况，我们采用 LAN-Base 与 LAN-Free 相结合的混合备份方式。即在省中心和沈阳数据中心构造 SAN，对数据量大的关键业务数据采用 LAN-Free 备份方式,而在其他业务数据和其他地市数据中心采用 LAN-Base 备份方式，如图 8.23 所示。这种备份方式的选择，既可以满足辽宁电力近阶段数据备份的要求，又利于备份系统以后全部平滑过渡到 LAN-Free 备份结构。

1. 备份系统总体方案

（1）根据用户需求和备份软件特点，网络备份系统使用 SAN 和 LAN。

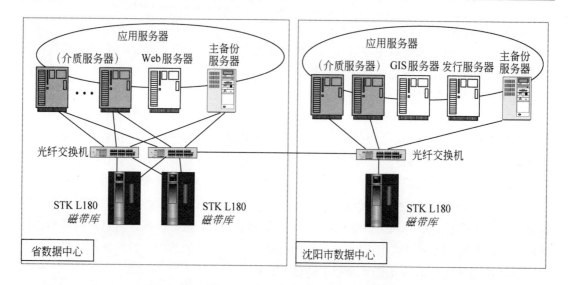

图 8.23　在省中心和沈阳数据中心备份系统框架图

（2）在省中心和沈阳数据中心分别构造基于光纤交换机的存储区域网。

（3）其他地市数据中心通过本地局域网实现本地数据的网络化备份。

（4）省中心与沈阳数据中心通过 SAN 共享磁带库，利用备份软件多重复制功能，实现互为 100%备份。

（5）铁岭、抚顺、阜新、营口和两锦等地市的数据中心通过在省中心配置一台备份介质服务器和另外一台 L180 磁带库，实现在省中心的远程异地备份。

（6）省中心和沈阳数据中心运行关键业务的服务器，通过连接到光纤交换机，实现 LAN-Free 备份。

（7）利用 StorageTek ACSLS 磁带库管理软件将备份数据和迁移归档数据存入一台磁带库。

2．省中心灾难备份系统

根据具体的需求分析和高性价比的设计原则，省中心和各地市数据中心备份系统设计有所不同。省中心一方面实现对省中心应用系统数据的备份，另一方面，也要实现与沈阳数据中心互为100%备份；除此以外，省中心还要实现对其他地市数据中心关键业务数据的远程备份，因此属于海量数据备份问题。如果只采用 LAN-Base 网络备份结构，磁带库连接在个别服务器上，其他系统通过局域网络将数据送到该服务器连接的磁带库上。这样一来，将有大于 TB 级的数据在网络上传送，且服务器要花额外的时间处理这 TB 级的数据。显然备份效率不高，且会降低服务器和网络性能，因此，采用 LAN-Base 与 LAN-Free 混合方式。鉴于全省的备份管理任务十分繁重，单独设立备份主服务器（也可以与其他的应用共用一台服务器）。该主服务器承担全省电力公司的灾难备份管理，如省中心各客户机系统备份、磁带库管理、备份策略设定、各市中心关键业务系统数据的备份。

（1）运行关键业务系统的服务器通过连接到光纤交换机实现对 StorageTek L180 高性能磁带库的共享，实现 LAN-Free 备份。

（2）其他各台应用服务器配置 VERITAS NBU Client 和 Database Agent（数据库备份模块），通过本地局域网实现 LAN-Base 备份。

（3）省中心通过广域网对其他地市中心的数据进行远程备份，保证各地发生灾难时，省中心存有一份数据副本；同时省中心数据也复制一份到沈阳数据中心，实现省中心的数据容灾。

3. 各地市灾难备份系统

采用网络化备份结构，各台业务应用服务器作为客户端通过备份网络进入备份介质服务器进行备份。建议设立专用备份介质服务器（也可与其他的应用共用一台服务器），该服务器连接磁带库。备份服务器安装 VERITAS NBU Master Server。

网络化备份机制为（采用 VERITAS NetBackup）：在网络上选择一台服务器（当然也可以在网络中另配一台服务器作为专用的备份服务器）作为网络数据存储管理服务器，安装网络数据存储管理服务器端软件，作为整个网络的备份服务器。在备份服务器上连接一台大容量存储设备（如磁带库）。在网络中其他需要进行数据备份管理的应用服务器上安装备份客户端软件，通过网络将数据集中备份管理到与备份服务器连接的存储设备上。我们称连接磁带库或存储介质并提供数据通路的服务器为 Backup Server，具有备份要求并送到 Backup Server 端进行备份的站点为 Backup Client。备份系统均自动对所有的备份作业进行管理，数据通过客户端流向备份服务器和磁带库。

4. 沈阳市灾难备份系统

由于沈阳市中心数据与省中心互为100%备份，所以与省中心都属海量存储，对磁带库容量和性能要求与省中心基本一致。因此，备份服务器连接的磁带库系统采用 StorageTek L180 磁带库（具体参照选型说明），最大容量 34.8TB，配置 4 台 IBM LTO ULTRIUM2 磁带机，磁带机速率为 35MB/s。

5. 网络拓扑图

备份系统一期网络结构图如图 8.24 所示。

6. 备份系统实施内容

（1）公司和沈阳数据中心建设 SAN 存储网络，实现通过本地 SAN 完成本地数据的备份。

（2）省公司和沈阳数据中心通过 CWDM 互联各自的 SAN 存储网络，共享 SAN 备份资源，实现同城数据的容灾备份功能。

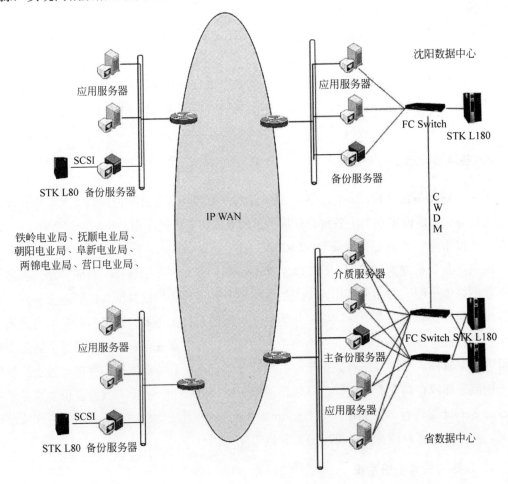

图 8.24　备份系统一期网络结构图

（3）铁岭、抚顺、阜新、营口、朝阳和两锦等 6 个地市的地市数据中心通过本地局域网实现本地数据的网络化备份。

（4）铁岭、抚顺、阜新、营口、朝阳和两锦等 6 个地市的数据中心通过在省中心各配置一台备份介质服务器，共享省中心的 STK L180 磁带库，实现在省中心的远程异地备份。

（5）利用 StorageTek ACSLS 磁带库管理软件将备份数据和迁移归档数据存入一台磁带库。

（6）采用网络化备份结构，各台业务应用服务器作为客户端通过备份网络进入备份介质服务器进行备份。设立专用备份介质服务器（也可与其他的应用共用一台服务器），该服务器连接磁带库。备份服务器安装 VERITAS NBU Master Server。

（7）网络化备份机制为（采用 VERITAS NetBackup）：在网络上选择一台专用的备份服务器作为网络数据存储管理服务器，安装网络数据存储管理服务器端软件，作为整个网络的备份服务器。在备份服务器上连接一台大容量存储设备（STKL80 磁带库）。在网络中其他需要进行数据备份管理的应用服务器上安装备份客户端软件，通过网络将数据集中备份管理到与备份服务器连接的存储设备上。

（8）各业务服务器均安装 VERITAS NBU Client，配置数据库备份模块。

（9）各地市中心业务数据除在本地备份主服务器备份或归档外，还在省中心安装一台介质服务器，实现本地数据经过广域网备份到省中心磁带库，达到了远程数据容灾备份的目的。

（10）磁带库系统的配置：省公司和沈阳公司分别设置海量存储设备，铁岭、抚顺、阜新、营口、朝阳和两锦等 6 个地市的地市数据中心各配置一台大容量磁带库，满足数据备份和容灾的需求。

8.3.6 二期数据备份与灾难恢复系统建设成果

二期备份系统建设成果：建设大连、鞍山、辽阳、盘锦、丹东、本溪等 6 个市电业公司的数据备份系统，实现 6 个市电力系统多种系统平台下各种业务子系统大容量数据的存储和共享、各业务系统的联机、实时、高速备份、系统的高可用性、系统的灾难恢复；满足 6 市电业公司两年信息应用系统数据信息存储的需要；实现省公司与 6 市电业公司数据的异地备份；完成辽宁电力全省数据信息存储集中管理框架的基础建设。

充分考虑全面管理辽宁电力数据信息存储的需求，满足今后系统功能及性能扩展的要求。

辽电数据备份系统全部建成实现的功能如下。

（1）省公司和沈阳数据中心建设 SAN 存储网络，实现通过本地 SAN 完成本地数据的备份。

（2）省公司和沈阳数据中心通过 CWDM 互联各自的 SAN 存储网络，共享 SAN 备份资源，实现同城数据的容灾备份功能。

（3）铁岭、抚顺、阜新、营口、朝阳和两锦等 12 个地市的地市数据中心通过本地局域网实现本地数据的网络化备份。

（4）铁岭、抚顺、阜新、营口、朝阳和两锦等 12 个地市的数据中心通过在省中心各配置一台备份介质服务器，共享省中心的 STK L180 磁带库，实现在省中心的远程异地备份。

（5）利用 StorageTek ACSLS 磁带库管理软件将备份数据和迁移归档数据存入一台磁带库。

（6）采用网络化备份结构，各台业务应用服务器作为客户端通过备份网络进入备份介质服务器进行备份。设立专用备份介质服务器（也可与其他的应用共用一台服务器），该服务器连接磁带库。备份服务器安装 VERITAS NBU Master Server。

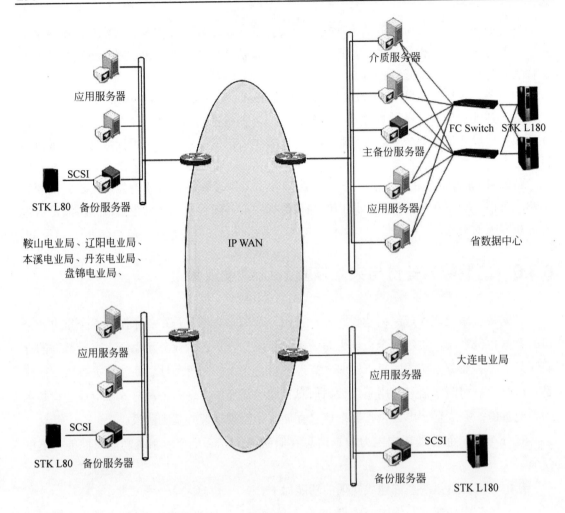

图 8.25　二期完成数据备份系统网络结构

（7）网络化备份机制为（采用 VERITAS NetBackup）：在网络上选择一台专用的备份服务器作为网络数据存储管理服务器，安装网络数据存储管理服务器端软件，作为整个网络的备份服务器。在备份服务器上连接一台大容量存储设备（STKL80 磁带库）。在网络中其他需要进行数据备份管理的应用服务器上安装备份客户端软件，通过网络将数据集中备份管理到与备份服务器连接的存储设备上。

（8）各业务服务器均安装 VERITAS NBU Client，配置数据库备份模块。

（9）各地市中心业务数据除在本地备份主服务器备份或归档外，还在省中心安装一台介质服务器，实现本地数据经过广域网备份到省中心磁带库，达到了远程数据容灾备份的目的。

（10）示意图中红线部分为控制信号传送示意。STK 磁带库分别为 12 个市各提供一个驱动器，提供了两个机械手。共享机械手的功能，由 STK ACS 系统提供。

（11）磁带库系统的配置：省公司和沈阳公司分别设置海量存储设备，铁岭、抚顺、阜新、营口、朝阳和两锦等 12 个地市的地市数据中心各配置一台大容量磁带库，满足数据备份和容灾的需求。

辽电备份系统的主要特点可归结为 16 个字"一个平台，两个中心，三种功能，集中管理"。

一个平台就是建立了一个满足辽宁电力信息应用系统需求的数据信息存储管理平台。这个平台覆盖了辽宁电力所有数据存储资源，包括本地和所属电业局的数据资源。

两个中心是建立了一个数据信息存储集中管理中心和一个数据信息存储中心。前者建在省公司，作为整个数据存储集中管理系统的核心，它兼有存储和管理两种职能。后者建在沈阳电业局，主要承担数据存储、灾难备份职能。

三种功能指系统三个方面的功能。第一，为辽宁电力所有重要信息系统的在线存储整合提供服务，实现在线存储资源的统一管理和调度；第二，对所有重要应用系统实行统一的自动备份/恢复管理，包括系统级备份与恢复和数据级备份与恢复；第三，在高于上述两点的层面上，将存储相关资源，数据、介质、设备作为一种企业资源进行管理，分析其使用趋势、价值，为公司的信息技术投资提供参考。

最后，数据备份和恢复的统一集中管理，通过省公司统一管理，监控各地市备份系统的运行情况。

第9章　网络信息安全等级保护及应用分析

网络信息安全等级保护应充分体现"明确重点、突出重点、保护重点"策略，按标准建设安全保护措施，建立安全保护制度，落实安全责任，等级的划分应根据信息系统的重要程度客观地进行评定，既要防止保护不足导致信息系统面临较高的安全风险，又要防止过度保护导致的资源浪费。对安全产品实施分等级使用管理，对安全事件分等级响应、处置。有效保护基础信息网络和关系国家安全、经济命脉、社会稳定的重要信息系统的安全。

本章主要内容包括网络信息安全等级保护基本概念，国家信息安全等级保护政策标准与体系，不同保护等级信息系统保护要求，等级保护纵深防御体系总体架构，网络信息安全等级保护技术基础，电力行业网络信息安全等级保护应用案例。

9.1　网络信息安全等级保护基本概念

本节介绍了信息安全等级保护基本含义，信息安全等级保护政策体系，信息安全等级保护标准体系，不同保护等级信息系统保护要求，国家等级保护对电力行业的新要求，工业控制系统测评的目的和意义。

9.1.1　信息安全等级保护基本含义

信息安全等级保护基本概念可以概括为：从国家宏观管理的层面，确定需要保护的对人民生活、经济建设、社会稳定和国家安全等起着关键作用的涉及国际民生的基础信息网络和重要信息系统，按其重要程度及实际安全需求，合理投入，分级进行保护，分类指导，分阶段实施，保障信息系统安全正常运行和信息安全，提高信息安全综合防护能力，保障信息安全综合防护能力，保障国家安全，维护社会秩序和稳定，保障并促进信息化建设健康发展，拉动信息安全和基础信息科学技术发展与产业化，进而牵动经济发展，提供综合国力。

对信息系统的安全等级划分通常有两种描述形式，即根据安全保护能力划分安全等级的描述，以及根据主体遭受破坏后对客体的破坏程度划分安全等级的描述。信息和信息系统按照安全保护能力被划分为 5 个等级：第一级为用户自主保护级；第二级为系统审计保护级；第三级为安全标记保护级；第四级为结构化保护级；第五级为访问验证保护级。根据信息和信息系统在国家安全、经济建设、社会生活中的重要程度，遭受破坏后对国家安全、社会秩序、公共利益以及公民、法人和其他组织的合法权益的危害程度，针对信息的保密性、完整性和可用性要求及信息系统必须要达到的基本的安全保护水平等因素，信息和信息系统的安全保护等级按照监管强度被划分为 5 级：第一级为自主保护级；第二级为指导保护级；第三级为监督保护级；第四级为强制保护级；第五级为专控保护级。

按照两种等级划分描述的对应关系如表 9.1 所示。

对信息安全产品分等级管理，不同安全保护等级的信息和信息系统对信息安全产品的安全功能有着不同的需求，具有一定安全水平的信息安全产品只能在与其安全保护功能相适应的信息系统中使用。国家对信息安全产品按照安全性和可控性要求进行分等级使用许可，三级以上信息系统中使用的信息安全产品必须得到公安机关的使用许可。

表 9.1　信息系统安全等级划分对应表

等级	监管强度	保护能力	侵害客体及侵害程度
第一级	自主保护级	用户自主保护级	信息系统受到破坏后，会对公民、法人和其他组织的合法权益造成损害，但不损害国家安全、社会秩序和公共利益
第二级	指导保护级	系统审计保护级	信息系统受到破坏后，会对公民、法人和其他组织的合法权益产生严重损害，或者对社会秩序和公共利益造成损害，但不损害国家安全
第三级	监督保护级	安全标记保护级	信息系统受到破坏后，会对社会秩序和公共利益造成严重损害，或者对国家安全造成损害
第四级	强制保护级	结构化保护级	信息系统受到破坏后，会对社会秩序和公共利益造成特别严重损害，或者对国家安全造成严重损害
第五级	专控保护级	访问验证保护级	信息系统受到破坏后，会对国家安全造成特别严重损害

对信息安全产品分等级管理，不同安全保护等级的信息和信息系统对信息安全产品的安全功能有着不同的需求，具有一定安全水平的信息安全产品只能在与其安全保护功能相适应的信息系统中使用。国家对信息安全产品按照安全性和可控性要求进行分等级使用许可，三级以上信息系统中使用的信息安全产品必须得到公安机关的使用许可。

对信息安全事件分等级行响应和处置，依据信息安全事件对信息和信息系统的破坏程度、所造成的社会影响以及涉及的范围，确定事件等级。信息安全事件发生后，分等级按照预案响应和处置。一是根据信息安全事件的不同危害程度和所发生的系统的安全级别；二是根据不同等级的安全事件；三是根据其危害和发生的部位。

信息系统等级保护工作主要分为 5 个环节：定级、备案、建设整改、等级测评和监督检查。

（1）定级工作：对信息系统进行定级是等级保护工作的基础，定级工作的流程是确定定级对象、确定信息系统安全等级保护等级、组织专家评审、主管部门审批、公安机关审核。

（2）备案工作：信息系统定级以后，应到所在地区的市级以上公安机关办理备案手续，备案工作的流程是信息系统备案、受理、审核和备案信息管理等。

（3）建设整改工作：信息系统安全等级定级以后，应根据相应等级的安全要求，开展信息系统安全建设整改工作：对于新建系统，在规划设计时应确定信息系统安全保护等级，按照等级要求，同步规划、同步设计、同步实施安全保护技术措施；对于在用系统，可以采取"分区、分域"的方法，按照"整体保护"原则进行整改方案设计，对信息系统进行加固改造。

（4）等级测评工作：信息系统安全等级保护测评工作是指测评机构依据国家信息安全等级保护制度规定，按照有关管理规范和技术标准，对未涉及国家秘密的信息系统安全等级保护状况进行检测评估的活动。等级测评过程可以分为 4 个活动：测评准备、方案编制、现场测评与分析、报告编制等，常用的测评方法是访谈、检查和测试。

（5）监督检查工作：公安机关信息安全等级保护检查工作是指公安机关依据有关规定，会同主管部门对非涉密重要信息系统运营使用单位等级保护工作开展和落实情况进行检查，监督、检查其建设安全设施、落实安全措施、建立并落实安全管理制度、落实安全责任、落实责任部门和人员。

9.1.2　信息安全等级保护政策体系

近几年以来，为组织开展信息安全等级保护工作，国家相关部委（主要是公安部牵头组织，会同国家保密局、国家密码管理局、原国务院信息办和发展改革委员会等部门）相继出台了一系列文件，对具体工作提供了指导意见和规范，这些文件初步构成了信息安全等级保护政策体系。

国务院于 1994 年发布的第 147 号令《中华人民共和国计算机信息系统安全保护条例》，明确规定了"计算机信息系统实行安全等级保护，安全等级的划分标准和安全等级保护的具体办法，由公安部会同有关部门制定"。国务院于 2003 年下发《国家信息化领导小组关于加强信息安全保障工作的意见》"中办发[2003]27 号"文件，明确指出："实行信息安全等级保护，要重点保护基础信息网络和关系国家安全、经济命脉、社会稳定等方面的重要信息系统，抓紧建立信息安全等级保护制度，制定信息安全等级保护的管理办法和技术指南"。为信息安全保护工作提供了法律依据和政策依据。2004 年下发的（公通字[2004]66号）《关于信息安全等级保护工作的实施意见》文件的主要内容是贯彻落实信息安全等级保护制度的基本要求；明确等级保护工作的基本内容、工作要求和实施计划；以及各部门工作职责分工等。

2007 年下发的（公通字[2007]43号）《信息安全等级保护管理办法》文件的主要内容是明确了信息安全等级保护制度的基本内容、流程及工作要求；信息系统定级、备案、安全建设整改和等级测评的事实与管理；信息安全产品和测评机构选择等。2007 年下发的（公通字[2007]861 号）文件《关于开展全国重要信息系统安全等级保护定级工作的通知》部署在全国范围内开展重要信息系统安全等级保护定级工作，标志着全国信息安全等级保护工作的全面开展。2007 年下发的（公信安[2007]1360 号）《信息安全等级保护备案实施细则》文件规定了公安机关受理信息系统运营使用单位信息系统备案工作的内容、流程、审核等内容，指导各级公安机关受理信息系统备案工作。

2008 年下发的（发改高技[2008]2071 号）《关于加强国家电子政务工程建设项目信息

安全风险评估工作的通知》要求非涉密国家电子政务项目开展等级测评和信息安全风险评估要按照《信息安全等级保护管理办法》进行，明确了项目验收条件：公安机关颁发的信息系统安全等级保护备案证明、等级测评报告和风险评估报告。2008 年下发的（公信安[2008]736 号）《公安机关信息安全等级保护检查工作规范（试行）》是指导监督检查环节工作的政策文件，规定了公安机关开展信息安全等级保护检查工作的内容、程序、方式以及相关法律文书等。2009 年下发的（公信安[2009]1487 号）《关于印发<信息系统安全等级测评报告模板（试行）>的通知》明确了等级测评活动的内容、方法和测评报告格式等。2009年下发的（公信安[2009]1429 号）《关于开展信息系统等级保护安全建设整改工作的指导意见》明确了非涉及国家秘密信息系统开展安全建设整改工作的目标、内容、流程和要求等。

2010 年下发的（公信安[2010]303 号）《关于推动信息安全等级保护测评体系建设和开展等级测评工作的通知》确定了开展信息安全等级保护测评体系建设和等级测评工作的目标、内容和工作要求，规定了测评机构的条件、业务范围和禁止行为，规范了测评机构申请、受理、测评工程师管理、测评能力评估、审核、推荐的流程和要求。

以上政策文件构成了我国网络信息系统安全等级保护工作开展的政策体系，为了组织开展等级保护工作、建设整改工作和等级测评工作明确了工作目标、工作要求和工作流程。

9.1.3　信息安全等级保护标准体系

按照信息系统的安全建设工程全过程和生命周期过程中涉及的内容来组建具有中国特色的信息安全等级保护标准体系，标准体系应包括以下方面的标准：等级划分、基本要求、安全产品使用、安全测评、监督管理、应急响应等。全国信息安全标准化技术委员会和公安部信息系统安全标准化技术委员会组织制定了信息安全等级保护工作需要的一系列标准，为开展等级保护工作提供了标准保障。这些标准可以分为基础类、应用类、产品类和其他类，已经发布和提交报批的标准分类统计如表 9-2 所示。

表 9.2　信息系统安全等级保护相关标准列表

标准类型	子　类　型	标　准　名　称
基础类		计算机信息系统安全保护等级划分准则（GB17859—1999）
应用类	信息系统定级	信息系统安全保护等级定级指南（GB/T22240—2008）
	等级保护实施	信息系统安全等级保护实施指南（信安字[2007]10）
	信息系统安全建设	信息系统安全等级保护基本要求（GB/T22239—2008） 信息系统通用安全技术要求（GB/T20271—2006） 信息系统等级保护安全设计技术要求（GB/T24856—2009） 信息系统安全管理要求（GB/T20269—2006） 信息系统安全工程管理要求（GB/T20282—2006） 信息系统物理安全技术要求（GB/T21052—2007） 网络基础安全技术要求（GB/T20270—2006） 信息系统安全等级保护体系框架（GA/T708—2007） 信息系统安全等级保护基本模型（GA/T709—2007） 信息系统安全等级保护基本配置（GA/T710—2007）

标准类型	子类型	标准名称
应用类	等级测评	信息系统安全等级保护测评要求（报批稿） 信息系统安全等级保护测评过程指南（报批稿） 信息系统安全管理测评（GA/T713—2007）
产品类	操作系统	操作系统安全技术要求（GB/T20272—2006） 操作系统安全评估准则（GB/T20008—2005）
	数据库	数据库管理系统安全技术要求（GB/T20273—2006） 数据库管理系统安全评估准则（GB/T20009—2005）
	网络	网络端设备隔离部件技术要求（GB/T20279—2006） 网络端设备隔离部件测试评价方法（GB/T20277—2006） 网络脆弱性扫描产品技术要求（GB/T20278—2006） 网络脆弱性扫描产品测试评价方法（GB/T20280—2006） 网络交换机安全技术要求（GA/T684—2007） 虚拟专用网安全技术要求（GA/T686—2007）
	PKI	公钥基础设施安全技术要求（GA/T687—2007） PKI系统安全等级保护技术要求（GB/T21053—2007）
	网关	网关安全技术要求（GA/T681—2007）
	服务器	网关安全技术要求（GA/T681—2007）
	入侵检测	入侵检测系统技术要求和检测方法（GB/T20275—2006） 计算机网络入侵分级要求（GA/T700—2007）
	防火墙	防火墙安全技术要求（GA/T683—2007） 防火墙技术测评方法（报批稿） 信息系统安全等级保护防火墙安全配置指南（报批稿） 防火墙技术要求和测评方法（GB/T20281—2006） 包过滤防火墙评估准则（GB/T20010—2005）
	路由器	路由器安全技术要求（GB/T18018—2007） 路由器安全评估准则（GB/T20011—2005） 路由器安全测评要求（GA/T682—2007）
	交换机	网络交换机安全技术要求（GB/T21050—2007） 交换机安全测评要求（GA/T685—2007）
	其他产品	终端计算机系统安全等级技术要求（GA/T671—2006） 终端计算机系统测评方法（GA/T671—2006） 审计产品技术要求和测评方法（GB/T20945—2006） 虹膜特征识别技术要求（GB/T20979—2007） 虚拟专网安全技术要求（GA/T686—2007） 应用软件系统安全等级保护通用技术指南（GA/T711—2007） 应用软件系统安全等级保护通用测试指南（GA/T712—2007）
其他类	风险评估	信息安全风险评估规范（GB/T20984—2007）
	事件管理	信息安全事件管理指南（GB/Z20985—2007） 信息安全事件分类分级指南（GB/Z20986—2007） 信息系统灾难恢复规范（GB/T20988—2007）

《计算机信息系统安全保护等级划分准则》是强制性国家标准，是其他各标准制定的基础。《信息系统安全等级保护基本要求》是在《计算机信息系统安全保护等级划分准则》以及各技术类标准、管理类标准和产品类标准基础上制定的，给出了各级信息系统应当具

备的安全防护能力，并从技术和管理两个方面提出了相应的措施，是信息系统进行建设整改的安全需求。《信息系统安全等级保护定级指南》规定了定级的依据、对象、流程和方法以及等级变更等内容，同各行业发布的定级实施细则共同用于指导开展信息系统定级工作。《信息系统安全等级保护实施指南》阐述了在系统建设、运维和废止等各个生命周期阶段中如何按照信息安全等级保护政策、标准要求实施等级保护工作。《信息系统等级保护安全设计技术要求》提出了信息系统等级保护安全设计的技术要求，包括安全计算环境、安全区域边界、安全通信网络、安全管理中心等各方面的要求。《信息系统安全等级保护测评要求》和《信息系统安全等级保护测评过程指南》构成了指导开展等级测评的标准规范。阐述了等级测评的原则、测评内容、测评强度、单元测评、整体测评、测评结论的产生方法等内容；阐述了信息系统等级测评的过程，包括测评准备、方案编制、现场测评、分析与报告编制等各个活动的工作任务、分析方法和工作结果等。以上各标准构成了开展等级保护工作的管理、技术等各个方面的标准体系。

9.1.4　不同保护等级信息系统的基本保护要求

国家标准 GB/T22239—2008 根据现有技术的发展水平，提出和规定了不同安全保护等级信息系统的最低保护要求，即基本安全要求。基本安全要求包括基本技术要求和基本管理要求，适用于指导不同安全保护等级信息系统的安全建设和监督管理。

1. 基本技术要求和基本管理要求

信息系统安全等级保护应依据信息系统的安全保护等级情况保证它们具有相应等级的基本安全保护能力，不同安全保护等级的信息系统要求具有不同的安全保护能力。

基本安全要求是针对不同安全保护等级信息系统应该具有的基本安全保护能力提出的安全要求，根据实现方式的不同，基本安全要求分为基本技术要求和基本管理要求两大类。技术类安全要求与信息系统提供的技术安全机制有关，主要通过在信息系统中部署软硬件并正确地配置其安全功能来实现；管理类安全要求与信息系统中各种角色参与的活动有关，主要通过控制各种角色的活动，从政策、制度、规范、流程以及记录等方面做出规定来实现。

基本技术要求从物理安全、网络安全、主机安全、应用安全和数据安全几个层面提出；基本管理要求从安全管理制度、安全管理机构、人员安全管理、系统建设管理和系统运维管理几个方面提出。基本技术要求和基本管理要求是确保信息系统安全不可分割的两个部分。

基本安全要求从各个层面或方面提出了系统的每个组件应该满足的安全要求，信息系统具有的整体安全保护能力通过不同组件实现基本安全要求来保证。除了保证系统的每个组件满足基本安全要求外，还要考虑组件之间的相互关系，来保证信息系统的整体安全保护能力。

根据保护侧重点的不同，技术类安全要求进一步细分为：保护数据在存储、传输、处理过程中不被泄漏、破坏和免受未授权的修改的信息安全类要求；保护系统连续正常地运行，免受对系统的未授权修改、破坏而导致系统不可用的服务保证类要求；通用安全保护类要求。

对于涉及秘密的信息系统，应按照相关规定和标准进行保护。对于涉及密码的使用和管理，应按照密码管理的相关规定和标准实施。

2. 信息系统安全保护能力的 5 个等级

1）第一级：用户自主保护级

本级的信息系统可信计算机通过隔离用户与数据，使用户具备自主安全保护的能力。它具有多种形式的控制能力，对用户实施访问控制，即为用户提供可行的手段，保护用户和用户组信息，避免其他用户对数据的非法读写与破坏。例如，网络隔离，使用用户名、密码。

2）第二级：系统审计保护级

与用户自主保护级相比，本级的信息系统可信计算机实施了粒度更细的自主访问控制，它通过登录规程、审计安全性相关事件和隔离资源，使用户对自己的行为负责。例如，秘密不泄漏。

3）第三级：安全标记保护级

本级的信息系统可信计算机具有系统审计保护级的所有功能。此外，还提供有关安全策略模型、数据标记以及主体对客体强制访问控制的非形式化描述；具有准确地标记输出信息的能力；消除通过测试发现的任何错误。例如，用户管理系统。

4）第四级：结构化保护级

本级的信息系统可信计算机建立于一个明确定义的形式化安全策略模型之上，它要求将第三级系统中的自主和强制访问控制扩展到所有主体与客体。此外，还要考虑隐蔽通道。本级的计算机信息系统可信计算机必须结构化为关键保护元素和非关键保护元素。计算机信息系统可信计算基的接口也必须明确定义，使其设计与实现能经受更充分的测试和更完整的复审。加强了鉴别机制；支持系统管理员和操作员的职能；提供可信设施管理；增强了配置管理控制。系统具有相当的抗渗透能力。例如，支持系统管理员和操作员的职能。

5）第五级：访问验证保护级

本级的信息系统可信计算机满足访问监控器需求。访问监控器仲裁主体对客体的全部访问。访问监控器本身是抗篡改的；必须足够小，能够分析和测试。为了满足访问监控器需求，计算机信息系统可信计算机在其构造时，排除那些对实施安全策略来说并非必要的代码；在设计和实现时，从系统工程角度将其复杂性降低到最小程度。支持安全管理员职能；扩充审计机制，当发生与安全相关的事件时发出信号；提供系统恢复机制。系统具有很高的抗渗透能力。

9.1.5　国家等级保护对电力行业新要求

2011 年 9 月，国家电力监管委员会印发《关于组织开展电力行业重要管理信息安全等级保护测评试点工作的通知》，要求按照公安部发布的信息安全等级保护测评机构目录，电力行业各单位组织开展重要管理信息系统试点测评。

2011 年 11 月，公安部印发信息安全等级保护监督检查通知书（公信安检字〔2011〕101 号），开展信息安全等级保护工作监督检查，在对国家电监会检查通知书中，公安部明确提出除检查电力行业等级保护工作情况外，还将会同国家电监会对国家电网公司、华能、大唐、华电、国电、中电投开展联合检查。国务院国有资产监督委员会和电监会于 2011 年 11 月中旬转发公安部检查通知，并组织电力行业各单位、中央企业迎接公安部检查。

国家电网公司以国家信息安全等级保护为抓手，严格贯彻落实公安部、国资委、电监会部署安排，积极主动、扎实有效地推进信息安全等级保护工作，规范等级保护管理流程与工作机制，深化等级保护定级备案，推进等级保护建设与自测评，在行业率先开展等级保护试点测评与标准验证，加强检查和考核，极大地提升了安全运行保障能力与信息安全管控能力。

坚持"统一领导、统一规划、统一标准和统一组织"的"四统一"建设原则，对等级保护工作进行整体规划，实行集团化运作、集约化管理，坚持典型设计和标准化建设，构建上下一体等级保护纵深防御体系。

结合电力信息安全防护的特殊性，以国家信息安全等级保护基本要求和电力行业信息安全要求为基础，对电力等级保护标准指标进行扩充，制定《电力行业信息系统安全等级保护基本要求》将国家等级保护二级系统技术指标项由 79 个扩充至 134 个，三级系统技术指标项由 136 个扩充至 184 个，形成等级保护防护典型设计，如表 9.3 所示。

表 9.3　电力需求与国家标准要求对照表

要　求　类	二　级　系　统		三　级　系　统	
	国家标准	电力需求	国家标准	电力需求
物理安全	19	30	32	39
网络安全	18	33	33	44
主机系统安全	19	37	32	53
应用安全	19	29	31	40
数据安全	4	5	8	8
合计	79	134	136	184

针对管理信息系统中 5 类三级系统，即总部对外门户、ERP 管理系统、财务（资金）管理系统、电力市场交易系统、总部办公自动化系统，制定专项防护方案。防护方案按照"双网双机、分区分域、等级防护、多层防御"安全防护策略，构筑了"互联网与信息外网之间强化控制策略，信息外网与内网之间逻辑强隔离或物理断开，管理信息大区与生产控制大区强隔离"的信息安全三道防线，切断了信息内网与互联网的直接连接，对不同等级信息系统实施边界、网络、主机、应用和数据的纵深保护，率先在国内建成等级保护纵深防御体系，其核心防护技术措施是为保护网络结构安全，自主研发、部署信息内外网逻辑强隔离装置、正反向隔离装置，在全网实现信息内外网、调度生产网的逻辑强隔离，自主研发、部署安全接入平台，实现各类移动终端接入信息内网时的身份认证、数据加密与安

全审计。

在公安部、电监会的支持下，通过国家发改委立项审批，国家电网公司开展电力信息安全等级保护纵深防御示范工程建设，建设过程全部采用国产软硬件产品，注重信息系统全生命周期过程管控，验证等级保护建设与自测评验收的相关标准，完善信息安全防护体系，取得良好效果。制定《信息安全等级保护建设的实施指导意见》，组织各级单位按照"统筹组织、统一规范、全面覆盖"的实施原则，构建以等级保护为核心内容的信息安全等级保护纵深防御体系，开展机房物理环境整改、安全域及边界网络防护、安全配置加固、应用及数据安全防护、信息安全管理体系完善、信息安全综合工作平台应用 6 方面工作。

9.1.6　电力工业控制系统测评目的和意义

电力工业控制系统是智能电网的核心系统，典型的智能电网工控系统包括智能电网调度技术支持系统、配电自动化系统、智能变电站、输变电设备状态在线监测系统、用电信息采集系统等。工业控制系统可用性和实时性要求高，系统生命周期长，是信息战重点攻击目标。系统复杂性、软硬件故障、设计缺陷以及病毒、木马等任何安全威胁都将对系统造成极其严重的破坏后果。

网络与信息系统按生产控制大区、管理信息大区进行防护，管理信息大区划分为信息内网和信息外网。但随着智能电网建设，智能终端设备、通信网及规约以及 TCP/IP 技术的广泛使用，使得智能电网工控系统面临传统信息安全威胁。智能电网存在生产信息在网络传输中被非法窃取、篡改，业务系统完整性、保密性、可用性被破坏，智能设备、智能表计、智能终端和用户终端被非法冒用、远程控制和违规操作等风险。

从系统功能安全性、通信规约一致性、工控终端安全性、共性安全测评等 4 个方面，将安全测评工作深入智能电网工业控制系统全生命周期各阶段，通过测评发现并解决由工控系统软硬件故障、设计缺陷、病毒、木马、网络攻击等造成的安全隐患，落实国家等级保护制度，设计完善的安全防护方案，保障智能电网工控系统信息安全稳定运行。

1. 建设我国智能电网的内在保障

智能电网信息安全防护及测评服务是建设我国智能电网的内在保障。智能电网安全防护与测评是将先进的安全防护与测评理念、安全防护与测评防护手段、安全防护与测评工具用于智能电网信息安全防护与工控系统安全测评，保障智能电网的安全稳定运行。

2. 落实国家对工控系统安全政策的需要

2011 年 10 月 25 日，国家工业和信息化部印发《关于加强工业控制系统信息安全管理的通知》（以下简称通知），要求切实加强工业控制系统信息安全管理，保障工业生产运行安全、国家经济安全和人民生命财产安全。通知明确要求：重点加强核设施、钢铁、有色、化工、石油石化、电力、天然气、先进制造、水利枢纽、环境保护、铁路、城市轨道交通、民航、城市供水供气供热以及其他与国计民生紧密相关领域的工业控制系统信息安全管理，落实安全管理要求。

3. 提升国家安全防护能力的需求

电力的安全稳定运行是国家安全的重要组成部分，直接关系到国计民生，运行控制十分复杂，一旦出现故障，可能迅速波及更大的范围，进而造成电网事故，给经济、社会和人民生活造成巨大影响，甚至会带来社会动乱。近些年发生的"北美 8.14"、"欧洲 11.4"、莫斯科大停电以及 2008 年我国的南方冰灾、汶川大地震所造成的大面积停电事故，都对铁路、通信、银行、机场等国家基础实施造成致命性的影响，凸现了电力对国家经济、社会稳定的基础和战略作用。

4. 对国家工业控制系统安全以及相关等级保护新要求

电力一体化运行的业务特征和电力运行控制系统高可靠、强实时性的特点，要求系统处理的数据量大，处理数据的速度快，对基础软件的稳定性、处理速度、并发处理能力和可扩展性均有很高要求。同时，电网工控系统覆盖的业务既涉及实时控制、调度计划，又涉及电能量计量、水库调度和气象信息，业务跨度大，对软件性能的考验范围非常广。

国家电网公司等级保护制度已经被列入国务院《关于加强信息安全保障工作的意见》之中，等级保护是采用系统分类分级实施保护的发展思路，对不同系统确定不同安全保护等级和实施不同的监督管理措施。落实国家等级保护基本要求，按照电网生产控制系统特点对等级保护内容进行深化和扩充，并按照细化的要求开展工控系统等级保护测评，是工控系统安全的有力保障。

9.2　网络信息安全等级保护技术基础

本节主要内容包括等级保护纵深防御体系总体架构，信息安全等级保护纵深防御体系设计，安全产品测评与事件调查取证能力，信息内外网逻辑强隔离装置，信息系统安全等级保护实施方案，实施信息安全等级保护管理经验。

9.2.1　等级保护纵深防御体系总体架构

国家电网公司电网等级保护纵深防御体系融合国家信息安全等级保护要求和网络与信息系统的纵深防御技术，突出电网信息安全防护特点，建设电网信息安全三道防线以实现网络纵深防御，从边界、网络、主机、应用、数据和管理等多方面实现信息系统纵深防御，并形成具有电网特色的等级保护实施典型设计。并结合具体应用，有针对性地建立了信息安全工作平台、电网控制系统、集中运维体系、信息系统国产化改造等方面的探索工作，进一步提升了公司信息系统的安全保障能力，达到信息安全国际一流水平。

在等级保护安全要求基本层面，架构提出基于信息安全等级保护各项基本要求，从电网实际运行状况和面临的安全威胁出发，提出一套具有电网特色的电网信息安全纵深防御体系。按照"分区、分域、分级"的原则，通过部署自主研发的逻辑强隔离装置（数据库隔离装置、正反项隔离装置），实现互联网与信息外网，信息外网至信息内网，信息内网至调度数据网的三道防线，从而实现对信息外网系统、信息内网系统、电力二次系统的纵深防御。一方面可以将来自互联网的威胁抵御在各道防线之外，降低电网信息系统被互联网上的黑客、敌对势力、犯罪组织攻击的风险；另一方面，也可将来自电网信息系统内部的病毒、误操作、违纪人员恶意攻击等引发的安全风险限制在各道防线之内，防止安全事件的蔓延。在信息系统的网络边界、网络环境、主机、应用和数据层面采取防护措施，实现对信息系统业务与数据的保护。系统纵深防御中，各层面的防护均采用自主研发产品和国产安全产品。其中，边界主要采用自主研发的强隔离装置，主机和应用主要采用信息安全一体化运行监控平台，数据安全主要采用移动存储介质。边界、网络、主机、应用和数据层面其他防护需求均采用国产信息安全产品满足，全面提高系统的安全性、可控性和可用性，建成电网信息安全多层次、纵深的防御体系。

此外，为了进一步落实国家等级保护要求，国家电网公司建立了具有行业特色和电网特色的等级保护细化防护要求、实施方法、测评方案、相关技术标准和管理平台，通过采用国产安全产品，开展符合国家要求的电网信息系统等级保护，验证国家相关标准，对电力行业内和国家基础信息网络和重要信息系统等级保护实施进行试验示范。开发产品包括：电网运行控制系统平台、等级保护合规性管理工作平台、逻辑强隔离装置、电网信息安全一体化运行平台、移动存储介质等。目前已在试点示范应用的基础上，全面部署了公司自主研发核心安全产品。同时为确保国家电网公司各级单位信息安全技术措施和管理要求落实到位，建立健全信息安全技术督查机制，利用电力科学研究院、电力中试所等现有技术力量开展两级信息安全技术督查工作，承担对各单位的信息安全技术指导、监督、检查与督促整改。成功构建了总部、网省两级三线信息系统运维体系，开展安全运行标准化作业，规范设备资产管理、运行状态管理、安全配置管理、系统故障管理、操作变更管理、上下线管理、备份容灾等运行管理，明确系统一线服务、二线运维、三线技术支持的运行维护界面，整体提高了信息系统安全运行服务质量。

9.2.2　信息安全等级保护纵深防御体系设计

依照国家及电力行业等级保护系列标准要求，国家电网公司对电力信息安全工作进行整体规划，实施"双网双机、分区分域、等级防护、多层防御"的信息安全防护总体策略，制定了信息安全等级保护纵深防御典型设计。其核心内容是将管理信息网划分为信息内网和信息外网，信息内外网分别使用物理独立的服务器和桌面计算机，并采用逻辑强隔离策略进行隔离。同时在信息内网，按照"统筹资源、重点保护、适度安全"的原则，依据信息系统等级定级结果，采用"二级系统统一成域，三级系统独立分域"的方法划分安全域。把信息外网划分为外网应用系统域和外网桌面终端域。

按照信息安全等级保护要求，从边界、网络、主机、应用4个层次进行安全防护典型设计，在边界方面应用国产防火墙和具有自主知识产权的逻辑强隔离装置、正反向隔离装置等措施，使边界的内部不受来自外部的攻击，也防止内部人员跨越边界对外实施攻击，或外部人员通过开放接口、隐通道进入内部网络；在网络方面采用国产网络设备和安全设备，并对经由网络传输的业务信息流进行安全防护；在主机方面开展主机安全加固，采用信息保障技术确保业务数据在进入、离开或驻留服务器与桌面主机时保持可用性、完整性和保密性；在应用方面，依照国家和公司标准，从用户身份认证、访问控制、安全审计、通信数据保护、容错能力等多方面进行应用系统安全改造和建设。同时，在数据保护上，应用安全移动存储介质进行内外网数据交换，启动集中式信息系统容灾中心建设，确保不因人为或自然的原因，造成数据信息丢失和信息系统支持的业务功能停止或服务中断。

针对所划分各安全域防护特点的差异，设计了办公自动化域、营销管理系统域、电力市场交易系统域、ERP 系统域、财务（资金）管理系统域、二级系统域、桌面终端域等 7 个典型设计的分册。

按照公安部、国家保密局、国家密码局、国信办等四部委要求，根据信息系统的重要程度，国家电网公司组织对全网在运信息系统进行定级和备案，依据国家电监会发布的电力行业信息系统定级指南，明确梳理各级单位信息系统定级情况。建成信息安全综合工作平台，全面支撑各单位信息安全等级保护管理。公司组织专业信息安全管理人员在线录入公司范围内所有信息系统定级备案报告、建设方案、建设周报、隐患整改通知单、测评记录、自查报告等数据，实现等级保护工作线上、流程化管理，各单位应用平台在线审批，执行国家公安部要求的定级、备案、建设、测评、监督检查（自查）5 步标准流程，实现了等级保护工作常态化、等级保护管理规范化。

国家电网公司积极参与电力行业等级保护标准研讨与验证，配合国家电监会电力行业信息安全等级保护测评中心对 6 个管理信息系统进行行标试点测评，验证了《电力行业信息安全等级保护基本要求》标准的适用性与有效性。根据国家电监会《关于组织开展电力行业重要管理信息安全等级保护测评试点工作的通知》，积极落实公安部和电监会关于组织开展等级保护测评工作的要求，按照公安部发布的信息安全等级保护测评机构目录，组织各单位开展重要管理信息系统试点测评。对于统一推广部署应用系统的问题，将统一组织研发队伍进行整改升级，对于身份鉴别、抗抵赖、安全审计、漏洞补丁更新问题，随着公司数字证书、补丁漏洞管理、综合审计系统推广部署后可得以解决。

同时，国家电网公司深入推进信息安全技术督查工作，监督检查各单位落实、执行信息安全管理要求与技术措施，从深层次推动安全发展。以堵漏和保全为目标，开展常态督查、专项督查、高级督查，深化区域协作、交流通报机制，提升装备、人员技能水平，组织两级信息安全技术督查队伍利用安全监控、内容审计、安全扫描等多种技术手段，每周对信息系统、设备漏洞及弱口令、内外网网站安全、邮件内容安全、安全移动存储介质使用情况等开展安全巡检与监督整改工作，建立安全、运行与督查相互监督、相辅相成、持续提升的局面。

9.2.3　安全产品测评与事件调查取证能力

1. 信息安全产品测评能力描述

对防火墙、IDS、IPS 等主流安全产品的功能、性能、安全性等进行全方面的测试与评价，确保防火墙等信息安全产品的高可用性、高可靠性和高安全性。

1）防火墙测评内容

（1）产品功能测试

功能测试主要包括以下内容：包过滤、状态检测、深度包检测、应用代理、NAT、IP/MAC 绑定、动态端口开放、策略路由、流量统计、带宽管理、双机热备、负载均衡、VPN、协同联动、安全审计、管理。

（2）产品性能测试

性能测试主要包括以下内容：吞吐量、延迟、最大并发连接数、最大连接速率。

（3）产品安全性测试

安全性测试主要包括以下内容：抗渗透、恶意代码防御、支撑系统、非正常关机。

2）IDS 测评内容

（1）产品功能测试

功能测试主要包括：数据探测功能测试、流量监测、管理控制功能测试、产品升级、检测结果处理、产品灵活性测试、入侵分析功能测试、入侵响应功能测试、管理控制功能测试。

（2）产品安全测试

产品安全测试主要包括：身份鉴别、用户管理、事件数据安全、通信安全、产品自身安全、安全审计。

① 主机型入侵检测系统性能测试，包括：稳定性、CPU 资源占用量、内存占用量、用户登录和资源访问、网络通信。

② 网络型入侵检测系统性能测试，包括：误报率、漏报率、还原能力。

3）IPS 测评内容

（1）产品功能测试

产品功能测试包括以下内容：入侵事件分析功能测试、入侵响应功能测试、入侵事件审计功能测试、管理控制功能测试。

（2）产品安全测试

产品安全测试包括以下内容：标志和鉴别、用户管理、安全功能保护、安全审计。

（3）产品性能测试

产品性能测试包括以下内容：吞吐量、延迟、最大并发连接数、最大连接速率、误截和漏截。

2. 信息安全事件取证调查能力

信息安全事件是指由于自然或者人为的原因，对系统造成危害，或者在信息系统内发生对社会造成负面影响的事件。本规范讨论的信息安全事件是指由于人为的因素导致不合乎国家电网公司利益的资料泄漏，或对信息系统的可用性、完整性和机密性构成威胁的负面事件。具体包括以下 4 类安全事件。

（1）由计算机病毒、蠕虫、木马等恶意程序而引发的敏感资料泄漏、盗取涉密文件等恶意程序事件；

（2）利用网络及信息系统配置缺陷、程序缺陷、协议缺陷进行攻击，并造成信息系统异常或对系统运行状态造成危害的网络攻击事件；

（3）利用各种攻击手段，造成信息系统的数据被篡改、身份/权限被冒用、敏感信息遭泄漏、数据遭窃取等信息破坏事件；

（4）利用公司信息网络发布、传播危害国家安全、影响社会稳定、损害公司利益的网络内容安全事件。

3. 信息安全事件调查取证研究目的

信息安全事件调查取证研究的目的是获得了解信息安全事件发生的真实情况，尽可能还原安全事件的发生过程，剖析安全事件产生的原因，评估安全事件的负面影响的技术能力。透过信息安全事件分析公司信息系统存在的共性隐患及管理运维工作的薄弱环节，为公司提供合理化安全建议和技术支持。

9.2.4　信息内外网逻辑强隔离装置

在确保信息内外网安全隔离的情况下，存在部分重要业务应用系统需要跨信息内外网进行数据交换。为了满足信息内外网隔离后出现的此类特殊需求，同时保障重要业务系统的安全稳定运行，公司决定在全公司系统实施网络与信息系统安全隔离方案。通过技术改造将公司管理信息网划分为信息内网和信息外网并实施有效的安全隔离，根据公司信息内外网安全隔离装置技术方案，融合电力专用正反向隔离装置、IPS、防火墙等信息安全产品的成熟技术，基于网络、应用访问控制开发数据库专用安全防护产品。它的设计目标是保护信息内网数据库服务器，识别针对数据库的攻击行为并进行有效阻断和审计,保障数据库的安全性和可靠性。

电力信息内外网的各个安全区之间需要隔离，尤其是生产控制区与信息处理区之间的强隔离是整个总体方案的关键点，隔离强度要求接近或达到物理隔离。具体要求是：只容许高安全级别（即实时控制系统等关键业务所驻留的安全区Ⅰ、Ⅱ）单向以"二极管"、非网络的接近物理隔离的方式向低安全区（即生产管理系统所驻留的安全区Ⅲ）高速、实时传输大量数据。也允许由低安全区（即安全区Ⅲ）采取认证、加密、过滤、重组等安全措施单向地以非网络的接近物理隔离的方式向高安全区（即安全区Ⅲ）传输少量数据。其目标是：保证了高安全区与低安全区之间的数据传输，但必须有效地防止网络黑客由低安全区对高安全区的攻击，有效地防止各种病毒由低安全区对高安全区的渗透。

该套装置配置于安全区Ⅰ、Ⅱ和安全区Ⅲ之间。其正向型装置只允许高安全级别（即实时控制系统等关键业务所驻留的安全区Ⅰ、Ⅱ）单向地以非网络的接近物理隔离的方式向低安全区（即生产管理系统所驻留的安全区Ⅲ）高速传输大量数据。而其反向型装置只允许由低安全区（即安全区Ⅲ）采取认证、加密、过滤、重组等安全措施单向地以非网络的接近物理隔离的方式向高安全区（即安全区Ⅲ）传输少量数据。该正、反向装置的部署保护了实时控制系统等关键业务所驻留的高安全区，有效地防止网络黑客由低安全区对高安全区的攻击，有效地防止各种病毒由低安全区对高安全区的渗透，而且又保证了高安全区与低安全区之间的数据传输。

可用于不同系统之间隔离的成熟安全设备可选择防火墙、隔离网闸、隔离网关等设备，但都满足不了上述要求。由于众所周知的原因防火墙不能满足强隔离的要求。市面上隔离网关在结构和功能上同代理式防火墙类似，是一种双向通信的设备，不能满足单向传输的要求。隔离网闸在电子政务中使用较多，其主要以电子文档的传输为主，不能满足高速、实时的业务需求。因此，必须针对总体方案的要求和电力二次系统的业务特点，自行开发电力专用隔离装置。

电力专用网络安全隔离设备采用软、硬结合的安全措施，在硬件上使用双机结构通过安全岛装置进行通信来实现物理上的隔离；在软件上，采用综合过滤、访问控制、应用代理技术实现链路层、网络层与应用层的隔离。在保证网络透明性的同时，实现了对非法信息的隔离。

信息内外网逻辑强隔离装置已通过了国家有关部门的安全性测试，并广泛部署在全国网省公司，为奥运保电和信息网络安全提供了有力保障。隔离装置试点部署成功，为奥运保电提供了坚强的安全保障，同时也为双网隔离建设工作打下了良好的基础。

信息内外网逻辑强隔离装置已在电力系统中得到了应用，主要应用领域为电力信息网的双网隔离领域，通过装置进行数据传输的业务系统除了电力招投标系统、电力交易系统、电力营销系统外，还有承包商管理、电能量采集等各电力公司自有的业务系统。现场运行表明：系统运行稳定可靠，网络控制实用，SQL过滤性能较高，人机界面友好，操作简单，维护方便；装置能有效解决电力信息网络中数据库遭受SQL注入的安全隐患，极大提高电力信息网络的数据安全性。

进行内外网划分后，在信息内外网的边界部署此信息内外网逻辑强隔离装置能够很好地保证电力信息网络和各个业务系统数据库的安全，防止由此导致数据信息泄密、篡改等，避免因应用系统故障造成的用户停电、电力交易失败、影响公司形象等一系列问题。同时，该系统部署方便，灵活性高，可适应多种网络接入场合，具备良好的社会和经济效益。

9.2.5 信息系统安全等级保护实施方案

为了落实国家有关部门信息安全等级保护要求，健全信息安全防护体系，统一公司信息安全防护标准和策略，按照信息系统不同安全等级，通过合理分配资源，规范信息系统安全建设与防护，对信息系统分等级实施全面保护，以提高公司信息安全的整体防护水平。

信息安全等级保护的核心是对信息系统分等级进行安全防护建设与管理，遵循以下基本原则。

1. 自主保护，全面覆盖

按照"谁主管谁负责，谁运行谁负责"的原则，各单位信息化主管部门和相关业务部门、信息系统运行维护部门要按照国家和公司相关标准规范，对其管理和运行的信息系统依照其不同安全等级，自主组织信息系统安全等级保护建设工作。信息安全等级保护建设应覆盖公司总部、区域（省）电力公司和公司直属单位及其下属地市级单位。

2. 统一规范，同步建设

信息安全等级保护建设必须按照 GB/T22239—2008《信息安全技术信息安全等级保护基本要求》、《国家电网公司信息化"SG186"工程安全防护总体方案（试行）》（国家电网信息〔2008〕316 号）等信息安全标准规范进行设计和实施，以确保公司信息安全防护建设水平的一致。信息系统安全等级保护工作应与信息系统同步规划、同步建设、同步投入运行。

3. 等级保护实施内容

信息安全等级保护实施主要包括以下 5 方面内容：信息系统定级、符合性评估、制定建设方案、实施建设、等级化测评验收。对已投运的系统开展安全现状等级保护符合性评估、等级化改造实施建设、等级化测评验收。对新上线系统按照电监会与公司要求进行定级、符合性评估、制定建设方案、实施建设、等级化测评验收等工作。

具体内容如下。

1）系统定级

根据国家电力监管委员会《电力行业信息系统等级保护定级工作指导意见》（电监信息[2007]44 号）和公司《关于公司信息安全等级保护定级的通知》（办信息[2008]14 号）要求，各单位已于 2008 年年初完成了对在运信息系统的统一定级工作，形成了公司信息安全等级保护定级表，并向当地公安机关进行了备案。对于在 2008 年公司统一组织定级备案后新建、发生重大变更的信息系统，各单位要按照《电力行业信息系统等级保护定级工作指导意见》要求，以及公司信息安全等级保护定级表确定其保护等级，将定级备案材料报上一级信息管理部门组织审定，并向公司信息化工作部备案。在信息系统投入运行 30 日内，依据审定结果报公安机关备案。

2）符合性评估

在等级保护建设前，各单位应依照 GB/T22239—2008《信息安全技术信息安全等级保护基本要求》和《信息化工程安全防护总体方案》，对信息系统进行等级保护符合性评估，确定不同等级业务系统当前安全防护现状，以及与国家和公司等级保护要求间的差距（其中，营销管理系统、ERP 系统按照三级要求进行评估）。符合性评估应覆盖物理环境、网络安全、主机安全、应用安全、数据安全及信息安全管理等方面的内容。最终形成《安全等级保护符合性评估报告》，为等级保护建设提供支撑。

3）制定建设方案

各单位应根据符合性评估结果，对照公司信息安全等级保护典型设计《信息化工程安全防护总体方案》要求，分析本单位信息系统的安全防护需求，明确具体安全防护措施，形成满足国家和公司及本单位要求的信息安全等级保护建设方案，并组织专家进行评审。建设方案应包括但不限于以下内容。

（1）安全域划分及实现措施：包括安全域划分方式、安全域划分后的总体结构，安全域划分的实现措施。

（2）网络边界安全防护：包括各网络边界的安全产品部署、网络设备及安全产品的加固。

（3）主机系统安全防护：包括主机系统防护安全产品部署，主机系统（操作系统、数据库、中间件等）的安全加固。

（4）应用系统安全防护：明确应用系统及其数据应实现的安全功能，应用系统改造方案及应用系统加固措施。

（5）物理环境安全防护：明确机房物理环境的改造措施。

（6）安全建设实施的计划和进度安排。

4. 实施建设

各单位按照等级保护建设方案，使用符合《信息安全等级保护管理办法》（公通字[2007]43号）要求的安全产品，开展信息系统安全建设和整改工作。具体包括以下7个方面建设内容。

（1）安全域划分。各单位根据信息系统安全等级，采用部署防火墙、交换机划分 VLAN及设置访问控制策略等技术措施进行安全域划分。其中，信息内网的应用系统安全域依据"二级系统统一成域，三级系统独立分域"的原则进行划分（营销管理系统、ERP 系统可独立划分一个安全域，按照三级系统进行防护）。信息外网应划分为外网应用系统域和外网桌面终端域。

（2）安全产品部署集成。各单位在充分利用现有安全产品的基础上，补充采购所需的安全产品，有效将防火墙、IDS/IPS、信息内外网强逻辑隔离装置、信息运维综合监管系统、安全移动存储介质管理系统等安全防护产品和系统进行部署与集成。

（3）边界安全防护。各单位应在明确安全边界（信息外网第三方边界、信息内网第三方边界、信息内外网边界、信息内网纵向上下级单位边界及横向域间边界5类）的基础上，通过网络访问控制、入侵防护、安全审计等技术措施，使安全边界的内部不受来自外部的攻击。

（4）安全配置加固。各单位可参照《国家电网公司信息安全加固实施指南》（信息运安 [2008]60号），通过配置安全策略、安装安全补丁、强化系统访问控制能力、修补系统漏洞等方法对各系统涉及的网络设备、安全设备、操作系统、数据库、中间件等及时进行策略配置和加固。包括：账号权限加固、数据访问控制加固、服务加固、网络访问控制加固、口令策略加固、审计策略加固、漏洞加固、通信信息安全加固等方面，以确保不断提升信息系统的安全性和抗攻击能力。

（5）应用系统改造。公司统一推广的 SG186 信息系统已通过相应等级的应用安全测评。对于各单位自行开发的应用系统，应按照等级保护要求和《国家电网公司信息应用系统通用安全要求》（信息计划 [2006]33 号），从用户身份认证、访问控制、安全审计、通信数据保护、容错能力等多方面进行应用系统安全改造和建设。

（6）机房环境改造。各单位要按照《国家电网公司信息机房设计及建设规范（试行）》（信息计划 [2006]79 号）的要求，从防雷、防火、防水、防静电、防盗窃、防破坏、电力供应、机房物理访问控制等方面对机房环境进行改造，确保能够达到等级保护要求。其中关于机房门禁系统使用的 IC 卡，原则上应采用我国自主研发的 IC 卡，IC 卡系统的密码方案须经国家密码主管部门审批，如存在安全问题要尽快采取人工措施弥补或升级改造。

（7）完善信息安全管理体系。各单位应完善自身信息安全体系，规范管理制度、安全管理机构、人员安全管理、系统建设管理、系统运维等多方面的工作，强化日常运行和操作安全。

5. 等级化测评与验收

各单位在实施信息安全等级保护建设后，应依据国家和《国家电网公司信息安全等级保护验收标准》进行测评与验收工作。原则上实行两级验收管理，公司组织对区域（省）电力公司与公司直属单位本部进行等级保护验收，各区域（省）电力公司与公司直属单位负责组织所属单位的信息系统等级保护验收工作。

9.2.6　实施信息安全等级保护管理经验

随着信息技术的广泛应用，信息化程度越来越高，对信息技术的依赖程度越来越大，网络与信息系统的基础性全局性作用日益增强，信息安全已经成为促进信息化进一步深入、保障信息化成果的重要手段，成为国家安全的重要组成部分。

国家电网公司坚持积极防御、综合防范方针，在加快信息化建设的同时，高度重视信息安全工作，贯彻执行信息安全与信息化同步规划、同步建设、同步投入运行的"三同步"原则，全面开展了信息安全工作，主要包括以下 6 个方面。

（1）健全管理体系与工作机制，信息安全全面纳入安全生产管理。

按照"谁主管谁负责、谁运行谁负责"和属地化管理原则，各级单位成立了信息化工作领导小组，落实了信息安全各级责任。建立了完善的信息安全管理、信息系统运行、信息内容保密等规章制度和操作规程，建立了与信息化发展相适应的信息安全监督机制、应急机制、通报机制、事件责任追究机制和风险管理机制。强化信息安全规章制度与落实，按照人员、时间、力量"三个百分之百"要求，开展安全百问百查等多项安全活动，实施"问、查、改"并举，安全工作取得实效，将信息安全全面纳入公司安全生产管理体系，实现了全面、全员、全过程、全方位的安全管理。

（2）强化核心信息系统安全，电力二次系统防护成效显著。

在国家有关部门的大力支持下，严格执行国家电监会 5 号令《电力二次系统安全防护规定》，按照"安全分区、网络专用、横向隔离、纵向认证"的安全策略，建立了具有我国特色的电力二次系统安全防护体系:建成电力二次系统专用网络，覆盖了所有省级以上调度机构以及大部分直调厂站,有效实现生产控制大区与管理信息大区的横向隔离,应用横向隔离设备，在国、网、省三级调度之间全面实施纵向认证，并完成了产品的规模部署，自主知识产权产品取得了总参、公安部和商密办等国家级检测机构的认证。

（3）实施了积极防御措施，信息安全工作基础夯实。

积极实施边界、网络、应用、数据的纵深防护，取得了实效。通过使用隔离装置、防火墙、入侵检测等边界防御技术措施，有效抵御了攻击和破坏；通过使用防病毒与木马软件，有效抵御了病毒、恶意代码的危害；通过身份认证，保证了使用公司信息系统用户的合法性；通过实施数据备份，保证了业务应用关键数据在丢失情况下的可恢复性。同时，积极开展容灾与备份系统的建设。一系列信息安全措施保障了信息系统的安全稳定运行，保证了信息内容安全，促进了公司信息化的进一步发展。

（4）着力强化网络边界安全。

推行"双网双机、分区分域、等级防护、多层防御"的安全防护策略，将管理信息网分为信息内网和信息外网，公司信息安全防护水平上了新台阶。

（5）推进信息安全等级保护制度落实。

全面落实国家等级保护制度，对公司范围内投入运行的 32 个四级系统、3182 个三级系统、6868 个二级系统完成了等级保护定级、报批、审定和备案等工作。

（6）完善信息安全风险管理与应急机制，强化信息安全。

为系统预防和化解网络和信息系统面临的风险，建立了常态化信息安全风险评估机制，按照统一标准开展信息安全风险评估、整改加固、安全测评等工作，确保网络和信息系统的安全性。全面加强事后安全管理，完善了公司各级信息系统应急预案，开展了应急指挥中心建设，建立了应急指挥信息系统，按照"四不放过"原则，有效规范信息事故发生后的调查和处理，全面提高了公司应对信息事件的预警、处置能力。

9.3　网络信息安全等级保护应用案例

本节介绍了电力行业信息安全等级保护实际应用案例，统一电力信息安全综合工作平台，两级信息安全技术督查体系，统一分层信息运维综合监管系统，一体化信息外网安全监测系统，智能型移动存储介质管理系统，统一管理信息系统调运体系。

9.3.1　统一电力信息安全综合工作平台

电力信息安全综合工作平台主要实现以下目标。

（1）实现等级保护工作任务的下发、执行、进度监控和督办，为国家等级保护管理平台建设进行试点。

（2）建立起一套适合信息安全管理工作特点，满足信息安全日常管理工作业务和办公发展需要的，具有先进水平及高度可靠性、可用性和开放性的工作管理平台。

（3）按照总部→网省级→地市级的信息安全管理工作模式，实现等级保护执行情况的监管，工作情况的上报，完成定级、备案、整改、测评和检查等主要工作。

（4）按照总部、网省两级督查工作模式，实现督查任务的下派和监管，并跟踪督查问题整改结果，规范、健全信息安全技术督查的全过程。

电网信息安全综合工作平台的设计原则如下。

（1）以安全管理为目标，服务于信息安全管理部门的职能管理系统。

（2）以等级保护为核心，对信息资产实施分级、分类防护的策略管理系统。

（3）与用户信息化管理水平共同成长，可根据需要灵活定制信息安全常规工作平台。

（4）可逐步拓展信息安全基础数据管理、信息安全事件管理、信息系统量化评估体系、信息安全管理体系审核等应用和服务。

信息安全综合工作平台系统功能分为 11 个模块，具体包括了一个平台、一个体系、两个管理机制和三个综合模块，其中，一个体系就是等级保护合规性管理体系；两个管理机制，分别为应急管理、技术督查；三个综合模块，有综合管理、培训教育以及备案管理；一个管理维护模块是配置中心。

等级保护模块中主要实现各类系统的备案定级及审核的工作流程。按照有关规定，企业中使用到的各类信息化系统都需要进行备案审核工作，备案合格的系统方可正常使用，本模块就是为用户提供了一个准备审核材料、为系统定级、上传审核资料、审核通过后保留审核结果的全流程服务。等级保护模块分为 5 个子模块：定级管理、备案管理、安全自查、安全建设、安全测评。

综合管理模块主要实现对信息安全工作的日常事务性工作的统一管理和执行，具体包括 9 个主要的功能项：安全策略、法规制度、文件通知、安全统计、安全通报、工作周月报、领导讲话、通讯录、测评管理。

技术督查模块包括三大子模块：督查策划、督查实施与整改、督查总结与评价。其中，督查实施与整改中又包括：督查实施、督查整改、督查报告、整改通知单、整改情况、消缺统计。技术督查模块为年度督查、日常督查、专项督查及高级督查工作提供技术平台支撑。

应急管理模块包括应急预案、应急演练、应急处理。其中，应急演练又包括应急演练计划、应急演练方案、应急演练总结三小块。

备案管理模块负责对各类系统等进行归类管理，各单位提交相关材料，并通过多级审核，进行统一备案，使备案工作流程化。备案管理包括互联网出口、内外网专线、对外网站、在运系统 4 大块。

培训教育模块为资源共享模块，方便用户学习和查看相关资料，包括教材、考试题库、软件工具三块。

漏洞管理模块主要是定期发布漏洞信息，供各单位进行参考，并采取相应的措施预防。

基础模块和工作台辅助模块，为其他模块提供数据支持。配置中心主要面向系统管理员，用于对系统的维护、人员管理等。

平台首页实现对信息安全综合工作平台各模块数据的统一展现、统一分析、统一管理，实现信息安全工作的可视化管理。首页总展模块各统计分析页面均具备数据下探功能，即单击某网省柱状图，可弹出新窗口，该窗口中展现的是该网省下属各地市公司的数据情况。不同功能模块数据下探内容也是动态变化的，充分保证了数据的多维度统计分析。首页包括等级保护、备案管理、培训教育、应急管理、综合管理等，涵盖平台所有业务模块。

9.3.2　两级信息安全技术督查体系

信息安全技术督查是国家电网公司根据国家信息安全管理体系要求，结合电力企业信息技术监督规范的要求建立的日常工作机制，负责各单位的信息安全技术指导、监督、检查、督促改进等工作。信息安全技术督查的主要目的是监督、检查、督促信息安全技术要求和保障措施落实，健全信息安全防护体系，全面提高信息安全防护水平，实现对信息安全的可控、能控、在控，实现全面、全员、全过程、全方位的安全管理。

信息安全技术督查工作坚持"安全第一、预防为主、综合治理"的方针。督查的对象包括信息网络、网络服务系统、应用系统、信息安全系统、存储与备份系统、信息系统辅助系统、终端用户计算机设备、信息系统专用测试装置等系统，督查的范围包括上述系统的软硬件设备、运行环境以及系统规划、设计、实施、运行维护、废弃等各个环节的管理。

信息安全技术督查以保障信息系统安全运行为中心，以标准规程与规范为依据，以定期、定点的技术检查、过程跟踪、指标监测、评价与分析等为工作手段，确保公司安全策略与措施的落实。信息安全技术督查贯穿于网络与信息系统的全生命周期，包括信息系统规划、设计、实施、运行维护、废弃等工作阶段。

为切实加强信息安全工作，确保信息安全技术措施和管理要求落实到位，建立了具有电网特色的两级技术督查体系与机制。司总部为第一级，各区域电网公司、省（直辖市、自治区）电力公司为第二级。

国家电网公司信息技术督查体系明确了信息安全技术督查的工作机构、职责，细化了各个单位的技术督查工作标准与技术规范，优化了年度、专项、高级、日常信息安全督查工作的流程和内容，提出了覆盖信息系统全生命周期的技术督查工作管理与持续改进办法，提升了信息安全督查人员技术能力，已成为提升安全管理水平、监督信息安全服务质量、消除信息安全隐患、强化安全措施落实的重要手段。

信息安全技术督查开展以下工作。

（1）负责国家电网公司总部和直属单位信息安全技术督查。

（2）负责安全责任范围内所有单位的年度督查、专项督查、日常督查工作。

（3）设定专人负责对各单位的信息安全开展定期和不定期高级督查。

（4）负责对各单位信息内外网业务系统、信息内外网网站和邮件内容安全等定期进行深度安全检查。

（5）负责承担信息内外网边界安全监测深度分析与预警。

（6）负责监督和指导网省级督查工作开展，界定重大信息安全技术问题，调查分析重大信息安全事件，配合国家和公司需要开展安全取证和技术检测等工作。

（7）负责对责任范围内各有关单位的信息安全隐患整改的监督和通报工作。

（8）负责国家电网公司督查工作的汇总、统计、分析和上报。

二级督查执行队伍具体负责本区域范围内信息安全技术督查工作，主要职责如下。

（1）负责落实信息安全技术督查规章制度和工作要求，负责安全责任范围内所有单位的技术督查工作。

（2）具体负责责任范围内的年度督查、专项督查、日常督查工作，监督信息安全服务质量，及时发现隐患，提出防护方案，并监督整改工作。

（3）负责对本单位信息内外网业务系统、信息内外网网站和邮件内容安全等定期进行深度安全检查。

（4）负责承担本单位范围内信息内外网边界安全监测分析与预警。

（5）负责对责任范围内信息安全隐患整改的监督和通报工作。

（6）负责本单位技术督查工作的汇总、统计、分析和上报。

信息安全技术督查范围覆盖信息系统规划、设计、建设、上线、运行、废弃等信息系统全生命周期各环节。督查对象包括信息内外网络、内外网信息系统及其设备。

督查工作分为 4 类，一是信息安全年度督查工作，是根据全年信息化工作情况，安排的针对信息化建设和信息系统运行维护等开展的全年信息安全技术督查工作；二是信息安全专项督查工作，主要是根据信息安全和信息化工作需求，针对具体信息化项目或信息安全工作需求开展的督查工作；三是信息安全日常督查工作，主要针对信息系统运行维护日常工作开展的周期性的督查活动；四是信息安全高级督查工作，主要针对信息系统公司级技术督查队伍根据整体信息安全形势及相关敏感态势，针对各单位敏感信息泄漏、重大违章行为、恶意篡改攻击等问题的督查活动。

执行督查报告制度，定期向督查管理部门进行年报、月报及专报报送，定期向被督查单位每月通报信息安全技术督查工作情况、督查问题及整改情况，及时通报突发信息安全事件、重要预警信息，并抄送督查管理部门。

建立督查隐患整改制度，加强隐患治理的闭环管理。督查队伍将督查结果和整改建议形成《信息安全技术督查整改通知单》，及时反馈至被督查单位和信息安全管理部门，要求按限期完成整改。

建立群众举报机制，提高全员信息安全意识，利用邮件、电话、信件等多种方式鼓励群众对信息安全违规情况进行举报，形成共同治理信息安全的良好氛围。

配备督查必备工具，包括漏洞扫描、远程渗透、信息保密检查、信息取证及存储等，并及时升级。保障技术督查装备采购、人员培训、督查实施所需资金。相关信息通过公司统一集中信息安全综合工作平台报送。

重视信息安全技术督查工作的安全风险，制定应急防范措施，避免在督查工作中发生影响系统正常运行和敏感信息泄漏事件，督查工作内容需相关责任人签字确认，并留档备查。做好被督查单位信息内容的保密工作，督查结果与发现隐患除按规定渠道审批报送外，不得向其他单位和个人透露，所有督查信息不得通过信息外网传送。

9.3.3　统一分层信息运维综合监管系统

信息运维综合监管系统目标可分解为 4 个层次。

1. 实时管理

实时掌握运行情况，及时发现故障与异常，并迅速定位，尽快解决，及时发现入侵、病毒等安全问题及安全隐患，并迅速响应，通过运行分析，调整运行策略，提高系统运行效率，通过安全分析，调整安全策略，提高系统安全性。

2. 闭环管理

通过流程保证故障、异常、隐患由合适的人采用合适的方式闭环处理，促进巡检、变更的工作标准化、规范化，通过流程运行的考核数据，促进运维质量和运维效率的提高。

3. 精益管理

通过丰富完善的信息图档资料，为运行维护工作提供直观准确的基础数据。避免维护工作中的疏漏而带来的人力、资金浪费。分析信息基础设施的运行负荷，制定合理的资源调配方案。

4. 战略管理

优化现有的信息基础设施的运行性能，提升系统安全性，降低安全风险，预测并计划信息基础设施的需求，考核并不断提升服务水平。

数据采集分析层：数据采集层是对所有 IT 资源对象根据管理策略对运行状态情况（KPI）、资源配置数据、资产数据、安全数据等进行采集，分析处理，并将数据进行转发和存储。数据采集分析处理层对 IT 基础设施的监控范畴主要包括网络监控、主机监控、数据库监控、中间件监控和通用应用监控等进行供事件、故障报警的采集及分析，以及对信息系统软硬件主要指标的采集及分析。为协同调度层提供服务与支撑，是构建协同调度层的先决条件与基础。其目标是从多角度采集公司信息业务应用的运行数据，通过分析处理评估运行的状态和质量，发现故障和潜在问题并发出告警，保障公司信息业务应用的持续稳定运行。配置数据采集是对于 IT 资源对象的配置情况进行主动的采集，为后续的配置管理流程、资产管理提供数据，建立基线。同时通过数据的比对或者审计，发现配置变动。

协同调度层：数据处理层把分析完的数据上传到协同调度运维流程，运维流程进行派单和处理，并提供资产、知识库、文档管理。建立在统一的流程引擎上。

统一信息库：统一管理信息库是整个平台的核心数据结构和存储，为其他应用、展示模块通过统一的数据总线接口提供统一的、完整的、准确的数据。

应用展示层：统一的应用、管理与展示界面，建立在统一的图形平台上。根据"一个系统、二级中心、三层应用"的设计精神，以及运维管理的实际情况，信息运维综合监管系统在纵向上采用了"两级中心、三级部署"的架构。

第一级中心为总部的信息运维综合监管系统，是总部的运维管理中心，包括数据采集分析层、协同调度层、应用展示层以及统一信息库，构成完整的管理中心，实现网络管理、安全管理、系统管理、桌面管理以及 IT 服务流程管理的全部功能。同时作为国网运维的数据中心，提供所有网省 IT 运维状况的展现和数据统计分析。

第二级中心为各网省公司的信息运维综合监管系统，是各网省的运维管理中心，包括数据采集分析层、协同调度层、应用展示层以及统一信息库，构成完整的管理中心，实现网络管理、安全管理、系统管理、桌面管理以及 IT 服务流程管理的全部功能。同时作为网省运维的数据中心，提供下属所有地市的 IT 运维状况的展现和数据统计分析；并负责将重要的运维数据传送到国网中心。

第三级地市部署监管系统以及网省需要的数据采集，各地市的监管系统负责各地市的信息监管，由数据采集分析层、应用展示层与相关数据库构成，实现网络、桌面以及安管等信息监管功能。同时将重要的运维数据传送到网省中心。部署在地市的数据采集直接采集网省需要的数据：如信息运维综合监管系统八大业务应用部署在地市的主机的性能与告警采集等。

综合展现了信息运维的不同纬度的实施监控数据，包括：网络、业务系统、数据库、中间件、主机、流量、机房等。

1. 监控总览

监控总览模块从综合、全局的角度提供给用户一个综合性运维信息展示的视图。该视图集中了网络、业务、安全等多方面的信息，主要用作大屏集中监控。该应用视图基于图形平台编辑生成，可以动态调整，满足不同用户的需求。

该功能模块包括监控视图和监控总览两部分。监控视图以图形的方式，根据用户权限显示从网省总部到各地市的网络、业务系统、总体三个方面的不同监控画面，使用户可以形象地查看实时监控数据，了解总体运行情况。监控总览部分又分别对系统核心设备、核心链路、应用系统、中间件、数据库、流量等方面的关键指标进行详细的列表式展现，并提供相应的排序功能。

2. 网络监控

网络监控以网络拓扑图为基础进行数据的监控和展示。网络监控分为左右两个部分：左边是以树的形式展示的网络拓扑图的列表，右边展示打开的网络拓扑图。网络拓扑图可以直观地看到网络拓扑的结构，链路上的流量，链路的通断情况以及网络设备的告警状态。

3. 业务监控

该功能模块重点从业务系统视角展现运维。用户可以重点关注业务系统的运行情况，以及系统内部各组件之间的相互关系；有助于监控人员分析故障出现的具体原因，帮助管理人员了解掌握应用的使用情况和硬件设备的使用情况；为领导的决策提供具体、可靠的依据。

业务监控分为左右两个部分，左边是所有业务系统的列表，右边是业务系统的详细情况。

4. 机房监控

机房监控是从机房真实环境的视角，展现机房设备的运行情况和配置情况。用户可以动态、实时、三维地查看机房各个方面的运行数据，提高了数据的可视化程度。方便运维人员在不进入机房的情况下，能够在网上及时、准确地了解机房的运行情况，大大提高了运维人员的工作效率。

5. 设备监控

该功能对设备的详细信息包括：配置数据、性能数据、背面板、资产数据、历史统计等进行监控展现。

统计分析作为重要组成模块，主要功能是通过将统一信息库中各种指标数据进行加工汇总之后，针对统计分析的要求，提供灵活多变的分析手段，从领导关心的角度，全面展示当前网省各种运维情况。

1. 全网整体信息

该模块主要从系统规模，人员情况，上线业务应用情况，设备网络运行情况，资源监控情况几个方面进行统计。通过灵活的方式，集中进行展现。在地域上，能够通过对地域的选取，查看网省总部乃至到各地市的统计信息。通过对时间的选取，可以看到历史的统计信息。

2. 告警统计分析

该模块主要针对告警类型，统计各地的告警发生情况和处理情况，分析这段时间内告警变化的趋势。

3. 网络统计分析

该模块主要包括网络规模统计分析，骨干网运行情况分析，骨干网总体数据交换量趋势分析，骨干网数据交换量地区对比，骨干网数据交换量应用类型统计，骨干网数据交换量网络协议统计。

4. 应用统计分析

该模块主要包括业务系统建设情况统计，业务系统可用性统计，业务系统应用故障统计，业务系统运行率统计，业务系统告警严重度统计，业务系统告警处理情况统计。

5. 资源统计分析

该模块主要包括资源规模，资源厂商情况和资源数量变化趋势。

9.3.4　一体化信息外网安全监测系统

随着越来越多的系统投入正式运行，各个系统在纵向、横向两个方面耦合程度日益增强。公司系统信息化水平已发生了质的飞跃，已跨入大网络、大系统、大集中、高可靠性、高安全性的时代。因此，建立防攻击、防泄密一体化的安全监测平台是迫在眉睫的需求。为解决公司信息化工程发展需要，通过开展信息外网安全监测系统（ISS）的建设，搭建一体化安全管理平台，实现对边界监测、网络分析、病毒木马检测、桌面终端和深度分析 5大模块的无缝结合，多通道、全方位加强对外网出口及外网终端的安全监测与整体防护，进一步实现以监测与分析为手段、保障与防护为目的的外网安全监测管理平台的建设，从而达到保障整个信息外网安全的目的。

信息外网安全监测系统采用新型高端技术，加强对公司所有外网出口及外网终端的安全防护工作，实现对外网的全局控制与统一管理，最终保障整个国家电网公司的外网安全。

采集层负责从安全设备中收集安全设备产生的安全日志，从交换机镜像流量中分析收集攻击事件、监测敏感信息，此外还从桌面终端上采集各类告警。采集层收集到的数据按照指定的筛选要求进行筛选后发送给分析层进行集中的存储和分析。

分析层对采集到的海量数据进行集中的存储、归并、关联、分析，以提取出主要关注的信息。

展示层提供优秀人机交互接口，将分析结果以直观的形式展示给安全管理员，并接受安全管理员的操作指令，彻底脱离了以往常规管理信息系统"死气沉沉"的形象，为用户提供了鲜活、直观、便捷的用户体验模式。信息外网安全监测系统主要包含以下几大功能模块。

1. 事件实时采集

对于安全日志采集技术，根据整体架构，主要使用采集层模块来实现。采集层实现对原始安全数据进行必要的清洗和转换，使得数据更具标准化，同时对数据进行预处理，将数据整合后上传。数据采集主要分为：安全事件日志采集和实时数据采集。安全事件日志采集主要收集安全设备日志和实时数据采集模块的日志，并对其进行事件预处理和加密传输。实时数据采集主要是对原始数据流进行协议分析和监测，从中采集所关心的数据流。

2. 实时流量分析

对互联网边界的网络流量进行实时捕获拆解。根据不同的协议特征进行还原，达到对流量中各种基础信息进行细致分析。

3. 病毒木马检测

依据实时流量分析提供的基础数据，结合系统提供的病毒木马特征库，对网络中所发生的病毒和木马事件进行发现和预警。

4. 敏感信息检测

依据实时流量分析提供的基础数据，结合敏感字库信息，对网络中传输的邮件、文件等包含的敏感信息进行审计。

5. 网站攻击检测

依据实时流量分析提供的基础数据，结合网站攻击行为特征库，对网络中各类针对网站攻击的事件进行发现和预警。

6. 桌面终端统一管理

总部负责全公司范围内桌面标准化的管理标准、技术规范及管理策略的制定，并负责本地桌面终端的管理；网省公司在遵从总部标准、策略的基础上根据本省情况制定本单位及下属地市公司范围内的管理策略，同时负责本单位桌面终端的管理，并统一组织协调下属地市公司桌面终端运维及远程支持，进行相关信息的审计和分析，并上报到总部；地市公司遵从上级网省公司制定的管理策略，负责本单位桌面终端的管理，进行相关信息的审计和分析，并上报到上级网省公司。

信息外网安全监测系统展示国家电网公司信息外网整体的安全态势，并对安全威胁、安全漏洞、终端告警、敏感信息、网站攻击和病毒木马等6类安全事件类型进行及时展现与预警，各类详细预警信息由以下几个方面实现。

1. 边界监测

边界监测的首要工作是对边界进行定义，即对公司所有互联网出口按照行政归属进行边界定义。其次，要对所有出口的安全事件告警进行实时监测、实时展现。最后，还要对安全威胁进行分析，包括分析、展现互联网出口数量最多的5种威胁和级别最高的5种威胁，并展示5种安全级别事件的分布和5种安全级别事件的24小时趋势等。

2. 网络分析

网络分析是通过部署在互联网出口的探针来分析经过网络出口的数据包。该模块主要包括：出口流量分析，即对各单位出口流量及带宽利用率进行监测分析；敏感信息检测，即通过关键字列表匹配，对网络中出现的敏感字进行检测，主要针对电子邮件行为；网站攻击检测，即对各单位的网站类应用进行攻击检测；上网行为监测，即对网络中的行为按照"网页浏览"、"电子邮件"、"即时通信"和"网络视频"4大类型进行审计；病毒木马检测，即通过分析网络出口的数据包来检测网络中的病毒和木马行为。

3. 外网桌面终端

依据公司内外网隔离的大背景，系统针对信息外网的网络环境和需求进行了相关配置。该模块可分析、展现的主要信息包括：各单位外网桌面终端注册率；CPU、内存、操作系统等的信息统计；外网终端是否安装防病毒软件；外网终端上存储文件是否有涉密的敏感信息等。

4. 深度分析

深度分析是对采集数据进行各种纬度的统计和归并，在此基础上，由专业的安全技术队伍进行深度分析，形成专项安全报告、安全建议和预警发布等。实现对各种网络和系统安全资源的集中监控、关联分析、趋势分析预测以及多种安全功能模块之间的联动，简化信息安全管理工作，提升网络和系统的安全水平和可控制性、可管理性。

9.3.5　智能型移动存储介质管理系统

移动存储设备（如 U 盘、移动硬盘等）因其体积小、容量大等优点，已得到广泛应用。作为数据交换的主要手段之一，移动存储设备正成为内网数据和信息的重要载体。

移动存储设备疏于管理带来的严重问题比比皆是，近年来屡屡发生的移动存储介质泄密、窃密案件给国家和企事业单位带来了不可估量的损失，也逐渐引起了国家和企事业单位的重视，但往往由于使用人对于单位保密意识的淡漠或其他原因，仍然产生了很多的问题。如何能够有效地控制单位移动存储介质的管理，防止泄密案件的发生，移动存储介质管理能够较好地解决以上问题。

总体设计原则是实现内部的移动存储介质在系统外部不可用，外部的移动存储介质在系统内部不可用；在可控条件下内部信息可以通过加密、授权等信息保障移动存储介质的安全。要满足以下"五不"原则，即进不来，阻止未授权移动存储介质进入企业信息系统；拿不走，阻止国家电网系统涉密或敏感信息资产被非法带出；读不懂，通过加密和其他安全手段，保证未授权用户读不出、读不懂数据；改不了，使用数据完整性鉴别机制，保证未授权用户不能修改数据；走不脱，使用日志、安全审计、监控技术使得用户操作移动存储介质的行为不可抵赖。加强对移动存储介质的安全管理，综合采用成熟技术在国家电网公司建立一套安全移动存储介质管理系统，真正做到"敞开 U 口，非请莫出，非请莫进"，同时兼顾到使用便捷及与现有 U 盘的兼容性。

安全移动存储介质管理系统依据国家保密局相关保密规章制度，积极研究国内主流产品，采用先进技术，建设符合实际情况的安全系统。安全移动存储介质管理系统从主机层次和传递介质层次对文件的读写进行访问限制和事后追踪审计，为网络内部可能出现的数据备份泄密、移动存储介质遗失泄密，以及 U 盘等移动介质接入病毒安全的问题提供了解决方案。

安全移动存储介质管理系统采用底层驱动设计、协议智能分析等先进技术已经实现了多个关键技术的突破。

（1）对已有的移动存储介质使用标签认证技术，在软件层面对移动存储介质系统进行加密，极大降低更换设备所需要的成本；

（2）使得外单位移动存储介质设备仅能只读使用；对可信介质加密，使其中的数据不会因介质的遗失而被他人所获；

（3）结合系统的策略功能实现基于端口的 802.1x 认证，通过策略的分发使认证过程隐藏。

基于 C/S 与 B/S 混合模式结构开发，由安装在各计算机设备上的客户端（Client）软件和安装在管理服务器上的控制端（Server）软件两部分进行功能处理，通过前台浏览器（Browser）访问后台管理信息数据库（Server）进行系统管理。

完整的安全移动存储介质管理系统由三部分组成：服务器、控制台和客户端。服务器包括服务器端软件、支持数据库和授权硬件。建议在专用主机上安装可信介质服务器。控制台是实现系统管理、参数配置、策略管理和系统审计的人机交互界面软件系统。客户端是安装于受控主机上的监测软件。客户端采用了严密措施防止本地用户自行卸载、关闭监控程序。

通过安全移动存储介质在全网的部署实施，成效显著。移动存储介质管理系统满足了以下需求。

1. 提供对移动存储介质全生命周期的管理

安全移动存储介质管理系统需要提供对移动存储介质从购买、使用到销毁整个过程的跟踪与管理。能够随时对移动存储介质的情况进行监管，随时了解某个移动存储介质的使用情况和当前所处状态，每个阶段均要做到"责任到人"。

2. 能够区分合法与非法的移动存储介质

合法的移动存储介质，指单位内部并被准许在内部使用的移动存储介质；非法的移动存储介质，指来源不明未被准许在内部使用的移动存储介质。要求做到"非法的移动存储介质在工作环境中不能使用"和"合法的移动存储介质在工作环境中能够正常使用，但在非工作环境中不能使用"，即"非法的进不来，合法的出不去"。

3. 增设移动存储介质的访问机制

对于合法的移动存储介质的访问，需要进一步增强访问控制机制，根据访问者的身份、密级、时间期限等限制仅有"正确"的用户才能访问；同时合法的移动存储介质要设立不同级别的保密分区，以满足数据交互的使用。

4. 移动存储介质中的数据加密保护

为了防止移动存储介质丢失造成泄密，存储在移动介质中的数据必须是加密的，而且要求是磁盘级的透明加密，避免被不法分子躲避或恶意行为留下安全隐患。

5. 提供对移动存储设备使用的详细日志审计

记录对移动存储设备的访问，便于以后进行跟踪审计。

9.3.6　统一管理信息系统调运体系

电力信息系统重点建设"两级调度，三层检修，一体化运行"的信息系统调度运行体系组织架构；实现具备主动、集中和统一特色的信息系统调度运行管理模式；建立健全适用信息系统服务全生命周期的管理制度体系，实现信息系统运行的可控、能控、在控；建设一体化技术支撑平台，实现信息运行"监控自动化、服务流程化、展示互动化"。

信息系统调运体系是在"两级三线"运维体系基础上，将二线后台运行维护按照调度、运行、检修分工组建专业化机构。建立公司总部、网省公司两级信息调度，建立公司总部、网省公司两级信息客服，建立公司总部、网省公司、地市县公司三层信息运行检修，建立统一的三线技术支持机构。

公司信息系统调度运行工作按职能管理、信息系统调度、运行、检修、客户服务等业务功能进行专业化分工，设置总部、网省公司两级信息系统调度，总部、网省公司、地市县公司三层运行检修，建立总部、网省公司两级统一客户服务。遵循统一调度、分级管理和主业化、专业化、集中化的原则，实现公司信息系统协同保障、一体化运行。

公司信息化工作部是公司信息系统调度运行工作的职能管理部门，总部调控中心设在公司信息化工作部，履行国网信调职能，承担信息系统调度运行工作专业管理、系统运行统一调度指挥等工作。公司总部信息系统运行、检修、客户服务机构由国网信息通信有限公司组建，承担公司总部运行、检修、客户服务专业工作。

网省公司信息化管理部门是本单位信息系统调度运行工作的职能管理部门。省级调控中心设在各单位信息化管理部门，履行省级信调职能，承担信息系统调度运行工作专业管理、信息系统运行统一调度指挥等工作。网省公司信息系统运行维护机构受网省公司委托，承担信息系统运行、检修和客户服务等相关工作。（国网信息通信有限公司、直属金融单位和三地灾备中心信息调度机构，同时作为二级信息调度。）

地市县公司应在信息化管理部门设立专职信息运维专责，负责本单位信息系统运行检修管理工作。地市县公司信息系统运行维护机构承担信息系统运行检修工作，具体负责信息网络、安全和桌面终端运行维护工作。

运维体系配套措施包括以下几个方面。

1. 制度保障

国家电网公司信息系统调运体系制度体系采用 A、B、C、D4 层文件体系架构。

A 层文件（管理办法）：是信息系统调度运行体系制度建设中的纲领性文件，是整个制度体系必须遵循的管理办法。

B 层文件（管理规定）：是在遵循 A 层文件的基础上，针对信息系统调运体系中信息系统调度运行管理、信息系统调度、运行、检修、客服、三线技术支持各业务功能中的关键控制点，包括信息系统调度运行管理模式、组织架构、人员配备、相关职责、费用预算、绩效评价等方面的管理规定。

C 层文件（实施细则）：是在遵循 A、B 层文件的基础上，结合信息系统调度运行中的实际工作，对各流程、各工作的具体工作的细则描述，包括管理职责界定和操作流程规范等。

2. 技术保障

技术支撑平台由公司统一组织开发建设，各单位推广应用，主要包括信息运维综合监管系统（IMS）、信息调度管理系统（IDS）、客户服务管理系统（ICS）及信息外网安全管理系统（ISS）等 4 大技术支撑系统以及依托 4 大技术支撑系统构建的总部、网省两级信息调控中心和客户服务呼叫中心。

IMS 主要支撑调度运行日常监控，一单两票等日常运维流程的业务处理；IDS 主要支撑调度运行的业务管理；ICS 主要支撑调度运行的前台客户服务处理流程；ISS 主要支撑调度运行的安全监测管理。其中，IMS 和 IDS 采用同一平台，基础数据共享，业务流程贯通。

3. 三线技术支持服务中心

信息技术支持服务中心（简称"三线支持中心"）受公司信息化工作部委托对外围技术支持单位（系统开发商、原厂商、专业服务商）进行统一管理，并为公司各单位提供三线技术支持服务。

三线支持中心设置呼叫中心统一受理公司各单位的三线技术支持服务申请，通过电话、邮件、网站等方式提供技术咨询类服务，通过运维审计系统提供远程接入技术支持服务，必要情况可提供现场技术支持服务。

第10章　网络空间信息安全战略及应用分析

互联网络空间已成为国家继陆、海、空、天4个疆域之后的第5疆域，与其他疆域一样，网络空间也需体现国家主权，保障网络空间安全也就是保障国家主权。随着信息全球化步伐的加快，世界各国尤其是美、俄等国政府高度重视国家网络空间信息安全问题，并先后调整了国家安全战略，网络空间信息安全在国家安全战略诸要素中的地位开始上升，已成为国家安全战略中"不可分割的重要组成部分"。

本章主要内容包括网络空间安全基本概念，中国网络空间安全理论与治理战略，美国网络空间安全立法对我国的启示，世界各国信息安全保障的现状和发展趋势，网络空间安全与治理基础知识，互联网、因特网、万维网及三者的关系，国家网络信息空间安全与发展战略文化，网络空间安全与治理应用分析等。

10.1　网络空间安全发展趋势及战略

本节介绍了网络空间安全的基本概念，中国网络空间安全理论与治理战略，世界各国信息安全保障的现状和发展趋势，美国网络空间安全"三步跳"发展战略，美国网络空间安全立法对我国的启示。

10.1.1　网络空间安全基本概念

网络空间基本定义："信息环境中的一个全球域，由信息技术基础设施互相依赖结网而成，包括因特网、通信网络、计算机系统和嵌入式处理器和控制器。"网络空间已成为国家继陆、海、空、天4个疆域之后的第5疆域，与其他疆域一样，网络空间也须体现国家主权，保障网络空间安全就是保障国家主权。

网络空间是5个域之一；其他4个域为空、陆、海、天。这5个域是相互依赖的。网络空间的节点从物理分布上讲存在于所有域中。网络空间中的活动支撑了其他域中活动的行动自由，其他域中的活动同样能在网络空间或借助网络空间产生影响。

网络战基本定义："对网络空间能力的运用，其首要目的是在网络空间中或借助网络空间达成目标。这类行动包括计算机网络作战，以及操作和防御全球信息栅格的各种活动"。

网络空间可以看作由5个部分（地理、物理网络、逻辑网络、网络角色、人物角色）组成的三个层（物理层、逻辑层和社会层）。

（1）物理层包括地理组成部分和物理网络组成部分。地理部分是网络各要素的物理位置。虽然在网络空间中可以以接近光速的速度穿越地理边界，但它仍然是一个与其他域相联系的物理范畴。物理网络部分包括支持网络的所有硬件和基础设施（有线、无线和光纤）以及物理连接器（电线、线缆、射频、路由器、服务器和计算机）。

（2）逻辑层包括逻辑网络组成部分，其从本质上讲是技术的，由存在于网络节点之间的逻辑连接组成。任何连接到计算机网络的设备都可以看作是一个节点。节点可以是计算机、个人数字助手（PDA）、手机或其他网络应用设备。在一个采用互联网协议（IP）的网络中，一个节点就是拥有一个 IP 地址的任意设备。

（3）社会层由人和认知方面的要素组成，包括网络角色和人物角色两个组成部分。网络角色组成部分包括一个人的身份或他在网络中的标识（电子邮件地址、计算机 IP 地址、手机号码和其他）。人物角色是指上网的具体人。一个人可以拥有多个网络空间角色（例如，在不同的计算机上有不同的电子邮件账号），一个网络空间角色也可以对应多个人物角色（例如，多个用户使用同一个 eBay 账号）。需要具备重要的态势感知（SA）、分析和情报能力，以应对复杂的网络空间威胁。

网络空间由很多不同的节点和网络组成。虽然不是所有的节点和网络都实现了全球连接或访问，但网络空间的趋势仍然是互联程度日益加深。与其他传输或传播媒介相比，使用国际互联网可以很容易越过地理边界。不过，网络也可以使用协议、防火墙、加密和物理隔离等方法与其他网络分开，并且通常被分成不同的域，如.mil、.gov、.com 和.org。这些域专属某类机构或使命，或者根据属性相近性或功能进行组织。某些网络可以进行全球或远程访问，封闭网络和专用网络则可能需要属性相近才能访问。

无线和光学技术的进步导致了计算机和更加依赖电磁频谱的电信网络的结合。随着技术的进步，电磁频谱部分的竞争将更加激烈。为了保证行动的有效性，电子战和网络作战对接入电磁频谱的需求都在不断增长。

随着互联网技术的突飞猛进及其广泛扩展，有线、无线和光学技术的结合导致了计算机和电信网的融合；手持计算设备在数量和性能上不断增长。新一代系统不断涌现，构成了一个全球性、混杂的自适应网络，它综合了有线、无线、光学、卫星通信、监控和数据获取（SCADA）及其他系统。不久的将来，网络将为用户提供无处不在的接入，使他们能近实时地按需使用。

10.1.2　中国网络空间安全理论与治理战略

2015 年 12 月 16 日，习近平主席在第二届世界互联网大会讲话，系统阐述了中国网络空间安全理论以及网络空间治理战略，为我国网络空间国家战略与国际战略指明前进方向。

1. 互联网推动社会进步及人类文明发展

纵观世界文明发展史，人类先后经历了农业革命、工业革命、信息革命。每一次产业技术革命，都给人类生产生活带来巨大而深刻的影响。现在，以互联网为代表的信息技术日新月异，引领了社会生产新变革，创造了人类生活新空间，拓展了国家治理新领域，极大提高了人类认识水平，认识世界、改造世界的能力得到了极大提高。互联网让世界变成了"鸡犬之声相闻"的地球村，相隔万里的人们不再"老死不相往来"。可以说，世界因互联网而更多彩，生活因互联网而更丰富。

2. 互联网快速发展面临的问题和挑战

随着世界多极化、经济全球化、文化多样化、社会信息化深入发展，互联网对人类文明进步将发挥更大促进作用。同时，互联网发展不平衡、规则不健全、秩序不合理等问题日益凸显。不同国家和地区信息鸿沟不断拉大，现有网络空间治理规则难以反映大多数国家的意愿和利益；世界范围内侵害个人隐私、侵犯知识产权、网络犯罪等时有发生，网络监听、网络攻击、网络恐怖主义活动等成为全球公害。面对这些问题和挑战，国际社会应该在相互尊重、相互信任的基础上，加强对话合作，推动互联网全球治理体系变革，共同构建和平、安全、开放、合作的网络空间，建立多边、民主、透明的全球互联网治理体系。

3. 互联网发展应该坚持的 4 项基本原则

（1）尊重网络主权。《联合国宪章》确立的主权平等原则是当代国际关系的基本准则，覆盖国与国交往的各个领域，其原则和精神也应该适用于网络空间。我们应该尊重各国自主选择网络发展道路、网络管理模式、互联网公共政策和平等参与国际网络空间治理的权利，不搞网络霸权，不干涉他国内政，不从事、纵容或支持危害他国国家安全的网络活动。

（2）维护和平安全。一个安全稳定繁荣的网络空间，对各国乃至世界都具有重大意义。在现实空间，战火硝烟仍未散去，恐怖主义阴霾难除，违法犯罪时有发生。网络空间，不应成为各国角力的战场，更不能成为违法犯罪的温床。各国应该共同努力，防范和反对利用网络空间进行的恐怖、淫秽、贩毒、洗钱、赌博等犯罪活动。不论是商业窃密，还是对政府网络发起黑客攻击，都应该根据相关法律和国际公约予以坚决打击。维护网络安全不应有双重标准，不能一个国家安全而其他国家不安全，一部分国家安全而另一部分国家不安全，更不能以牺牲别国安全谋求自身所谓绝对安全。

（3）促进开放合作。"天下兼相爱则治，交相恶则乱。"完善全球互联网治理体系，维护网络空间秩序，必须坚持同舟共济、互信互利的理念，摈弃零和博弈、赢者通吃的旧观念。各国应该推进互联网领域开放合作，丰富开放内涵，提高开放水平，搭建更多沟通合作平台，创造更多利益契合点、合作增长点、共赢新亮点，推动彼此在网络空间优势互补、共同发展，让更多国家和人民搭乘信息时代的快车、共享互联网发展成果。

（4）构建良好秩序。网络空间同现实社会一样，既要提倡自由，也要保持秩序。自由是秩序的目的，秩序是自由的保障。我们既要尊重网民交流思想、表达意愿的权利，也要依法构建良好网络秩序，这有利于保障广大网民的合法权益。网络空间不是"法外之地"。网络空间是虚拟的，但运用网络空间的主体是现实的，大家都应该遵守法律，明确各方权利义务。要坚持依法治网、依法办网、依法上网，让互联网在法治轨道上健康运行。同时，要加强网络伦理、网络文明建设，发挥道德教化引导作用，用人类文明优秀成果滋养网络空间、修复网络生态。

4. 互联网互通互联，共享共治 5 点主张

网络空间是人类共同的活动空间，网络空间的前途命运应由世界各国共同掌握。各国加强沟通、扩大共识、深化合作，共同构建网络空间命运共同体。

第一，加快全球网络基础设施建设，促进互联互通。网络的本质在于互联，信息的价值在于互通。只有加强信息基础设施建设，铺就信息畅通之路，不断缩小不同国家、地区、人群间的信息鸿沟，才能让信息资源充分涌流。中国正在实施"宽带中国"战略，预计到2020 年，中国宽带网络将基本覆盖所有农村，打通网络基础设施"最后一千米"，让更多人用上互联网。中国愿同各方一道，加大资金投入，加强技术支持，共同推动全球网络基础设施建设，让更多发展中国家和人民共享互联网带来的发展机遇。

第二，打造网上文化交流共享平台，促进交流互鉴。文化因交流而多彩，文明因互鉴而丰富。互联网是传播人类优秀文化、弘扬正能量的重要载体。中国愿通过互联网架设国际交流桥梁，推动世界优秀文化交流互鉴，推动各国人民情感交流、心灵沟通。我们愿同各国一道，发挥互联网传播平台优势，让各国人民了解中华优秀文化，让中国人民了解各国优秀文化，共同推动网络文化繁荣发展，丰富人们精神世界，促进人类文明进步。

第三，推动网络经济创新发展，促进共同繁荣。当前，世界经济复苏艰难曲折，中国经济也面临着一定下行压力。解决这些问题，关键在于坚持创新驱动发展，开拓发展新境界。中国正在实施"互联网+"行动计划，推进"数字中国"建设，发展分享经济，支持基于互联网的各类创新，提高发展质量和效益。中国互联网蓬勃发展，为各国企业和创业者提供了广阔市场空间。中国开放的大门永远不会关上，利用外资的政策不会变，对外商投资企业合法权益的保障不会变，为各国企业在华投资兴业提供更好服务的方向不会变。只要遵守中国法律，我们热情欢迎各国企业和创业者在华投资兴业。我们愿意同各国加强合作，通过发展跨境电子商务、建设信息经济示范区等，促进世界范围内投资和贸易发展，推动全球数字经济发展。

第四，保障网络安全，促进有序发展。安全和发展是一体之两翼、驱动之双轮。安全是发展的保障，发展是安全的目的。网络安全是全球性挑战，没有哪个国家能够置身事外、独善其身，维护网络安全是国际社会的共同责任。各国应该携手努力，共同遏制信息技术滥用，反对网络监听和网络攻击，反对网络空间军备竞赛。中国愿同各国一道，加强对话交流，有效管控分歧，推动制定各方普遍接受的网络空间国际规则，制定网络空间国际反恐公约，健全打击网络犯罪司法协助机制，共同维护网络空间和平安全。

第五，构建互联网治理体系，促进公平正义。国际网络空间治理，应该坚持多边参与，由大家商量着办，发挥政府、国际组织、互联网企业、技术社群、民间机构、公民个人等各个主体作用，不搞单边主义，不搞一方主导或由几方凑在一起说了算。各国应该加强沟通交流，完善网络空间对话协商机制，研究制定全球互联网治理规则，使全球互联网治理体系更加公正合理，更加平衡地反映大多数国家意愿和利益。举办世界互联网大会，就是希望搭建全球互联网共享共治的平台，共同推动互联网健康发展。

"凡益之道，与时偕行。"互联网虽然是无形的，但运用互联网的人们都是有形的，互

联网是人类的共同家园。让这个家园更美丽、更干净、更安全，是国际社会的共同责任。让我们携起手来，共同推动互联网空间互联互通、共享共治，为开创人类发展更加美好的未来助力！

10.1.3 美国网络空间安全"三步曲"发展战略

1. 网络空间安全由"政策"、"计划"提升为国家战略

美国的网络空间战略是一个认识发展的过程。首先是 1998 年发布的第 63 号总统令《克林顿政府对关键基础设施保护的政策》(PDD63)，紧接着 2000 年发布了《信息系统保护国家计划 v1.0》。布什政府在 2001 年 9.11 事件后马上发布的第 13231 号行政令《信息时代的关键基础设施保护》，并宣布成立"总统关键基础设施保护委员会"，由其代表政府全面负责国家的网络空间安全工作。并研究起草国家战略，于 2003 年 2 月正式发布《保护网络空间的国家战略》，又于 2008 年发布机密级的第 54 号国家安全总统令，设立"综合性国家网络安全计划"，该计划以"曼哈顿"(二战研制原子弹)命名，具体内容以"爱因斯坦"一、二、三组成，目的是全面建设联邦政府和主要信息系统的防护工程，建立全国统一的安全态势信息共享和指挥系统。

2. 美国网络空间安全战略补充完善

2008 年 4 月，布什总统发布了《提交第 44 届总统的保护网络空间安全的报告》，建议美国下一届政府如何加强网络空间安全。

2009 年 2 月，奥巴马政府经过全面论证后，公布了《网络空间政策评估——保障可信和强健的信息和通信基础设施》报告，将网络空间安全威胁定位为"举国面临的最严重的国家经济和国家安全挑战之一"，并宣布"数字基础设施将被视为国家战略资产，保护这一基础设施将成为国家安全的优先事项"，全面规划了保卫网络空间的战略措施。

2009 年 6 月，美国国防部长罗伯特·盖茨正式发布命令建立美国"网络空间司令部"以统一协调保障美军网络安全和开展网络战等军事行动。该司令部隶属于美国战略司令部，编制近千人，2010 年 5 月，美国网络司令部正式启动工作。

3. 网络空间国际和战争战略

2011 年 5 月，美国白宫网络安全协调员施密特发布了美国《网络空间国际战略》，其战略意图明显，即确立霸主，制定规则，谋求优势，控制世界；同年 7 月，美国国防部发布《网络空间行动战略》，提出 5 大战略措施，用于捍卫美国在网络空间的利益，使得美国及其盟国和国际合作伙伴可以继续从信息时代的创新中获益。

2012 年 10 月，奥巴马签署《美国网络行动政策》(PDD21)，在法律上赋予美军具有进行非传统作战权力，明确从网络中心战扩展到网络空间作战行动等。

2013 年 2 月，奥巴马发布第 13636 号行政命令《增强关键基础设施网络安全》，明确

指出该政策作用为提升国家关键基础设施并维护环境安全与恢复能力。

2013年4月，奥巴马向国会提交《2014财年国防预算优先项和选择》提出至2016年整编成133支网络部队，其中国家任务部队68支，作战任务部队25支，网络防御部队40支。

2014年2月，美国国家标准与技术研究所针对《增强关键基础设施网络安全》提出《美国增强关键基础设施网络安全框架》（V1.0），强调利用业务驱动指导网络安全行动，并按网络安全风险程度不同分为4个等级，组织风险管理进程。

2015年4月23日，美国五角大楼发布新版网络安全战略概要，首次公开要把网络战作为今后军事冲突的战术选项之一，明确提出要提高美军在网络空间的威慑和进攻能力。不仅美国紧锣密鼓执行网络空间国际和战争战略，最近颁布的北约网络空间安全框架表明，目前世界上有一百多个国家具备一定的网络战能力，公开发表网络安全战略的国家达56家之多。

4. 网络空间安全战略目标和任务

美国政府从20世纪90年代后期开始关注关键基础设施来自网络空间的威胁，并逐步发展出成熟的国家和国际性网络空间安全战略，主要的战略性文件包括《网络空间安全国家战略》（以下称"国家战略"）、《网络空间国际战略》（以下称"国际战略"）和《网络空间行动战略》（以下称"行动战略"）。

（1）"国家战略"是2003年在美国联邦、州和地方政府、高等院校以及相关组织的共同努力下制定的网络空间安全国家战略，该战略明确了实施网络空间安全保护计划的指导方针，提出了三大战略目标和五项重点任务。

三大战略目标：一是预防美国的关键基础设施遭到信息网络攻击；二是减少国家对信息网络攻击的脆弱性；三是减少国家在信息网络攻击中遭受的破坏，减少恢复时间。

五项重点任务：一是国家网络空间安全响应系统；二是国家网络空间威胁和脆弱性减少项目；三是国家网络空间安全意识和培训项目；四是国家网络空间保护政府网络空间的安全；五是国家安全和国际网络空间安全合作。

"国家战略"强调要发挥法律法规，同时要重视市场的力量。该战略认为，法律法规不一定是保护网络安全的主要途径，以法律法规形式强制规定各机构信息系统配置的做法可能会对创造其他更成功的解决网络安全问题的方法产生影响，而市场是改善网络安全的主要推动力。

（2）"国际战略"是美国政府于2011年出台的首部网络空间安全国际战略。该战略主要强调要建立一个"开放、互通、安全和可靠"的网络空间，并为实现这一构想勾勒出了战略路线图，内容涵盖经济、国防、执法和外交等多个领域，基本概括了美国所追求的目标。

"国际战略"列出了7个战略重点：一是通过制定国际标准、鼓励创新和开放市场，加强知识产权保护；二是确保网络的安全性、可靠性和韧性，并加强国际安全；三是深化执法合作并积极推出国际规则，以提高应对网络犯罪的能力，包括适时加强国际法律和法规；四是军方合作以帮助各联盟采取更多措施共同应对网络威胁，同时确保美军的网络安全；五是建立有效且多方参与的国际互联网治理架构；六是帮助其他国家建立其数字基础设施和建设抵御网络威胁的能力，通过发展支持新生合作伙伴；七是保障互联网自由和隐私安全。

（3）"行动战略"是 2011 年由美国防部发布的首份美军网络空间行动战略。该战略制订了 5 大行动计划：一是将网络空间列为与陆、海、空、太空并列的"行动领域"，国防部以此为基础对美军进行组织、培训和装备；二是变被动防御为主动防御，从而更加有效地阻止、击败针对美军网络系统的入侵和其他敌对行为；三是加强国防部与其他政府部门及私人部门的合作，在保护军事网络安全的同时，加强电网、运输系统等重要基础设施的网络安全防护；四是加强与美国的盟友及伙伴在网络空间领域的国际合作；五是重视高科技人才队伍建设并提升技术创新能力。

尽管美国一再强调行动战略重在防御，但从种种迹象来看，美军已经将网络空间的威慑和攻击能力提升到更加重要的位置。美军已正式建立网络司令部，统一协调保障美军网络安全、开展网络战等与计算机网络有关的军事行动。

10.1.4　美国网络空间安全立法对我国的启示

互联网络和信息化浪潮已经遍及全球。互联网络完全融入到了社会生活的各个领域，正在颠覆性地改变着人类的生活方式和生产方式，形成了人类独立于陆地、海洋、航空、航天之外的第 5 维空间——网络空间。当前，全球网络空间秩序处于极不平衡的状态，美国拥有绝对的优势，全球因特网管理中所有重大决定仍由美国主导。全球互联网的全部网页中占 81% 的是英语，其他语种加起来不足 20%；国际互联网上访问量最大的 100 个网站中，有 94 个在美国境内。

目前，全世界只有 1 个主根服务器和 12 个辅根服务器，其中，1 个主根服务器和 9 个辅根服务器均放置在美国，其他 3 个辅根服务器分别放置在英国、瑞典和日本。然而，最重要的是根服务器是由美国政府授权的互联网名称与数字地址分配机构（ICANN）管理和控制，这就使得美国对全球互联网拥有最高的管理权和控制权。

在网络空间安全立法方面，美国一直走在全世界的最前面。当前美国国会的网络安全立法主要包括整合修订旧法律、审议通过新法律在内的一项系统工程，覆盖面宽、内容复杂，但脉络清晰且立法进程在加速。

自 2002 年以来，美国通过了近五十部与网络空间安全有关的联邦法律，其中包括《1984 年伪造接入设备及计算机欺诈与滥用法》、《1986 年电子通信隐私法》、《1987 年计算机安全法》、《1995 年削减公文法》、《1996 年信息技术管理改革法》、《2002 年国土安全法》、《2002 年网络安全研发法》、《2002 年电子政务法》、《2002 年联邦信息安全管理法》等。

近年美国国会关于网络安全主要综合性立法建议包括《2012 年网络安全法案》、《确保 IT 安全法案》、众议院共和党工作组提出的综合性建议，促成了众议院的 5 个专门性法案以及奥巴马政府向国会递交的综合性网络安全立法建议等。

纵观美国网络空间安全立法，有以下 6 个方面很值得我国借鉴。

（1）实施网络空间安全的国家战略。美国的网络空间战略是从技术层面、资源层面、信息层面到法理层面抢占全球网络空间制网权和制高点的国际化战略，对我国的网络空间安全带来了全方位、多层次的深刻影响。比如《网络空间行动战略》宣称，美国将使用一切必要手段，捍卫至关重要的网络资产。美国将像对其他任何威胁一样，对网络空间的敌对行为做出反应。美国保留诉诸武力的权利。

当前，美国拥有全球访问量最大的搜索引擎 Google、最大的视频网站 YouTube、最大的微博平台 Twitter 和最大的社交空间 Facebook。美国控制的 ICANN 掌控着全球域名地址。Yahoo 拥有近五亿的独立访问者；Intel 垄断着全球计算机芯片，IBM 在全世界推行着"智慧地球"计划；Microsoft 掌控着计算机操作系统；Apple Store 主导着世界的平板计算机市场。

（2）国土安全部在保护联邦信息系统方面的授权机制。美国的相关法案主张国土安全部在保护联邦信息系统方面的授权，美国国土安全信息网络均允许所有各州、主要都市地区在联邦、州和地方机构之间收集和分发信息，共同打击恐怖主义。

（3）重视培养高素质的网络安全专业人员。主要是培养高素质的联邦政府网络安全专业人员，并扩大其规模，尤其是加强对"下一代"网络安全专业人员的培训，联邦网络安全人员与私营部门网络专业人员经常保持沟通和交流。

（4）重视网络空间安全技术的研发。2002 年美国就颁布了《网络安全研发法》，赋予国家科学基金会和国家标准与技术研究院开展网络安全研究的职责。重视发挥大专院校和社会科研机构的力量。目前许多大学都设有与信息技术和信息安全相关的学院、研究中心和专业，例如，卡内基·梅隆大学的软件工程研究所、乔治敦大学的计算机信息安全研究所、美国全国计算机安全协会、国际战略研究中心(CSIS)的技术委员会、卡内基国际和平研究所的信息革命与国际关系研究项目等等。

（5）强调保护私有关键性基础设施。美国总统奥巴马曾签署行政命令，强调提高关键性基础设施网络安全，要求美国政府与运营关键性基础设施的合作伙伴加强信息共享，共同建立和发展一个推动网络安全的实践框架。行政命令要求联邦机构"及时"向运营商提供非保密的网络威胁信息。

（6）大力消除信息共享壁垒。为有效保护网络信息系统，应减少或移除有关部门内部及部门间的信息共享壁垒，明确信息共享的主体、规定如何共享某些机密信息、规定如何与私营部门进行信息交换、限定政府部门将共享信息用于特定目的等。只要共享信息是用于网络安全保护以及已采取合理措施保护可识别的个人信息，私主体就有权披露和接收合法获得的网络安全信息。

10.1.5　世界各国信息安全保障的现状和发展趋势

随着冷战的结束和信息全球化步伐的加快，世界各国尤其是美、俄等国政府高度重视国家信息保障问题，并先后调整了国家安全战略，使信息保障在国家安全战略诸要素的地位中开始上升，已成为国家安全战略中"不可分割的重要组成部分"。

1998 年 5 月 22 日，美国政府颁发了《保护美国关键基础设施》总统令。此后，美国围绕"信息保障"成立了多个组织，其中包括："全国信息保障委员会"、"全国信息保障同盟"、"关键基础设施保障办公室"、"首席信息官委员会"、"联邦计算机事件响应能力能动组"等十多个全国性机构。1998 年，美国国家安全局制定了《信息保障技术框架》，是信息保障技术领域中最为系统的研究。NSA 于 1998 年出版 IATF1.0 版，1999 年出版 IATF2.0 版，2000 年出版 IATF3.0 版。IATF 为保护美国政府和工业界的信息与信息基础设施提供技术指南。IATF 认为信息保障要靠人、操作好技术来实现。IATF 定义了"信息保障"的系统开发过程，及对系统中硬件和软件的安全提出要求，提出了"深度防御策略"，确定了包括网络与基础设施防御、区域设施防御、计算环境防御和支撑性基础设施的深度防御目标。

2001 年 1 月，发布了《保卫美国的计算机空间——保护信息系统的国家计划》，该计划分析了美国关键基础设施所面临的威胁，确定了计划的目标和范围，制定出联邦政府关键基础设施保护计划（其中包括民用机构的基础设施保护方案和国防部基础设施保护计划），以及私营部门、州和地方政府的关键基础设施保障框架。2000 年，克林顿要求拨 20.3 亿美元以保护政民信息系统，后因黑客骚扰，又增拨 900 万美元建立"全国网络信息安全中心"。2001 年，美国为保障政府民用非密但敏感的信息共花 23.3 亿美元，而 9.11 事件之后的头一年（2002）美政府打算花 27.12 亿美元做信息安全经费。

1995 年，俄罗斯颁布了《联邦信息化和信息保护法》。法规强调了国家在建立信息资源和信息化中的责任是"旨在完成俄联邦社会和经济发展的战略、战役人物，提供高效益、高质量的信息保障创造条件"。法规中明确界定了信息资源开放和保密的范畴，提出了保护信息的法律责任。1997 年，俄罗斯出台的《俄罗斯国家安全构思》明确提出："保障国家安全应把保障经济安全放在第一位"，而"信息安全又是经济安全的重中之重"。

2000 年，普京总统批准了《国家信息安全学说》，把信息安全正式作为一种战略问题来考虑，并从理论与实践上加紧准备，认真探讨进行信息战的各种措施。《国家信息安全学说》明确了联邦信息安全建设的目的、任务、原则和主要内容。第一次明确指出了俄罗斯在信息领域的利益是什么，受到的威胁是什么，以及为确保信息安全首先要采取的措施等。俄罗斯的安全部门使用了一个名为"操作与调查程序系统"的网络监视系统对互联网信息进行监视，这个系统的俄文缩写为 SORM-2。俄罗斯此举的目的一部分是为了对抗美国国家安全局，因为美国国家安全局早就实现了对全球通信的监视。

日本强调，"信息安全保障是日本曾和安全保障体系的核心"，由它实现的最高国家利益可最终解决"经济大国"与"政治小国"和"军事强国"这一矛盾。日本从 1999 年开始制定国家信息通信技术发展战略，1999 拟定了《21 世纪信息通信构想》和《信息通信产业技术战略》；2000 年 3 月，日本政府对 1996 年制定的《21 世纪信息通信技术研究开发基本计划》再次进行了修改。日本还加紧制定与信息安全相关的政策、法律和法规。2000 年 6 月 8 日，邮政省公布了《信息通信网络安全可靠性基础》；2000 年 12 月，发布了《IT 安全政策政策指南》。政府还设立了几个信息安全组织机构。2000 年 2 月，在内阁秘书处成立信息安全措施促进办公室；2000 年 2 月 29 日，日本首相决定成立三个重要机构：即由每个政府部门或机构委派的负责 IT 安全的首长组成的"综合安全保障阁僚会议"，旨在从安全保障的角度将信息、经济、外交等政策统一起来，协调各有关行政机构的工作，另外两个机构分别是 IT 安全专家委员会和内阁办公室下的 IT 安全分局。日本政府采取多种政策措施提高产业竞争能力；2000 年 6 月 23 日，日本通产省宣布放宽企业向国外提供网络密码技术的出口限制；2000 年，日本政府拨款 24 亿日元，以通产省和邮政省为主，加紧研究开发提高计算机系统保密和安全性能的技术，以便在 2003 年之前建成使用计算机处理办公事务的"电子政府"；2000 年 4 月，日本通产省和邮政省成立了密码技术评价委员会；2001 年 4 月，开始实行"安全测评认证制度"。

韩国政府将投资 2777 亿元（韩币）发展国内信息安全技术工程。为欲争成为世界 5 大信息安全技术强国并实现知识信息化社会，韩国情报通信部发表了"信息安全技术开发 5 年计划"，计划投资 2777 亿元以产、学、研等形式共同开发国内信息安全核心技术。韩国情报通信部决定，总投资 900 亿韩元，开发下一代能动型网络信息保护系统。该系统可以在信息通信网一旦受到网络攻击时自动提供保护，是一种能够摆脱信息通信网的安全漏洞，并将黑客或信息外流从源头加以阻断的世界高水平的能动型信息保护系统。具体开发课题包括：安全引擎及安全节点系统开发、入侵忍耐型安全网络技术的开发和用户中心的各个安全级别的服务技术开发。

美国《2014 财年国防预算优先项和选择》中提出整编 133 支网络部队计划；加拿大《全面数字化国家计划》中提出包括加强网络安全防御能力在内的 39 项新举措；日本《网络安全基本法案》中规划设立统筹网络安全事务的"网络安全战略总部"。与此同时，围绕网络空间的国际竞争与合作也愈演愈烈。

2015 年 4 月，美国五角大楼发布新版网络安全战略概要，首次公开表示要把网络战作为今后军事冲突的战术选项之一，明确提出要提高美军在网络空间的威慑和进攻能力。这份 33 页新的网络安全战略概要提出了三大任务，而为了完成这些任务，美军将组建一支包括 133 个小组的网军。美国防部 2011 年 7 月首次发布网络安全战略报告，强调防御，但几乎没有提及美军在网络空间的威慑和进攻能力。但这次，五角大楼的领导者在过去一年中越来越公开地表达着这方面的诉求。美国政府和企业受到的网络攻击比先前更严重和复杂，"国防部必须能够向总统提供更多应对冲突升级的选项……应该有能力使用网络行动破坏敌方指挥和控制网络、相关军事的关键基础设施和武器作战能力"。

10.2　网络空间安全与治理基础知识

什么是互联网、因特网、万维网，三者有何相互关系，国际电信联盟及其国际标准，国际互联网名称与数字地址分配机构，网络空间域名解析体系风险分析，IPv4 与 IPv6 主要特点及发展趋势是本节主要内容。

10.2.1　互联网、因特网、万维网及三者的关系

互联网（internet），即广域网、局域网及单机按照一定的通信协议组成的国际计算机网络。互联网是指将两台计算机或者是两台以上的计算机终端、客户端、服务端通过计算机信息技术的手段互相联系起来的结果，人们可以与远在千里之外的朋友相互发送邮件、共同完成一项工作、共同娱乐。资源的共享化，服务对象化，现实应用互联网在现实生活中应用很广泛。

互联网、因特网、万维网三者的关系是：互联网包含因特网，因特网包含万维网。凡是能彼此通信的设备组成的网络就叫互联网。所以，即使仅有两台机器，不论用何种技术使其彼此通信，也叫互联网。国际标准的互联网写法是 internet，字母 i 一定要小写。因特网是互联网的一种。因特网可不是仅有两台机器组成的互联网，它是由上千万台设备组成的互联网。因特网使用 TCP/IP 让不同的设备可以彼此通信。但使用 TCP/IP 的网络并不一定是因特网，一个局域网也可以使用 TCP/IP。判断自己是否接入的是因特网，首先是看自己的计算机是否安装了 TCP/IP，其次看是否拥有一个公网地址(所谓公网地址，就是所有私网地址以外的地址)。国际标准的因特网写法是 Internet，字母 I 一定要大写。

因特网是基于 TCP/IP 实现的，TCP/IP 由很多协议组成，不同类型的协议又被放在不同的层，其中，位于应用层的协议就有很多，比如 FTP、SMTP、HTTP。只要应用层使用的是 HTTP，就称为万维网(World Wide Web)。之所以在浏览器里输入百度网址时，能看见百度网提供的网页，就是因为个人浏览器和百度网的服务器之间使用的是 HTTP 在交流。

互联网始于 1969 年，是美军在 ARPA(阿帕网，美国国防部研究计划署)制定的协定下将美国西南部的大学 UCLA(加利福尼亚大学洛杉矶分校)、Stanford Research Institute(斯坦福大学研究学院)、UCSB(加利福尼亚大学)和 University of Utah(犹他州大学)的 4 台主要的计算机连接起来。这个协定由剑桥大学的 BBN 和 MA 执行，在 1969 年 12 月开始联机。到 1970 年 6 月，MIT(麻省理工学院)、Harvard University(哈佛大学)、BBN 和 Systems Development Corp.in Santa Monica(加州圣达莫尼卡系统发展公司)加入进来。到 1972 年 1 月，Stanford University(斯坦福大学)、MIT Lincoln Labs(麻省理工学院的林肯实验室)、Carnegie-Mellon(卡内基梅隆大学)加入进来。紧接着的几个月内 NASA(国家航空和宇宙航行局)、Mitre、Burroughs、RAND(兰德公司)和 Universiyt of Illinois(伊利诺利州大学)也加入进来。1983 年，美国国防部将阿帕网分为军网和民网，渐渐扩大为今天的互联网。

1989 年，在普及互联网应用的历史上又一个重大的事件发生了。Tim Berners 和其他在欧洲粒子物理实验室的人——这些人在欧洲粒子物理研究所非常出名，提出了一个分类互联网信息的协议。这个超文本协议(HTTP)，1991 年后称为万维网(World Wide Web)，基于超文本协议(HTTP)，在一个文字中嵌入另一段文字的连接的系统，阅读这些页面的时候，可以随时用它们选择一段文字链接。

由于最开始互联网是由政府部门投资建设的，所以它最初只是限于研究部门、学校和政府部门使用。除了以直接服务于研究部门和学校的商业应用之外，其他的商业行为是不允许的。20 世纪 90 年代初，当独立的商业网络开始发展起来，这种局面才被打破。这使得从一个商业站点发送信息到另一个商业站点而不经过政府资助的网络中枢成为可能。

1992 年 7 月开始电子邮件服务，1992 年 11 月开展了全方位的网络服务。在 1995 年 5 月，当 NFS(国际科学基金会)失去了互联网中枢的地位，所有关于商业站点的局限性的谣传都不复存在了，并且所有的信息传播都依赖商业网络。AOL(美国在线)、Prodigy 和 CompuServe(美国在线服务机构)也开始了网上服务。在这段时间里由于商业应用的广泛传播和教育机构自力更生，这使得 NFS 成本投资的损失是无法估量的。

1996 年 6 月 NFS 放弃了资助网络中枢和高等教育组织，开始研究提高网络大量高速的连接。

微软全面进入浏览器、服务器和互联网服务提供商（ISP）市场的转变已经完成，实现了基于互联网的商业公司。1998 年 6 月，微软的浏览器和 Windows 98 很好地集成桌面计算机促进互联网迅速成长，在互联网迅速发展壮大的时期，商业走进互联网的舞台对于寻找经济规律是不规则的。

10.2.2　国际互联网名称与数字地址分配机构

ICANN(The Internet Corporation for Assigned Names and Numbers，国际互联网名称与数字地址分配机构）是一个集合了全球网络界商业、技术及学术各领域专家的非盈利性国际组织，负责在全球范围内对互联网唯一标识符系统及其安全稳定的运营进行协调，包括互联网协议(IP)地址的空间分配、协议标识符的指派、通用顶级域名(gTLD)以及国家和地区顶级域名(ccTLD)系统的管理，以及根服务器系统的管理。

Internet 起源于美国，在 20 世纪 90 年代之前一直是一个为军事、科研服务的网络。在 20 世纪 90 年代初，由美国国家科学基金会为 Internet 提供资金并代表美国政府与 NSI 公司（Network Solutions）签定了协议，将 Internet 顶级域名系统的注册、协调与维护的职责都交给了 NSI。而 Internet 的地址资源分配则交由 IANA 来分配，由 IANA 将地址分配到 ARIN（北美地区)、RIPE（欧洲地区）和 APNIC（亚太地区），然后再由这些地区性组织将地址分配给各个 ISP。但是，随着 Internet 的全球性发展，越来越多的国家对由美国独自对 Internet 进行管理的方式表示不满，强烈呼吁对 Internet 的管理进行改革。

美国商业部在 1998 年年初发布了 Internet 域名和地址管理的绿皮书，认为美国政府有对 Internet 的直接管理权，因此在它发布后遭到了除美国外几乎所有国家及结构的反对。美国政府在征求了大量意见后，于 1998 年 6 月 5 日发布了"绿皮书"的修改稿"白皮书"。白皮书提议在保证稳定性、竞争性、民间协调性和充分代表性的原则下，在 1998 年 10 月成立了一个民间性的非盈利公司，即国际互联网名称与数字地址分配机构(The Internet Corporation for Assigned Names and Numbers，ICANN)。

ICANN 负责协调管理 DNS 各技术要素以确保普遍可解析性，使所有的互联网用户都能够找到有效的地址。它是通过监督互联网运作当中独特的技术标识符的分配以及顶级域名（如 ".com" ".info" 等）的授权来做到这一点的。在 ICANN 的框架中，政府和国际条约组织与致力于建造维护互联网的企业、团体以及专家保持着伙伴关系。互联网的创新和持续发展为保持其稳定性带来了新的挑战。ICANN 的成员通过共同合作来解决那些与 ICANN 技术协调使命直接相关的问题。

ICANN 由一个具有国际多样化的董事会管理，它监督政策的制定程序。ICANN 的总裁管理着一支国际员工队伍，这些员工在世界上的三大洲开展工作，从而确保 ICANN 实现对互联网团体所承担的义务。为能够响应快速变化的技术和经济形势，三个支持组织制定了灵活易行的政策制定程序。来自于个人用户组织的咨询委员会和各技术团体与支持组织合作，以制定适宜有效的政策。八十多个政府通过政府咨询委员会向董事会密切提出建议。

ICANN 理事会是 ICANN 的核心权利机构，共由 19 位理事组成：9 位 At-Large 理事，9 位来自 ICANN 三个支持组织提名的理事（每家三名）和一位总裁。根据 ICANN 的章程规定，它设立三个支持组织，从三个不同方面对 Internet 政策和构造进行协助、检查，以及提出建议。这些支持组织帮助促进了 Internet 政策的发展，并且在 Internet 技术管理上鼓励多样化和国际参与。

ICANN 引入了通用域名(gTLD，通用顶级域名）注册的竞争机制，从而把域名的成本降低了 80%，为消费者和企业每年节省 10 亿多美元的域名注册费。

ICANN 推行统一域名争议解决政策（Uniform Domain Name Dispute Resolution Policy, UDRP），该政策已被用于解决五千多起有关域名权的争议。UDRP 旨在提高效率，降低成本。

通过与有关的技术团体和利益攸关方协调，ICANN 采纳了使用国际化域名（IDN）的指导方针，从而为使用上百种语言进行域名注册铺平了道路。

IANA 为地区互联网注册机构制定 IPv4 地址段分配政策。

地址支持小组（ASO）拟定了一项新的关于 IANA 为地区互联网注册机构分配 IPv4 地址段问题的政策。ASO 在 2004 年 9 月 3 日向 ICANN 董事会递交了这份草案希望能够通过，同时表示该政策同 4 大 RIR 地区的当地政策发展是一致的。

这项新的政策有望取代先前 IANA 与 4 大 RIR 关于 IPv4 地址分配的操作协议。2005 年 2 月 18 日，ICANN 董事会决定试行这一政策，并表示在最终通过此政策之前要公开征求意见与评议。

根据目前 ICANN（互联网名称与数字地址分配机构）的规则，任何人只要注册了一个新域名，那么注册者从注册当日起，将获得为期 5 天的域名宽限期。若是注册者对域名不满意，那么 5 天之内域名注册者可以取消域名，并获得全额退款。这项政策的初衷是为了防止注册人因拼写错误而注册错误域名，或是干脆对域名不满意时获得方便。

但是由于为期 5 天的注册时间有些 "过长"，数以万计的域名被注册了之后当作免费域名试验品进行测试，若是效果不理想，就退订域名获得赔款。据 ICANN 自己统计的数字，在 2007 年 1 月仅通过前 10 名域名注册代理机构返回的退款域名就有 4500 万个。

国际互联网名称和编号分配公司（ICANN）负责人称，该组织从 2010 年第一季度起放开对互联网域名注册的限制。无论是公司还是网民都有可能自由注册个性化域名。当 ICANN 宣布开放新通用顶级域名(gTLD)申请的消息一经传出，立即引起了全球的广泛关注，有人甚至将此喻为"互联网体系至今为止最大的一次变革"。

目前，包括.com、.net、.org、.mobi 在内全球共有 21 个互联网顶级域名，ICANN 则计划将其增加到约五百个。ICANN 将之前严格限制的新通用顶级域名的规则改为凡符合新申请条件的公司、注册机构、组织都可以提交申请，并成为该新通用顶级域名注册局。而中国作为新兴的庞大互联网群体，ICANN 非常愿意探讨该计划在中国落地的相关策略，并在新通用域名申请计划中支持中文等相关语言。

10.2.3　国际电信联盟及其国际标准

国际电信联盟 (International Telecommunication Union，ITU，简称国际电联) 是联合国负责国际电信事务的专门机构，是世界上历史最悠久的国际组织。其前身为根据 1865 年签订的《国际电报公约》而成立的国际电报联盟。1932 年，七十多个国家的代表在马德里开会，决定把《国际电报公约》和《国际无线电公约》合并为《国际电信公约》并将国际电报联盟改名为国际电信联盟。1934 年 1 月 1 日新公约生效，该联盟正式成立。1947 年，国际电信联盟成为联合国的一个专门机构，总部从瑞士的伯尔尼迁到日内瓦。

ITU 是联合国的 15 个专门机构之一，但在法律上不是联合国附属机构，它的决议和活动不需联合国批准，但每年要向联合国提出工作报告。

ITU 的组织结构主要分为电信标准化部门(ITU-T)、无线电通信部门(ITU-R)和电信发展部门(ITU-D)。ITU 每年召开一次理事会，每 4 年召开一次全权代表大会、世界电信标准大会和世界电信发展大会，每两年召开一次世界无线电通信大会。

国际电信联盟的一项主要工作是通过建设信息通信基础设施，大力促进能力建设和加强网络安全以提高人们使用网络空间的信心，弥合所谓的数字鸿沟。实现网络安全和网络和平是信息时代人们最为关注的问题，国际电联正在通过其具有里程碑意义的全球网络安全议程采取切实可行的措施。

通过向努力制定电信发展战略的国家提供支持，国际电联开展的所有工作均围绕着一个目标，即让所有人均能够以可承受的价格方便地获取信息和通信服务，从而为全人类的经济和社会发展做出重大贡献。

国际电联既吸收各国政府作为成员国加入，也吸收运营商，设备制造商，融资机构，研发机构和国际及区域电信组织等私营机构作为部门成员加盟。

随着电信在全面推动全球经济活动中的作用与日俱增，加入国际电联使政府和私营机构能够在这个拥有一百四十多年世界电信网络建设经验的机构中发挥积极作用。

国际电信联盟通过加入这一世界上规模最大、最受尊重和最有影响的全球电信机构，政府和行业都能确保其意见得到表达，并有力和有效地推进发展我们周围的世界再次旧貌换新颜。

私营公司及其他机构可以根据其关注领域，选择加入国际电联三个部门当中的一个或多个。无论通过出席大会、全会及技术会议，还是从事日常工作，成员都可以享受到独特的交流机会和广泛的结交环境，讨论问题并结成业务与合作关系。国际电联部门成员也开展标准制定工作，用以支持未来的电信系统和造就明天的网络与服务。

国际电联《组织法》规定，国际电联有责任对频谱和频率指配，以及卫星轨道位置和其他参数进行分配和登记，"以避免不同国家间的无线电电台出现有害干扰"。世界无线电通信大会审议并修订《无线电规则》，确立国际电联成员国使用无线电频率和卫星轨道框架的国际条约，并按照相关议程，审议属于其职权范围的、任何世界性的问题。从实施《无线电规则》，到制定有关无线电系统和频谱/轨道资源使用的建议书和导则，ITU-R 通过开展种类繁多的活动在全球无线电频谱和卫星轨道管理方面发挥着关键作用。

国际电联因标准制定工作而享有盛名。标准制定是其最早开始从事的工作。身处全球发展最为迅猛的行业，电信标准化部门坚持走不断发展的道路，简化工作方法，采用更为灵活的协作方式，满足日趋复杂的市场需求。来自世界各地的行业、公共部门和研发实体的专家定期会面，共同制定错综复杂的技术规范，以确保各类通信系统可与构成当今繁复的 ICT 网络与业务的多种网元实现无缝的互操作。

合作使行业内的主要竞争对手握手言和，着眼于就新技术达成全球共识，ITU-T 的标准(又称建议书)是作为各项经济活动的命脉的当代信息和通信网络的根基。对制造商而言，这些标准是他们打入世界市场的方便之门，有利于在生产与配送方面实现规模经济，因为他们深知，符合 ITU-T 标准的系统将通行全球：无论是对电信巨头、跨国公司的采购者还是普通的消费者，这些标准都可确保其采购的设备能够轻而易举地与其他现有系统相互集成。

在国际标准化组织中，提出标准建议稿的立项方式和立项定位大体分为以下 5 种情况：① 提案被采纳，作某一重要标准的修订的一部分，或几段；② 提案被采纳，作某一重要标准的更正；③ 提案被采纳，作某一重要标准的修订的一部分，与其他几个部分共同组成一个重要国际标准；④ 提案被采纳，作某一重要标准的补充；⑤ 提案被采纳，作某一个独立的重要标准，如 X.85、X.86。国际标准的影响非常大，一般一项国际标准从提出文稿到批准为标准至少需要两年，往后的 3～5 年需要对它进行不断的维护和完善。被批准为国际标准需要得到 189 个国家和六百多个工业组织及众多厂商的认可。所以国际标准制定是涉及重大创新、知识产权、市场、开发的综合能力的体现。

国际电联在信息和通信技术领域一直保持领先地位。它定义并通过的全球认可的技术标准帮助业界在世界范围内实现了人与设备的无缝连通。国际电联还在全球成功地进行了无线电频谱使用的管理，确保所有国际无线通信互不干扰，从而保障重要信息和经济数据在全世界的传送。

国际电联在促进全球电信发展的同时，也通过在发展政策、监管框架和战略方面提供咨询和技术转让、网络安全、管理、融资、网络安装和维护、减灾和能力建设方面提供特别技术援助，推进发展中国家电信的部署。

毫无疑问，国际电联的最大成就在于它在国际电信网络创建过程中所发挥的至关重要的作用，这是迄今为止人类创造的最大规模的作品。今天，由于互联网、移动无线电话、融合战略及其他方面的发展，我们可以通过网络保持联系，了解世界各地的新闻和娱乐，网络使人们享用庞大的全球信息库存，支撑全球经济的发展。

10.2.4　网络空间域名解析体系风险分析

目前的国际互联网域名分配与管理格局对各国来说并不平等，实际上是各国与"国际互联网域名与 IP 地址分配机构（ICANN）"签约所形成，是一种"出租方"与"承租方"的关系；而 ICANN 是 1998 年 10 月在美国加州成立的非盈利机构，受美国商务部的管理。从这个意义上讲，依据"ICANN | ccTLD Sponsorship Agreement（.cn ccTLD）"协议，由中国负责".cn"这个顶级域名的管理，相当于中国与美国签订国家级顶级域名解析分配协议，其实两者之间并不具有平等关系。

美国政府已经承诺可以视情况将 ICANN 交给一个国际组织管理。如果这一承诺确实兑现，在最理想的情况下，可以视为各国把部分管理权力让渡给这个 ICANN 机构的国际组织，从而保证各国在互联网域名分配方面的平等性。

除了美国之外，各国实际上并不具备对本国互联网独立运行的能力，这是因为国际互联网的域名解析体系采取的是中心式分层管理模式，使得各国互联网的运行从域名解析的角度高度依赖于位于美国的原根域名解析服务器。所谓中心式，是指所有的域名解析过程都是从根域名开始自顶向下，从而根域名解析服务器成为整个国际互联网的控制点，任何在互联网上的访问行为通常都脱离不了根域名解析服务器的授权；所谓分层，是在顶级域名（如.cn，.kr，.com，.info）体系之下，还可以形成二级、三级直至多级域名定义体系，使得各国可以管理本国的低层域名解析行为，但这些都依赖于其顶级域名的合理存在。

就具体的域名解析过程来说，在网络当中设置了大量的递归解析服务器用于直接受理网络用户的域名解析请求，通过负载均衡提高解析效率。但这些递归解析服务器主要是依靠保存来自权威域名解析服务器的解析结果来提供给请求解析的用户，仅仅是承担着负载均衡与缓存的作用。对于在缓存中没有记录的或记录过期的域名解析请求，递归服务器还需要从国际根域名解析服务器开始逐层请求解析，从而形成了国际互联网被集中控制的客观效果。就是说，国际根域名服务器决定了各级域名的存在性及逐层解析能力。原理上，根域名解析服务器还可以对请求解析的源 IP 地址做限制，例如，拒绝响应来自某个国家内 IP 地址的域名解析请求。

由于域名解析中心式管理模式的存在，使得各国互联网不具备只凭借自身也能够独立运行的能力。在这种体系架构下，域名解析存在着两种风险。一种是本国域名被封杀的风险，即只要在原根域名解析服务器中删除该国的顶级域名注册记录，即可让世界各国都无法访问这个国家域名下的网站，在这种情况下，该域名的多层解析体系也会跟着土崩瓦解。就是说，如果美国决定抛弃哪个国家的互联网，只要简单修改原根域名解析数据，被抛弃的国家基本上无还手之力。据报道，伊拉克、利比亚的顶级域名曾经先后被从原根域名解析服务器中抹掉了数天。这是一种"一国互联网体系被从国际互联网社会抹掉的风险"，人们称之为"利比亚式风险"。

另一种情况是无法接入国际互联网风险，即只要原根域名解析服务器及其所有从服务器、镜像服务器拒绝为一个国家的所有递归解析服务器的 IP 地址提供根域名解析服务，依赖这个国家递归解析服务器的网络用户就会因无法获得域名解析服务而无法上网。传言历史上索马里曾遭遇过这种封杀。这是一种"一国网络用户被限制到互联网上访问的风险"，人们称之为"索马里式风险"。

当然，还有一种可能出现断网的极端情况，就是切断一个国家的互联网通往国际社会的所有网络通道。在这种情况下，依赖国际根域名解析体系的互联网在这个国家内部也同样无法运转。当然，封杀一个国家的互联网，需要所有直接连向这个国家互联网的那些国家的配合才能完成，这就如同美国的全球导弹防御系统一样，需要组织其他国家才能包围一个国家。这是一种"一国互联网被切断成为孤岛的风险"，人们称之为"八国联军式风险"。

10.2.5　现代信息化体系网络作战的攻击方法

美国著名未来学家托夫勒所预言："计算机网络的建立与普及将彻底地改变人类生存及生活的模式，而控制与掌握网络的人就是主宰。谁掌握了信息，控制了网络，谁就将拥有整个世界。"在互联网时代，信息网络正在向全球的各个角落辐射，其触角伸向了社会的各个领域，成为当今和未来信息社会的联系纽带。重要的信息网络系统成为维系国家和军队的命脉和战略资源，一旦这些网络系统被攻陷，整个国家的安全就面临着崩溃的危险。因此在信息化战争中，谁在网络空间的角逐中占据优势，谁就能占据 21 世纪战争的战略主动权。

所谓基于现代信息化体系的网络作战，是指高度依赖于信息、信息系统和信息化武器装备，在信息网络空间展开，对敌方的战争体系或作战体系进行网络摧毁和破坏的作战行动。它是一种以信息主导、体系对抗、网电一体为主要特征的全新作战形式。网络作战的根本目的是通过对计算机网络信息处理层的破坏和保护，来降低敌方网络信息系统的使用效能，保护己方网络信息系统的正常运转，进而夺取和保持网络空间的控制权。网络空间的虚拟性、瞬时性和异地性等特征，赋予网络作战隐蔽无形、攻防兼备、全向渗透的优势；而网络作战简单易施、隐蔽性强等特点又使得它可以较低的成本获得非常高的军事效益。因此，网络作战所达成的作战效果是传统军事手段难以比拟的。

通过计算机信息网络系统对其他各相关系统进行有效控制，将计算机网络的信息优势转化为时空优势、决策优势和行动优势，从而产生和释放更大的作战效能。这种现代信息化体系的网络作战，向我们展示了一幅全新的战争画卷：作战空间和领域从传统的陆、海、空，向电磁领域向网络空间延伸，使未来战场空间呈现出由区域向全域、由地面向天空、由有形战场向无形战场全方位和全维域扩展的趋势。全空间和领域之间形成了网络化的相互关联、相互影响、相互渗透的体系关系，任何局部行动或对抗都可能牵一发而动全身，触发信息主导下的整体对抗。如今，以计算机为核心的信息网络系统已经成为现代化军队的神经中枢，传感器网、指挥控制网、武器平台网等网络，将成为信息化战争的中心和重要依托。一旦计算机网络遭到攻击并被摧毁，整个军队的战斗力就会大幅度降低甚至完全丧失，国家军事机器就会处于瘫痪状态，国家安全将受到严重威胁。随着社会形态由工业化向信息化转变，军事对抗的重心与焦点正由有形的地理空间向无形的计算机网络空间拓展，网络成为继陆、海、空、天、电之后的"第六维战场"。

网络进攻是指通过侵入敌方计算机网络系统，窃取、修改或破坏敌方信息，散布对敌方不利的信息，或破坏敌方网络系统的硬件和软件，从而降低或破坏敌方网络系统的作战效能。它是利用敌方网络系统自身存在的漏洞或薄弱环节，通过网络的指令或者是专用的软件进入敌方的网络系统进行破坏，或者是使用强电磁武器摧毁它的硬件设备，通俗的说法叫"破网"。实施破网攻击的前提是破解敌方网络系统的"安全阀门"，并发现网络系统存在的安全漏洞，然后采取相应的方法进行攻击。在网络时代，军用网络系统已经成为高技术战争的神经中枢，一旦网络系统遭到攻击，整个军队的战斗力就会降低甚至丧失。因此，是否具有网络战能力，尤其是网络进攻能力，将成为衡量一个国家军事实力的重要标志。

1. 网络攻击模式

基于现代信息化体系的网络作战攻击模式主要有三种：一是体系结构破坏模式，即通过发送计算机病毒、逻辑炸弹等方法破坏敌方网络系统的体系结构，造成敌方指挥控制系统的结构性瘫痪。二是信息误导模式，即向敌方网络系统传输假情报，改变敌方军事网络系统功能，可对敌方决策与指挥控制产生信息误导和流程误导。三是综合破坏模式，即综合利用体系破坏和信息误导，并与其他信息作战样式紧密结合，对敌方军事网络系统特别是指挥控制网络系统造成多重杀伤功效。

2. 网络进攻战法。

网络作战具有与传统作战不同的作战方法，具体主要包括以下一些内容：一是网络虚拟战。网络虚拟战是运用计算机成像、电子显示、语音识别和合成、传感等技术为基础的新兴综合应用技术，在网络战场以虚拟现实的形式实施的网络作战。二是网络破袭战。网络破袭战主要是通过摧毁敌方网络系统的物理设备达到瘫痪敌方军事网络系统的目的，一般它是采取突然袭击的方式，用以摧毁、破坏敌方电子网络系统，可分为火力破击和电子破击。三是网络病毒战。网络病毒战是把具有大规模破坏作用的计算机恶性病毒，利用一定的传播途径，传入敌方雷达、导弹、卫星和自动化指挥控制中心的计算机信息情报搜集系统中，在关键时刻使病毒发作，并不断地传播、感染、扩散，侵害敌系统软件，使其整个系统瘫痪。

3. 网络攻击方式

网络作战攻击方式是指利用敌方网络系统的安全缺陷，窃取、修改、伪造或破坏信息，以及降低和破坏敌方网络使用效能而采取的各种攻击方式。由于计算机硬件和软件、网络协议和结构以及网络管理等方面不可避免地存在安全漏洞，使得网络攻击方式有多种多样。一般常见的网络攻击方式主要有节点破坏、拒绝服务攻击、入侵攻击、物理实体攻击、网络欺骗攻击、邮件攻击和信道干扰等。

10.3　网络空间安全与治理应用分析

本节主要内容包括网络信息安全与现代信息社会的关系，国家网络信息空间安全与发展战略文化，网络主权是国家主权在网络环境下的自然延伸，基于国家顶级域名联盟的自治根域名解析体系，产学研用管五位一体保障网络信息安全，自主可控是保障网络信息安全的内在需要。

10.3.1　网络信息安全与现代信息社会的关系

美国著名的未来学家 Alvin Toffler 很早就预感到信息革命的巨大影响，出版了他的《第三次浪潮》等系列名著。他深刻地指出：计算机网络的建立与普及将彻底地改变人类的生存及生活模式，而控制与掌握网络的人就是人类未来命运的主宰。谁掌握了信息，控制了网络，谁就拥有整个世界。

信息是资源，它与物质、能源一起构成人类生存发展的三大支柱，已经成为越来越多的人们的共识。信息社会对人类的满足已经从物质生活的衣、食、住、行、用拓宽到深层精神生活的听、看、想、说、研。现代化的信息手段对于人类的社会管理、生产活动、经济贸易、科学研究、学校教育、文化生活、医疗保健以至战争方式都产生了空前深刻的巨大影响。

人类社会是一个有序运作的实体，理想、信念、道德、法规从不同层面维系社会秩序。传统的一切准则在电子信息环境中如何体现与维护，到现在为止并没有根本解决。理念、法规和技术都在发展完善的过程之中。信息化以通信和计算机为技术基础，以数字化和网络化为技术特点。它有别于传统方式的信息获取、储存、处理、传输、使用，从而也给现代社会的正常发展带来了一系列的前所未有的风险和威胁。

从 Internet 国际互联网的发展来看，它最初是美国军方出于预防核战争对军事指挥系统的毁灭性打击提出的研究课题，之后将其军事用途分离出去，并在科研、教育的校园环境中进一步完善，就变成了解决互联、互通、互操作的技术课题。校园环境理想的技术、信息共享使 Internet 的发展忽略了安全问题。20 世纪 90 年代后它从校园环境走上了社会应用，商业应用的需要使人们意识到了忽视安全的危害。尽管校园环境的孩子们涉世不深，缺乏社会责任感，但其中许多对计算机游戏钟爱至深，有相当一批后来成了技艺超群的计算机玩家（早年的黑客），有的成为当今社会信息产业界的开拓先驱，而有的则成为害群之马。他们的继承者越来越多，在网上存在利益的今天，他们的行为从另一个方面向人们揭示了信息系统的脆弱性，引起人们对信息安全的空前重视。

人们对信息安全的需求随着时代发展而不断的提高。首先人们意识到的是信息保密。在近代历史上已成为战争的情报军事手段和政府专用技术。在传统信息环境中，普通人通过邮政系统发送信件，为了个人隐私还要装上个信封。可是到了使用数字化电子信息的今天，以 0、1 比特串编码在网上传来传去，连个"信封"都没有，我们发的电子邮件都是"明信片"，那还有什么秘密可讲!因此，就提出了信息安全中的保密性需求。

在传统社会中,不相识的人们相互建立信任需要介绍信，并且在上面签上名，盖上章。那么在电子信息环境中应如何签名盖章，怎么知道信息真实的发送者和接收者，怎么知道信息是真实的，并且在法律意义上做到责任的不可抵赖等，为此，人们归纳信息安全时提出了完整性和不可否认性的需求。

人们还意识到信息和信息系统都是它的所有者花费了代价建设起来的。但是，存在着由于计算机病毒或其他人为的原因可能造成的对主人的拒绝服务，被他人滥用机密或信息的情况。因而，又提出了信息安全中的可用性需求。

由于社会中存在不法分子，地球上各国之间还时有由于意识形态和利益冲突造成的敌对行为，政府对社会的监控管理行为（如搭线监听犯罪分子的通信）在社会广泛使用信息安全设施和装置时可能受到严重影响，以至不能实施，因而就出现了信息安全中的可控性需求。

信息化的现代文明使人类在知识经济的概念下推动社会发展与进步的趋势已初见端倪，但与此同时"信息战"的阴影也已隐约升空。信息安全对现代社会健康有序发展，保障国家安全、社会稳定肩负着不可或缺的重要作用，对信息革命的成败有着关键的影响。不是在数字化中安全生存，就是在数字化中衰亡——美好和严酷就这样摆在人们的面前。

10.3.2　国家网络信息空间安全与发展战略文化

近年来，随着信息技术的广泛应用和互联网迅速普及，信息浪潮对人类社会的冲击体现出前所未有的渗透力，以互联网为主体的网络空间成为陆海空天电实体空间之外的"第二类"生存空间，人们的生产方式、生活模式、文化生态和冲突形态悄然发生了变化，信息的控制与反控制成为事关生产力水平、文化影响力和国防实力的重心，人类社会进入"控"时代（网络时代）。一方面，信息化带来的自动化和智能化增加了被控制的风险。随着信息化程度的不断提升，社会运转的自动化和智能化程度日益提升，"以信息为主导，以网络为载体的信息化社会"已经成形。尤其是美国网络空间司令部的推出，明确将网络空间作为独立的作战领域，信息控制与反控制上升到战争范畴。2010 年，"震网"病毒发端中东，席卷全球，依托互联网，利用西门子工业控制系统，打开了信息代码毁瘫物理空间的潘多拉盒子。另一方面，全球互联的网络空间在加强信息流动的同时，催生了控制人心、控制社会、颠覆政权的新模式。信息安全进入"控"时代的一个重要特征，就是当今世界已经不仅是"暴力与金钱控制的时代"，"核弹与火箭"退居幕后，信息所代表的"意志与思想"走向台前。争夺话语权、网络控制权、信息发布权、规则制定权、文化领导权等"软权力"成为国家综合国力竞争的焦点。互联网上的信息控制与反控制，成为网络时代信息安全的重要表现形式，成为巩固执政党地位，维护社会稳定的重中之重。

随着政治体系、国民经济和军事系统和文化产业运行的信息化程度日益提升，信息威胁已经成为国家安全的核心威胁，是涵盖国家战略和军事战略全局稳定的重大问题。尤其是互联网时代的到来，催生出信息的更高级形式——大数据，对数据的占有和控制甚至作为陆权、海权、空权之外的另一种国家核心资产，成为国家发展的“新石油”，依托网络空间促进国家安全与发展，已经成为世界的共识。

首先，网络空间承载着先进的生产力。“棱镜门”折射出美国从软件系统到硬件设施完整的产业链。在一定程度上说明了网络空间铸就了人类社会经济发展的新引擎。互联网毫无疑问已经是人类历史上最伟大的发明之一。网络经济对世界 GDP 贡献率逐年跃升，2010年已经成为美国的第一大经济，当前，美国主流媒体发布的信息量，是世界其他国家发布的总信息量的 100 倍。有预计称，中国 2015 年将取代美国成为全球最大的电子商务市场。世界第一、二大经济体的美国和中国，已成为网络经济的最大受益者。世界正以网络空间为纽带，形成一个巨大的“经济共同体”。

其次，网络空间催生出新的文化力。网络空间已成为人类社会生存的“第二类空间”，“棱镜门”折射的是一个国家、民族的道德水准和文化品质，事关人类社会的文明。网络空间不再是实体空间的附属品。它前所未有地拓展了人们生存的深度、宽度和广度，并承载了大量的私密信息，催生了网络文化，成为人类社会共同的精神乐园。

另外，网络空间蕴藏着新质国防力。网络空间悄无声息地穿越传统国界的限制，把整个世界前所未有地连接在一起。因此，不同于美国当年在广岛、长崎扔核弹，在伊朗释放“震网”病毒，不仅让德黑兰的一千多台离心机瘫痪，而且感染了大半个世界。网络攻击的波及面之大，危害性之深，可能让整个人类社会都承受恶果。任何一个国家都不能独自确保网络空间安全，维护网络时代国防需要提升网络空间新质国防力。

战略文化体系的建立，直接关系到国家意识形态层面的信息传播力、吸引力、凝聚力和控制力。面对我国信息安全“控”时代战略缺失和需求增长之间的矛盾，信息安全文化体系建设刻不容缓。国家信息安全文化体系主要包括三个层面的内容：国家安全与发展战略文化层面，关键是树立全新的国家安全与发展观，推动国家信息安全战略出台。政府和企业行为文化层面，关键是树立正确的服务意识和创新思维，推动“向改革要红利”。法制文化是实现信息控制的关键举措，也属于这个层面。科学技术文化层面，关键是培养自主创新、源头创新的文化氛围，推动形成自主可控的科学技术体系。

10.3.3　网络主权是国家主权在网络环境下的自然延伸

网络基础设施有国界，网民有祖国，网络公司有国家属性。网络主权是国家主权在网络环境下的自然延伸，互联网时代，国家主权从领土、领空、领海等领域拓展到“信息边疆”等新领域。全球互联网的互联互通以及网络空间的形成，是各国互联网自身建设与运行的结果。各国加强对本国网络空间的监管既是必然的，也是对保障全球互联网有序稳定运行和全球网络空间治理的一种责任承担。

联合国从 2004 年起就成立了由 15 国参与的“从国际安全的角度来看信息和电信领域发展政府专家组”，持续研究信息安全领域的现存威胁和潜在威胁以及为应对这些威胁可能采取的合作措施。2013 年 6 月，联合国公布该工作组第三次报告，其中第二十条指出："国家主权和源自主权的国际规范和原则适用于国家进行的通信技术活动，以及国家在其领土内对通信技术基础设施的管辖权"。这说明"网络主权"理念已被联合国所认可和接受，国家主权在网络行为上是行之有效的。

当前，网络空间国际行为规则体系尚未形成，网络资源分配极不均衡，各国网络行为能力存在巨大差异，一些国家滥用技术和资源优势，对其他国家实施大规模网络监控和网络攻击，并通过网络传播干预他国舆论环境，对国际秩序、国家安全和社会稳定形成重大威胁，强调网络主权原则就有了现实的必要性和紧迫性。

其一，网络时代的国家利益已发展出全新的内涵。网络空间的可信、稳定和安全是一国经济社会运行的重要保障，网络数据信息蕴含着重要的经济、政治和军事价值，这些都构成了国家利益的新型要素。确立网络主权是维护网络空间国家利益的基本保障。

其二，网络时代的国家安全面临着全新挑战。防止源于网络空间的安全威胁或通过网络空间发起的攻击影响其他领域的稳定，已成为国家安全的重大关切。由于以互联网为核心的网络空间在安全设计上的缺失，多数国家应对威胁能力不足，难以有效应对匿名和来源不明的网络攻击。如 2007 年，爱沙尼亚政府、新闻媒体和金融机构网站遭大规模拒绝服务式攻击，全国网络瘫痪数日。由于攻击源分散在多个国家，难以辨识幕后操纵者，对攻击者的反击更是无从着手。可见，网络安全有赖于对网络空间主权的尊重和保护。

其三，网络空间的和平发展关乎国际社会的共同命运。网络空间面临如何实现公平、和平、安全及可持续发展的问题。由于一些国家极力阻挠，联合国等政府间国际组织无法在制定网络空间国际公共政策方面发挥主导作用，特别是在面临网络资源的不公平分配、网络技术优势的滥用、网络空间的军事化趋势等问题时显得无能为力。在此意义上，没有网络主权也就没有国际网络秩序，确立网络主权，并加强政府间合作，才能形成解决问题的制度基础。

网络主权包括独立权、平等权、自卫权、管辖权 4 个基本权力。在网络空间，技术的水平决定了主权的维护能力。

第一是独立权，指本国的网络可以独立运行，无须受制于他国的权力。从管理手段上，由于根域名解析体制的缘故，各国的网络不能独立存在，目前还受制于美国。虽然美国国家电信和信息局已于 2014 年 3 月 14 日宣布将放弃对互联网名称与数字地址分配机构的监管权，称将会把监管职能移交给全球"多方利益相关者"、不可以由"主权国家"或者"政府间机构"接手，但只要美国的公司在"多边利益相关者"模式中占据优势，美国政府就可以天经地义地用美国国内法去管理该公司。

第二是平等权，指网络之间的互联互通是以平等协商的方式进行，不受管辖制约的权力。首先，平等权要确保各国的网络之间可以平等地进行互联互通，而非单方受惠的建设模式。其次，平等权要确保各国对网络系统具有平等的管理权，保证一国对本国互联网的管理不会伤及其他国家。现有的互联网相互依赖过强，互联网强势国家所制定的政策可能波及接受其服务的国家。再次，平等权还包括国家在其领网范围内的豁免权。

第三是自卫权，指主权国家对本国网络的任何攻击都应具有自我保卫的能力。首先，自卫权要确保网络系统处于自我保护之下，而不是依赖于他国，不应该有因境外系统被攻击而致使本国网络瘫痪的情况发生。其次，自卫权要确保本国具备设置网域疆界、隔离境外攻击、抵抗与反击网络攻击的能力。

第四是管辖权，指主权国家对本国的网络可以实施管理的权力，包括国家在领网范围内的立法管辖权、司法管辖权和行政管辖权，如准入许可、停止服务等。首先，管辖权要确保拥有对本国网络系统的管理能力。其次，管辖权类似于国际上的河床与河水的主权关系。一个国家对河床拥有主权，尽管河水来自上游国家，但上游国家不能输出被污染的河水。如果上游国家输出了被污染的河水，输入国要有自洁能力，而且对不打算自洁的输出国要有相应的应对措施。

10.3.4　基于国家顶级域名联盟的自治根域名解析体系

1. 我国面临国际域名解析体系的主要风险

一是防范本国顶级域名被从原根域名服务器中抹掉的"利比亚式风险"，采取中心化的根域名解析体系，受原根域名解析服务器唯一控制风险；二是防范本国递归域名解析服务器群被根域名解析服务器群拒绝解析而无法访问国际互联网的"索马里式风险"，递归域名解析服务器群被根域名解析服务器群拒绝解析受控制风险；三是防范本国被彻底从国际互联网中孤立的"八国联军式风险"，唯一访问根域名解析服务器方式受控制风险。

2. 国际域名解析体系风险方法比较

第一种风险最容易实施，因为只要简单地从原根域名解析服务器中抹掉指定国家的顶级域名注册记录即可。因此，应对"利比亚式风险"最为迫切。但是，构建去中心化的域名解析体系尽管技术上并不复杂，可是其涉及面很广，最需周密设计。

第二种风险实施起来并不容易。目前尽管只有一个原根及 12 个从根，但还有百余个镜像根，不像过去那样容易操纵所有根域名解析服务器来拒绝对某一国家的递归解析服务器所提出的解析请求。而且，网民自身也可以轻易地应对这种风险，因为网民只要选择境外未被封杀的递归解析服务器即可化解这一危机。

第三种风险应该说很难出现。只要一国在对外网络通路直连方面选择多国通道，尤其是选择友好国家的通路，就很难被他国所组织封杀。这是考虑到国内大量服务器采用通用顶级域名，因此需要通过缓存的方式来保存对位于境内的权威域名服务器的注册记录。当然，要求国内服务器同时注册境内、境外两个域名是根本的解决问题之道。

3. 建立基于国家顶级域名联盟的自治根域名解析体系

解决"利比亚式风险"的核心要点是域名解析体系的去中心化。我们必须接受 ICANN 组织作为中心的客观存在，但是，ICANN 的中心化只是表现在名字分配之上，以确保不会出现名字冲突。

在域名解析过程中，可以采用类似自治域间路由对等扩散的思路，构造一个"域名对等扩散"的方法，让各个顶级域名所有者不仅是向原根报告其解析服务器的地址信息，还向其他国家级根域名掌控者报告其顶级域名服务器的地址信息。同时，对各国家级根域名解析系统来说，直接交换过来的顶级域名解析服务器的地址信息显然比通过原根所转告的信息要更为可信。由此，那些对外发布自身顶级域名解析服务器地址信息的国家就不再会被国际根域名服务器所封杀。

首先，国家建设自治根域名解析系统，接收来自本国递归域名服务器的解析请求。国家自治根域名解析系统的数据库信息来自三个渠道：一是来自本国顶级域名的注册信息；二是来自其他国家的顶级域名交换信息；在上述信息不具备的情况下（例如通用顶级域名），采用来自国家原根域名解析数据库的信息，相当于对原根解析信息的镜像或者缓存。

其次，需要建设 4 个数据库，其中，主数据库是用于提供解析服务的"国家级根域名解析数据库"；再就是接受本国顶级域名注册信息的"本地注册数据库"、保存来自国际根域名解析服务器的"国际根域名镜像信息库"、保存接收自各国家级顶级域名解析服务器所对等扩散地址信息的"本地交换解析信息库"。

第三，构建国家级顶级域名联盟，吸收愿意构建本国自治根域名体系的国家甚至企业（如 VeriSign）加入。联盟内的成员之间协商顶级域名解析服务器地址信息的交换协议，并以全互联的方式相互通过可信通道交换相应的信息。在这种情况下，ICANN 可以看作联盟内的超级成员，因为各个顶级域名解析服务器仍然向 ICANN 提交自身的解析服务器地址信息，同时各国的根域名解析服务器也从 ICANN 的根域名服务器中获取包括通用顶级域名在内的解析服务器地址信息。同时，ICANN 还承担域名分配管理工作。

联盟内可以设立超级盟友。超级盟友之间不仅相互交换本国的顶级域名解析服务器地址信息，还可以相互之间代为提供解析请求，以便在超级盟友被国际根域名解析服务器拒绝提供服务时代为提供解析服务。

在这种方案中，联盟成员国只需要各自建设一个根域名解析服务器，在该服务器中建设一组数据库，包括"国家级根域名解析数据库"、"本地注册数据库"、"国际根域名镜像信息库"、"本地交换解析信息库"，建设联盟成员根域名解析服务器之间的可信交换通道。再就是各递归域名解析服务器需要指向国家级根域名解析服务器，而不是指向国际根。

4."国家级顶级域名联盟"方案与现存方案共存

本国内的所有递归域名解析服务器可以分成两类，一类仍然采用原来的方法直接指向国际根域名解析服务器，称为"原递归服务器"；另一类则直接指向本国根域名解析服务器，称为"新递归服务器"。由此，使用"原递归服务器"的用户实际上就是采用原有的域名解析体系；使用"新递归服务器"的用户实际上就是采用"国家级顶级域名联盟"的域名解析体系。在推广过程中，"新递归服务器"可以逐渐扩充，开始时只是参与测试的用户选用这种模式，随着这种模式的成熟，"新递归服务器"不断扩充，不断鼓励网民选用"新递归服务器"作为域名解析的配置。当然，更为有效的模式是用户在首选 DNS 与辅助 DNS 的配置中，分别选择"原递归服务器"和"新递归服务器"，以便提高解析的可靠性。

10.3.5　产学研用管五位一体保障网络信息安全

信息技术的发展，以其拓展人类感知、处理、存储、传递的能力，为人类开拓出崭新的生存空间。这种能力渗透到各行各业，显示了任何人，在任何地方，任何时间，高效高速地完成计算、通信、控制的潜能，使我们进入了无限遐想的信息革命时代。

新技术的双刃剑效应，使其在带给我们巨大正能量的同时，大量的事件在促使我们觉醒。电信欺诈、网络犯罪、网络传播的暴恐音视频、蛊惑人心的网络谣言几乎每天骚扰着我们。一个超级大国把网际空间作为第 5 维作战空间的国家战略，总统指令的公开宣示和建军备战。信息安全是涉及社会稳定、经济安全、国家安全，是威胁人类和平发展的重大问题。

1. 产业发达才能提供能力

"产"是信息产业，信息安全产业。它是生成规范化、规模化信息安全保障技术产品能力的实力集团。信息安全产业产生产品和服务，它们都是信息安全保障不可或缺的基础能力。原始创新的信息安全技术，在产业的集成下，转化为具有使用价值的产品和服务。奠定安全保障的基石。拥有发达领先的信息安全产业才能拥有先进坚实的信息安全保障。

由于信息安全涉及国家安全，没有自主可控的能力，落后就等于挨打，受制于人就可能任人绞杀，自己的安全必须自主解决，决不能幻想在开放的国际市场上能够买到不受霸权国家限制、控制、利用的信息安全产品。当然，也不应闭关自守，要学会在与平等待我的企业合作中交朋友，在学习借鉴中赶超，在拜师学艺中成长。

2. 学以致用，人才为本

"学"是院校，是所有培养研究机构。它是信息技术，信息安全技术和管理人才培养的基地。信息安全的纵深防御，根本在于依靠有能力的明白人选择实施信息安全控制技术和落实风险管理，事件处理。产学研用管都需要技术人才、管理人才。人是信息安全保障的第一要素。

我们缺乏有效的机制和环境保障专业人才的成长和使用。高水平的信息安全人才需要有博奕的视野，反向思维的能力，多学科结合的知识基础，实际操作的技能，这需要在综合的环境中进行培养。不学则无术，不练则无技，不实战则无实力。缺乏综合环境和有效的培养机制，使我们培养的信息安全人才，虽然增加了数量，但未提升质量，视野窄，思维差，缺实操的状况，使用人单位无法直接从院校获得合用人才。

3. 研发奠定基础，创新攀登高峰

"研"是信息安全科学研究，通常以高等院校和科研机构为基地开展。信息安全科学研究的理论创新，技术突破，为今天的信息安全保障奠定科学技术基础，为明天的信息安全保障进行探索。理论研究为未来探路，技术研发为产业供血，为应用奠基。

随着计算机网络化的应用深入到各行各业，支撑社会运作的关键基础设施保护（CIP）和作为关键基础设施核心的关键信息基础设施的保护（CIIP）受到高度重视。美国 2003 年制定的《保护网络空间的国家战略》中，提出了防止对美国关键基础设施的网络攻击；减少国家对网络攻击的脆弱性；在出现网络攻击时，尽量减少损失并缩短恢复时间等三项信息安全保障的战略目标。

2005 年 2 月，总统的信息技术顾问委员会（PITAC）关于赛博安全 R&D 的报告《赛博安全：一个优先级的危机》中，提出了认证技术，安全基础协议，安全软件工程和软件保证，系统整体安全，网络监控与监测，减少损失和进行恢复的方法，捕获犯罪分子和阻止犯罪行为的网络法庭，新技术开发所需的模型和测试平台，评价标准、测试方法和实施方案，损害网络安全的非技术因素等 10 个领域为网络空间安全研究的优先领域。奥巴马上台后，在《综合的国家网络安全倡议》（NSPD-54）的基础上把美国的信息安全保障提升到攻防兼备的高度，并确立了先发制人的策略。他通过 PPD-21《总统政策指令——关键基础设施的安全性和灵活性》和行政命令 13636《改进关键基础设施的网际安全》推动了 NIST 网际安全框架标准的研究制定；又通过 PPD-20《美国网络作战政策》，PPD-28《信号情报活动》明晰了网络战的定义授权和情报活动的原则立场和策略。

云计算、物联网、移动通信、大数据、智慧××等新技术、新应用为我们的信息安全保障提出了新问题，其安全理论和保障技术正在成为新热点。发达国家的信息化和信息安全保障是在拥有"芯"、"魂"的自主技术至高点的情况下展开的。他们具备在系统内核、宽带高速的信息技术高端开发网络信息系统的应用的能力，增强信息安全保障。

4. 用为先，需求牵全局，有效才落地

"用"是使用者，用户。它是需求的体现者，产生需求的牵引力，完成信息安全保障工作要求的落地、落实处。

用户以零散的个体化公众，有组织的团体化的机构、行业显现，规模不同、资源财力的拥有不同，信息安全保障的需求不同，但他们都有信息安全的需求。要提升其信息化的生活质量，工作的效率和效益，都需要信息安全保障。

组织机构、行业的信息安全需求，体现在其依赖信息技术手段完成的使命、业务、应用上，只有相关组织和行业的人员对其最了解。但是，他们未必了解信息安全保障的技术和管理。这就需要从事信息安全保障的专业人员与相关组织、行业的管理人员、业务人员紧密配合才能有效地梳理业务的使命、应用的流程、活动及其相关的安全需求。

9.11 之后，美国在制定其国家信息安全战略的过程中，为了提炼需求，明确要求，就提出来涉及家庭用户和小型商业机构、大型机构、国家信息基础设施部门、国家机构和政策、全球的 53 个问题，于 2003 年 2 月颁布了至今依然执行的保护网络空间的国家战略。在美国制定网络空间国家战略的过程中，要求作为国家关键基础设施的行业及其主管部门——制定自己的信息安全战略，其后公共部门、银行与金融部门、信息与通信部门、高教部门、化工部门、电力部门、保险部门、供水部门、铁路部门、石油部门等，制定并颁布了自己的信息安全保障的战略。

5. 管托底，战略产生推动力

"管"是政府信息安全保障的相关管理部门的职责和任务。它体现在以国家意志提出信息安全保障的战略；制定信息安全保障的政策、法规、标准；做出信息安全保障的各种制度化安排；调动国力，保证和优化信息安全保障的资源配置；组织国家级信息安全保障工程的实施；组织检查评估信息安全保障的状况。关键基础设施行业、部门的领导也负有相关的责任。

美国的信息安全保障战略的形成，经历了克林顿、小布什、奥巴马三位六届总统的持续发展，从以防为主，攻防兼备发展到先发制人。由于其信息技术发达，应用广泛，安全威胁严峻，安全问题频发，他们提出的问题具体，考虑的措施全面，角色责任的要求明确，有许多值得我们学习借鉴之处。

2000 年 9 月 9 日，俄罗斯颁发了体现其战略思想的《俄罗斯联邦的信息安全学说》。该学说明确了在信息和信息保障领域的俄罗斯联邦的国家利益。在分析俄罗斯联邦信息安全的威胁种类和威胁的来源以及信息安全的状况的基础上，提出了维护安全的基本任务，保障方法，首要措施。并确定了俄罗斯联邦信息安全保障体系的组织基础。该学说以准备关于完善俄罗斯联邦信息安全的法律，方法论，科学技术和组织保障的建议；制定有针对性的方案，以确保信息的俄罗斯联邦安全作为制定俄罗斯联邦信息安全保障领域的国家政策的基础。

我国的信息安全战略尚未出台。信息安全保障工作依靠政策性文件来推动。虽然相关政策文件对我国信息安全保障工作有所推动，但战略的缺失必将影响信息安全保障工作的推动力。战略体现国家意志，战略明确目标任务，战略提出措施，战略分配角色责任。它是动员令、指南针，驱动力。我们的最高国家领导担任了网络和信息安全领域的领导，使我们看到了国家正以一把手工程的决心拖动我国的网络信息安全保障工作，给我们巨大的期待和信心。

10.3.6　自主可控是保障网络信息安全的内在需要

实现自主可控意味着信息安全容易治理、产品和服务一般不存在恶意后门并可以不断改进或修补漏洞；反之，不能自主可控就意味着具"他控性"，就会受制于人，其后果是：信息安全难以治理、产品和服务一般存在恶意后门并难以不断改进或修补漏洞。因此，自主可控是保障网络信息安全的内在需要，主要包括以下几点。

1. 知识产权自主可控

在网络空间国际竞争格局下，知识产权自主可控十分重要，做不到这一点就一定会受制于人。如果所有知识产权都能自己掌握当然最好，但实际上不一定能做到，这时，如果部分知识产权能完全买断，或能买到有足够自主权的授权，也能达到自主可控。然而，如果只能买到自主权不够充分的授权，例如某项授权在权利的使用期限、使用方式等方面具有明显的限制，就不能达到知识产权自主可控。目前国家一些计划对所支持的项目，要求首先通过知识产权风险评估，才能给予立项，这种做法是正确的、必要的。

2. 技术能力自主可控

技术能力包括标准自主可控，意味着要有足够规模的、能真正掌握该技术的科技队伍。技术能力可以分为一般技术能力、产业化能力、构建产业链能力和构建产业生态系统能力等层次。产业化能力的自主可控要求使技术不能停留在样品或试验阶段，而应能转化为大规模的产品和服务。产业链的自主可控要求在实现产业化的基础上，围绕产品和服务，构建一个比较完整的产业链，以便不受产业链上下游的制约，具备足够的竞争力。产业生态系统的自主可控要求能营造一个支撑该产业链的生态系统。

3. 发展自主可控

有了知识产权和技术能力的自主可控，一般是能自主发展的，但这里再特别强调一下发展的自主可控，也是有必要的。因为我们不但要看到现在，还要着眼于今后相当长的时期，对相关技术和产业而言，都能不受制约地发展。众所周知，前些年我国通过投资、收购等等，曾经拥有了 CRT 电视机产业完整的知识产权和构建整个生态系统的技术能力。但是，外国跨国公司一旦将 CRT 的技术都卖给中国后，它们立即转向了 LCD 平板电视，使中国的 CRT 电视机产业变成淘汰产业。信息领域技术和市场变化迅速，要防止出现类似事件。因此，如果某项技术在短期内效益较好，但从长期看做不到自主可控，一般说来是不可取的。只顾眼前利益，有可能会在以后造成更大的被动。

4. 满足"国产"资质

一般说来，"国产"产品和服务容易符合自主可控要求，因此实行国产替代对于达到自主可控是完全必要的。不过现在对于"国产"还没有统一的界定标准。关键是能否做到可控。美国国会在 1933 年通过的《购买美国产品法》要求联邦政府采购要买本国产品，即在美国生产的、增值达到 50%以上的产品，进口件组装的不算本国产品。看来，美国采用上述"增值"准则来界定"国产"是比较合理的。

实践表明，只有考察资质是不够的，为了防止出现"假国产"，建议对产品和服务实行"增值"评估，即仿照美国的做法，评估其在中国境内的增值是否超过 50%。如某项产品和服务在中国的增值很小，意味着它是从国外进口的，达不到自主可控要求。这样，可以防止进口硬件通过"贴牌"或"组装"变成"国产"；防止进口软件和服务通过由国产系统集成商将它们集成在国产解决方案中，变成"国产"软件和服务。

最后，应当再次强调，自主可控是达到网络安全、信息安全的前提，但这只是必要条件而非充分条件，在此基础上，还需采取各种措施才能增强网络安全、信息安全。

参考文献

1. 吕新奎. 中国信息化. 北京：电子工业出版社. 2002.

2. 潘明惠. 信息化工程原理与应用. 北京：清华大学出版社，2004.

3. (美)Christof Paar，Jan Pelzl. Understanding Cryptography: A Textbook for Students and Practitioners. 马小婷，译. 北京：清华大学出版社，2012.

4. 潘明惠. 网络信息安全工程原理与应用. 北京：清华大学出版社，2011.

5. 阙喜戎，孙锐，龚向阳等信息安全原理与应用. 北京：清华大学出版社，2002.

6. Mark Rhodes-Ousley. 信息安全完全参考手册（第 2 版）. 北京：清华大学出版社，2014.

7. 曲成义，陈若兰. 信息安全技术概览及探索. 贵阳：贵州科技出版社；2003.

8. 丁勇. 密码学与信息安全简明教程. 北京：电子工业出版社，2015.

9. 吴世忠，李斌，张晓菲等. 信息安全技术. 北京：机械工业出版社，2014.

10. (美)Mark Stamp. 信息安全原理与实践（第 2 版）. Wiley，张戈，译. 北京：清华大学出版社，2013.

11. 潘明惠. 电力信息安全工程技术三大支柱. 北京：电力信息化，2005.

12. 李海全，李健. 计算机网络安全与加密技术. 北京：清华大学出版社，2001.

13. 蔡立军. 计算机网络安全与技术. 北京：中国水利水电出版社，2002.

14. 王丽娜. 信息隐藏技术实验教程. 武汉：武汉大学出版社，2007.

15. 潘明惠. 豪情电力路. 北京：清华大学出版社，2012.

16. 倪建民. 信息化发展与我国信息安全. 清华大学学报（哲学社会科学版）2000(4).

17. 龚海虹. 计算机网络系统的安全问题及安全策略. 现代计算机，2000

18. (美)Eric D Knapp. 工业网络安全——智能电网，SCADA 和其他工业控制系统等关键基础设施的网络安全. 周秦，郭冰逸，贺惠民，译. 北京：国防工业出版社，2014.

19. 潘霄. 辽宁省"十三五"能源发展趋势预测及需求分析. 中国能源，2015.

20. 乌家培. 信息经济与知识经济. 北京：经济科学出版社，1999.

21. 潘明惠. 电力信息化工程理论与应用研究. 北京：中国电机工程学报，2005.

22. 吴世忠，江常青，孙成昊等. 信息安全保障. 北京：机械工业出版社，2014.

23. 牛少彰. 信息安全导论. 北京：国防工业出版社，2010.

24. 倪光南. 自主可控是增强网络安全的前提. 央视网，2014.

25. [美] Christopher M King, Curtis E Dalton，T Ertem Osmanoglu. 安全体系结构的设计、部署与操作. 常晓波，杨剑峰，译. 北京：清华大学出版社，2003.

26. 潘明惠，徐莲荫. SAP_HANA 内存计算技术项目实战指南. 北京：清华大学出版社，2012.

27. 陈月波. 网络信息安全. 武汉：武汉理工大学出版社，2009.